全方位思維模式

組織的決策分析與發展

第2版

蕭志同
戴俞萱
柳淑芬

東華書局

國家圖書館出版品預行編目資料

全方位思維模式:組織的決策分析與發展/蕭志同,
　戴俞萱,柳淑芬編著. -- 2 版. -- 臺北市:臺灣東
　華, 2019.08

408 面;19x26 公分

ISBN 978-957-483-978-0（平裝）

1.決策管理 2.產業政策 3.系統分析

494.1　　　　　　　　　　　　　108013987

全方位思維模式─組織的決策分析與發展

編 著 者	蕭志同・戴俞萱・柳淑芬
發 行 人	陳錦煌
出 版 者	臺灣東華書局股份有限公司
地　　址	臺北市重慶南路一段一四七號三樓
電　　話	(02) 2311-4027
傳　　眞	(02) 2311-6615
劃撥帳號	00064813
網　　址	www.tunghua.com.tw
讀者服務	service@tunghua.com.tw
門　　市	臺北市重慶南路一段一四七號一樓
電　　話	(02) 2371-9320
出版日期	2019 年 10 月 2 版 1 刷

ISBN　　978-957-483-978-0

版權所有 ・ 翻印必究

Contents

序言　v

施振榮先生序（宏碁集團創辦人）　vii

史欽泰先生序（清華大學科技管理學院前院長）　ix

李鍾熙先生序（工業技術研究院前院長）　xi

邱英雄先生序（詮力科技公司董事長）　xiii

原序　xv

第 1 篇　何謂系統思考　1

　　第 1 章　緒論　3

　　第 2 章　現代經濟社會問題的本質與系統思考　9

　　第 3 章　產業分析方法論比較：產業經濟與系統動態學　19

　　第 4 章　產業資訊系統　27

第 2 篇　廠商、市場與產業組織行為模擬　47

　　第 5 章　建構台灣汽車區域經銷商獲利模式　49

　　第 6 章　台灣汽車潤滑油灰色市場結構探討　65

　　第 7 章　新興工業化國家汽車產業發展模式──以台灣為例　81

　　第 8 章　台灣行動電話系統產業發展之動態模式　101

第 3 篇　高科技、新興產業發展政策分析　119

　　第 9 章　台灣大型 TFL-LCD 產業發展趨勢分析　121

　　第 10 章　台灣中草藥產業發展結構動態模型　137

　　第 11 章　台灣太陽光電產業發展趨勢　151

　　第 12 章　台灣 DRAM 產業發展之興衰　165

第 4 篇　觀光、運動產業之管理決策分析　183
　　第 13 章　台灣國際商務旅館發展模式分析　185
　　第 14 章　博物館長期客戶滿意度之動態模型建構：以科博館為例　205
　　第 15 章　台灣跆拳道運動發展之成功模式　227
　　第 16 章　台灣職業棒球發展之動態模式　241

第 5 篇　人口老化、少子化之長期照顧與教育政策分析　257
　　第 17 章　台灣長期照顧機構發展模式之研究　259
　　第 18 章　台灣老人住宅產業發展模式探討　269
　　第 19 章　台灣小學教育財務系統動態模式建構　283
　　第 20 章　台灣小學師資供需動態模式之研究　295
　　第 21 章　台灣中等教育英語師資供需失衡動態模擬　307
　　第 22 章　系統思考方法在台灣的發展回顧　331

附錄 A　系統動態學研究的步驟與符號說明　341

附錄 B　系統思考、系統動態學課程上課心得　347

附錄 C　台灣公共議題的系統觀　353

參考文獻　361

名詞索引　381

跋　389

作者簡介　390

序 言

2015年春季東華書局儲方與黃雅慧經理來訪,表示決策分析的書籍每年在台灣有一定的需求。然而大學教授與讀者總是期待書籍有新的內容更新,因此要增添哪些內容知識到新版的書籍中呢?對本人來說實在是一個挑戰。再想到 DRAM、太陽光電產業及陸客來台旅遊等議題是寶島台灣這幾年的熱門議題,所以決定加入應用 SD 作這方面研究議題的成果。然而本人因為執行科技部計畫,2015 年暑假到英國 HULL 大學系統研究中心訪問交流三個月,改版出書之事因而延遲了。旅英期間,中華 SD 學會秘書長蕭乃沂先生邀請敝人寫一篇投稿國際期刊心得;竊思再結合回顧系統方法在台灣學術界的發展,剛好可以作為系統思考在台發展的一個里程碑。回台後積極和本書共同作者戴俞萱與柳淑芬小姐洽商改版事宜,在他們兩位與東華書局編輯部儲方先生、鄧秀琴女士等同事的協助下,本書再版終於得以實現。為了符合增訂版本整體內容與書籍特色,此再版書名以《全方位思維模式——組織的決策分析與發展》付梓。歡迎讀者與社會賢達不吝指教,謝謝!

蕭志同 於台中大度山

2016 年元月

施 序

很高興能為蕭志同博士的大作《決策分析與模擬》乙書寫序,這是國內難得以宏觀的角度,分析企業、產業乃至於國家政策問題的專書。當今社會環境複雜且變化迅速,如何以有系統的思考方式來定義、分析管理決策的複雜議題,提供全方位的配套措施,尤其重要。此書強調治標兼治本的槓桿解,以宏觀的思考方式,釐清動態複雜的企業決策與國家政策議題,可以說是 2010 年重要的一本好書。

事實上本書所揭櫫的思考哲學;領導者或決策者必須具有長遠的眼光,廣大的視野與反省自覺的能力,這點與宏碁集團高階經營團隊所強調發展自有品牌的經營哲學,不謀而合。蕭博士和我一樣來自於彰化家鄉,又同樣是國立彰化高中、交通大學的校友。因此本人謹以歡喜的心情,向社會大眾鄭重介紹此書,相信產、官、學、研各界對於決策分析議題有興趣者,閱讀本書必能有所收穫。

宏碁集團創辦人

施振榮

2010 年 2 月

史 序

非常歡喜能為蕭志同先生、戴俞萱與柳淑芬小姐的大作《決策分析與模擬》新書寫序，原因有二：第一、他們三位都是從工業技術研究院出身，能看到舊日同仁將工作上的專業成果與知識分享社會，是一件令人歡喜安慰的事。第二個原因是本書的內容與本人過去一直鼓勵台灣學術研究單位和國際社會接軌，立足台灣胸懷天下的理念，相當神似。如何將台灣所累積的產業創新知識整合，提出整體配套之國家政策方向與細節，實在是一件台灣各界組織機構所刻不容緩的要事。

事實上企業、產業發展乃至國家永續發展，受到國內外一連串內部因素與外部時空環境變數的不斷影響。換句話說，它們受到政府政策、經濟制度與法律、業者策略、國外技術廠商策略、市場規模大小，以及社會文化、政治、經濟等環境因素的影響。對於地狹人稠的台灣社會，國家生存與發展的挑戰更是艱鉅。不論是少子化、人口老化的議題，還是全球溫室效應的衝擊，可以說是「牽一髮而動全身」。

本書從宏觀的視野來看世界，利用系統思考 (System Thinking) 來定義、分析問題。這種強調整合的觀點、整體角度的思考方式，是這個時代強調專業分工與多元價值的互補性思考方式，因此本人很樂意為大家介紹這本新書。

國立清華大學科技管理學院院長

2010 年 2 月

李 序

系統思考提升競爭力

經營一個企業或機構經常會面臨決策選擇,適當的決策可使組織順利生存與發展,甚至快速成長;不當的決策可能使組織陷入困境。決策過程往往涉及到人、事、物、時、空等要素,其因果關係往往錯綜複雜,如果沒有系統性的分析,可能造成顧此失彼,而無法有效的解決問題。系統思考 (Systems Thinking) 可以將一些看似獨立和片斷的事件或資訊整合起來,以了解產生變化背後的整體互動關係。不論是企業或政府機構,若善用系統思考,不但可以提升決策品質,更可以提升組織的競爭力,建立持久性競爭優勢 (Sustainable Competitive Advantage)。管理大師彼得‧聖吉 (Peter Senge) 之名著《第五項修練》即強調運用系統思考來解決問題,以轉化公司成為學習型組織。

台灣曾經藉半導體產業的崛起創造了傲人的經濟奇蹟。進入 21 世紀,更以顯示器等高科技產業,維持台灣的競爭力。不過台灣以關鍵元件的開發與量產製造,及 OEM 的代工模式為主,所創造的附加價值遠不如具有世界知名品牌的系統廠商。尤其近年來我國產業在量產製造方面的優勢已逐漸被中國及新興國家取代,必須重新思考台灣在產業價值鏈上的定位,從零組件製造轉進至產品、系統或服務之應用創新。最近在產業發展方面有很多新的議題,例如雲端服務、綠色建築、電動車及醫療照護等,都需要從系統思考切入,來規劃我們產業未來的發展方向,從系統設計來帶動模組及元件的開發,另外以創新的服務模式來創造最大的利潤。就如同 iPod 以創新的服務結合創新產品設計的系統思考,創造了一般 MP3 廠商所望塵莫及的佳績。

蕭志同教授、戴俞萱小姐、柳淑芬小姐鑽研決策分析多年,對其理論與應用頗有心得,最近將其多年來教學、研究心得編輯成《決策分析與模擬》一書。本書即以系統思考與系統動態學 (System Dynamics) 為主軸,做實務案例分析,深入

淺出，讀者可以很容易體會到系統思考與模擬分析的訣竅。本書內容豐富，討論的範圍從廠商、市場、產業組織到公共政策。議題包括汽車產業的組織行為、高科技產業的發展政策、運動產業之管理、老人照顧及中、小學教育等，都是十分引人深思的題材，很值得關心我國產業發展的人研讀參考。

工業技術研究院院長

李鍾熙

2010 年 2 月

邱 序

本人很榮幸有機會為蕭志同教授的新書《決策分析與模擬》寫序,這是一本以系統思考與系統動態學為方法論之決策分析論文集,是少見以宏觀的立場來看管理決策的問題。尤其內容涵蓋範圍廣泛,包括營利與非營利組織;分析的個案從企業組織到產業組織中的製造業、服務業乃至政府的教育政策分析與模擬,層次條理分明,是難得的一本雅俗共賞的好書。

蕭博士是我在交大管科系博士班的同窗,也是我的好友。他曾任工業技術研究院產業經濟與趨勢研究中心、資訊中心、機械所等學術研究單位的特約研究員、顧問。目前在東海大學經濟學系專任,理論與實務的專業知識兼備,其在系統思考、產業經濟、策略管理、科技管理、預測與模擬方法領域有所鑽研。他也熱心於社會公益服務,尤其是在慈善教育團體長期擔任志工,培育下一代國家的主人翁,可見其眼光、胸襟與志向。最後本人謹以誠摯的心情,向大家鄭重推薦此書,相信大家必能開卷有益。

國立台中教育大學暨朝陽科技大學講座教授
詮力科技股份有限公司董事長
淨律教育學會顧問

邱英雄

2010 年 2 月

原　序

決策分析與模擬對於一個組織機構、企業乃至於政府制訂政策都是一個相當重要的議題。因為這些營利或非營利機構成立時，有其宗旨與理想，該組織機構的管理決策當局會規劃相關策略、政策，以滿足短、中、長期的具體目標，以達到其理想願景。然而面對環境因素瞬息萬變，「如何制訂好的決策？」便成為所有高階管理者的第一個挑戰。其次是「要如何評估決策或政策的效果呢？」在這樣的前提下，我們不揣愚陋地鼓起勇氣嘗試寫出這樣的一本書，願作為拋磚引玉之效。

本書有別於一般決策或策略管理的書籍。主要是它以系統的觀點 (Systems View) 來看問題，再作分析；換言之，系統觀即是以宏觀的角度來定義、分析問題，以提出有效率且治本治標的對策與行動。因此分析的方法論吾人特別以系統思考 (Systems Thinking) 與系統動態學 (System Dynamics) 為主。理由有二：第一、兩者都是以整體觀來定義問題，符合高階主管的世界觀與需求；第二、系統動態學是系統方法學派的一門方法論，可以藉由電腦進行相關決策的動態模擬，可以評估決策的效果，是當代管理科學的主要模擬方法之一，它的出現，使得複雜的管理問題可以如同自然科學一樣，可以進行實驗模擬因果關係。

本書的出現要特別感恩國立交通大學管理科學系 (所) 退休教授謝長宏、詹天賜教授，他們總是不斷的鼓勵學生除了獨善其身之外，也要嘉惠親友，並且將所學回饋台灣社會。許多師長、同學、長官、同事等親朋好友也提供了鞭策的作用。但願此書能對台灣的學術界或實務界盡一點綿薄之力，作者才疏學淺，書中觀念或內容恐難免有所謬誤，期望各界先進惠予指教，讓作者有改進與學習的機會。

最後將本書的出版：

獻給作者所敬愛的雙親

蕭志同、戴俞萱、柳淑芬　謹識

2010 年 2 月

第1篇

何謂系統思考

CHAPTER 1

緒 論

◎ 1-1 如何做最佳的選擇

一個人，還是一個組織機構、企業都要不斷地面對許多的決策。而在社會科學領域中，經濟、統計與管理等學術團體，多數學者醉心於如何找到「最佳化」(Optimal) 的選擇，並提出許多理論與模型，致力於教導人們做出最適的決策。然而二十年前的全球 500 大企業，不知僅剩多少家存活？十年前的 500 大企業，又有多少家禁得起這一波 2008 年的金融海嘯考驗？古人常說：「人生不如意之事，十常八九」，實是人生經驗的觀察結果，亦反映決策結果的經驗值。

為何探討最佳化選擇的理論模型，在面對真實複雜無常的大千世界時，卻束手無策呢？可能的原因之一為：理論模型為了簡化複雜因素的交錯影響，通常會假設其他條件不變下，來考量最佳的選擇。然而過度簡化模型的結果，其正確性則大受質疑。另一個原因是為了提供數量化科學證據，數理模型的嚴格假設在所難免。於是常用線性化 (Linear) 處理方式，其符合常人的線性思考方式，卻大大地脫離現實。加上時空環境的快速變化，使得組織機構的管理者大嘆：「計畫總是趕不上變化，規劃比不上老闆的一句話。」

因此要如何做選擇？首先要問組織機構乃至於企業追求的是什麼？有何「理想」(Ideal) 或是「願景」(Vision)？然後，認真思考我們所面對的目前時空環境如何？未來時空變遷是否有脈絡軌跡可尋？若是，我們的條件、機會是什麼？限制條件是什麼？邁向理想願景時，不同時空階段的任務是什麼？換言之，組織機構

乃至於企業、國家長短期目標是什麼？如何兼顧長短期的目標，提出兼顧治標與治本的辦法？則是各階層領導者所面對的挑戰。

◎ 1-2　決策者世界觀的重要性

「成功的人找方法，失敗的人找理由」是實務界流行的一句話。而另一句流行的名言是：「態度決定高度，格局決定結局」。這兩句話很有意思，它們隱含決策者的心態、價值觀與世界觀。畢竟一位自我定位是宰相者，頂多是三朝元老，而王子自是以未來的王者自居。如果一家企業的經營哲學是以抬轎的老二心態自居，它終不可能成為老大。這就是為什麼許多亞洲國家中的企業，只能為歐美大企業代工，即使產值、營業額驚人，利潤卻非常微薄，遲遲無法建立自己的品牌與通路。

但是認清環境變化趨勢與本身企業的優劣勢，或者說條件與限制，是決策選擇的先決條件。美國有一家曾是全球大電腦公司的領導者，就是錯誤認為電腦不可能朝個人電腦 (Personal Computer，簡稱 PC) 發展，而將電腦產業王國拱手讓人。

其實單一個人對於真實世界的認識也是有限。筆者於大學任教時，最常看到的是每年大二學生總是以過來人自居，非常熱心且認真向大一的新鮮人介紹大學生涯的林林總總，本系老師與課程如何？而通常大三的學生聽到了就會偷笑，甚至擺明直說：「大二學弟妹啊！不是這樣的啦，而是應該如此這般……。」碩士生也常向我表示他所認識的本系、本學門如何……，本人也禁不住地偷笑。大二乃至於大四、碩士生讀同一個科系，所認識的本系 (世界觀) 卻大大不同。同理一個組織的領導者，任職一年、五年、十年……，即使都在同一職位，對自己角色的認識恐怕也不同。更何況不同人的世界觀都不相同，也因此同一家企業中不同的總經理上任後，作風和績效也就相異。實在可以這麼說：「我們所認識的世界 (觀) 是虛妄的，它和真實的世界有很大的差距。」君不見一般人對於家庭、工作與人生都有不同的認知與詮釋；即使是同一個人在不同的年紀與經歷後，對於家庭、工作與人生的看法與觀點也大多相異。

1-3　決策者的觀點與分析方法

　　面對快速變化的環境，決策者要如何較正確的認識本身所處的世界？唯一的辦法是把思量的「空間」擴大，考慮的「時間」加長。換言之，在朝向組織機構的理想時，以宏觀的角度來看世界，才能見林又見樹。承認時空環境是動態複雜且變化無常，找出適合的可能路徑，加上必須不斷反思與調整方向，才能達到 (接近) 願景。例如，在晚上開車時要到達的目的地雖然很明確，但是較遠的路況卻不清楚，目的地雖然正確，而車燈照明只有約數十公尺遠，只能依著路況邊開車邊修正方向。

　　可是要如何選擇正確途徑呢？管理科學領域中的學者所提出模擬的方法為：當面對不同情境時，先做相關情境模擬，評估結果再做選擇。然而相關因素可能複雜且交錯作用，甚至互為因果，而且因果關係可能存在著時間遞延；加上動態環境因素變化的衝擊，決策者需要一種能夠以宏觀角度，而且具有分析動態複雜變數模擬功能的方法工具。因此研究決策行為的學者提出所謂的系統方法 (Systems Approaches) 來解決此困境。系統方法是以整體觀或者說宏觀的角度來看世界，利用系統思考 (Systems Thinking) 來定義分析問題。當要探究未知問題的答案時，許多組織機構的決策者擁有特殊的人生經歷與專業知識，就好像不同的盲人摸象般，每個人只掌握到片段的知識或認知。在此情況下，他們彼此合作而互相分享認知，或許可能摸索出大象真實的輪廓。因此如何不斷地提升個人的知見 (世界觀)，才能有機會較真實地認清真實世界的不二法門。

1-4　決策過程說明

　　一般而言，組織機構與企業會在未來長遠的理想或願景下 (通常都不容易達到)，訂立具體的短、中、長程的目標。然後在動態環境條件下檢視目前的現狀與目標存在多少差距？研擬相關可能的對策方案，即考慮現在、未來可能的情境，提出許多的不同對策，選擇對策然後行動，並且不斷地追蹤評估並調整；圖 1-1 是作者修改謝長宏教授在《系統動態學》一書中所提出的決策過程概念圖。

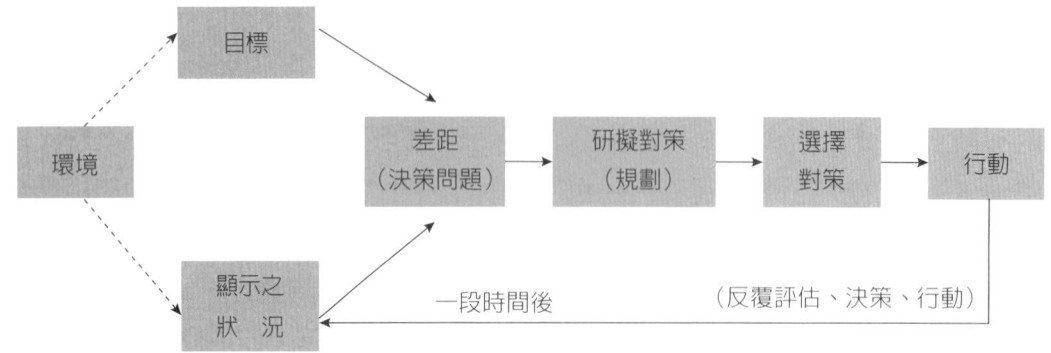

資料來源：謝長宏 (1980) / 本書作者修改

▲ 圖 1-1　決策過程循環示意圖

◎ 1-5　本書章節介紹

　　本書共分為五大篇，第 1 篇介紹「何謂系統思考」，其中第二章介紹系統方法的概念、方法論與應用領域。而有鑑於台灣地狹人稠，政府與民間戮力於發展具有國際競爭力之企業與產業。因此本書相當篇幅分析產業發展結構與政策的效果模擬。所以第三章吾人對兩種重要產業分析方法做比較，即針對產業經濟學與系統動態學的異同處作比較。第四章則分析台灣官方推動二十多年的產業資訊系統 (ITIS 計畫)。

　　第 2 篇為「廠商、市場與產業組織行為模擬」。本篇第五、六、七章模擬汽車區域經銷商 (廠商)、汽車潤滑油市場 (代理商、水貨貿易商與零售商所組成) 以及台灣汽車產業 (政府、廠商、國際技術母廠、消費者所構成) 的複雜系統行為。換言之，以傳統產業中的火車頭產業——汽車產業為研究對象，以系統動態學探討廠商層級 (Level)、市場層級與產業組織層級之複雜系統結構，以宏觀的角度合理地詮釋其行為。第八章以台灣行動電話系統服務業為對象，模擬政府執照發放、基地台抗爭之公權力挑戰，對於此產業未來的影響。

　　第 3 篇為「高科技、新興產業發展政策分析」，共有四章。第九、十章則分析政府推動的兩兆雙星產業，即 TFT-LCD 面板產業與生醫產業，後者吾人以台灣可能有潛力發揮的中草藥產業為研究對象。第十一章則是探討歐美的反傾銷稅對於台灣太陽光電產業的衝擊。第十二章是回顧台灣 DRAM 產業的興衰。

第 4 篇為「觀光、運動產業之管理決策分析」。政府擬發展觀光休閒等無煙囪的服務產業取代耗能的製造業。因此我們安排了第十四章的博物館觀光機構為研究對象，尤其是台北的故宮博物院與台中的國立自然科學博物館都擁有大量觀眾，後者是本書分析的對象。第十五、十六章分別以歷年奧運奪牌數最多的跆拳道運動，以及有「台灣國球」之稱的職棒運動產業為分析模擬對象，分析其成功與失敗的關鍵因果環路。

　　最後一篇 (第 5 篇) 則為「人口老化、少子化之長期照顧與教育政策分析」，研究台灣長期照顧機構 (第十七章) 與老人住宅產業 (第十八章) 發展的複雜結構。而少子化對教育系統的嚴重衝擊，實在已撼動國家的命脈；因此在第十九至廿一章我們作了系列的專題研究。最後一章是回顧系統思考在台灣學術界的發展及作者之一 (蕭志同) 利用系統方法作研究而發表在國際期刊的心得。期望本書對台灣產業、教育及人口結構之少子化、老化與永續發展等公共政策議題，能發揮拋磚引玉之效。

CHAPTER 2

現代經濟社會問題的本質與系統考

　　當代經濟社會問題，充滿了許多的複雜性與動態性。但是隨著專業知識分工愈分愈細的趨勢下，社會多元化的思想已成為必然之結果。專業分工在邏輯實證論者以其為科學主流方法自居之下，確實創造許多新的學問與知識。然而專業分工愈細的結果，使得專家的視野愈來愈窄；也導致彼此間的對話與溝通愈形困難，是故知識整合變成當代最重要之議題。因此解決當代經濟社會問題，急需要以宏觀的角度，進行系統思考來提供整體觀之配套政策與作法，以解決社會科學研究者與政策決策者之困境。

◎ 2-1　前　言

　　當代經濟、社會問題是複雜且動態的議題。例如：全世界的經濟成長問題牽涉到人口結構、工業產出、天然資源、環境污染、地球承載能力等變數的影響 (Meadows et al., 1972, 2004)。以近幾年的美國與台灣為例，美國經濟成長受到伊拉克戰爭、次級房貸、國際原油價格劇烈波動、民眾消費信心不足等左右。而台灣從 2000 年至 2008 年則歷經二次政黨輪替，兩岸政治經濟關係振盪，國內投資不足，天災人禍及受到全球財經環境衝擊，經濟成長議題仍然困擾新、舊任政府與社會大眾，並格外地受到矚目。

當前台灣經濟社會之相關公共政策議題急待解決，舉數個例子來說，政府社會福利支出不斷上升、財政赤字日益惡化、全民健康保險及勞保乃至退輔基金面臨嚴重虧損與即將破產崩潰、教育改革爭議、外籍新娘與其子女受教育與醫療問題、台商外移、失業率與自殺率上升、詐騙集團橫行、少子化與人口老化等相關社會經濟問題。政府與社會大眾，似乎將焦點聚集在經濟成長議題上，彷彿經濟問題改善了，大部分社會上的重大問題就可以解決。

在專業分工的現代主流觀念下，為何無法解決當前人類社會經濟議題？專業分工在邏輯實證論者以其為科學主流方法自居之下，確實創造許多新的學問與知識。例如，工程科學之電機學工程領域有關通訊工程、光電理論等領域，已經獨立為電信工程學系與光電等系所；又如管理科學領域經過數十年發展，也紛紛獨立出工業工程、財務管理、行銷流通、科技管理、人力資源管理、資訊管理等科系。然而專業分工愈細的結果，使得專家的視野愈來愈窄；也造成彼此間的對話與溝通愈形困難，每一個領域專家都侷限在本身的專業看問題，因此產生一個常見的結果，就是公共議題常以「見仁見智」收場。是故知識整合變成當代最重要之議題。

事實上經濟社會議題通常受到許多構面變數與系統環境變數交互影響並互為因果。它們受到政治、社會、經濟、自然環境等變數的衝擊而波動，其本質上是一個複雜且動態的問題。社會科學研究者早在 1950 年代早已注意到此議題，但整體觀的研究方法卻日漸受輕視。因此我們在此強調應該重視以整體觀 (Holistic View) 的系統思考 (Systems Thinking) 方法，來研究當前台灣經濟社會之重要公共議題。

◎ 2-2 當代科學研究方法之迷思

當代自然科學與社會科學研究的主流方法論是邏輯實證論 (Logical Positivism)。可分別以物理、化學及經濟學等為代表性學門。它們使用了數學、統計學等等理論工具，建構了嚴謹之科學理論典範 (Paradigms)。其知識體系愈分愈細，並且以解析法為進步的途徑。舉例而言：當它們面對未知的知識「黑箱」(Black Box) 時，習慣以拆解法來研究它。例如化學家，將水 (H_2O) 分成氫氣 (H_2) 和氧氣 (O_2)，再將氫和氧分解成其他元素或同位素等，創造許多新的化學知識。

然而將水分子分解出氫氣與氧氣時,已經看不到水的作用與其物理三態之固態、液態、氣態的變化。

同樣情形,我們便可以觀察到現代醫學從傳統的四大科:外科、內科、婦科、兒科;已細分到目前大醫院中琳琅滿目的 28 類科 (台北榮總網頁,2008)。以至於沒有一位醫生是「全人醫師」,可以獨自能力問診並且處理病人全身的病症。此過度專業分工結果,當 2003 年全球遭遇急性嚴重呼吸道症候群 (Severe Acute Respiratory Syndrome,簡稱 SARS) 時,許多第一線醫師不知以「整體觀」來面對病人,面對未知的病毒。這更是為何目前各大醫院正流行「聯合會診」來「整合」病人病情之原因 (黃達夫,2001)。

解析法最大的缺陷與迷思即是將未知事物拆解研究後,已經看不到事物的整體。這就是為何化學家已經找出基本元素之化學週期表,卻無法解釋一隻毛毛蟲為何能變成蝴蝶。換言之,他們以為「只要知物,就可以知人與知天」。只要研究物質的起源 (基本物質元素) 就能了解宇宙萬物。

社會科學中的經濟學門之研究發展情形亦是大同小異,從最早亞當・斯密 (Adam Smith, 1723-1790) 發表《國富論》的時代,所流行之所謂的「政治經濟學」發展至今,經濟學已細分成許多次系統知識,例如:個體經濟學、總體經濟學、計量經濟學、產業經濟學、國際經濟學……等。經濟學不僅本身發展成為許多次領域,其方法論更延伸至其他科學知識領域。例如:法律經濟學、教育經濟學、管理經濟學、能源經濟學、環境經濟學……等。它挾帶著數理模型與邏輯實證分析工具之犀利,橫掃許多學門。

然而科學哲學中知識論 (Epistemology) 早已指出人類知識的產生,不僅僅靠邏輯實證產生,也可以由「經驗」產生 (Barlas and Carpenter, 1990)。最明顯例子是大多數五星級大飯店之名廚,並不是食品營養或食品科學系正統科班訓練出身,反而是由師徒制的經驗中學習,學到專業知識。而十七世紀物理學家牛頓 (Newton) 還沒提出微積分與牛頓力學來詮釋物理學時,人類建築史上早已出現偉大的建築工程,它們憑藉著許多工匠的經驗與技藝,成就了讓現代物理學家與工程師嘆為觀止的專業知識與偉大成果。

事實上有關科學哲學 (Philosophy of Science) 領域也表現出一個重要的動向:邏輯實證主義之維也納學派部分成員也逐漸轉成邏輯經驗主義者。而物理學家孔恩 (Thomas S. Kuhn) 在 1962 年出版《科學的革命》(*The Structure of Scientific Revolutions*) 一書,更說明科學典範的變遷才是科學發展的模式。此書出現後社會

歷史觀，成為與邏輯實證論分庭抗禮之不同哲學觀點 (舒煒光，1994)。社會歷史觀也是以一種宏觀角度來分析人類社會之議題。

因此當代全球經濟社會過度依賴邏輯實證主義之解析法的結果是：專業分工愈細，彼此的觀點愈多元但是變得狹隘。簡單地說，以支離破碎的知識建立起支離破碎的世界觀。這種窘態正落入「瞎子摸象」的困境，所謂的不同專業專家都只是掌握片段的知識，卻都想解決不可分割的社會議題 (Senge, 1990)。而社會學家 Parsons (1951) 的著作《社會系統》(The Social System) 早已經將人類社會視為一個系統 (Parsons, 1951; Parsons and Turne, 1991)。另一位社會學家 Granovetter，在 1985 年更指出社會結構與經濟行為的重要關係。諾貝爾經濟獎得主 Coase 與 North 則一直關注法律等社會制度對市場與廠商行為之影響。然而，這些不同於邏輯實證主流思維的重要觀點，仍然受到歧視與忽略。因此本章強調現今的社會經濟議題，必須以整體觀點 (Holistic View) 即系統思考來重新定義問題，並探討出解決途徑，因為社會經濟問題通常是複雜且動態的問題。

2-3 何謂系統觀？

探討系統思考之前我們先要了解何謂系統 (System)？根據 Ackoff (1957)、Churchman (1968)、Simon (1960) 對系統定義可知：「系統是指包含兩個以上之元件，按某種關係或規則共同運作。」而系統思考即是考慮系統本身及其環境互動之整體觀思考方式，並且強調系統是不可分割之整體。換言之，係以宏觀角度來思考並定義問題 (Checkland, 1985)。

系統觀 (Systems View) 又稱為系統思考，是屬於系統方法 (Systems Approach)。而系統方法可分為一般系統理論 (General System Theory)，代表性學者分別有 Bertalanffy、Buonding；系統觀 (Systems View)，代表性學者分別為 Ackoff、Churchman、Checkland、Flood、Jackson；生命系統 (Living System)，代表性學者為 Miller；模控學 (Cybernetics)，代表性學者分別為 Ashby、Beer、Morgan、Wiener；系統動態學 (System Dynamics)，代表性學者分別為 Forrester、Senge 等學者。

在工程方面亦有所謂的系統工程 (System Engineering) 科學，它應用於電機控制、機械與資訊系統等領域。例如汽車學中包括引擎系統、動力系統……等。生命科學領域學者視人體由許多系統組成；例如血液循環系統、神經系統、消化系

統……等等系統。而系統學者 Ackoff 與 Churchman 等學者將人類社會視為一個複雜系統,其中包含許許多多次系統。是故可將人類社會視為一個大系統才是當然之事。而以此系統觀點來說,社會、經濟相關議題通常牽涉到社會中許許多多大大小小次系統的運作,因此利用系統思考方法論來分析經濟社會問題,則是不可或缺的途徑。其中概念理論、應用領域及方法論工具如圖 2-1 所示。

3. 方法論工具	系統動態學 (例如:決策模擬)	資訊科學 (例如:ICT技術)	機電控制理論 (例如:捷運/飛機)
2. 應用領域	系統方法與管理 (社會科學領域)		系統工程與模控學 (自然科學領域)
1. 概念理論	系統思考/系統觀/生命系統/一般系統理論		

▲ 圖 2-1　系統方法概念、理論與應用的知識地圖

2-4　揭開台灣重大議題的面紗

Churchman (1968; 1979) 指出人類社會所建立的系統通常包含:第一、目的 (Objectives):人為系統通常為了某種 (些) 目的而設立。其次,系統內有兩個以上的元件 (Components)。第三、資源 (Resources):系統內必須有資源才能運作。第四、環境 (Environment):系統受到所處的時空環境影響。最後,人為系統需要管理 (Management)。

因此本章作者嘗試以系統觀來探討當前台灣公共議題時,將有助於釐清其問題本質。吾人嘗試以系統觀分析台灣全民健保系統瀕臨崩潰的原因。

範例　全民健保系統的亂象與崩潰

全民健康保險系統定位不清 (實質的系統目的待釐清)。全民健保基金虧損金額於 2008 年已達新台幣 200 億元,全民健康保險局 (簡稱健保局) 卻仍然編列年終獎金 3.8 個月,引起全民反彈。部分立法委員與民眾認為既然鉅額虧損,不能有

年終獎金❶。從系統觀來看，問題的本質是它不是國營或民間營利事業，不應該支領比一般公務人員高的年終獎金。盈餘或虧損不是前提條件，公家機構太多部門都是預算赤字，例如國防部、教育部。全民健保制度主要問題是定位不清，它究竟該採「國家社會福利政策」觀點？還是應該採「使用者付費」觀點？若是前者，政府應編列預算支應，而非如同變相課稅，提高健保費率。若是後者，為何民眾不能自由選擇或有條件的加保與否？民間保險公司採使用者付費，相對上公平且有效率，更不至於產生鉅額虧損。

而此系統中的元件間關係如何？換言之，「健保局與衛生福利部」的權責與互動該如何？健保局對醫院能有效監督嗎？民眾如何評估健保局的管理效率？健保局要如何有效防止民眾浪費心態與行為？醫院、藥商、政府、健保局等權責關係如何釐清互動？在成本考量下，醫生被迫以績效導向之「按件計酬」論薪，結果是過度醫療與糾紛不斷。簡單來說，政府、健保局、醫院、醫師、民眾等系統內元件互動過程中，存在資訊不對稱 (Informational Asymmetry) 現象，追求效率與權責相符如緣木求魚。因此若無法解決此「主人-代理人」(Master-Agent) 問題與資訊不對稱問題，全民健保系統行為的改善，遙遙無期。

健保制度的設計亦有嚴重結構性問題。例如「邱小妹事件」，即台北市一名邱姓女童受家暴而命危，卻被台北市立仁愛醫院轉診，其他台北市公私立醫院都拒收，台北市附近縣市大醫院也都坐視不管，最後患者被遠送至台中縣沙鹿鎮的民營醫院，社會上對於當時仁愛醫院值班住院醫師的醫德大加撻伐。大家卻忽略重要的結構性問題，即「制度殺人」。社會上該問台北市本身以及台北縣、基隆縣、桃園、新竹縣不乏公、民營大醫院與醫學中心，為何沒有病床，而必須遠送至台中地區？

其實健保制度依照不同科別疾病類別「按件計酬」後，各大醫院之手術房與病床使用，都會考量哪一科別手術平均而言是虧損，哪一類別病床是會有盈餘？雖然醫院被定位為非營利機構，然而各大醫院在健保給付採按件計酬與每年各地區民眾就醫採比例定額支付醫療機構後，財務管控之成本效益是接受轉診或將病人轉診的重要考量因素之一。尤其當醫院面對虧損時，更可能產生醫療服務供給

---

❶ 前任衛生署長葉金川先生於2009年推動修法將健保局隸屬於衛生署，使它成為公務機構，解決年年高達近四個月年終獎金的詬病，立法院諸公也自認替人民看緊荷包。真相是未來這些健保局編制人員，是否可能經由公務人員「特考」成為正式公務員，即可領取高額公務員退休金，將可能花費國家更多公款，糊塗帳則由全民買單。

者的誘發性需求 (許績天、連賢明，2007；黃達夫，2001)。但是這成為了「國王的新衣」古老寓言窘態。衛生福利部、健保局及各大醫院不能講出來的真相，尤其民營機構大型化後，此成本考量後遺症更是雪上加霜。

　　按件計酬制度對於醫、護等人員之工作衝擊更為嚴重，並且已對醫療品質產生嚴重後果。本章作者曾對多位醫師進行訪談，他們任職於署立新竹醫院、台中澄清醫院、中山醫學院附設醫院、彰化彰基醫院、台南奇美醫院、高雄長庚醫院，並且擔任不同科別之主任或主治醫師。他們一致表示：按件計酬制度下，每位醫師被「暗示」以成本考量，每個月必須看更多病人，即使健保局有看診人數上限，醫院仍然是「上有政策，下有對策」。護士的工作更是辛苦，2006 年 8 月至 2008 年 7 月，作者與數十位各大小醫療機構任職之護士，在「醫療經濟」與「醫療績效管理」兩個議題上，進行分組座談。結果發現每位護士工作量愈來愈大，每個護士照顧病床患者更多。雖然醫院必須被評鑑，每位護士照顧之病床也有規定，以維護護理品質。真實的情況是：只有在被評鑑前，護士人力才會滿足評鑑之規定，大部分護士因工作繁重與待遇不佳，離職率高，各科室護士人力長期低於法令規定。因此評鑑制度只是讓這些護理人員在平時工作負荷繁重之外，額外增加的重擔，產生的結果當然是會嚴重地影響醫療品質。這種不合理現象，便是許多醫院鬧護士荒的主因。❷❸

　　「藥價黑洞」一直是健保制度的大問題 (譚令蒂等，2007)。健保給付的項目中，有醫療、材料、藥物等支出，卻有一大漏洞，就是沒有某個比例「管理費」。試問台大醫院、各地榮總、長庚、壢新等大型醫學機構等龐大的人事、會計、清潔員、警衛人員等非醫療專業人員的薪水支出有編列嗎？昂貴的醫療設備折舊與添購經費從何而來？藥價價差則是各醫院經費重要來源。當健保局把此管道圍堵之下，醫療機構為了生存，積極開發「非健保給付」的醫療項目，甚至勸誘病人要自付某些項目，「療效」會更好。這些亂象實是健保制度結構上的問題。遑論健保醫療以外的倫理道德、公德心、社會文化、法治觀念等因素 (林世嘉、蔡篤堅，2006)。因此看待全民健保系統亂象，必須以整體觀來重新定義問題。

---

❷ 民國 100 年 (2011 年) 5 月 1 日勞動節，終於爆發台灣第一次護士集體走上街頭抗議不合理的工作環境，尤其是許多大型醫院被稱為「血汗醫院」的苛薄待遇與不合理的工作量。

❸ 民國 101 年 (2012 年) 5 月 1 日勞動節，台灣的護士再度集體走上街頭抗議，他們高喊：「要加薪、要休假、要結婚」；同時各大醫院紛紛傳出護士荒。

2-5 結論

　　當代經濟社會問題急需以宏觀角度，進行系統思考，以提供整體配套政策及作法，而避免「頭痛醫頭，腳痛醫腳」之治標迷思。是故必須以整體觀點來思考系統結構，以增加對其系統行為的了解，找到治標兼治本的途徑，實在是刻不容緩。經濟社會議題通常是一個複雜且動態性問題，需以系統思考來定義問題，分析問題。最後本章特別強調系統方法和目前解析法為主流之科學方法是互補的方法論。前者擅長定義問題，後者提供犀利之解題工具。是故當今世界急需要「整合」之科學方法，也就必須從系統思考開始。因此，國內許多學者對於社會科學研究方法中「數量方法」或是「質性研究」孰優之論戰可休兵矣。兩者各有其優缺點，或者說各擅勝場，其實它們分別起緣於兩個不同科學哲學典範。

　　當代社會中複雜的公共政策問題很適合以系統觀點來分析，例如，教育改革、台灣水資源管理、公共運輸系統、環保問題、社會治安問題、科學園區發展、區域經濟之分析、全民健保制度之發展、兩岸產業發展⋯⋯等等公共議題。系統大師 Churchman (1968) 引用印度古老的「瞎子摸象」故事來質問：「對於未知的事物，每一個人彷彿瞎子，問題是如何由許多個人的認知去獲得整體觀呢？」在解析法與邏輯實證科學哲學盛行的當今社會，吾人希望有更多的學者加入系統思考的行列，以解決與日俱增之複雜社會問題；畢竟強調專業分工與邏輯實證論當道的社會，專業領域愈分愈細，造成了我們的世界缺乏跨領域的「大通家」；如果大家能透過整體觀之系統思考哲學，塑造一種對公共議題開放討論之文化氣氛，將有助於解決當前台灣經濟社會中重大公共議題的困境。

討論題

1. 專業化分工、多元化價值的的社會，要如何整合、凝聚共識？
2. 您認為挑選系統結構的改革者是要從系統內找人選？還是從系統外？為什麼？

關鍵字

系統思考　　　　　　　　　　社會系統
系統觀　　　　　　　　　　　公共議題

附註

原文發表於《產業與管理論壇》修改而成。

CHAPTER 3

產業分析方法論比較：產業經濟與系統動態學

產業經濟成長對於國家經濟的發展，是一個非常重要與複雜的問題。世界各國的政府大多會制訂直接或間接相關產業政策加以扶植，並且試圖影響廠商策略，以達到經濟發展之目的。然而各國產業發展的環境條件並不相同。是故，產業發展是一個非常複雜且動態之問題，因此如何尋找適當的產業分析方法，就成為一個重要的課題了。

產業經濟學與系統動態學是站在不同的哲學基礎上，各有其優缺點。然而在與日俱增複雜性之產業發展問題上，科技演進與產業分工愈細、專業領域知識也愈分愈細；我們的世界不但缺乏專家，更缺乏跨領域而且具有整體觀的「大通家」。因此本章鼓勵以宏觀角度之系統動態學來分析產業發展與經濟政策之相關問題。

◎ 3-1 前　言

產業發展與經濟成長對於開發中國家的發展，是一個非常重要與複雜的問題。因為開發中國家在扶植新興產業的初期，有許多相同發展的限制：例如產業萌芽期，廠商通常缺乏製造與設計技術；其次是相關產業技術水準薄弱；第三是缺乏相關專業勞動力。第四是市場進入障礙高，需要大量資金投入生產、行銷與研發活動。最後更需要從國外技術廠商引進技術。因此早期政府常扮演關鍵

角色,政府會制定相關產業政策加以扶植,並且試圖影響廠商策略,以達到扶植新興幼稚產業 (Infant Industry) 的目的。然而開發中國家產業發展的環境條件並不相同。例如,他們的自然資源 (Natural Resource Constraint) 不同;是否擁有石油、鐵礦、煤、天然氣、海洋資源,土地面積、人口數目等因素也皆不相同。其人為累積之要素稟賦 (Factor Endowment) 也不同;例如,平均勞動力大小或教育水準高低不同;累積的固定資本 (Capital) 的大小也不同;市場規模大小亦相異。此外,產品生命週期 (Product Life Cycle) 的不同;不同的國家其發展產業的時間相異;換言之,它們面對了不同的產品生命週期。更重要的是它們的經濟制度 (Institutions) 和產業政策 (Industrial Policy) 也都不盡相同。因此開發中國家的產業發展是一個複雜且動態過程;甚至已開發國家之產業發展的問題,亦復如是。

其實開發中國家產業發展,是一連串產業發展因素與環境不斷互動的動態結果。它受到政府政策、經濟制度與法律、業者策略、技術母廠策略、市場規模大小,以及相關產業水準等環境因素的影響。甚至還受到其他因素深遠的衝擊;例如,廠商規模大小與消費者偏好特性。由於這些複雜的因素並非獨立作用,而是環環相扣,並且互為因果地交互作用。

然而目前主流分析方法為產業經濟學,有其限制性;它是以邏輯實證論的解析法為主軸,即是以許多先驗條件假設下的數理模型為前提,偏重於相關數量方法進行研究。但是一個重要的問題是:如果不符合前提假設時,那要如何去分析呢?尤其產業發展問題通常同時包括量化與質性的變數。

是故,研究產業發展之方法,應該同時考量產業發展因素與環境不斷互動的關鍵原因。適切的包含質性與量化的研究方法論,更是需求殷切。本章嘗試比較系統動態學與產業經濟方法論來分析產業發展的優缺點,以利產業研究之學者與工作者之參考。

◉ 3-2 產業研究方法論的比較

▶ 3-2-1 產業經濟學方法論

產業經濟學 (Industrial Economics) 簡稱產經,是個體經濟學的分支,是一門專門討論經濟體系內各種產業組織或結構的問題,包括分析廠商的行為及彼此之

間的關係，並且探討整體經濟績效。因此，政府政策、法令等，產業環境面的問題亦在其討論範圍之內。由於其討論重心在於產業結構與廠商行為，因此它又稱為產業結構 (Industrial Construction) 或產業組織 (Industrial Organization)。此外，產業經濟學中還有許多在個體經濟學理論中未曾討論或討論不深入的課題，如廠商勾結、企業聯盟或合併、訂價行為、廣告行銷、研究發展、公平交易法以及產業政策等相關問題。產業經濟學相對於個體經濟學而言，前者較專注於廠商的行為，政府的政策及各種不同產業結構的分析，因此較為精細而複雜。它同時運用統計計量的方法去分析資料，是屬於一門較為專門而實用的科學。而個體經濟學則較偏重經濟概念與理論的分析，對於廠商的行為及不同市場結構的某些議題及政府的政策則較少觸及。產業經濟學的研究方法比起個體經濟的研究方法較複雜。

產業經濟學有系統的研究始於 1930 年代美國 Harvard 大學的 E. S. Mason 教授，其後經 J. S. Bain、G. J. Stigler、H. H. Simon 等的努力，產業經濟學的研究才逐漸定型化。目前產業經濟學以個體理論為基礎，以統計及計量經濟學的方法檢驗研究經濟結構、廠商行為及經濟績效與政府政策。

產業經濟學家通常喜歡採取統計的計量方法，以實際的資料去分析解釋現實的經濟現象，及驗證經濟理論或創造新的經濟模型。它在研究方法上主要有兩個，一是以「結構 - 行為 - 績效 (Structure-Conduct-Performance，簡稱 SCP) 的架構」，來探討產業結構與廠商行為及經濟績效間的關係。另一個是以價格理論 (Price Theory) 中的經濟模型來研究廠商的行為及市場結構。晚近更借助價格理論中之賽局理論 (Game Theory) 與可競爭市場分析法 (Contestable Market Analysis) 來分析廠商的行為與產業結構。然而這個研究方法仍然不離個體經濟理論的範圍，仍具有純理論、過分簡單化與偏重數理模型假設的缺點。因此產業經濟學傳統上仍然以「結構 - 行為 - 績效」架構分析法為主流。不過產業經濟學亦有其優點，也就是其研究模型常應用計量經濟或統計方法，具有邏輯實證方法論之長處：假設與驗證、推論上之嚴謹性；這是當前科學研究的主流方法。

然而諾貝爾經濟獎得主 R. H. Coase 於 1937 年提出交易成本理論，解釋廠商出現的原因；他更於 1988 年由美國芝加哥大學出版了一本鉅著 *The Firm, the Market, and the Law*。他不僅開創了嶄新的法律經濟學學派，更鼓勵學者從實際複雜經濟問題現象的觀察，以法律、制度及交易成本的角度，去從事產業經濟的實證研究；而避免只限於從現有理論與概念的延伸，而成了空洞的「黑板經濟學」

(Blackboard Economics)。就研究方法論而言，傳統產業經濟學主流是以經濟理論作演繹推論；Coase 之後的法律經濟學派或財產權學派、制度學派等學者，比較重視實際經濟現象問題的觀察歸納，其方法甚至接近個案研究方法；甚至 Coase 所發表的論文，完全沒有用到數學與統計符號，更不用說利用流行的計量經濟方法，堪稱經濟學界之異類。❶

▶ 3-2-2　系統動態學方法論

系統動態學 (System Dynamics，簡稱 SD) 方法之起源，是美國麻省理工學院 Sloan 管理學院教授 Jay W. Forrester 在 1950 年代後期所創立。1961 年 Forrester 出版《Industrial Dynamics》一書，為此方法論之濫觴，它首先被應用在製造業。後來，Forrester 更於 1969 年及 1971 年將系統動態學分別應用於都市層次 (Urban Dynamics) 與世界層次 (World Dynamics) 長期發展之分析。而 1972 年 Meadows 等人發行《成長的極限》(The Limits to Growth) 鉅著，更風靡全球。1980 年 Forrester 又更在美國統計學會學報，發表國家經濟 (National Economy) 模式，而有別傳統計量經濟模型。1990 年代之後，Peter M. Senge 更將系統動態學推廣到組織學習領域，也有眾多的研究運用系統動態學來分析組織、產業，乃至於國家層級之問題。

所以系統動態學由工程領域之應用，擴大至社會科學領域；包括管理功能、組織策略、產業經濟、總體經濟及全球層級議題之廣泛應用。除了應用領域廣大之外，系統動態學方法論相關議題，也不斷地有許多學者投入研究。例如，系統動態學的概念與方法、模式建構的問題、模式效度、理論與實務、個案研究等方面。因此，系統動態學發展了約半個世紀已成為一門成熟的方法論。

有關系統動態學之定義，Coyle (1996) 曾經彙整國外學者 Forrester、Coyle、Wolstenholme 等人之定義：Forrester 認為「系統動態學是研究系統內部資訊回饋之特性，並使用模式來改善組織結構及引導政策的制訂」。而 Coyle 則定義「系統動態學是一種將時間視為重要因素的問題分析方法，研究系統如何對抗環境的衝擊，並從環境中取得利益 (Benefit)，用以處理社會經濟 (Socio-Economic) 的問題；也可以說是管理科學的分支，用以處理管理階層的控制能力」。Wolstenholme 則指出：「系統動態學是藉由對一個複雜問題的質性描述、及其運

---

❶ 1990 年代經濟學界也出現以複雜動態的觀點，重新看待經濟問題的聲浪；其中以「演化經濟學」為代表分支學派。

作流程、資訊傳遞與組織邊界的定義，來建立量化模型，以進行組織結構及功能的設計。」

系統動態學的目標在透過系統結構來呈現整個系統動態行為的特性，並從結構中尋找政策介入點，而達到輔助決策的功能。探索系統的發展結構，除了能增加對過去實際觀察經驗的了解之外，在處理目前產業發展面臨的挑戰時，也能增進對於政策介入點的信心。

系統動態學的基礎在於資訊回饋理論、決策理論，以及系統設計等觀念，認為系統結構是影響系統行為的主要原因，並以流量 (Flow) 的觀念 (如人力流、資金流、機器流、訂單流、資訊流等) 來表達系統的運作；並可進一步進行量化模式之建構與模擬。其模式的建立方式為從目的論出發，從決策者之目的界定系統邊界，同時接受客觀的資訊以及主觀的觀察經驗及心智模式，針對問題本質探討背後之系統結構，建立系統動態模型，透過因果回饋環路 (Causal Loop 或 Influence Diagram) 描述系統結構，再由系統結構模擬系統行為，以作為決策之參考或改善系統之途徑。吾人以為系統動態學方法是連結人類心智模式與真實世界問題的橋樑，透過系統思考 (Systems Thinking) 與系統模式，來增加我們對複雜系統問題本質的了解，進一步了解更多系統結構與行為，並控制、改良系統績效，而達到系統之管理目的。然而複雜變數間因果關係的確認；或是系統動態模型建構之效度，則常常受到實證科學主義者所批判，其實它和實證主義是站在不同的哲學基礎。對於同一個議題，假使不同人的心智模式透過系統思考時，都會得到大同小異的系統結構。

系統動態學方法研究產業發展之應用代表作，當屬 1996 年 Ford 在系統動態學年會所發表之〈System Dynamics and the Electric Power Industry〉一文。該文獲得當年度 Forrester 最佳論文獎座，並在 1997 年發表於 *System Dynamics Review* 期刊。Ford 將美國電能產業分成三個階段，成功地利用系統動態學之因果回饋環路詮釋美國電能產業不同階段之歷史性發展；換言之，他探索建構其產業結構，並合理地描述其產業現象為何改變，以及長期發展之因果關係。Ford 特別提到系統動態學方法論如此有用的原因，就是能夠轉換吾人的心智模式 (Mental Models) 到電腦之模擬模式 (Computer Simulation Models)，透過電腦模擬來驗證我們的想法。是故，以系統動態學來建構宏觀角度之產業發展動態模型，是合理且成熟之研究途徑。

台灣系統動態學發展早期由國立交通大學管理科學系為濫觴，尤其謝長宏於 1980 年出版了第一本系統動態學中文書為代表性，其學生也是同事之詹天賜則組成了系統方法研究團隊，於 2000 年左右將系統思考與系統動態學應用於資訊系統的發展、產業發展與科技管理等領域。此外，天下文化公司於 1994 年翻譯了 Senge (1990) 之《第五項修練》一書，對於組織學習與系統思考的普及化，亦是功不可沒。多年來交通大學與中山大學之系統動態學博士生畢業與國外學習系統動態學學者回國，在管理科學等相關科系陸續開授系統動態學課程，使得系統動態學在主流的解析法掛帥下，仍留有一線曙光。❷

▶ 3-2-3　系統動態學與產業經濟學之異同

系統動態學應用在產業發展問題之適當性。不但在系統動態學學門有許多文獻支持；也能與產業組織 (Industrial Organization)，或稱為產業經濟學 (Industrial Economics) 之主流研究方式，獲得相互輝映之效。傳統產經分析方法論，係以 J. Bain 為首之「結構 (Structure)、行為 (Conduct) 與績效 (Performance)」分析架構為主流，簡稱 S-C-P 架構分析法。其主要理論是：不同之產業結構特性，會左右廠商行為，也因此會得到不同之經濟績效。簡言之，市場結構決定廠商行為，廠商行為則影響最後的經濟績效。這樣的理論基礎與系統動態學的精神，具有異曲同工之妙。

然而，兩者最大不同點在於：主流的產業經濟學仍以邏輯實證主義之計量經濟為主，它強調的是理論或模式的驗證；著重演繹推論之精神；而系統動態學強調問題本質的了解，以從目的論出發，探討整體互動造成的複雜現象。兩者係站在不同知識論的基礎，產經以解析法演繹出強調絕對客觀知識之化約主義者；系統動態學則是以整體觀之方法論進行研究設計之歸納演繹結果與結論，提出相對客觀之實用性 (Functional) 及整體性 (Holistic) 知識；換言之，前者強調基本哲學 (Foundationalist Philosophy)，後者是相對主義者 (Relativist)。前者是解析法，後者是整體系統觀；如此的不同哲學基礎已經決定其限制與長處，例如解析法對於問題的解決能力是其長處，而系統觀對於問題之定義則非常犀利。

此外，產業經濟學中 S-C-P 架構分析法，是著重在傳統經濟學之比較靜態分析，強調在其他條件不變之下，兩兩變數之間的比較或實證其因果關係。例如：

---

❷ 台灣 SD 學者於 2010 年 6 月 19 日舉行了社團法人「中華系統動力（態）學學會」成立大會。

技術進步與經濟成長、廠商規模大小與市場集中度、研發支出與集中度、廠商規模與利潤率之關係等等議題。或是以賽局理論 (Game Theory) 來解釋廠商行為與市場均衡。而動態的經濟成長模型則偏重在國家層級的經濟成長討論，其模型也都是化簡式模型 (Reduced Form)；從 Harrod-Domar 古典模型、Solow (1956) 新古典成長模型強調實質資本累積，乃至於 Romer (1986) 提出內生成長模型 (Endogenous Growth Model) 開始重視人力資本的累積。然而吾人懷疑這些產業經濟或總體經濟之成長模型；其過度化約式及先驗性假設的限制，可能無法圓滿詮釋複雜且動態之產業發展的相關問題。諸如，影響產業發展因素，可能互為因果之交互影響；尤其是相關變數非線性的變化；或是變數之時間遞延現象；以及外生產業發展環境因素之複雜交錯作用。而這是系統動態學方法論所擅長解決的問題。尤其產業發展牽涉到複雜之政府政策與法律制度、國內外廠商策略、產業聚落群聚效果和消費者偏好與文化等特性交互影響。綜合上述產業發展問題之特性，可知產業發展是一個複雜之動態問題，相關研究採用系統動態學作為分析方法是適切的；並且彌補產業經濟學方法論之不足。

3-3 結　論

　　產業經濟學與系統動態學是站在不同的哲學基礎上，各有其優缺點。然而，在經濟學所代表的邏輯實證論當道的今世，我們則要鼓勵以系統思考之整體觀來分析複雜的經濟問題，而系統動態學是系統方法學派之一門實用的方法論。簡言之，系統動態學對於產業發展趨勢之分析、政策模擬，是適切之方法論。其兼具質性與量化模型，在學術界與實務界都有相當之價值。

　　系統動態學在產業發展分析研究方面，仍可再加強運用。例如，台灣的高科技產業發展相關研究；例如光電、通訊、生醫等產業發展模擬；或傳統產業分析：工具機、汽機車、腳踏車、化工、鋼鐵、水泥等產業。甚至是服務業：連鎖業、銀行業、物流業、醫療服務業等產業都值得以系統動態學來作研究。

　　此外，系統動態學很適合需要以整體觀點來分析複雜的公共政策問題，例如，教育改革、台灣水資源管理、公共運輸系統、環保問題、社會治安問題、科學園區發展、區域經濟之規劃分析、全民健保制度之發展、兩岸產業發展……等等公共議題，都是系統動態學或是系統思考方法論可發揮之處。

系統大師 Churchman (1968) 引用印度古老的「瞎子摸象」故事來說明:「對於未知的事物,每一個人彷彿是瞎子,問題是如何由個別個人的認知去獲得整體觀呢?」在解析法與邏輯實證科學盛行的當今社會,吾人希望有更多的學者加入系統思考的行列,以解決複雜社會問題;畢竟強調專業分工的社會,人文與科學專業領域愈分愈細,我們的世界不但缺乏專家,更缺乏跨領域而且具有整體觀的「大通家」;如果大通家之難覓是一種宿命,吾人只能謙卑地透過整體觀之系統思考哲學,廣學多聞,不斷反思,並且塑造一種對公共議題開放、理性討論之文化氣氛。

討論題

1. 總體經濟乃至於世界經濟的複雜度更高,分析時要考慮哪些構面?
2. 一個系統的邊界如何界定?換言之,如何定義某一個產業範圍?

複習題

1. 何謂產經之 S-C-P 架構?
2. 產經與系統動態學的哲學基礎是什麼?
3. 對於實務界人士,您認為他們會偏好何種分析方法?

關鍵字

系統思考	產業發展
系統動態學	人力資本
產業經濟學	

附註

原文發表於《產業論壇》修改而成。

CHAPTER 4

產業資訊系統

　　產業技術資訊服務系統 (Industry Technology Information Services Systems，簡稱 ITIS)，是台灣政府發展高科技產業或傳統產業技術時，提供產業相關資訊服務之重點計畫。ITIS 有別於以往企業組織層級之行銷資訊系統，它是台灣官方以產業組織層級為發展目的，刻意培植的國家級產業資訊與情報體系，可說是以國家整體競爭力為焦點的專責產業行銷情報系統。此外，在已開發國家之日本與開發中國家之韓國，也都積極發展產業層級的行銷資訊系統。本章利用 Ackoff 社會系統觀點與 Jan and Tsai 之資訊系統發展 (Information System Development，簡稱 ISD) 演進觀點，進行產業技術資訊系統發展之研究，也就是以經濟部 ITIS 計畫為研究對象，利用歸納與質性研究方法，進行個案分析及專家訪談，歸納出產業技術資訊服務系統之四個演進階段，並作相關之討論。從所歸納出的產業技術資訊服務系統之四個演進階段中，我們可以了解到建立產業整體行銷資訊系統的演進階段之角色、目的與未來的發展策略。

◎ 4-1 前　言

　　台灣為提升產業競爭力，促進產業升級，極力推展產業技術資訊服務系統。經濟部技術處於民國 78 年 (1989 年) 成立「產業技術資訊服務系統」，擴大了對產業界之服務層面，特別整合國內各研究機構資源，以進行產業資訊蒐集與趨勢分析。產業技術資訊相關資料庫之建立，對於產業研究工作、政府政策制定、企

業策略研擬等各方面資訊需求，都有相當的幫助。因此，許多國家都積極建立國內產業與技術資料庫與設立其服務窗口，迅速提供企業相關之產業資訊需求。此種產業資訊服務系統，不論是在先進國家中之日本 [野村總合研究所 (Nomura Research Institute，簡稱 NRI)] 或同為開發中國家之韓國 [韓國發展協會 (Korea Development Institute，簡稱 KDI)]，對於產業資訊服務之發展，均有積極作為。

在過去學術相關文獻中，大多以企業組織層級之行銷資訊系統或供應鏈相關主題為研究對象，鮮有研究產業技術資訊服務系統之相關議題。然而，在面臨外在環境資源十分豐富之情況下，如何整合相關資源，發展產業技術資訊服務系統，創造對政府及業者更大之價值，是當前產業資訊系統最大之挑戰。由上述因素可知，產業技術資訊服務系統除了是政府、業者極為重視外，而且在學術領域上也是值得探討的議題。本研究課題利用 Ackoff 社會系統觀點與 Jan and Tsai 之資訊系統發展演進觀點，以個案分析方法，歸納出產業技術資訊服務系統之演進，以增加對台灣經濟部 ITIS 計畫發展之了解。

4-2　產業資訊系統文獻探討

關於資訊系統之發展，國外學者 Benjamin (1972) 從電腦世代的觀點，提出資訊系統的應用由單一應用演進到多層級管理系統；Friedman (1990) 則從資訊科技進步的觀點，觀察資訊系統發展階段；Ackoff (1994) 以社會系統觀點提出資訊系統發展的演進過程；Grover (1998) 等人則指出資訊系統的演進依應用發展趨勢及資訊系統投資順序的角度觀察；Jan and Tsai (2001) 依 Ackoff 之社會系統理論，提出資訊系統發展之使命，在社會系統階段是多元化的，並將其組織、元件及較大系統之目的納入其中。

在產業技術資訊服務系統方面，蘇壎 (1992) 發現開發中國家為了促進經濟成長及提高產業競爭力，政府會致力於推動產業資訊系統 (Industry Information System，簡稱 IIS)；王正乾則在 1997 年針對國內廠商對產業資訊服務機構的需求情形做探討。然而學術上少有人採宏觀之系統觀點，來研究產業資訊系統之演進。

4-2-1 資訊系統演進

系統學者 Ackoff (1994) 提出社會系統一詞，針對現代社會企業目標多元化的特性，且提出企業組織的演進可分為機器、有機體與社會系統三個階段，而 Jan and Tsai 將此概念應用到資訊系統發展演進 (如表 4-1)。說明資訊系統的使命在今日社會中有重大之轉變，資訊除了可作為產品與服務外，也可以作為創新的創始者。在機器觀階段，資訊可被視為產品；在有機體觀階段，資訊扮演服務的角色；而在社會系統觀階段，資訊則可扮演創新的角色。傳統的資訊開發，著重在應用系統之開發，而社會系統階段則有轉移至資訊技術 (Information Technology，簡稱 IT) 管理方面，且社會系統觀階段之資訊系統發展之任務是多樣化與多元化的。

Jan and Tsai (2001) 更進一步以 Ackoff 之社會系統觀點，建構其資訊系統發展演進之系統觀，提出對資訊系統發展策略建議 (如表 4-2)。他們認為在社會系統觀階段，資訊系統發展之策略更趨向多元化。資訊系統發展的策略依組織對資訊系統發展控制力之大小，可分為三種策略：(1) 符合策略：係組織對資訊系統發展可以高度掌控之策略，開發方法為自行開發；(2) 適應策略是組織對資訊系統發展中度掌控策略，開發方法有跨組織資訊系統方法及委外開發方法；(3) 依循策略是組織對資訊系統發展低度掌控策略，開發方法有功能性套裝軟體方法及企業系統方法。這三種策略並有不同角色與之互動 (如表 4-3)。

◆ 表 4-1 資訊系統發展演進的三階段——Jan and Tsai 觀點

資訊系統發展階段	機器觀階段	有機體觀階段	社會系統觀階段
IS 角色	支援組織作為一個機器	支援組織作為一個有機體	支援組織作為一個社會系統
年代	約為 1950 年代末至 1960 年代	約為 1970 年代	約為 1980 年代
資訊角色	產品	服務	創新
組織目的	為了公司的擁有者	被高階經營階層所定義	須同時考量組織、及其元件、及其較大系統的目的

資料來源：Ackoff (1994); Jan and Tsai (2001)

◎ 表 4-2　資訊系統發展演進的三階段——Jan and Tsai 觀點

資訊系統發展階段	機器觀階段	有機體觀階段	社會系統觀階段
IS 角色	支援組織作為一個機器	支援組織作為一個有機體	支援組織作一個社會系統
年代	約為 1950 年代末至 1960 年代	約為 1970 年代	約為 1980 年代
組織目的	為了公司的擁有者	為其經營階段所定義	須同時考量組織及其元件及其較大系統的目的
IS 使命	支援交易處理系統	支援交易處理系統；作業控制系統；管理控制系統；策略規劃系統	支援組織目的： ・支援交易處理系統；作業控制系統；管理控制系統；策略規劃系統 ・支援組織在動盪環境中實施策略 支援元件目的： ・支援元件達成其目的 ・使個人及群體工作更好 來自組織外的較大系統： ・外部 IS 部門的使命在支援組織與元件
資訊系統發展策略	僅由資訊專業人員設計	軟體生命發展週期；企業系統規劃；關鍵成功因素	符合策略 (高度控制)： ・以流程導向方法、物件導向方法或 CASE-aided 方法自行開發 適應策略 (中度控制)： ・跨組織資訊系統；委外開發 跟隨策略 (低度控制)： ・套裝軟體系統；企業系統
互動模式	將 IS 視為產品，沒有什麼互動	使用者與設計者	・使用者、設計者及 IS 提供者 ・組織與廠商或合作夥伴

資料來源：Jan and Tsai (2001)

　　Browersox and Closs (1996) 認為資訊的功能可分為四個層次：(1) 交易系統；(2) 管理控制；(3) 決策分析；(4) 策略規劃。而一個良好的資訊系統，必須兼顧六大原則：(1) 供應力；(2) 準確性；(3) 即時性；(4) 異常資訊報告；(5) 彈性；(6) 適當格式。蘇義雄 (2000)

⬆ 表 4-3　社會系統紀元之資訊系統發展開發方法與策略

資訊系統發展方法	控制程度	策略	主要的互動
自行開發	高度控制 (組織可以完全控制資訊系統的發展)	符合策略	使用者 設計者
跨組織資訊系統委外開發	中度控制 (組織與夥伴一起合作控制)	適應策略	使用者 設計者 合作夥伴
功能性套裝軟體企業系統	低度控制 (由廠商所控制，因為系統所欲達到的狀態是由廠商所定義)	依循策略	使用者 設計者 廠商

資料來源：Jan and Tsai (2001)

Grover (1998) 等人指出資訊系統的演進依應用發展趨勢及資訊系統投資順序的角度觀察，大略可分成四個時期：(1) 電子資料處理；(2) 管理資訊系統；(3) 決策支援系統與策略支援系統；(4) 資訊系統。Grover (1998) 等人指出 1990 年代由於網際網路的盛行及資訊系統在組織流程再造工程中扮演重要角色，資訊系統已經是無所不在了，傳統的階層式組織趨向扁平化，透過功能強大的新技術，使得組織能夠更有效的合作及協調。在 1999 年，Press 指出 1990 年代中期，由於以傳輸控制 / 網路通訊協定 (Transmission Control Protocol/Internet Protocol，簡稱 TCP/IP) 為基礎的網際網路開放商業使用，使得網際網路成為世界性共通的網路。

▶ 4-2-2　產業技術資訊服務系統發展

蘇壕於 1992 年指出產業研究與產業資訊的必要性，尤其是開發中國家為了促進經濟成長及提高產業競爭力，政府部門都會制定產業政策，而政策的制定又需對產業研究有所投入，而產業研究又須對產業活動有所了解，而這就有賴產業資訊的蒐集。並以產業為組織的觀點，進行產業資訊系統規劃的研究。將範圍定在產業資訊需求，配合資訊需求所應建立的資料需求及可行性分析 (如圖 4-1)。

在 1997 年，王正乾則針對國內廠商對產業資訊服務機構的需求情形做探討，其研究顯示業者需要專業產業資訊服務，有很大成分是在降低對於經營環境的不確定性，因此當外在環境愈能影響企業的決策時，對產業資訊需求的動機愈強，

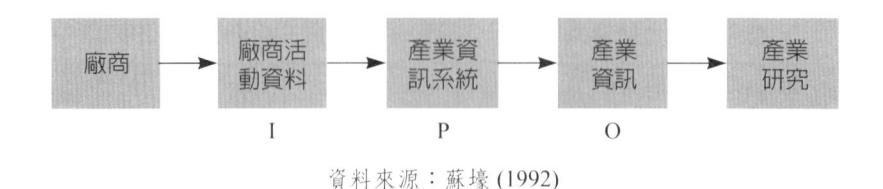

```
廠商 → 廠商活動資料 → 產業資訊系統 → 產業資訊 → 產業研究
         I              P            O
```

資料來源：蘇壕 (1992)

圖 4-1　廠商資料轉換成產業資訊模式

尤其在相關的科技趨勢及市場競爭態勢愈能影響企業時，並且企業本身決策愈能影響到外在環境時，其企業對於產業資訊直接需求動機也就愈強烈。

林國平於 1999 年曾以電子資料庫之應用作研究，由於電子通訊及資料庫科技之結合，目前國內外有許多產業分析資料都以電子資料庫之型態存在，在未來的產業研究與高科技的資訊系統更是脫離不了關係。由此更可以看出產業資訊系統之重要性 (林國平、洪育忠，2002)。

綜觀相關國內外文獻，可知產業技術資訊服務系統的研究少有人以整體觀與宏觀之角度，探討產業資訊系統發展之演進。因此本研究利用學者 Ackoff (1994) 社會系統與 Jan and Tsai (2001) 之資訊系統演進觀點，探索台灣產業技術資訊服務系統之演進。

▶ 4-2-3　研究方法

本章以產業技術資訊服務系統作為主要研究對象，在資訊系統內容中均屬於概念式的指標判斷，較欠缺適合之模型或客觀量化的指標，不適合定量研究，而且本研究課題在學術上尚屬摸索階段，較適合採用質性研究 (Qualitative Research) 的個案研究法 (Case Study) 和深度訪談 (In-depth Interviews) 技巧 (Yin, 1994)。此外，採用個案研究方式較容易掌握其發展過程或歷史性之現象，同時藉由實際訪談考察，易於取得接近事實之資料，以洞察其因果關係。

產業技術資訊服務系統之發展既複雜且多元性，符合 Ackoff (1994) 與 Jan & Tsai (2001) 所提之社會系統觀點，認為資訊系統之角色是支援組織成為一個社會系統，其使命為支援組織的策略，將組織、元件及較大系統之目的納入考量，才能更有效的整合不同層次系統之目標與功能，創造更多的附加價值，以期提升產業技術資訊服務系統之競爭力。經濟部所發展之台灣產業技術資訊系統，具複雜性與多元性，其成員有工業技術研究院資訊中心、工業技術研究院產業經濟與趨勢研究中心、資訊工業策進會、台灣經濟研究院、金屬工業中心、紡織產業綜合

研究所、生物技術開發中心、食品工業發展研究所共八個跨組織單位，各隸屬不同之法人，本身有不同之目的與成立之宗旨，但在經濟部這個大系統下，它們有其共同之目的與目標，所以符合 Ackoff 社會系統觀點與 Jan and Tsai 之社會系統資訊系統發展演進觀點。

因此，本研究採用個案研究法，並配合專家深度訪談之方式進行調查，以及利用 Ackoff 與 Jan and Tsai 所提之社會系統觀點，為台灣之產業技術資訊服務系統建構其演進之模式。研究過程作者曾做專家訪談，例如：深度訪談前產業科技資訊服務總計畫主持人游啟聰先生，其一開始便參與產業科技資訊服務計畫之整體規劃與執行；另外在資訊技術方面則有工研院資訊中心李麗珠組長、鄭美瓊研究員及產業學院陳婉儀組長，此三位資訊技術資深專業人員參與產業科技資訊服務計畫均超過 15 年之久。

4-3　ITIS 產業技術資訊服務系統演進

4-3-1　系統緣起

台灣政府近年來致力於發展高科技產業及傳統產業之轉型，對於有效運用工業科技資訊與市場情報資訊之知識性資源為其工作重點。換言之，即是發展產業技術資訊服務系統。現今各產業間彼此之關聯性亦日趨複雜，對資訊的需求亦趨向跨領域之整合計畫，無論是資訊蒐集、產業分析人員之訓練計畫，客戶服務管道，資訊交流方式亦逐漸趨向整合，以求取最大之效益。面對每年產生數以萬計的工業科技與市場資訊，若無法有效地予以分類、研究及分析，其發揮的功能將極有限，因此如何將此等資料有系統地以專題研究分析，並以有效的資訊提供政府、研究機構及工業界進行前瞻性策略規劃，提高研究發展之成效及適時掌握市場契機，便成為重要之課題。

由於台灣是個海島型國家，天然資源本來就不充足，在面臨地小人稠之經濟環境下，必須謀求產業結構之改變；而且隨著經濟國際化與自由化措施之發展下，一來使得產品關聯性愈來愈大，二來阻礙金融、貨物、人員、資訊流通之藩籬逐漸消失，面對全球化競爭之壓力、客戶需求之快速變化、產品生命週期之縮短，以及協同供應鏈管理發展趨勢之影響，也帶動整個產業結構之加速變動，身

處在急遽變化之產業環境裡，如何能在龐大的資訊中，加上適時的分析模式，並透過快速之溝通介面，以能提供政府與業界之經營者所需之產業技術資訊，使能做出正確之決策，對於目前之產業技術資訊系統來說，也是個相當重要之議題。

目前台灣之產業結構多屬中小型企業，本身在人力與財力之資源上也較不如大型企業，因此在資訊蒐集管道與分析技巧上，缺乏其相關人才與規模經濟效果，所以產業技術資訊服務系統也正因應台灣企業需求孕育而生，加上資訊科技、通訊網路之進步，此專業性資訊服務機構藉由專業人士來處理一連串資料之蒐集、彙整、分析成為有用之資訊，再經由資訊科技與通訊管道以更經濟、迅速、方便提供給政府、業界及相關研究機構。

研究發展是產業升級之主要關鍵，而研究計畫之擬定與執行必須借助於資訊的有效運用。根據一項國外專家之研究指出❶，若研究參考資訊得以充分提供，即可縮短 30% 的研究期和 50% 的發展期，對於科技研究的潛力，也將有 20%~30% 的提升，顯示資訊科技能否正確與快速之提供，對於台灣未來產業發展方向是否正確且快速的提升極為重要。

經濟部技術處為了協助具有高投資、高風險、高報酬特性之高科技產業，特於 1989 年成立「產業科技資訊服務」(ITIS) 計畫，委託全國八個研究單位進行產業研究，提供產業技術資訊服務。以 2003 年為例，申請計畫總金額約為新台幣 17 億元，研究人員 170 位，顯示出政府不遺餘力的帶動整個產業技術資訊服務系統，期望藉由產業、市場、技術、廠商等資訊的提供，對高科技業者經營決策有所助益❷。

▶ 4-3-2　系統目的

產業技術資訊服務系統將其資訊做有系統、專題性的分析與研究，並培養產業資訊分析專家，其目的有三：(1) 提供最新的市場及技術趨勢，以利有關業者進行投資、技術移轉、拓展國內外市場，及民間研究方向釐定之參考；(2) 協助國內各研究機構，了解有關技術方面之需求，以作為其訂定工業技術研究發展之參考；(3) 掌握有關產業之國內外市場及技術等有關資料，並有效地提供政府專業性

---

❶ 經濟部產業技術資訊服務推廣計畫書，1989 年至 2003 年。
❷ 2000 年 7 月起因工研院經資中心 (IEK) 成立，將原來各所產業科技資訊服務計畫合而為一，原先共有 20 個執行單位，目前合併成 8 個。

的建議，以作為政府、研究機構，及業界做前瞻性策略規劃之參考，以提升台灣國際競爭力，促進經濟發展以迎頭趕上已開發國家。

4-3-3 系統服務內容

台灣政府為全力提倡資訊有價觀念，提倡智慧財產權維護運動，並不斷地刺激工商業界對資訊的需求，其目前工作內容有下列數項：

- 產業、市場與技術之動向、環境分析與未來趨勢預測。
- 國內研究發展現況與相關資訊。
- 海關進出口與產銷統計資料。
- 國外科技資訊與資料庫檢索。
- 技術之研究、發展與投資分析。
- 一般工商業界委託資訊調查研究。

4-3-4 系統演進階段

本研究根據 Ackoff (1994) 之社會系統觀點與 Jan and Tsai (2001) 對於資訊系統發展策略演進，發現其產業資訊服務系統發展演進主要著重在系統資訊整合，並且提供符合多元化之資訊需求與系統服務介面；其系統開發策略則從一開始即傾向所謂的適應控制 (中度控制) 之跨組織資訊系統合作開發或委外開發方式。亦即在組織內引進外界資源競爭機制；組織內部資訊系統開發部門，也將部分系統開發業務委外設計發展 (如表 4-4)。

1. 第一階段：萌芽期 (1989 年至 1993 年)

在此時期國內少有專門之產業資訊服務之單位，以至於國內從事產業研究、資訊服務之專業公司稀少，且對國內產業報導亦十分貧乏。經濟部有鑑於此，支持推動「產業科技資訊服務計畫」(ITIS)，期能串連所屬各財團法人從事相關產業研究工作，以建立其產業科技資訊服務網，進而助益政府決策、研究機構開發技術及業者開拓市場。因此對產業資訊系統而言，其使命是成為產、官、學、研各界專業性資訊服務與諮詢的專業機構。目標即是提供最新之市場資訊及技術趨勢，作為政府、研究機構及相關業者之參考。

● 表 4-4　產業技術資訊系統發展階段

ITIS 演演階段	I. 萌芽期 (1989~1993)	II. 成長期 (1994~1997)	III. 茁壯期 (1998~2001)	IV. 成熟期 (2002~)
資訊系統發展策略	適應策略（中度控制）			
系統使命	成為產、官、學界專業性資訊服務與諮詢專業機構	建立產業分析專家及技術分析專家為基礎之專家幕僚體系	建立產業升級之專家智庫	政府擬定產業政策之依據、產業界發展策略之諮詢中心
目標	提供最新的市場及技術趨勢，作為政府、研究機構及相關業者之參考	促進各產業領域之資訊提供單位整合；強化現有之資料庫能力；整合產業技術資訊及網路服務架構	協助政府擬定產業政策；研究單位技術研發動向之掌握；滿足業界長期技術之需求	產業政策形成的智庫；產業發展和轉型之諮詢機構；提供具競爭力的產品和服務
項目	1. 建立本土之產業科技資料庫 2. 培養專業之產業分析人才 3. 產業專題調查研究 4. 成立專業化之產業科技資訊機構 5. 資訊服務	1. ITIS 資料庫建置 2. 蒐集國外產業共通性資料 3. 客戶滿意度調查	1. 網站建置與管理 2. Lotus Notes 系統開發及維護 3. 產業研究資訊服務擴增 4. 推動六大核心能力建置	1. 落實六大核心能力之建立和強化 2. 成為內容提供者 (Content Provider)
功能	1. 檢索介面功能增加 2. 全文檢索介面整合 3. 計費系統 4. 出版品線上訂購系統	1. ITIS WWW 資料庫系統建置 2. 建立統一規範（內容規格、通訊方式、產業產品分類） 3. 已規劃建置完成之資料庫應視市場反應而調整 4. 建立資料庫資訊推廣與服務體系 5. Lotus Notes 引進及推廣應用	1. 產業研究資料庫 2. 技能管理系統 3. 出版品進銷存系統 4. 知識管理與客戶管理系統	1. 客戶管理系統 2. 車輛科技知識經濟網 3. IC 產業知識經濟網 4. 生物科技知識經濟網

IT軟體	RDBMS C語言 電傳視訊 (如BBS)	RDBMS C語言 電傳視訊 Gopher Server	RDBMS Lotus Notes PowerBuilder WWW	RDBMS Lotus Notes WWW
使用者介面	文字介面	文字介面	圖文介面	圖文介面
重要成果	1. 完成產業分析資訊系統，透過電傳視訊網路，提供即時檢索 2. 提供業界會員產業資訊服務與諮詢 3. 業界已漸能接受資訊有價之觀念	1. 完成ITIS研究資料庫規劃建置 2. ITIS產業資訊查詢系統維護 3. 產業技術資訊服務系統應用	1. 各專業網的建立 2. ITIS出版品及研討會訊息之傳遞 3. 最新訊息及活動報名Web化 4. 知識管理系統應用 5. 推動產業技術研究機構成立	1. 培育本土化及國際級產業分析人才 2. 建構產業智庫，提供業界全方面服務 3. 跨產業領域資訊之整合
面臨問題	1. 資料不易蒐集 2. 無法掌握使用者需求	1. 無法充分滿足各領域需要 2. 專案委託及資料庫建構耗費、人力不足 3. 無法掌握前瞻性技術發展	1. 業界對資訊高需求 2. 資訊之生命期短 3. 有限之人力、物力 4. 僅能選擇少部分較有相關性之題目進行研究	1. 各分項研究雖已整合，但對研究成果之展現缺乏彈性，造成跨單位合作之困擾

資料來源：戴俞萱 (2009)

此時之產業資訊系統開發初期是由經濟部委託工業技術研究院(簡稱工研院)之資訊中心(簡稱ISC)統籌做整體性之規劃及設計作業階段。當時任職工研院資訊中心的鄭美瓊研究員與陳婉儀副組長均指出在產業資訊系統發展初期,所採取的資訊系統發展策略為適應策略(中度控制),其系統部分是委託外面業者共同合作進行,如系統之可行性研究。ISC則是進行資訊工作規劃與對國外資訊公司之研究。在資訊技術方面:則有ISC將其電子資料庫之建立,在資料處理及資料維護,皆採用主從式系統(Client-Server)架構為主,充分資源,資料以純文字(TXT)之方式呈現,並透過交通部電信局數據所之電傳視訊(CVSNET)及教育部學術網路(TANET)。該系統並在民國81年4月正式對外上線使用,提供即時檢索資料庫與產業資訊服務與諮詢予使用者,此時的產業資訊系統是以免費的方式提供給使用者,使用者只需付電信費用即可取得所需資訊。

另外,其產業資訊系統相關整體性規劃工作如下:

- **國外資訊引進**:透過工研院在東京及美西辦事處或其他管道,有系統地蒐集日本、美國及歐洲之產業資訊,及適時參與國外資訊機構之Multi-Client計畫。
- **共同性硬體及軟體之建立**:如電腦資料庫網路系統規劃與建立,電傳視訊系統建立與維持,本院各業資訊共同服務體系之建立及人員培訓計畫。
- **整體性規劃**:包括計畫作業、制度規範建立、資訊蒐集及分析技術手冊之建立。

這階段任務為逐漸形成國內資料庫內容之標準規格之建立,並設置其專門之服務窗口,服務民間業者需求,並塑造其資訊環境,也使得業界漸漸能接受資訊有價之觀念。

2. 第二階段:成長期(1994年至1997年)

第二階段資訊系統之使命為建立產業分析專家及技術分析專家為基礎之專家幕僚體系。各執行單位計畫雖合於一,但仍獨立其研究,因此成立產業科技資訊服務計畫專案辦公室,來統籌規劃性及整合性之事務。有鑑於產業科技資訊服務計畫參與單位眾多,研究及行政事務日益增加,是故,系統目標以整合各產業領域之資訊提供單位,以發揮產業整合之綜效。

基於上述目標,持續將「資料庫服務業」作為資訊服務產業之重點。因為,資料庫之建立,除可解決研究工作的進行、政府政策的制定、企業策略的研擬等

各方面資訊需求的困境,也可以提高資訊運用的效率,減少人力、時間資源的浪費。因此在此階段對於資訊的處理分項是由工研院資訊中心與台灣經濟研究院共同發展,前者主要負責 ITIS 計畫產出之產業資料庫之相關建置,後者主要負責經濟部科技專案成果之彙編,及共通性產業資料之提供。其資訊系統發展策略一樣採取中度控制之適應策略,由工研院資訊中心與委外單位資訊系統共同開發其產業資訊系統,另一方面,也開始進行建立其資訊系統收費機制之研究。

另外,為有效管理、交流及協調各單位之研究成果及計畫執行,乃規劃導入 IBM 公司之群組軟體 Lotus Notes,以建置各執行單位之研究資料庫,希望透過此研究資料庫之建置及推廣達成下列目的:

- **有效管理及推廣各類**產業科技資訊服務計畫**電子出版品**:文件種類包括一般中英文文件、圖表、圖形、影像及聲音;透過資料庫分類及全文檢索可以檢索一般中英文文件及文字表格;以降低文件管理成本並提升文件管理效率。
- **增進**產業科技資訊服務計畫**研究人員經驗交流與累積**產業科技資訊服務計畫**研究成果**:系統提供文件儲存及中英文全文檢索之功能,以供研究人員快速存取電子文件,以利研究心得之保存及交流。

另外,為了配合網際網路之蓬勃發展,並在原有之系統上規劃網際網路 (World Wide Web,簡稱 WWW) 之介面,以拓展產業科技資訊服務計畫可與業界接觸的點與面。基本上不論以電傳視訊或是網際網路之介面都希望達成下列目標:

- 資料處理全程採用連線方式,透過線上傳送,完成資料庫內容之更新,以構成一完整的資訊傳輸網路。
- 系統提供多種查詢方式,包括選項查詢及關鍵詞查詢,並以使用者為導向,以利使用者快速取得所需資料。
- 加強講習活動功能,進入系統之使用者,能直接選擇「講習活動」,並迅速、完整的取得產業科技資訊服務計畫之相關講習活動資訊。
- 加強產業資訊中之國內外產經即時新聞及大陸訊息,使產業界能完整、迅速地得到產業資訊。
- 透過平面宣傳及動態展示,以加強產業科技資訊服務計畫之資料庫推廣作業,深入業界,增加資料庫之使用率。

- 提供全文下載功能,使產業技術資源能廣為業界使用,並為未來「使用者付費」機制奠定基礎。
- 加強產業科技資訊服務計畫之資料庫之使用宣傳,透過全面的宣傳使得各產業明白資料庫檢索的使用性及便利性。

基於以上之目標,在此階段除了將重新考慮電傳視訊或是網際網路所佔之比重,以及內容呈現方式,也針對其客戶滿意度做調查,以了解其客戶(含政府及業界)之需求,並派資深研究人員陳婉儀副組長與鄭美瓊研究員分別前往日本、大陸考察產業調查研究機構及電子資料庫內容,以尋求組織最適定位,提高 ITIS 之服務品質。

3. 第三階段:茁壯期 (1998 年至 2001 年)

在此時期,資訊系統之使命主要在建立產業升級之專家智庫,藉由此專家智庫作為政府擬定產業政策之依據、產業界新發展策略之諮詢中心,以及研究機構與學術機構的產業科技之資訊來源,進而滿足業界長期技術之需求,以提高產業本來機會之掌握程度。

隨著 1995 年網際網路的興起,DOS 系統快速褪去,網路興起使得資訊傳播技術產生了很大的改變,將原本利用傳統的電話網路傳遞方式,改由 web 之資訊技術,利用主從式應用系統 (Client-Server Applications) 提供了相對於傳統集中式應用系統之另外選擇,也讓使用者可在任何時間 (Anytime)、任何地點 (Anywhere) 在網際網路上查詢到所需之資訊。資訊之呈現方式也由以往之文字介面進步至圖形介面,傳輸資料也由純文字傳輸轉為圖形、影像與聲音之傳輸,低廉之網路成本,使得資訊之分享更為普遍與便利。在此時,也正式推出會員制度,以收費方式服務會員,並提供更具加值之資訊給其需要之會員。

從 1989 年起,在歷經八年時間的辛苦耕耘,ITIS 計畫之執行單位此時已有 18 個單位,且分散於八個財團法人機構,其規模、經驗、能力、步調、產業成熟度等均不相同,因此,也造成在計畫連繫、協調、管理與彙整等作業較其他計畫耗費時間及人力,因此,工研院在 2000 年 7 月成立產業經濟與資訊服務中心❸ (Industrial Economics and Knowledge Center,簡稱 IEK),將原來分散式的計畫運作組織,整合成一個具有共同願景及目標的研發團隊,以面對客戶需求的變化,以

---

❸ 後來改名為產業經濟與趨勢研究中心,但英文名稱不變。

能因時、因境而提供不同的產品服務，符合資訊服務之精神。另外，專案辦公室開始建置產業科技資訊服務計畫之 Lotus Notes 系統開發及維護，並推動五大核心管理能力之建立：

- **技能管理**：釐清達成組織目標所需的人員技能項目與技能水準；並對現況進行評估，確認技能缺口；進而擬訂計畫，彌補缺口；最終再運用發揮人員的技能，以達成組織設定之目標。技能管理規劃對產業科技資訊服務計畫未來發展所需的人員技能進行分析，並規劃所需的各類職務類別之專業訓練，以建立技能管理的細部流程，奠定產業科技資訊服務計畫技能管理的基礎。
- **知識管理**：委託外界管理顧問公司進行「ITIS 知識管理系統建構先導專案」，就產業科技資訊服務計畫之內部網路環境與現行資訊共享機制，建構兼顧流程、人員與科技應用的知識管理系統。主要目的是希望提升 ITIS 計畫產出效率、增進知識分享運用及強化整體競爭能力。
- **客戶管理**：規劃產業科技資訊服務計畫出版品管理系統，以便未來在網路上統籌管理出版品之銷售。
- **計畫管理**：針對計畫執行前之預備工作、計畫執行中之管制工作及執行後之考核工作進行控管。目前資料庫已涵蓋「計畫文件」、「成果統計」、「人力經費」三大項目。
- **科技管理**：利用資訊科技提高工作效率，並以 Lotus Notes 為核心，陸續建構其他相關之管理系統。

除藉此提高管理效率之外，在 1999 年 7 月委託朱博湧與蕭志同教授成立「產業論壇[4]」期刊，係透過書面及網際網路同時推出，提供產官學研各界探討有關國內外產業發展、政策與策略實施方向等專業性交流的知識平台，並結合理論與實務的研究方法與題目，以成為我國「產業」研究之專業期刊，並藉由以上各項管理工具之電子化、網路化，以電腦科技協助進度之控管。

4. 第四階段：成熟期 (2002 年迄今)

在邁入 21 世紀，系統使命將持續提供產業發展策略之依據，成為產業界發展策略之諮詢中心，目標為產業政策形成的智庫；產業發展和轉型之諮詢機構；提

---

[4] 2008 年產業論壇改名為產業與管理論壇。

供具競爭力的產品和服務。

在歷經前三個時期的努力之下，此時之產業資訊系統的功能也日漸複雜，除了達成其組織及元件目的之外，還有其外部組織之目的，成果如下：

- **配合知識經濟發展方案建置知識庫**：規劃協調工業技術研究院、資訊工業策進會、台灣經濟研究院、紡織產業綜合研究所等執行單位建置示範性知識庫，在本期已完成半導體產業、車輛產業、紡織產業知識庫之建置，及生技產業、資訊產業、科專成果知識庫之維護，內容包含產業資訊及技能學習網。
- **提升產業競爭力之座談會**：以擴散技術發展動態資訊。
- 產業科技資訊服務計畫之**策略規劃**：由各單位計畫之主持人及資深人員針對產業科技資訊服務計畫未來發展提供建議，最後經產業科技資訊服務計畫之綜合業務室彙整後呈報指導委員會，作為日後計畫執行方向之參考。
- **政府服務方面**：為提升產業科技資訊服務計畫之功能，強化政府智庫之角色，其服務有下列：(1) 將加強對經濟部技術處專業科室簡報服務：以增加與技術處各專業科室之互動，針對各產業之市場現況、變化原因進行分析，並提供政策建議；(2) 重大事件評析專刊：針對重大事件，不定時發布即時評析，以供相關單位參考；(3) 其他：提供政府及民意代表產業科技資訊服務計畫之出版品作為施政及問政參考，另配合技術處或其他政府單位之臨時需求，提供各項產業資訊服務。
- **整體推廣活動**：加強研究人員撰寫即時產業評析之能力，增加媒體曝光率及知名度。
- **人才培訓及經驗傳承**：實施技能管理，舉辦系列人才培訓活動，有系統的培育人才，並透過優良作品評選、觀摩研討會，以達到品質提升及經驗傳承、資源累積之目標。
- **產業分析人才資料庫**：完成產業分析人員資料庫建置共計 1,000 筆，行業別包括金融、紡織、化學、生技、食品、機械、建材、電子電機、電腦及軟體、光電通訊等，共 10 個類別。
- **產業分析協會及認證制度**：完成「台灣亞太產業分析專業協進會」之籌備工作，未來產業科技資訊服務計畫產業分析師之認證工作將交由該協會專門處理，在 2002 年度已完成產業科技資訊服務計畫之內部申請認證人員的資料蒐集及書面審查。

- **國際化**：遴選三位同仁赴海外短期駐點，完成美國聖地牙哥生技產業結構研究、美國車輛產業及光通訊產業研究。
- 產業科技資訊服務計畫之**客戶管理系統的導入**：為強化客戶關係，提升產業科技資訊服務計畫之服務品質，除延續前期之「ITIS 客戶管理系統導入可行性研究」與「CRM❺系統需求確認與流程規劃」，進行 CRM 基礎資訊平台規劃與建置，並陸續完成客戶資料管理模組、出版品管理模組、研討會管理模組、顧客關懷模組、整合行銷模組、管理作業模組等系統之開發測試。

4-4 結論與建議

4-4-1 總 結

首先，根據 Ackoff 之社會系統與 Jan and Tsai 對於資訊系統發展策略演進之觀點，可以了解到資訊系統在社會系統階段之發展策略之特性有三種：符合策略 (高度控制)、適應策略 (中度控制) 及依循策略 (低度控制)。

而本研究最後發現，產業科技資訊服務計畫經過二十多年來的發展，雖然資訊系統發展策略都是採取所謂適應控制，例如：跨組織資訊系統或者委外開發方式，但在 ITIS 本身每一個演進階段下，因為有不同的使命與目標，而且每個時期因採用的資訊科技不同，因此對於資訊的呈現方式也有所不同。另外，對於產業資訊系統的重心從原先以提供基本初級資料 (例如：政府統計資料)，漸漸朝向其專業的產業內容提供者。

由於使用者也不只侷限於外界的使用者 (例如：政府機關或者業者)，還有其內部的使用者在使用，透過其他之子功能系統以達到元件目的 (例如：減少工作流程，建立其知識管理庫)。因此，在多元化之產業科技資訊服務計畫中，本研究分析了從 1989 年至今產業資訊系統角色與使命的轉變與產業科技資訊服務計畫演進階段分成四個階段：

---

❺ 係指客戶關係管理 (Customer Relationship Management，簡稱 CRM)。

第一個階段是萌芽期，目的在支援組織成為產、官、學、研界專業性資訊服務與諮詢專業機構。此階段之資訊系統在支援組織提供最新的市場及技術趨勢，作為政府、研究機構及相關業者之參考。資訊系統發展策略是工研院資訊中心負責掌管其產業資訊系統規格建立之控制，委託業者進行相關系統可行性分析。另外，還參考國外相關資訊系統之建立情形，所採取的資訊系統策略是屬於中度控制之適應策略。

第二階段是成長期，其目的在建立產業分析專家及技術分析專家為基礎之專家幕僚體系，此階段之資訊系統在協助政府擬定產業政策，研究本身機構單位技術研發動向之掌握，滿足業界長期技術之需求，資訊系統發展策略是以跨組織資訊系統及合作夥伴共同開發方式，一樣還是屬於中度控制之適應策略。

第三階段是茁壯期，其組織目的在建立產業升級之專業智庫。此階段之資訊系統在整合各產業領域之資訊提供單位，發揮產業整合之綜效，資訊系統發展策略是以跨組織資訊系統及委外開發方式，是屬於中度控制之適應策略。

第四階段是成熟期，組織目的在使政府擬定產業政策之依據、產業界發展策略之諮詢中心，此階段之資訊系統除了以往對外部之資訊系統外，還有對內部之資訊系統，以培育 170 名產業專業分析師；推動知識服務業之發展，以達到社會系統應同時將組織與元件的目的納入考量。因此在資訊系統發展策略是以跨組織資訊系統及委外開發方式，也是屬於中度控制之適應策略。

由上述結論可知，經過這 20 多年來的發展，產業科技資訊服務計畫之系統在社會系統階段之發展除了考量組織之目的外，還有其系統內元件與較大系統之目的需納入考量。因此如何利用系統組織內部與外部資源，進行有效之產業資訊系統發展，不必所有資訊系統都由組織內部功能來開發，而應同時考慮到外部機構功能所提出之方案，以較快速且有效之方式來開發系統，且將同時扮演與內部資訊部門合作與競爭之角色。但多元化的發展也將會導致整合上困難度的增加。因此 MIS 部門之專業人員也必須經常去思考及調整整合之策略，甚至考慮新的整合方式，以因應這瞬息萬變的社會。

▶ 4-4-2 結　論

產業資訊系統發展之重點，就是如何創造更多之附加價值，尤其在面對社會系統紀元裡，將面臨專業資訊人員更加缺乏的現象，並增加產業資訊系統發展

之挑戰性。因此,管理人員首先應深入了解資訊提供給使用者之意義,進而去實現產業資訊系統真正的益處。這也衍生出管理資訊系統 (Management Information System,簡稱 MIS) 人員對系統思考之需求,因為一個專業之資訊人員,除了擁有專業的知識領域與同事的合作團隊能力之外,還必須不斷的去了解使用者的世界及其需求,並非關起門,悶著頭開發其系統。因此,培養具有系統觀之資訊人員,在利用資訊科技 (Information Technology,簡稱 IT) 解決問題之前,應更著重在問題的定義及對問題的思考;並不斷意識到組織環境、技術環境持續不斷增加其複雜的變化過程中,不斷自省改變其目標與資源,以增強其因應環境的能力。

此外管理資訊系統部門引進外部競爭機制,使管理資訊系統內部與外部環境處於既合作又競爭的狀態。透過競爭與合作,可加速內部功能的學習,從而提高其生產力。這種競爭機制的引進,也使資訊系統 (Information System,簡稱 IS) 部門成為更開放的系統,增加與環境的互動,加速吸收環境的資訊,及運用更多來自環境的資源合作,以增加因應環境的能力。

4-4-3 建 議

在社會系統階段裡,資訊系統發展的特性是來自企業外部的資源十分豐富,已造成資訊量過多的現象。如何由這些過量的資訊中過濾出有用的資訊,或者是對於系統開發合作夥伴之選擇,以作為資訊系統發展決策參考,這些都是一個值得探討的課題。另外,對於在多元化發展的情況下,在組織內會造成不同平台、不同技術工具並行之情形,因此將形成整合上之困難。因此整合小組的探討範圍將包含資訊科技基礎建設、資訊需求及資料庫三方面之整合,將其產業資訊系統功能效果發揮一加一大於二的情形。這些都是未來在產業資訊系統發展上相當重要的議題,未來有興趣之學者可以繼續研究此相關議題。

討論題

1. 試討論產業資訊系統與行銷資訊系統之間的關聯性。
2. 試上網利用搜尋引擎尋找世界各國與我國 ITIS 相似之計畫或組織。

複習題

1. 何謂社會系統觀？
2. 試解說系統學者 Ackoff (1994) 所提出的一個系統演進三階段為何。
3. 回顧台灣 ITIS 產業資訊服務系統發展演進的各階段。

關鍵字

社會系統觀點
產業技術資訊服務系統
產業組織

產業資訊系統
資訊系統發展

附註

1. 原文發表於《第九屆資訊管理暨實務研討會》修改而成。
2. 作者感謝工研院資訊中心同仁提供資料與寶貴意見。

第 2 篇

廠商、市場與產業組織行為模擬

CHAPTER 5

建構台灣汽車區域經銷商獲利模式

汽車產業被稱為製造業之火車頭工業,其產業關聯效果大,受到許多國家重視。而且汽車的普及率代表國民物質生活水準,其製造與銷售之競爭程度,非常激烈。當生產製造技術日臻成熟時,行銷與售後服務是獲利的主要途徑。事實上汽車的銷售量深受經濟景氣的影響,台灣地區汽車掛牌數於 1994 年創下 57 萬 5 千輛的歷史紀錄,而 2001 年則創下近十幾年來 34 萬 7 千輛的最低紀錄,而未來在人口出生率降低、石油等能源相對稀少趨勢下,使得汽車市場銷售將競爭加劇。然而台灣汽車市場的銷售主要以汽車代理商與區域經銷商為主,它們兼具行銷與售後維修服務之角色,因此形成了複雜的系統。本章以系統動態學來探討汽車區域經銷商獲利模式之系統結構,嘗試解釋其系統行為。研究結果顯示:品牌知名度、累積客戶保有車輛數和長期顧客滿意度為汽車區域經銷商提升獲利之關鍵因素與環路。

◎ 5-1 前 言

　　汽車同時具有消費財及生產財的功能,其需求量或普及率的多寡,代表該國人民所得水準或經濟發展之程度,而其產量大小亦影響汽車工業的發展 (蕭志同,2004)。汽車銷售深受經濟成長、市場規模、油價波動、交通等許多環境因素的影響,國內整體汽車市場掛牌數自 1992 年突破 50 萬輛後,1994 年更創下 57 萬 5

千輛的歷史新高紀錄，之後即因市場景氣不佳，整體市場呈現持續下滑的趨勢，2001 年創下近十幾年來的新低紀錄僅銷售 34 萬 7 千輛，未來在能源相對稀少，人口出生率下降情況下，市場競爭與如何獲利，將是重要議題。

國內汽車市場的銷售主要以區域經銷商為主，區域經銷商大多數為品牌經銷商，在品牌的光環下銷售車輛，各家車廠為了提升自我品牌的市場佔有率，而不斷的因應市場的變化，隨時更新產品及銷售策略甚至削價競爭。區域經銷商在激烈的價格競爭中，面臨的是超高營業額卻是超低的利潤，要如何在結構複雜的情境下，找尋其他的獲利因素，成為汽車區域經銷商所面臨的一大課題。汽車區域經銷商除了可從品牌知名度的提升，來增加消費者的購買意願以達到新車銷售的獲利之外，另一主要獲利的來源為新車的售後服務，藉由每月的新車銷售，來累積售後服務體系的累積保有台數，進而增加進廠維修保養台數。但隨著汽車整體市場的不斷改變之下，累積保有台數也跟著變化，一旦景氣衰退，車主少使用車子將使得累積保有台數迅速減少而降低營收，如何在複雜且不確定的大環境之下，仍然維持長期顧客滿意度及獲利，將是汽車區域經銷商的另一大課題。

國內學者對台灣汽車區域經銷商經營獲利之研究不多，賴其勳等 (2004) 探討汽車經銷商與供應商之間的聯合行動會提升經營績效。而簡炯瑜 (2007) 分析汽車銷售業經營成效與品牌、售後行銷、精緻化服務、顧客滿意度、直效行銷和完整之商品線有關。然而，過去文獻少有以整體觀點探究台灣汽車區域經銷商獲利之系統結構。若將汽車區域經銷商的經營獲利模式視為一個系統，則它是由許多複雜的因素所組成，例如：品牌知名度、累積保有台數和長期顧客滿意度，再加上整體汽車市場大環境的變動等因素，構成一個複雜且動態之系統。本章首先分析台灣汽車區域經銷商的一般特性，並應用系統動態學方法，深入的探討台灣汽車區域經銷商的獲利模式之結構，試圖解釋其行為並做動態模擬，此即為本研究之動機與目的。

5-2 文獻探討與汽車經銷商的特性

5-2-1 研究對象

連義保 (2001) 指出一般產品之行銷，在通路上，其直銷或經銷之考量因素為

有限的資源運用、機會成本、接近市場的效率等，一般產品之行銷通路以「供應商→經銷商→消費者」的型態為主。所謂供應商，乃泛指具有品牌名稱，自行生產或者進口產品來銷售，與經銷商訂有契約關係之供應商，其可以為設廠生產之廠商，或純進口產品以銷售之公司；所謂經銷商 (Dealer)，乃自行購買以取得商品之所有權，再將之出售給消費者，並且需與供應商訂有契約關係者。

2001 年簡清隆提出，供應商有指定代理商，代理商經由直營及投資經銷商銷售的比例小於 50%，且代理商無直接或間接投資經銷商，即產品銷售通路的垂直整合程度較低，而對於影響通路決策的考慮重要性之順序為通路成員因素、公司因素、市場因素及產品因素。然而，台灣地區的幅員並不廣闊，且市場規模不大，在各車廠在有限的產品線下，大多實施區域經銷的模式。

本章係以 Mazda 品牌 (以下簡稱 M 品牌) 汽車代理商之中部彰化區域經銷商 (啓達汽車) 為研究對象，該區域經銷商曾獲得該品牌經營績效前二名。選擇此品牌的最大原因是以 10 年左右時間，該公司重新打入台灣市場後，快速竄升至市佔率前五大廠，足見其經銷能力。本研究觀察期間從 2005 年 1 月至 2006 年 3 月，而以模式模擬由 2005 年 1 月至 2007 年 1 月，由於資料係以月資料呈現，其觀察值將比年資料或季資料更敏銳，且更能凸顯汽車市場之競爭結構。

▶ 5-2-2 台灣汽車市場之文獻

汽車產業屬於火車頭工業，牽涉的產業甚廣，故對於探討汽車製造產業及經營策略的研究相當多且廣泛。蕭世豐 (2002) 指出汽車產業為國內重要工業之一，於 2000 年汽車總產量為世界排名第 21 位。但是於 2001 年底加入世界貿易組織 (World Trade Organization，簡稱 WTO) 之後，隨著汽車市場的開放，汽車業界間競爭的更形劇烈，張辰彰 (2000) 並且認為台灣市場因規模有限，加上外來經營者的介入，使得經營更形困難而艱辛，面臨空前的困境，並且國內汽車廠商由於規模過小，缺乏規模經濟，未來可能藉由合併的需要以發揮效益，提升競爭力。

近幾年中國大陸因為經濟快速成長，對汽車需求正逐年大幅增加，因此羅翔 (2002) 表示我國汽車業應利用市場開放後的契機，取得技術母廠同意以進行海外投資設廠，或與技術母廠進行合作，加強垂直分工以取得專業合作的綜效，積極調整經營策略，設法鞏固既有業績，開創大陸市場，利用現有資源，整合兩岸各別的優勢。

有關台灣汽車銷售通路之文獻有下列論文：蔡文修 (2001) 指出通路中代理商與經銷商等通路成員間合作關係的穩定發展是一種期望與理想，在實務上還存有許多相對權力與執行上的問題，因為通路關係中的影響策略，會影響通路成員的衝突與滿意度。但是林高偉 (2000) 認為當汽車經銷商與代理商的聯合行動愈頻繁，經銷商的經營績效普遍會更好；當汽車經銷商依賴代理商的程度愈高時，經銷商傾向於採取較多的聯合行動以增進經營績效；汽車經銷商對顧客提供愈多樣化的服務，經銷商所採取的聯合行動也會隨之增加。

2000 年林千料研究發現：現今企業在外在環境、競爭形式、成本方面的考量之下，代理商與經銷商大多趨向合夥方式來經營。周雅燕 (1996) 提出所謂合夥經營❶，是指各組織保持經營權的獨立自主，但該組織亦能與其經營業務相關的組織共同合作，共同運用資源以求獲取整體的競爭優勢，進而達到整體及個體的目標及利益。但是傳統的行銷通路也可能隨著時代變遷而改變，黃明俊 (2001) 以個案分析的方式說明，網際網路的興起，使得新型態的中間商出現，傳統中間商面臨競爭而必須進行轉變。資訊科技的使用，也改變了消費者的購車流程，以及長久以來傳統的汽車產業通路結構。因此，汽車產業通路中間商未來的經營模式，勢必也會面臨劇大的改變。

部分文獻則討論消費者對汽車的購買行為之文獻，例如：李文宏 (2002) 研究發現消費者的購買行為受到文化、社會、個人和心理所影響。特別針對汽車，因屬於高價消費產品和耐久財，其選購過程屬於複雜性的購買行為，消費行為會受到個人特徵所影響，這些特徵包括年齡和其生命階段。除了個人因素影響之外，外在的因素如銷售 4P (Product, Place, Promotion and Price) 及品牌形象也有相當大的影響。潘扶仁 (2002) 更於研究中特別強調品牌形象可以提高產品的價值，如 Mercedes-Benz、SONY 和 GIANT 等。同時也能夠創造品牌忠誠度，對企業來說，更重要的是能夠獲取利潤和永續經營。

近幾年由於台灣汽車市場逐漸接近飽和，再加上整體經濟環境因素影響，各汽車品牌間銷售競爭非常劇烈，甚至推出相當多的行銷活動。購買行為的了解是行銷活動成功的基礎，蔡介安 (1997) 研究發現顧客對於汽車業行銷活動的滿意程度，及對汽車各品質屬性的相對重視程度，及滿意程度影響著顧客再購買的傾向。另外，李昭南 (2002) 提出汽車品牌售後服務體系的服務品質、價格及方便

---

❶ 應指策略聯盟。

性，也影響顧客對該品牌汽車的再購買意願。然而，目前仍尚乏研究者以整體觀點，並以月資料為其研究時間區間，來探討台灣汽車經銷商獲利模式之相關研究。

5-2-3 汽車區域經銷商經營模式之一般特性

經由實際訪問研究個案公司 (啟達汽車) 的總經理、協理、經理與廠長後，可歸納出以下之台灣汽車經銷商特性。

■ 資本額進入門檻

一般區域型經銷商除了新車銷售之外，大多具備售後維修及保養服務的功能，故除了最基本的新車展示間的設置，也必須建置維修服務廠房，因為汽車是屬於大體積之產品，加上整體室內的明亮性、寬敞性考量及服務廠的動線需求，整體建築物所佔面積需具備至少 300 坪以上的空間，故土地取得成本較高。維修服務廠是汽車維修保養之場所，故相關機具設備的購置，例如：頂車機、廢氣及污油回收系統、拆胎機、輪胎平衡機、冷媒回收機及電腦檢測設備等，其所需成本也相當的高，故汽車區域經銷商相較於許多中小企業而言，屬於不低的資本投入的產業。

■ 技術性進入門檻

由於一部汽車的銷售過程相當複雜，例如：汽車產品知識、汽車保險、汽車貸款、汽車配件銷售及監理業務等其他相關業務，故汽車銷售人員除需具備對一般客戶的基本銷售技巧之外，也需要相當多的專業知識。汽車是屬於一部高度精密且安全性及穩定性要求相當高的機械，其構造依實際作業大致上區分為車身及引電兩大部分，車身部分主要包括鈑金組裝及塗裝兩項技術，引電部分包含範圍較廣，例如：引擎、電系、底盤及傳動技術等，故所需技術人員的技術類別較多，維修品質的要求也相當的高。

■ 注重服務品質與顧客滿意度

由於汽車產品是屬於高單價之耐久性消費財，顧客消費在售後保養維修服務的費用亦相當高昂，以一台車平均一年回廠 4 次之頻率計算，此為汽車區域經銷商獲利的重要關鍵之一，故為確保車輛能定時回廠維修保養而不流失，汽車區域經銷商無不致力於提升服務品質及顧客滿意度。

服務品質及顧客滿意度建立於顧客對於整體消費過程的感受，故汽車區域經銷商針對整體汽車進廠接待及維修過程，訂定相當細微的標準服務流程，以確

保服務品質的一致性，定期對顧客休息區環境設施進行升級，以提供舒適的休息空間，並且區域經銷商之服務人員針對所有進廠消費之顧客，皆於二日內進行維修後的電話訪問，以確保顧客消費後的滿意度，若接獲顧客問題反應將於第一時間內妥善處理，故對於服務品質及顧客滿意度，汽車區域經銷商將其視為第一要項。

▶ 5-2-4　台灣汽車區域經銷商注重之獲利因素

■ 新車銷售與品牌知名度

透過深度訪談得知：由於汽車區域經銷商大多為品牌經銷商，在品牌的知名度條件下，位處於汽車供應鏈最前線的角色，勢必強烈的感受到這股市場力量。在整體市場萎縮，但競爭者不減反增的情況下，各區域經銷商無不絞盡腦汁想辦法來增加顧客，甚至於避免流失顧客。由於各大品牌皆在搶攻市場佔有率，且市場上同質性的產品也相當多，造成各大車廠及代理商增加汽車銷售獎金，以作為各家汽車區域經銷商削價競爭的籌碼，削價競爭的結果，則使區域經銷商對於汽車銷售的獲利變得相當微薄，再加上代理商給汽車區域經銷商每月訂定的銷售台數業績壓力，導致區域經銷商甚至虧錢銷售，或是以員工或公司的名義，先購買大量所謂的「新中古車」，以達到代理商所訂定之銷售目標，以獲得銷售獎金，最後再把這些中古車低價轉售給二手車商或是一般顧客，使得整體銷售形態已成惡性循環。

■ 銷售後的定期保養與維修服務

由於新車銷售獲利相當有限，為了負擔龐大之營運成本，經銷商獲利來源轉向汽車售後維修服務及汽車相關性的產品，例如：汽車保險和汽車配件等，汽車售後維修服務，已成為區域經銷商最主要的獲利來源。一般車輛保養頻率大多為每5,000公里保養一次，根據統計一般車主平均一年行駛里程約為2萬公里，故從購車後每一年大約會進廠保養三次。再加上車禍事故，或一般機件故障，進廠次數可能高達四次以上，所以一旦新車銷售的台數愈多，進廠維修保養的台數也就愈多，相對的售後服務的獲利也愈多，故汽車區域經銷商目前的經營策略，演變為以增加服務廠的進廠台數為獲利目標。

5-3 系統動態模型建構

由於全球化與微利時代的來臨，經營獲利成為企業汲汲營營努力追求的目標，汽車區域經銷商獲利之關鍵是複雜、動態、環環相扣並互為因果，本章應用系統動態學方法，提出汽車區域經銷商獲利因素間相互影響的關係模型。

5-3-1 新車銷售對區域經銷商獲利之影響

汽車銷售深受經濟成長、市場規模、油價波動、交通等許多環境因素的影響，故每年的汽車總體市場很難預測。本研究以 M 品牌之某中部彰化縣之啟達汽車區域經銷商為例，M 品牌於 2005 年全年度全國總銷售量佔總體汽車市場約 6.1%，而其區域經銷商的汽車市場約佔全國總汽車銷售市場之 5.1%。

總代理商依據當年預估的汽車整體銷售市場，來訂定經銷商的銷售目標。經銷商針對每個月的銷售目標訂定銷售辦法，來達成銷售目標的達成率，以獲得總代理之達成獎金。一般銷售辦法的訂定都是針對業務人員，鼓勵業務人員衝刺銷售台數。到達台數目標後，每台除了原本的基本獎金外，另有加碼之達成獎金。一般業務人員會再將此獎金作為銷售過程中的金額折讓，進一步刺激消費者意願購買新車成為良性循環，反之形成惡性循環，而形成了新車銷售量的一個正性因果環路，如圖 5-1。

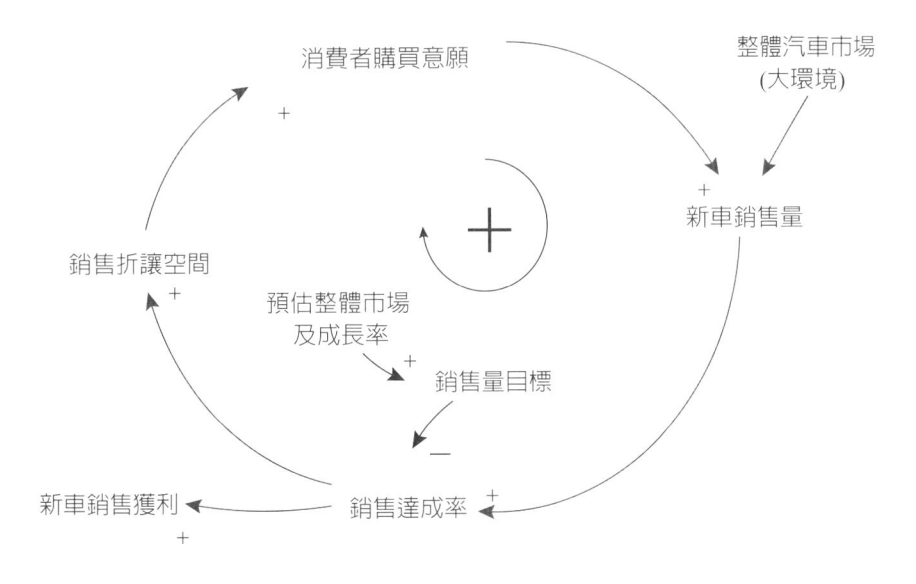

▲ 圖 5-1　新車銷售對區域經銷商獲利之影響

5-3-2 品牌知名度與新車銷售之因果關係

影響區域經銷商每個月新車銷售量的因素,除了與總代理商對汽車整體銷售市場來訂定區域經銷商的銷售目標外,消費者購買意願也是一個相當重要的因素,消費者購買意願主要為消費者對於品牌形象的認知,即所謂的品牌知名度。總代理依全年預估銷售台數,單台提撥一定比例的金額,作為不定期電視媒體及書報雜誌的廣告預算,增加品牌曝光率。經銷商則依每個月的實際銷售,平均每台提撥約 1,000 元的廣告預算,作為地區報紙及廣播電台之廣告費用。

另外,與消費者購買意願有直接關係的,即為購買新車所需花費的金額多寡,一般購買汽車過程中,車價的折讓空間及汽車貸款利率的優惠,也是影響消費者購買意願的重要因素。因此車商常常推出新車貸款零利率的優惠,但是在經銷商的銷售生態上,最常遇到的是其他同品牌經銷商及甚至不同品牌經銷商的價格競爭。雖然 M 品牌有訂立本身經銷商跨區販賣罰款的機制,但是各經銷商在銷售目標的壓力下仍然無法避免,因此造成削價競爭的市場現象,如圖 5-2 品牌知名度與區域經銷商新車銷售之因果環路圖。

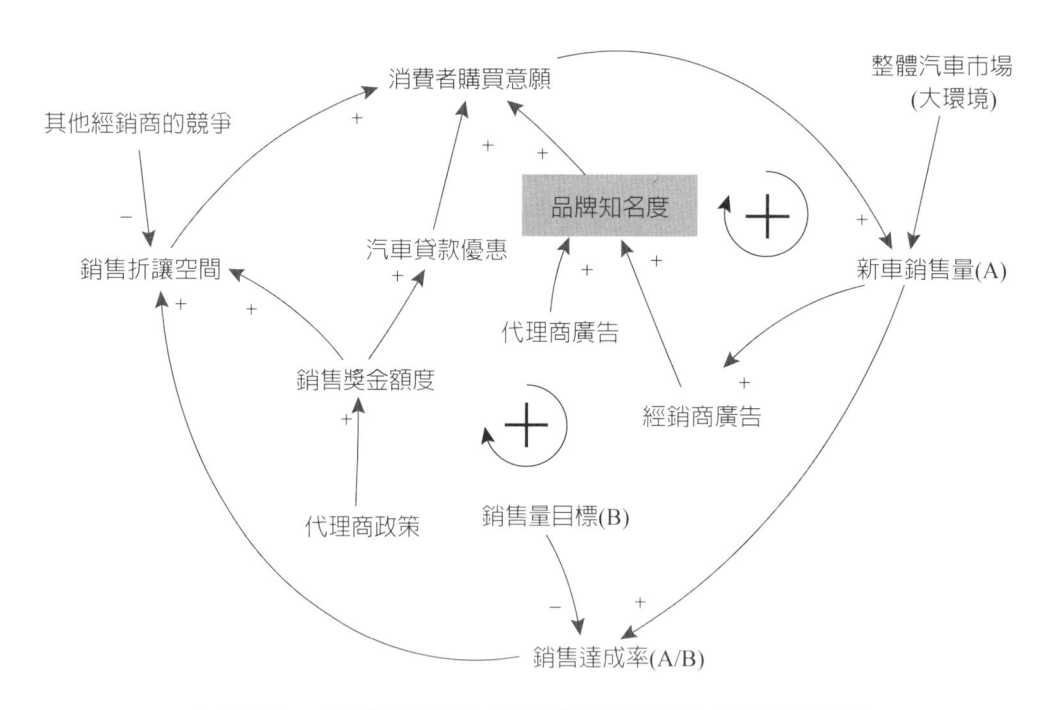

▲ 圖 5-2　品牌知名度與區域經銷商新車銷售之因果環路圖

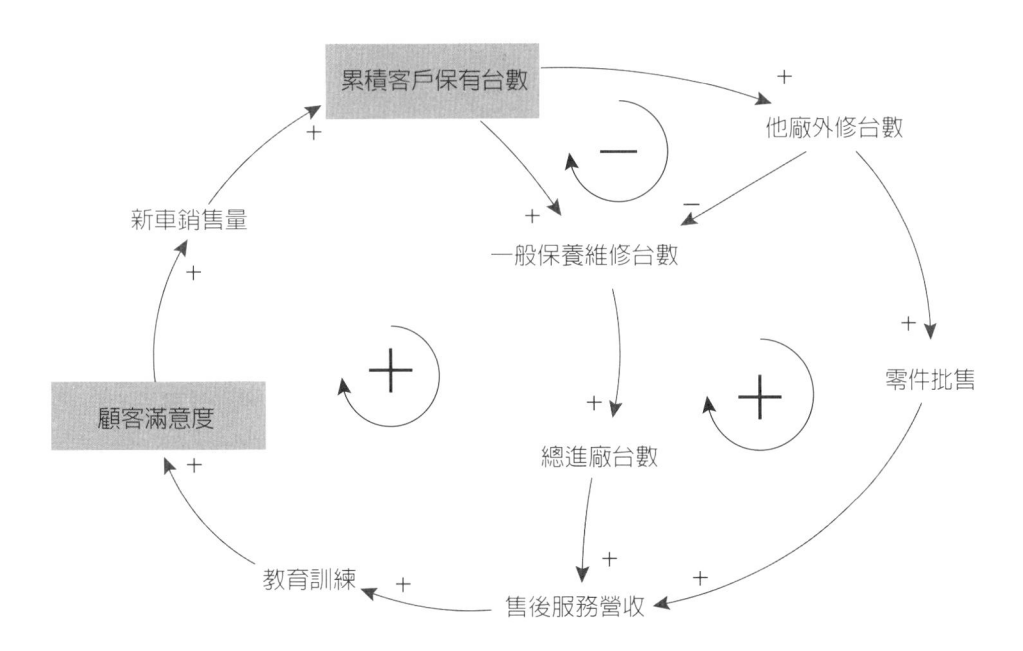

5-3-3 累積客戶保有台數對長期顧客滿意度之影響

新車銷售所累積的客戶保有台數,即成為售後服務業務的主要來源,售後服務主要是針對已銷售的新車進行保養及修護的工作,一般車輛每行駛 5,000 公里,即建議車輛回廠進行保養,所以,新車長期銷售所累積的保有台數若日漸增加,相對的進廠保養之台數也逐漸增加,服務廠的營收也隨之增加。此外,公司每年提撥部分營收作為展示間、廠房設施升級及教育訓練之經費,由於訓練品質的提升將有助於人員素質的提升,而設施及人員素質的提升,將使得顧客滿意度提升,進而有助於新車銷售量的增加。

累積客戶保有台數隨著時間增長而流失少許比例的保有顧客,進而使得保養營收減少。另一方面,流失的顧客在非區域經銷商所屬的服務廠進行維修,而增加區域經銷商零件批售的機會,但是其所佔的比例相當的低。基於上述各種現象,而形成如圖 5-3 累積客戶保有台數,對汽車區域經銷商售後服務、長期顧客滿意度之正性及負性之因果回饋環路圖。

綜合上述,品牌知名度、累積客戶保有台數和長期顧客滿意度,對汽車區域經銷商獲利之影響,環環相扣並互為因果。透過系統動態學方法建構出台灣汽車區域經銷商獲利之動態流程圖,如圖 5-4。

▲ 圖 5-3 累積客戶保有台數對長期顧客滿意度之影響

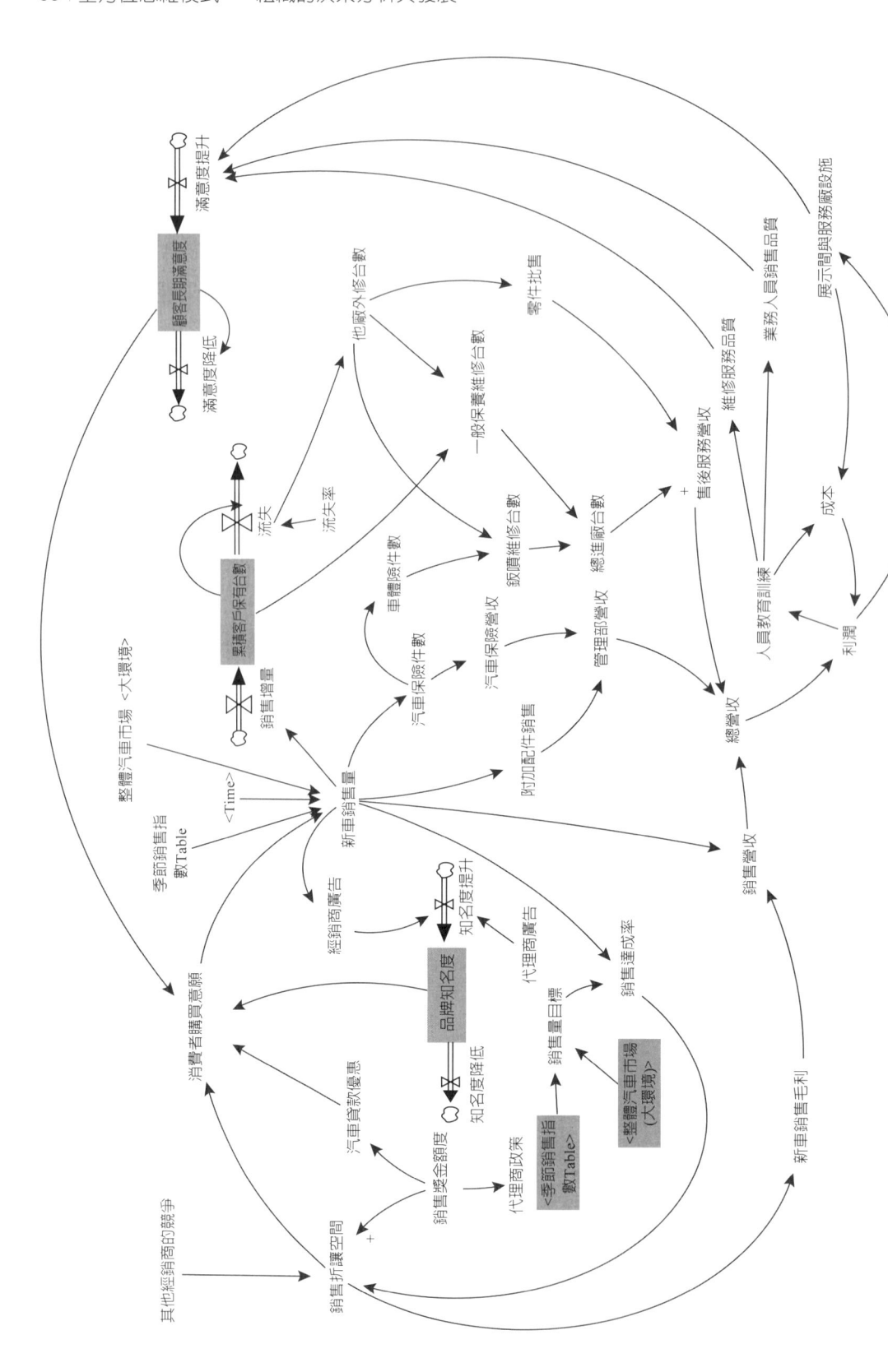

58 ｜全方位思維模式──組織的決策分析與發展

▲ 圖 5-4　台灣汽車區域經銷商獲利模式之動態流程圖

本章應用系統動態學方法，建構台灣汽車區域經銷商獲利模式。其中累積客戶保有台數為一重要積量，售後服務系統的主要客源即為累積客戶保有台數。每一台車的平均行駛里程約為一年行駛 20,000 公里，依每 5,000 公里保養的週期來算，平均一台車每年會有四次的進廠保養機會，且平均每一台車消費金額為 6,500 元，故可得知售後服務的營收。但是，累積客戶保有台數可能因為車主價錢考量而選擇不回原廠保養、車輛過戶或失竊、車輛在其他縣市使用，而選擇就近保養等因素，而有流失的現象，流失比例大約為 1%。

消費者購買意願的主要其中一個因素，來自長期顧客滿意度，區域經銷商定期投入部分的經費，作為技術人員及業務人員的教育訓練。並且為了提升公司形象，針對展示間及服務廠的硬體設備作升級。故基於維修服務品質、業務人員銷售品質、展示間及服務廠設施品質的提升，將使得長期顧客滿意度亦隨之提升。M 品牌代理商委託市場調查公司，針對區域經銷商的顧客，進行售後服務滿意度的調查，其範圍包括人員素質、服務品質及硬體設施三大部分，每一項目皆以 0 至 100 分來衡量，其中主要最重要的一項，即整體保養維修經驗的分數，作為長期顧客滿意度分析的依據。

5-4 結果模擬

汽車區域經銷商主要透過每月的新車銷售進而累積保有台數，藉由保有台數的售後服務來增加公司獲利，並不定時的對展示間及服務廠進行硬體設施的升級，和定期對公司內部的員工進行教育訓練，而間接的提升長期顧客滿意度。並針對新車銷售量、累積客戶保有台數和長期顧客滿意度，這三個重要積量變數的動態模擬結果進行說明。

■ 新車銷售量

2005 年全年汽車整體市場為 51 萬 5 千台，比 2004 年 48 萬 4 千台成長 6%，故 2005 年為自 2001 年以來整體汽車市場狀況最佳的一年。由於 2005 年 1 月份為農曆春節前一個月，在市場買氣暢旺之下經銷商於該月份銷售 307 台。2005 年 8 月俗稱吉祥月的農曆 7 月，在中國人對於買車子、房子較有忌諱之情況下，當月僅售出 105 台。但是 2005 年 12 月開始暴發卡債風暴，引發經濟社會問題，造成

消費市場低迷。50 萬至 70 萬名的「卡奴」，約佔 7% 的就業人數，這 7% 的人退出消費市場，此風暴一直延燒至 2006 年 3 月份，故經銷商從 2005 年 12 月開始，銷售量比起同期並無成長趨勢，甚至有衰退之現象，如圖 5-5。

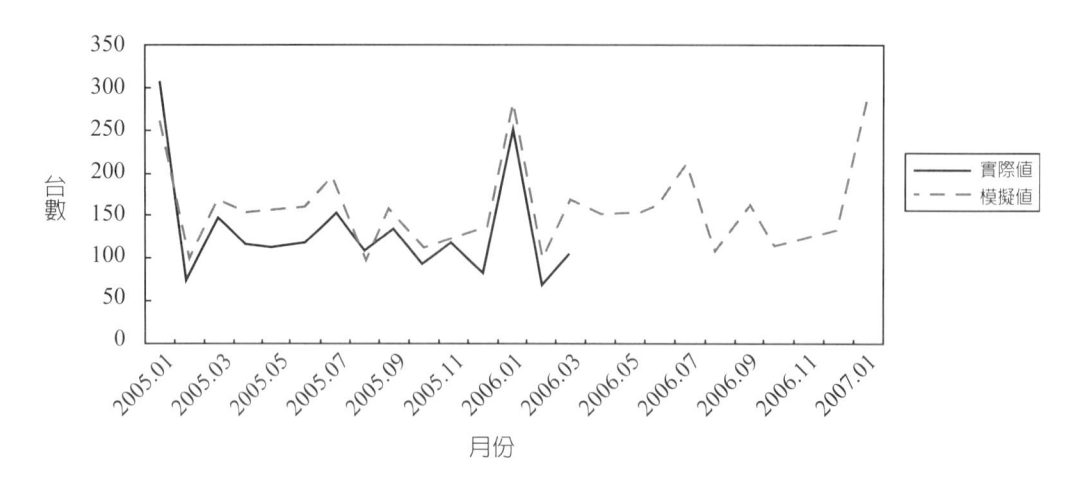

▲ 圖 5-5　汽車銷售量實際值與模擬值比較圖

■ 累積客戶保有台數

本個案經銷商自 1996 年 10 月成立至 2005 年 1 月以來，10 年期間所累積之客戶保有台數約 6000 台。2005 年 1 月份，經銷商投入鉅資成立一個新據點，全新的展示間及多功能服務廠，帶動新車銷售及累積客戶保有台數迅速的增加，如圖 5-6。

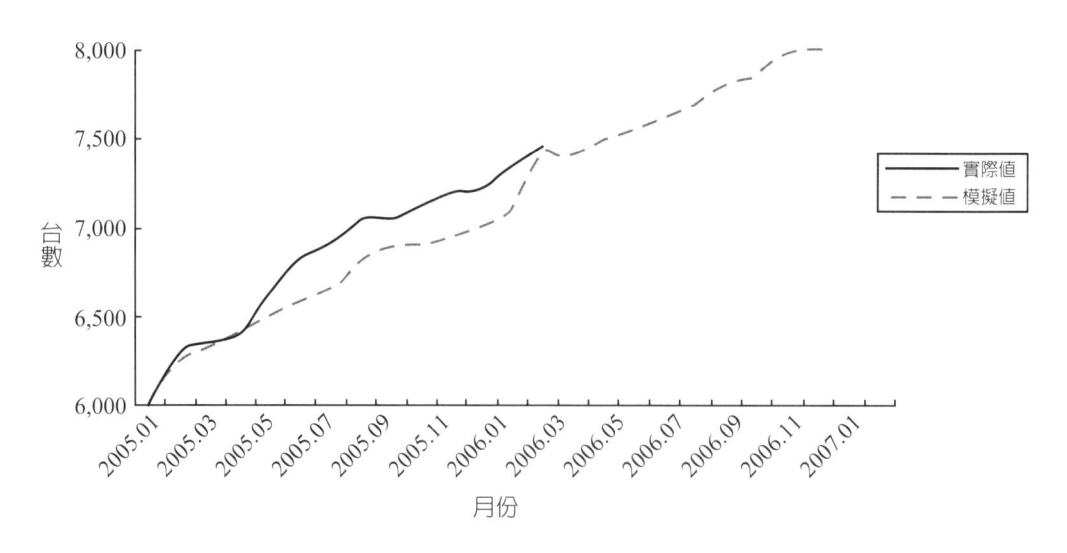

▲ 圖 5-6　累積客戶保有台數實際值與模擬值比較圖

■ 長期顧客滿意度

長期顧客滿意度是依據總代理商委託市場調查公司進行電話訪問，所得到之調查分數作為依據。經銷商服務廠因為 2005 年 1 月份發生一起因為車輛品質問題所造成的嚴重客戶抱怨。車輛行駛中突然熄火，經檢修發現為發電機故障，但是該車已於 5 個月前亦因同樣的問題更換過發電機一次，造成車主相當不能諒解，此顧客也恰巧為市場調查公司之電話訪問對象，故給予經銷商相當低的分數，所以在 2005 年 1 月份裡的顧客滿意度僅獲得 40 分。由於 M 品牌總代理針對經銷商的顧客滿意分數有一獎懲辦法，如果經銷商一季的分數低於全國平均分數將予以高額罰款，使得區域經銷商內部針對此事件進行檢討，並將部分作業流程徹底予以改善，以提升顧客滿意度，經改善後確實呈現穩定成長之趨勢，如圖 5-7。由觀察值與模擬值趨勢圖可知：本章動態模型符合系統動態學之外部特徵效度要求，整體動態模式亦經由研究個案之高階管理主管所肯定。

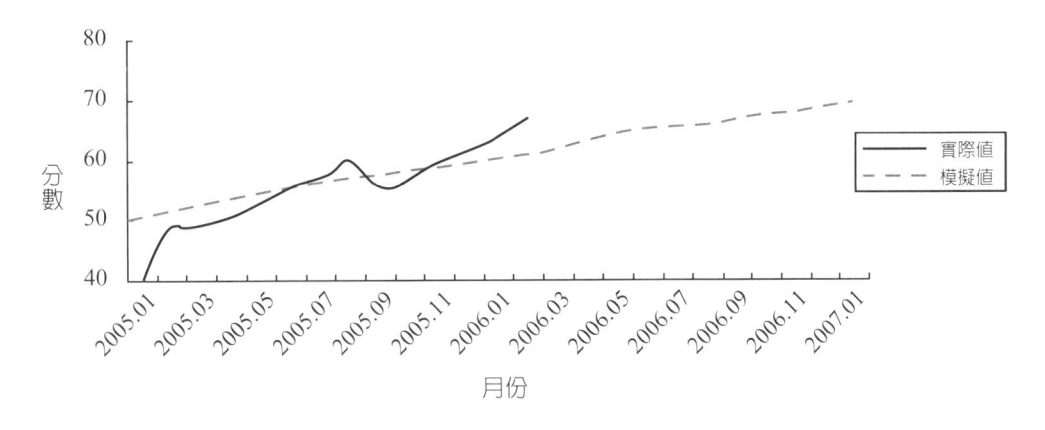

▲ 圖 5-7 長期顧客滿意度實際值與模擬值比較圖

◎ 5-5 結論與建議

▶ 5-5-1 結　論

汽車區域經銷商的獲利模式是一個複雜動態的結構，由於具備高資本額及高技術性兩個門檻，故經銷商的數量並不多。研究結果顯示汽車區域經銷商之獲利關鍵環路因素，主要是受到品牌知名度、累積客戶保有台數和長期顧客滿意度三

個積量變數，及其環路的相互作用而形成動態的結構。

由本建構的模式可知，汽車整體市場的景氣會影響區域經銷商新車銷售的數量，是影響汽車區域經銷商獲利的一個重要關鍵因素，並且屬於外在因素，故區域經銷商並無法掌握及操控。而區域經銷商透過新車銷售而提撥的廣告預算，在提升品牌知名度上的成效也有限，是故不易達到新車銷售量的增加。但是，對於累積保有台數的流失率及長期顧客滿意度，經銷商仍然是有努力及操控的空間，故一旦經銷商面臨整體市場景氣較差時，應該致力於累積客戶保有台數流失率的降低，及長期顧客滿意度的提升，以維持公司的獲利能力。

▶ 5-5-2 建　議

由模擬結果顯示：累積客戶保有台數為汽車區域經銷商獲利的主要關鍵因素，因為累積客戶保有台數的增加，才能增加總進廠台數，總進廠台數的增加，即帶動汽車區域經銷商的獲利增加。汽車區域經銷商獲利的增加，區域經銷商即會致力於服務廠設施的定期改善和服務人員的訓練，以達成最好的長期顧客滿意度，此即為正性的因果回饋環路，而達到經營獲利的目標。而累積客戶保有台數的增加，除了區域經銷商不可掌控的外來因素──新車銷售外，並建議區域經銷商可新增營業據點，以就近服務顧客，並帶動新車銷售和累積客戶保有台數的迅速增加。而品牌知名度的提升則可透過代理商和經銷商的廣告，來增加品牌的曝光率，以吸引消費者的購買意願，而達到新車銷售的增加。此外，由於全球化和微利時代的來臨，網路虛擬通路的盛行，無遠弗屆，國外汽車業者透過虛擬通路的銷售方式，提供消費者另一個購物平台，因而節省大量經銷成本並使獲利大增。但以台灣消費者心態而言，仍視汽車為炫耀財，在選購的過程中，銷售人員的推薦和實體的接觸，仍是很重要的一環，若以虛擬通路的方式銷售，是否可被接受，則仍待深入研究。

本章僅針對單一汽車品牌之區域經銷商進行研究，若能與有其他品牌進行研究比較，將更能探討多種結構的區域經銷商經營獲利之模式。研究單位為 2005 年 1 月至 2007 年 1 月間之月資料，建議可拉長其研究期間，將更能夠清楚看出歷年來汽車市場變化之影響，期望有興趣之學者，可以繼續深入探討研究。

討論題

1. 您認為人口老化與少子化對於汽車經銷有何影響？
2. 汽車區域經銷商具資本進入門檻，對品牌總代理商而言要如何決定全台區域經銷商的數量？

關鍵字

代理商	經銷商
品牌擁有者	製造商
客戶滿意度	忠誠度

附註

原文發表於《台灣企業績效學刊》修改而成。

CHAPTER 6

台灣汽車潤滑油灰色市場結構探討

灰色市場現象充斥在世界各國之間與許多商品市場。而台灣是一個典型國際貿易盛行的島國經濟體系，灰色市場亦無所不在，例如：進口車市場、汽車潤滑油市場、高級化妝品市場、名牌服飾市場等，這些情形造成行銷通路的複雜與混亂，更是品牌擁有者與進口代理商的行銷通路難題。以台灣汽車潤滑油市場為例，2001 年汽車潤滑油用量高達 1,600 萬加侖，而汽車潤滑油品牌高達 200 種之多，足見其商機之大與行銷通路之複雜且多元。其實台灣汽車潤滑油市場是一個複雜動態系統，它是由許許多多因素與關鍵環路所組成的。因此，本章利用系統動態學，探討汽車潤滑油灰色市場之結構，嘗試解釋其系統行為。研究結果顯示其灰色市場結構主要是受到品牌擁有者、代理商、零售商與水貨商四個角色交互影響。最後本研究模擬當環境變數改變時，例如國際原油價格升高，對於品牌擁有者、代理商、水貨商之衝擊。

◎ 6-1 前　言

灰色市場 (Gray Market) 係指有品牌的真品，其銷售通路未經該品牌擁有者之授權與同意 (Assmus, 1995)。灰色市場效應長期充斥在世界各國，1988 年灰色市場流通金額約為 100 億美元 (Bergen, 1998)；2004 年反灰色市場聯盟 (Anti-Gray Market Alliance) 估計灰色市場每年約有 200 億美元產品在市場上流通；Schrage

(2004) 提出灰色市場在中國市場成長非常快速；2005 年美國食品和藥物管理局估計：美國藥品在灰色市場資金流通率高達數十億美元。在很多情況下，灰色市場銷售量超過品牌擁有者授權之銷售量 (Antia et al., 2004)，例如：馬來西亞的行動電話手機在灰色市場的銷售量佔了總銷售量的 70%；2005 年巴西的灰色市場個人電腦 (Personal Computer，簡稱 PC) 佔整體 PC 市場之銷售量的 80%；歐洲預估 2006 年灰色市場將成長 120% (Antia, Bergen, and Dutta, 2004)。由此可知，許多產品都深受灰色市場效應所影響。例如，電腦、汽車、化妝品、手錶與潤滑油等。由此可看出灰色市場在全球之普遍。

台灣國民所得不斷提高，消費者的消費能力增強，加上國際貿易活動往來頻繁，於是各種國外知名品牌商品透過各種行銷管道將商品進口至台灣。由於台灣為一個海島型經濟體系，加上真品平行輸入之合法化，市場中的行銷通路結構非常複雜，也就造成灰色市場效應特別的顯著，例如：進口車市場、汽車潤滑油市場、高級化妝品市場、名牌服飾市場等，這些情形造成行銷通路的複雜與混亂 (黃吟萍，2006)。

以台灣汽車潤滑油為例，此市場在台灣具有很大的商機，因汽車潤滑油市場之銷售量會隨著每年累積車輛數增加而上升。根據交通部統計處統計，汽車在 2001 年時登記數有 573 萬輛，同年台灣汽車潤滑油用量高達 1,600 萬加侖，而汽車潤滑油需求量約佔台灣潤滑油總需求量四成 (王四端、林榮盛，2003)。2005 年台灣汽車登記數有 606 萬輛，2006 年為 613 萬輛，到了 2007 年則成長至 614 萬輛，2008 年有 600 萬輛，由此可知汽車登記數雖略有波動，但仍維持相當高的數量，因此每年潤滑油之需求量也維持一定的規模。

本章經由訪談國內汽車潤滑油三大進口代理商，得知汽車潤滑油之灰色市場效應在台灣非常的顯著，而業者非常關心國際原油價格持續上升之趨勢或未來汽車銷售量逐漸減少，對此汽車潤滑油市場之衝擊影響。

事實上進口汽車用潤滑油灰色市場是一個複雜動態的系統，它是由許多複雜因素所組成的。其中包含品牌擁有者、代理商、零售商與平行輸入貿易商 (簡稱水貨商) 和系統環境等因素，交互作用構成一個複雜且動態之通路結構。本章利用系統動態學，以台灣汽車用潤滑油市場為例，探討其灰色市場結構，解釋並模擬其系統行為，並且模擬環境變數改變時，即國際原油價格上升、汽車登記數減少時，對此系統衝擊之效果。

6-2 研究對象與文獻探討

6-2-1 研究對象

基於上述研究動機與目的,本章以汽車用之潤滑油市場為研究對象,理由如下:2001 年台灣汽車用潤滑油用量高達 1,600 萬加侖,而此時車輛用潤滑油需求量約佔台灣潤滑油總需求量的四成。2005 年至 2007 年平均小客車計記數為 568 萬輛,車輛用潤滑油的需求量緩步上升。根據 2006 年交通部統計處調查,2004 年與 2001 年相比台灣車輛數成長了 100 多萬輛;隨著車輛數增加,汽車用潤滑油使用量也將跟著增加。因此,我們經由調查數據得知汽車用潤滑油之市場需求量龐大,所以以台灣汽車用潤滑油進口代理業為研究對象,進行汽車用潤滑油灰色市場結構之研究,試圖建立其動態系統模式,以解釋其行為現象。實際觀察樣本期間為 1996 年至 2005 年,並且系統模擬期間由 1996 年至 2015 年,共 20 年長期的系統行為。為何模擬 20 年的時間,考量原因主要是台灣地區平均汽車使用年限達 10 年以上,累積的汽車登記數是每年調整且長期緩慢變化。故以台灣汽車用潤滑油為對象,包括:大貨車、小貨車、小客車等潤滑油商品,而機車潤滑油則不在此研究範圍內。

6-2-2 灰色市場之定義與類型

Duhan and Sheffet (1988) 對於灰色市場之定義係指:「透過未經商標擁有者授權,而銷售該品牌商品的市場通路。」其另一定義係指有品牌的真品,其銷售通路未經該商標擁有者之授權與同意 (Assmus and Wiese, 1995; Berman, 1999; Huang et al., 2004; Myers, 2004; 李建裕等,2001)。

Duhan and Sheffet (1988) 將灰色市場分為國內型 (Within a Market) 與國際型 (Across Markets) 兩種。國內型之灰色市場意指授權之經銷商,銷售商標產品給予未經授權之經銷商或零售商,且此產品是在同一個市場內銷售。例如:同品牌汽車代理商越區銷售,國際型之灰色市場則為大家所常見之真品平行輸入 (俗稱水貨)。常見的情況如汽車、藥品、化妝品、個人電腦與潤滑油等。

Assmus and Wiese (1995) 提出國際型灰色市場又可概分為下列三種:

(1)平行輸入 (Parallel Importation):商品在原產地之價格低於國外市場價格,

因此未經授權之市場商人將原產地之商品銷售至國外市場。例如：Levi's 牛仔褲從美國銷售至德國。

(2) 再輸入 (Re-importation)：商品在國外市場比原產地之商品便宜，則灰色市場商人將已銷售到國外的商品再進口回原產地。例如：BMW 從丹麥或義大利銷售回德國。

(3) 橫向輸入 (Lateral Importation)：商品之價格差異發生於兩個國家間，且此商品並不產於這兩個國家。例如：日本生產之相機，卻經由香港出口至歐洲。

▶ 6-2-3　台灣汽車潤滑油市場文獻

台灣汽車潤滑油市場相關文獻甚少；其中以探討油品自由化與真品平行輸入為主。前者有賴適存 (2000)、古美如 (2001)、張哲誠 (2001)、王四端等 (2003)；後者有廖彥傑 (1997)。綜觀台灣汽車潤滑油市場之研究，少有人以宏觀角度研究此市場行銷通路之灰色市場結構，此為本章的貢獻與緣起。

▶ 6-2-4　汽車潤滑油市場一般特性

一般而言，潤滑油係由基礎油 (Base Oil) 及添加劑 (Additive) 所構成的。例如：汽車潤滑油、液壓油、空壓機油、齒輪油、切削油等，皆由此所衍生出來。而基礎油為機械不可或缺之功能，例如：防止摩擦所產生的磨損及破裂。添加劑則是在防止機油引擎在極端溫度的環境下，造成動力輸出品質降低，並可提供引擎額外的保護。

汽車潤滑油為汽車保養時不可或缺的耗材，因此汽車潤滑油交易市場與汽車保養產業密不可分，其一般特性如下兩點：

■ 品質不易由產品外觀判定

汽車潤滑油通常採用密封的瓶裝，產品本身呈現液體狀態，除非具備精密的檢測儀器與專業知識，否則消費者無法從產品外觀判斷其優劣，只能依賴包裝外觀、品牌或專業人士 (例如：技師) 的推薦來進行選擇，存在明顯資訊不對稱。

■ 產品的外部失敗風險大

汽車潤滑油對於汽車引擎所產生的影響，在短時間並不容易發覺，必須在長時間使用後才容易辨別其效果，而且一旦品質不良造成引擎的過度磨耗，在技術

上很難復原,因此對於消費者而言,產品失敗的風險相當大。

6-2-5 台灣汽車潤滑油市場特性

■ 部分消費者偏好進口品牌

作者訪談國內潤滑油三大進口代理商時,專家指出台灣本身缺少石油的供應來源,因此造成部分國內消費者普遍認為進口的潤滑油品質比國內生產的品質好,對於追求高品質的消費者而言,進口品牌自然成為優先選擇。此外在市場的零售價格方面,同級產品之進口品牌的價格也比國產品牌的價格高。

■ 消費者自行換油風氣難以普及

台灣地區地狹人稠,停車空間非常有限,私人車位往往僅能容納汽車,沒有多餘的空間進行換油與保養的工作,因此絕大多數的車主都是依賴汽車保養廠來進行換油與保養的工作,而使得自行換油的風氣難以普及。即使是在量販店所銷售的潤滑油,消費者也必須將油帶到汽車保養廠去要求換油的服務,並支付額外的換油工資。

■ 保養廠與零售商之影響力大

由於消費者注重對自己車輛的維護保養,但往往缺少對於潤滑油之專業知識,加上消費者對於保養廠的依賴性大,且保養廠擁有專業的技師,造成保養廠在消費者的潤滑油選擇行為上具有深遠的影響力。有些消費者甚至只挑選信任的保養廠,而不在乎所使用的潤滑油品牌保養廠。為了節省貨架空間與降低庫存,大多數的私人保養場僅銷售少數的一、兩種潤滑油品牌(原廠保養廠通常僅銷售單一品牌),而這些入選的品牌往往是提供最佳毛利或是與保養廠關係最好的品牌。根據作者深度訪談業者後得知:保養廠(含私人與原廠)所銷售的汽車潤滑油約佔整體汽車潤滑油市場的 70%~80%。

經受訪談專家指出:台灣小型汽車之保有量約為 500 萬輛上下(不含柴油引擎之貨、卡車),以每年換油三次,每次平均 4 公升推估,所以每輛車每年換油 12 公升,大約 2.7 加侖,則每年汽車潤滑油的市場總需求約 1,400 萬加侖上下。相較於許多先進國家而言,這個市場規模並不算大,但是潤滑油的品牌卻高達兩百種,其中大多是屬於委託製造(Original Equipment Manufacturer,簡稱 OEM)的品牌。推究原因,主要是由於潤滑油市場的進入障礙並不高,毛利空間大。知名品牌由於知名度高,貨源來源充裕,要維持高毛利與穩定的市場價格並不容易;

反之，小品牌只要能夠取得局部地區保養廠與零售商的支持，維持較高的零售毛利，便很容易生存，此為台灣汽車潤滑油灰色市場特性。

◉ 6-3　系統動態模型建構

因汽車累積數量逐年的增加，造成潤滑油需求量變大，使得汽車潤滑油市場這塊大餅變成大家覬覦的目標。另一方面，部分消費者較偏好進口品牌，於是水貨商紛紛加入搶食這塊大餅的行列。因此本章以台灣汽車潤滑油為例，提出灰色市場中汽車潤滑油各個角色相互影響之關係；其扮演之角色功能如下：

▶ 6-3-1　潤滑油之品牌知名度對零售商之影響

品牌擁有者通常透過各代理商銷售產品。而代理商為了有效的服務市場，石油公司幾乎都是透過各地區之代理商來服務零售商，包含私人保養廠、汽車精品店等。零售商是直接面對消費者，且通常會提供兩種以上的品牌供消費者選擇。一般而言，在品質差異不大之情況下，零售商會推薦消費者購買利潤較高的產品。然而消費者也會注重品牌知名度與價格等因素。

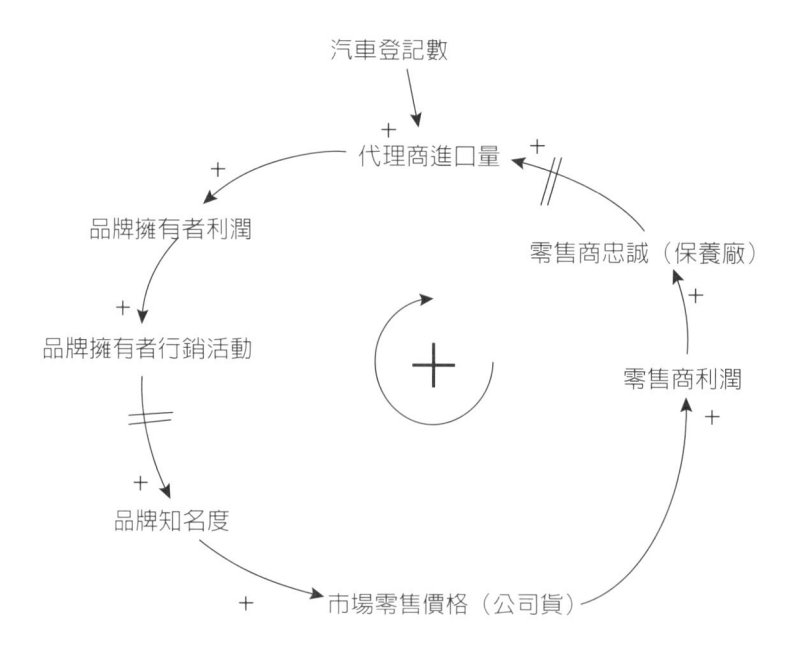

在圖 6-1 品牌知名度對零售商之影響環路圖中指出，當品牌知名度愈高，消

▲ 圖 6-1　品牌知名度對零售商之影響

費者所能接受的程度也愈高，品牌擁有者愈容易提升產品在市場的零售價格，進而提供零售商較高之利潤；利潤高，零售商之銷售意願愈強，對該品牌之忠誠度也就相對提升，忠誠度之提升，代理商進口量也就相對提高。消費者喜歡購買品牌較高之產品，所以對零售商來說對此品牌也能夠產生一定之忠誠度，因此零售商對此品牌之忠誠度高。品牌知名度對零售商具有正面之影響，將形成良性或惡性循環，形成一個正性因果回饋環路。

▶ 6-3-2 品牌擁有者與代理商之關係強度

代理商之行銷能力往往決定了該品牌的市場經營績效，品牌擁有者和代理商之間也成為互相依賴之長期合作夥伴。且品牌擁有者會要求代理商必須是單一品牌之代理商，而代理商也希望能夠挑選品牌知名度較高之產品，在市場上比較容易銷售。市場零售價受到品牌知名度升高，而售價也跟著高漲的同時，水貨商看中潤滑油有極高之利潤，因此大量進口高知名度之品牌。而此時則會降低代理商之獲利利潤，代理商代理之意願則下降，代理商進口量隨之減少，因此形成一個負性因果回饋環路 (如圖 6-2 所示)。另一個會影響市場零售價格的重要變數則為

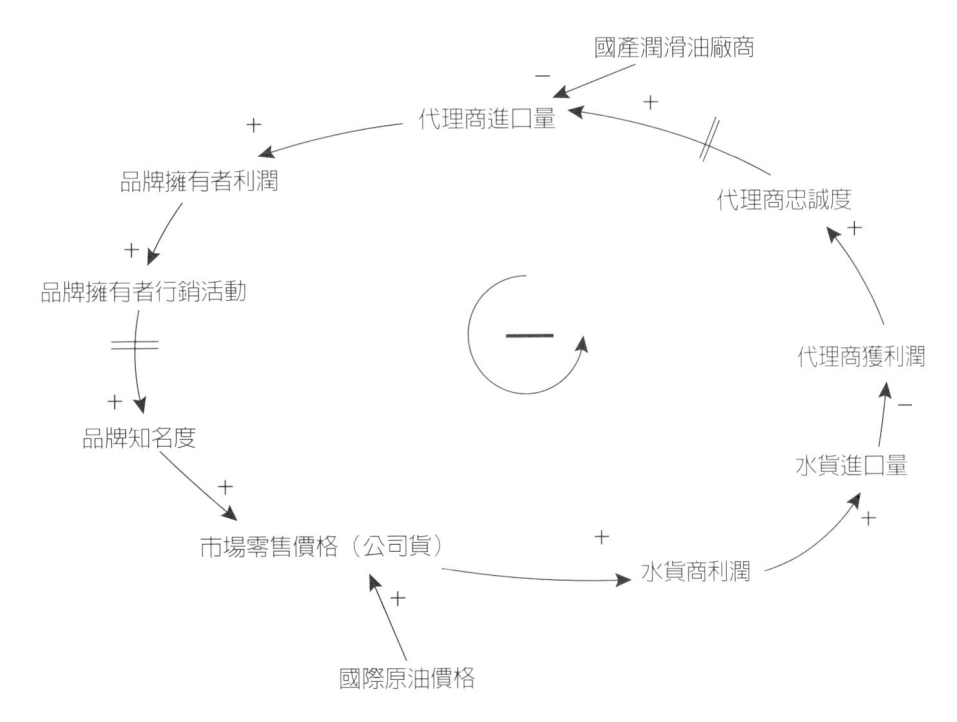

▲ 圖 6-2　品牌知名度、水貨進口量對代理商之影響

國際原油價格,當國際原油價格上漲,則對市場零售價格也會造成影響,而市場零售價格上漲,代理商進口量則會減少。

▶ 6-3-3 代理商與水貨商產品之替代性

在一個有限的市場下,任兩種物品間之關係可分為替代品、補助品與獨立品三種。而在這裡,代理商進口量與水貨進口量則互為替代品。當消費者購買較多水貨商品時,會使代理商貨進口量減少,相對的會增加水貨進口量,水貨進口量增加則會使得代理商沒有利潤,因此代理商願意代理的意願下降,也就降低了代理商之忠誠度,形成了一個正性環路。而國產潤滑油廠商也會瓜分掉代理商進口量所佔之比例,使得代理商進口量減少。並且當市場之汽車登記數(與潤滑油為互補品)減少,代理商進口量隨著汽車登記數量之減少而跟著下降,如圖6-3。

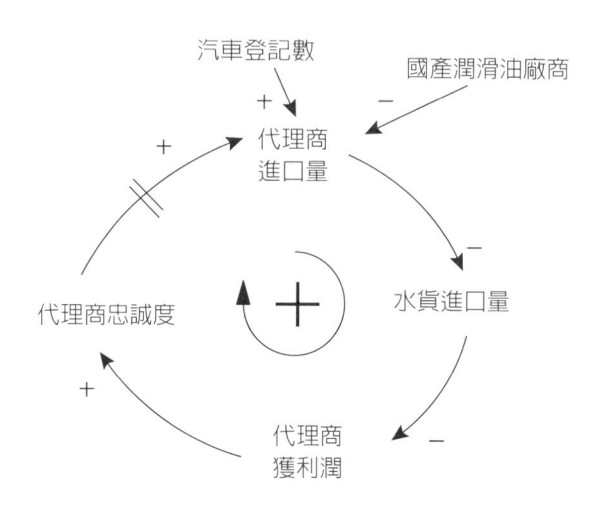

◎ 圖 6-3　代理商進口量對水貨進口量之影響

▶ 6-3-4 市場價格與水貨商之關係

市場零售價格愈高也愈能提升水貨價格,因此市場零售價格高則能增加水貨商利潤,水貨商利潤增加則水貨商會試圖進口更多的水貨產品。水貨進口量多則水貨價格就會降低,進而使水貨商利潤下降,而形成了一個負性因果環路,如圖6-4。

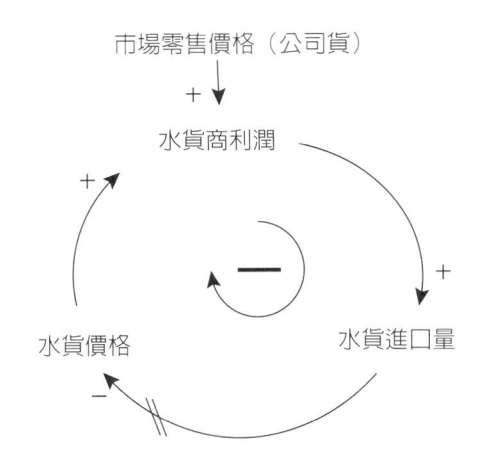

▲ 圖 6-4　市場零售價格對水貨商行為之影響

6-3-5　品牌擁有者反制水貨之影響

　　水貨商是屬於小型的貿易商，缺少品牌忠誠度，且通常藉著短期套利之方式來獲利。當國內潤滑油之零售價愈高，與國外之市場價格差距愈大，水貨商預期利潤則愈高。一旦太多的水貨商品在市場上出現，零售商和代理商則會受到衝擊，並且向品牌擁有者反應。此時品牌擁有者則會採取兩種反制的方法：其一則讓水貨增加成本，品牌擁有者與分公司進行溝通，要求分公司加強通路之管控。其二為品牌擁有者透過調整行銷組合，來拉大公司貨與水貨在消費者所認知之價值差異，來彌補兩者之價格差異，進而降低水貨商之吸引力，如圖 6-5。

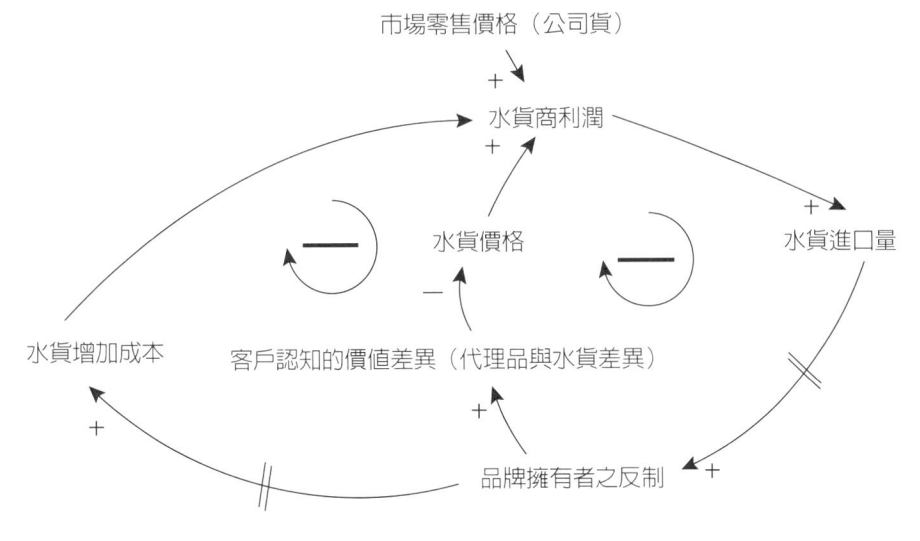

▲ 圖 6-5　品牌擁有者反制對水貨進口量之影響

綜合上述零售商、代理商、水貨商與品牌擁有者四個主要之角色與產品替代性和系統環境互動，可看出複雜互動後之整體觀的因果回饋環路，如圖 6-6。這些角色彼此互動形成了汽車潤滑油之市場動態發展結構。此結構模式經兩位系統動態學學者與一位國際潤滑油品牌商實務界專家討論修正，以確認模型的詮釋能力。此為系統動態學方法論檢驗模式效度的途徑之一 (Forrester and Senge, 1980; Balas and Carpenter, 1990)。

本章利用 Vensim 軟體來作量化模擬與決策分析，其中「品牌知名度」積量變數抽象變數處理最為困難。透過專訪從事研究此議題多年之學者與實務界專家 (例如任職四年 ESSO 台灣區經理及工作 20 年以上經銷商業者) 後，將品牌知名度變數以數值 0 到 5 來代表。當品牌知名度 1 時，代表五個消費者中裡面會有一個人聽過些品牌；換言之，有 20% 此商品消費者知道某品牌。而品牌知名度為 2 時，則代表五個人裡會有二個人聽過此品牌；換言之，有 40% 消費者知道某品牌，依此類推。

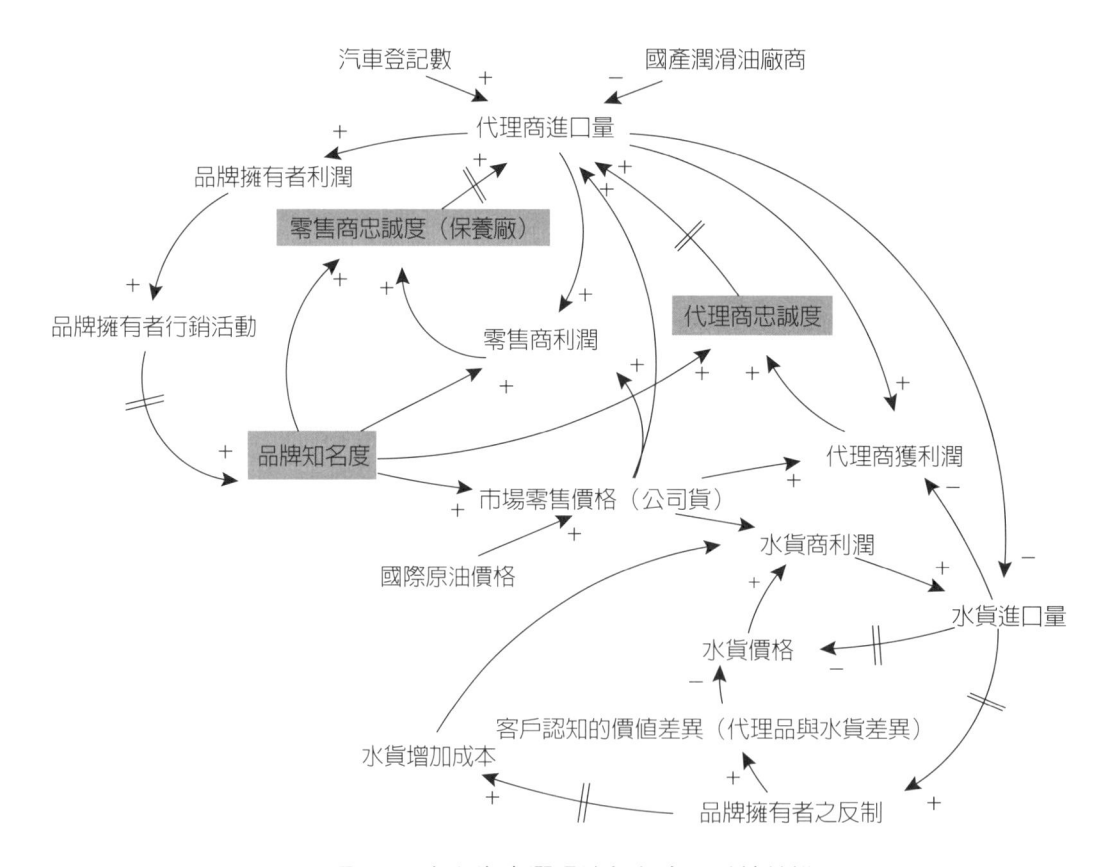

▲ 圖 6-6　台灣汽車潤滑油灰色市場系統結構

6-4 結果模擬與環境變化衝擊

6-4-1 結果模擬

利用系統動態模擬 1996 年至 2015 年之 20 年長期的分析,目的是為了解市場結構中,環境變數衝擊時系統長期調整的行為收斂情形。針對實務上廠商所關心的國際原油價格變動造成汽車需求下降後,對汽車潤滑油市場的影響,尤其是對於品牌知名度,代理商與水貨商進口量之消長等效果,必須透過系統模擬才能明白其變化幅度與趨勢。

■ **市場零售價格模擬**

近年來國際原油價格持續高漲,使得所有民生物資隨著國際原油漲幅而變動。潤滑油也因國際原油之變動而變動,國際原油高漲使得潤滑油進口成本變高,代理商將成本轉嫁至消費者身上,造成市場零售價格隨著原油價格之漲幅而高漲,因此市場零售價格則愈來愈高。圖 6-7 為市場零售價 (元 / 升) 之實際值與模擬結果之比較,趨勢大致上相符。

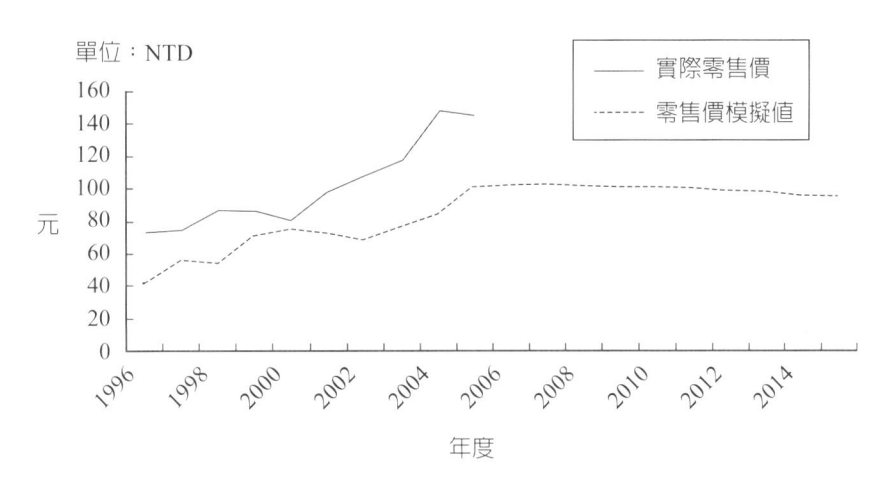

△ 圖 6-7 台灣地區進口汽車潤滑油市場零售價格模擬

■ **水貨進口量模擬**

當市場零售價格高漲時,消費者則選擇花較少錢購買替代之物品或是選擇品質較低之物品。因此當代理商進口量持續減少時,水貨進口量則相對增加。然而水貨進口量實際值缺乏官方統計數字,本研究以訪談業者的經驗估計參數與系統

動態模式進行模擬，得到如圖 6-8 之模擬圖。圖中顯示 1996 年至 1999 年水貨進口量迅速下降，2006 年後則收斂至穩定狀態。

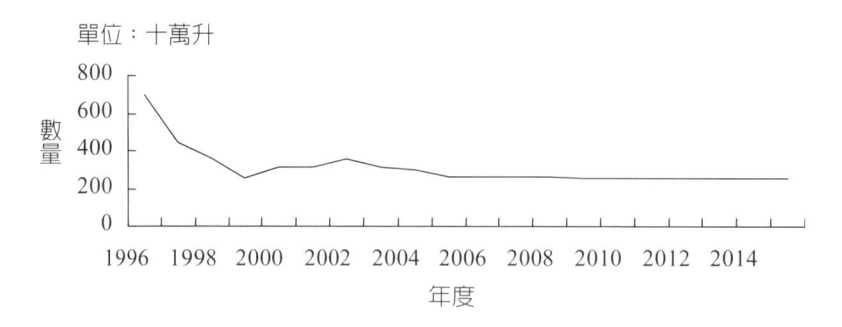

▲ 圖 6-8 台灣地區進口汽車潤滑油市場水貨進口量模擬圖

▶ 6-4-2 環境變數衝擊模擬

國際原油價格持續上漲將影響未來汽車銷售量與累積登記數，是故本研究模擬台灣汽車登記數減少時，對此系統之衝擊模擬。若台灣地區每年減少 4% 之汽車登記數，其品牌知名度、代理商進口量、水貨進口量有何變化？

■ **汽車登記數變少對品牌知名度之影響**

原油價格變高，導致消費者願意花在交通上之費用減少。消費者優先選擇搭乘大眾運輸工具，因此購買汽車之消費者變少。為了單純分析汽車登記數之衝擊，本章作者假設原油價格不變時，消費者預期未來油價上升，故減少汽車需求，整體登記數下降 4%，即約 30 萬輛。所以品牌知名度會跟著汽車登記數變少而明顯下降，如圖 6-9。

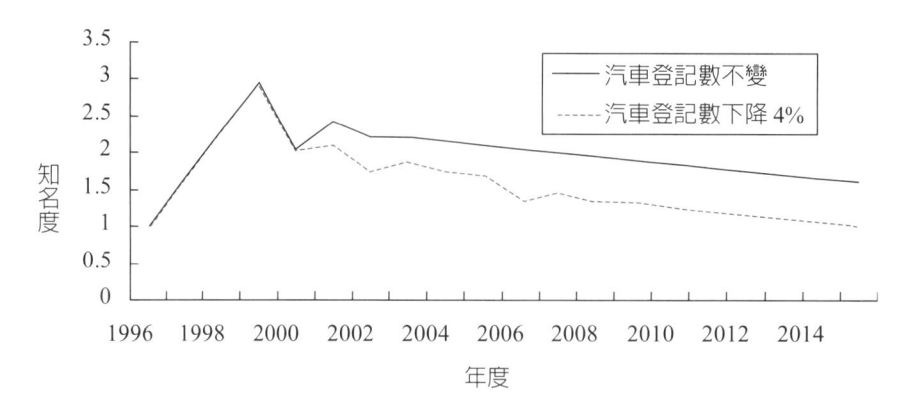

▲ 圖 6-9 汽車登記數變化對品牌知名度衝擊模擬

■ 汽車登記數變少對代理商進口量之影響

當汽車登記數變少時，汽車潤滑油也會跟著下降。由圖 6-10 中可得知，在汽車登記數變少時，汽車潤滑油代理商進口量會略為下降，但需求量仍維持一定水準，所以此市場仍有相當的商機。

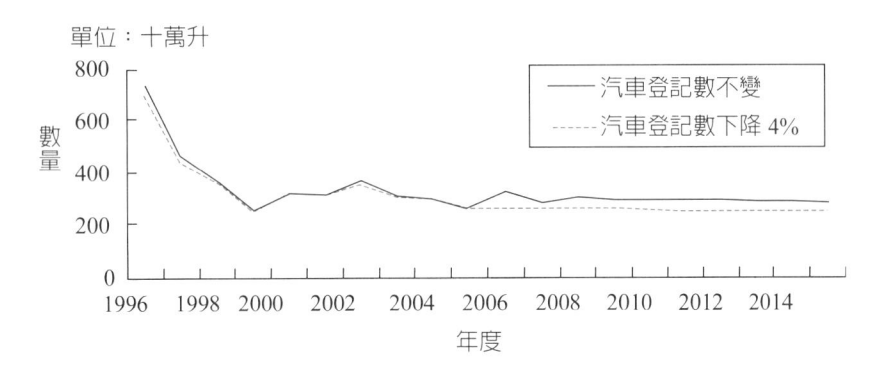

▲ 圖 6-10　汽車登記數變化對代理商進口量衝擊模擬

■ 汽車登記數變少對水貨進口量之影響

由圖 6-11 可看出，當汽車登記數變少，水貨進口量也會減少。因代理商進口量會影響水貨進口量，當汽車登記數變少時，整體市場規模下降，對代理商進口與水貨進口量來說皆造成影響，但是水貨仍受部分消費者喜愛而佔有一定的市場。

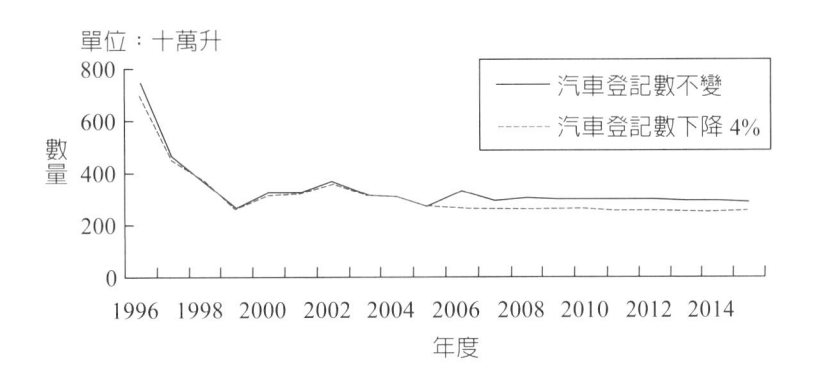

▲ 圖 6-11　汽車登記數變化之水貨進口量衝擊模擬

經由圖 6-9 至圖 6-11 環境變動之模擬之分析可知，若國際原油價格變貴，或是汽車登記數減少，品牌知名度則會被影響，而代理商與水貨商同受其害，均會降低其進口數量。然而本模型未考量 2008 年以來之國際金融風暴的衝擊，但可以推論的是其模擬衝擊效果將更劇烈。

6-5 結果與建議

　　灰色市場是一個複雜且動態之問題，每一種商品之灰色市場都是由不同時空環境條件與特色所結合。然而每一種商品之特色不同，其行銷通路灰色市場結構皆有所不同。以台灣汽車潤滑油市場為研究對象，利用系統動態學來探討其灰色市場通路動態結構。研究結果顯示潤滑油產業有其共同特性，如品質不易由產品外觀判定、產品失敗風險高為其一般特性。台灣汽車用潤滑油又有其本身之特殊性，如部分消費者偏好進口品牌、自行換油難以普及、保養廠與零售商之影響力大、潤滑油品牌數目繁多等特性。

　　建立汽車用潤滑油產業之行銷通路灰色市場之模式，可知其灰色市場主要是受到品牌擁有者、代理商、零售商與水貨商四個角色與產品替代性和系統環境之交互影響，是故它是一個動態且複雜的結構。

　　由建構的模式可知：當品牌擁有者獲得利潤後，品牌擁有者會提供經費來當作行銷費用，品牌知名度則隨著提升，進而正面影響到市場零售價格。水貨商因市場零售價格之增加，來提高水貨價格以獲取更高之利潤。當代理商與零售商稍具有品牌忠誠度時，代理商進口量之增減會隨著代理商與零售商之忠誠度高低而增減。

　　由模擬結果推論管理面的意涵如下：當品牌知名度愈高，消費者愈容易認為此品牌之品質較好，進而使得市場零售價格跟著提高。市場零售價格提高，會使得水貨商認為此市場有利可圖，因此大量進口水貨，為了取得平衡。是故建議當該品牌廣為人知時，若價格彈性大於一，品牌擁有者可透過降低市場零售價之方式，將可進一步促進消費者購買真品之慾望，增加代理商進口量，提高營業收入，並抗衡水貨進口量。

　　當品牌知名度高，使得市場零售價格變高時，同時也讓水貨商為得到更多利潤，因此大量進口水貨，使得水貨市場問題愈顯嚴重。因此本研究認為，品牌擁有者必須經常進行反制，讓客戶認知價值有差異並且也可以採取增加水貨取得成本之方式，這樣才能減少水貨商利潤，也才能讓水貨商減少進口。然而，水貨是否可增加對「別的品牌」市場佔有率的壓縮？是值得再研究之處。換言之，品牌擁有者之利潤、市佔率該如何兼顧？是一個重要的議題。

　　此外，也進行市場環境變數衝擊效果模擬；當國際原油價格高漲時，汽車登

記數量變少,則品牌知名度隨之跟著下降。當品牌知名度下降時,市場零售價也會跟著降低,使得代理商與進口量都會減少。

對品牌擁有者而言,水貨確實侵蝕其利潤,然而,反制行動也需付出額外成本,如何取得平衡則是重要決策點。對於代理商而言,水貨量大大影響其代理權的利益,以及動搖下游零售商忠誠度,如何與水貨商進行「非價格競爭」才能做出市場區隔,鞏固利潤。而水貨商除了價差之外,如何提高服務等附加價值,才能抵擋品牌擁有者或代理商的反制。站在政府與消費者立場,似乎是樂見其成。因此,如何評估整體經濟福利與消費者剩餘的變化,似乎成為新的研究課題。

利用系統動態學探討汽車潤滑油之灰色市場模式,似乎是一個不錯的途徑。但水貨進口之官方統計數目蒐集困難,如能克服將使模式更加完善。因此系統動態學似乎亦可應用於其他產業行銷通路之灰色市場結構研究,希望未來有興趣之學者可以繼續深入探討。

討論題

1. 對消費者而言,水貨商的出現是否可增加消費者的效用?
2. 對社會而言,灰色市場的出現對國家整體是有利?還是不利?

關鍵字

灰色市場	眞品平行輸入
行銷通路	貿易商
區域經銷商	代理商

附註

原文發表於《台灣企業績效學刊》修改而成。

CHAPTER 7

新興工業化國家汽車產業發展模式──以台灣為例

新興工業化國家 (Newly Industrialized Countries，簡稱 NICs) 通常以扶植汽車產業，作為發展製造業與帶動經濟發展的途徑。其發展的初期，雖然同樣面臨缺乏技術、相關產業薄弱與政府提供許多政策支持；但是最後發展的結果，卻各不相同。事實上新興工業化國家的汽車產業發展過程十分複雜，而且是一個動態的過程。本研究利用系統動態學，以台灣為例，探討汽車產業發展的結構，提出 4-Role 模式，以增加對汽車產業發展行為的了解。由本章研究結果可知：新興工業化國家的汽車產業的發展模式，主要為政府、業者、技術母廠、消費者等四個主要角色互動的結果。

◎ 7-1 前 言

新興工業化國家在達到一定的國民所得水準之後，常常以扶植汽車產業，作為帶動製造業與經濟發展的途徑。因為汽車產業是資本密集型 (Capital Intensive) 產業，而且其產業關聯效果大，可以帶動其他製造業的發展；也因為可以創造許多就業機會，提高國民所得，汽車產業被稱為火車頭工業 (或產業發動機)。亞洲國家中，台灣、南韓繼日本之後，已經積極發展汽車工業近半個世紀；近 10 年來，中國大陸與馬來西亞也因積極發展汽車產業，而受到世人的矚目。

新興工業化國家在導入汽車產業的初期,有許多發展的限制;所以發展初期政府常扮演關鍵角色。原因是產業萌芽期,廠商缺乏製造與設計技術;其次是相關產業水準薄弱;還有市場進入障礙高,需要大量資金投入生產、行銷與研發活動。因此,政府會制訂相關產業政策加以扶植,並且試圖影響廠商策略;例如,制定關稅保護政策,以高關稅保護國產車;零件自製率規定 (Local Content Requirement,簡稱 LCR),積極引進國外零件生產技術。提供租稅優惠等措施,以鼓勵廠商研發之誘因。甚至管制廠商數目,避免過度競爭,以維持規模經濟 (Economies of Scale)。此外,更制訂其他種種相關的制度等措施。但汽車產業持續的發展則需靠廠商的努力,並且隨著政府政策與廠商策略的不同,而發展出不同的模式。例如,台灣與韓國幾乎同時發展汽車產業;發展 50 年後,韓國汽車產業已經擁有外銷至國際市場之能力,台灣則幾乎以內銷市場為主;但是台灣汽車零件則已經大量外銷至歐、美、日等汽車先進國家。

　　其實汽車產業發展是一個非常複雜的動態問題,重要因素彼此間的關係對產業發展影響深遠。例如,產業發展受到廠商策略影響,廠商策略須視市場因素而定。例如:消費者偏好會影響汽車產品生命週期 (Product Life Cycle,簡稱 PLC);台灣的消費者把汽車當成炫耀財,產品生命週期較短,歐美的消費者把汽車當成必需品,產品生命週期較長。又如廠商要外銷時也會受到技術母廠專利或契約的限制。因此,我們質疑新興工業化國家的汽車產業發展除了受到政府政策、業者策略、生產技術和相關產業水準等因素的左右之外,還受到其他因素深遠的衝擊;例如:消費者偏好、技術母廠策略,以及市場規模大小等環境因素的影響。由於這些複雜的因素並非獨立作用,而是環環相扣,並且互為因果地交互作用。所以新興工業化國家汽車產業發展的問題非常複雜,是值得深入研究的問題。

　　以台灣為例,汽車產業萌芽於 1953 年,發展了將近半個世紀呈現幾個特殊的發展現象。截至 2000 年底,國產轎車的市場佔有率高達 80%,自製率為 40%,國產小型商用車市場份額佔 99%,國產大型商用車市場佔有率 44%;而且部分生產商用車為主的廠商,已擁有自有品牌,甚至到中國大陸設廠,生產銷售。但是轎車出口實績非常不理想,不具國際競爭力,並且仍缺乏整車設計能力與自有品牌。雖然轎車仍不具整車設計與出口能力,然而零件廠商的製造水準已達國際水準,不但每年出口值超過 25 億美元,甚至成為國際性汽車技術母廠的零件供應體系之一。另外,國產轎車市場,幾乎是日本車系的天下,歐美車系的國產車則居於劣勢。此外,台灣曾經有兩家轎車廠商企圖發展設計能力,最後受到技術母廠

牽制與量產規模太小限制，結果是一家放棄自有品牌，另一家停產。由此可知：新興工業化國家的汽車產業發展的模式，也是非常複雜，必須以整體觀、全面性的角度進行研究，才能提升對產業發展的了解。首先本文分析新興工業化國家汽車產業的一般特性，並利用系統動態學方法，然後以台灣為例，深入探討台灣汽車產業發展模式，並嘗試解釋其行為，最後再探討模式的意涵。

7-2 汽車產業發展特性

7-2-1 一般特性

汽車工業是一高度精確性、技術性之整合型產業，而其生產製造流程亦相當複雜，故牽涉範圍廣泛，需要各種產業的相互配合。其產業的特性如以下：

■ 規模經濟現象明顯

汽車產業由於生產之固定成本很高，因此當產量規模小時，平均成本非常高，隨著產量增加會產生規模經濟效果，所以必須大量生產，始能達到規模經濟的利益。

■ 資本和技術進入障礙高

汽車產業是一種資本和技術密集的產業。必須投入大量促銷的活動以吸引消費者購買；且須長期不斷研究創新，開發新的車種。因此所需的資金相當龐大，技術層次非常的高，形成頗高的進入障礙。

■ 產業關聯效果大、影響經濟層面重大

汽車工業的產業關聯性甚大，可以帶動其他關聯產業的升級。汽車產業屬於資本及技術密集之工業，廠商之資金動向皆成為政府及大眾注意之焦點。又因為汽車產業的興盛將可帶動相關產業之發展，所以對於整體經濟影響非常重大。以台灣為例，1999 年汽車工業總產值為 88 億美元，佔運輸工業產值的 64%，也佔台灣製造業產值的 3.9%。

■ 從業人員眾多

汽車產業從業人員眾多。以台灣為例，在 1999 年底，汽車產業廠商家數計有 448 家，從業人員約 9 萬人 (尚未包含經銷及售後維修人員)。而大陸在 1998 年

底，汽車產業工廠家數計有 2,426 家，從業人員接近 200 萬人。

■ 長期持續的投入研發

汽車是高度特用的精密產品，汽車產業是高度技術密集的產業，其技術涉及許多的不同的領域，因此必須長期持續的投入研發，才能不斷累積最新的研發設計與生產技術能力。

▶ 7-2-2　新興工業化國家的汽車產業發展特色

新興工業化國家發展汽車產業的特色，大致上有四個：(1) 缺乏生產與設計能力，有賴國外技術母廠支援；(2) 相關基礎產業薄弱；(3) 政策大力扶植；(4) 產業環境條件各不相同；說明如下：

■ 缺乏生產與設計能力，有賴國外技術母廠支援

新興工業化國家導入汽車產業的初期，則缺乏生產與設計技術能力，甚至連組裝技術都有待學習。因此必須仰賴先進國家汽車母廠的技術支持，才能引進技術，由最低階的裝配維修開始，再設立生產線導入生產技術，製造部分零件。所以新興工業化國家的汽車發展的一個特色就是：缺乏生產與設計能力，有賴國外技術母廠支援。

■ 相關基礎產業薄弱

新興工業化國家的汽車相關產業通常基礎薄弱。例如，鋼鐵業、機械業、模具業、工具機業。因為這些相關產業與汽車產業是上、下游關聯產業，它們和汽車產業發展息息相關，而且互相影響。而在新興工業化國家的發展汽車產業之前，它們通常也很薄弱。

■ 政策大力扶植

為了扶植汽車產業，作為帶動製造業與經濟發展的途徑。新興工業化國家通常會有許多的產業扶植政策 (例如：1994 年大陸頒布汽車工業發展政策)。例如，以零件自製率規定積極引進國外技術，以及要求國際汽車母廠訂立零件回銷先進國家之計畫，以確保所引進的技術不是過時且淘汰之技術。

為了保護萌芽的汽車產業，政府也會以關稅、限額、限地進口之貿易政策，隔絕國外先進國家汽車進口競爭。由於相關基礎工業薄弱，廠商學習曲線較長，政府部門也會鼓勵廠商從事研發 (Research and Development，簡稱 R&D) 活動，以提供國內廠商加速研發技術之誘因。此外，管制廠商數目也是常見的規定，以避

免過多廠商瓜分市場而無利可圖。

■ 產業環境條件各不相同

新興工業化國家的汽車產業發展環境條件各不相同。例如，台灣、韓國與大陸內銷市場規模大小不同 (人口、土地面積等因素)。廠商規模大小也不同，台灣以中小企業為主，韓國則是大企業為主。消費者特性也不同，台灣消費者對進口汽車接受度較高，韓國消費者則偏好國產車。兩國的相關基礎工業水準也大不相同。基於上述種種不同條件因素，導致各個新興工業化國家的汽車產業發展結果都不一樣。

7-3　系統動態學模型建構

事實上左右新興工業化國家的汽車產業的發展的因素，除了政府政策及廠商策略之外，還包括兩個十分重要的角色，即國外技術母廠的策略與消費者行為兩個因素。本研究將以台灣為例，提出 4-Role 模式。其汽車產業的發展受到四個角色交互作用的影響：分別是政府、國內車廠、國外技術母廠與消費者等四個角色之影響。它們的策略與行為，深深地左右了汽車產業發展的結果；其扮演的角色功能如下：

▶ 7-3-1　政府角色

政府在新興工業化國家發展中的主要功能包括自製率規定，以保障技術的引進；關稅政策，以保障國產車的市場佔有率。以及研發獎勵、鼓勵廠商進行研發活動、提升設計與製造能力。

在導入汽車產業的初期，缺乏生產與設計技術，政府為了使國外技術母廠加速移轉生產技術，並且為了發展本國的汽車零件業，則會實行自製率規定，要求部分比例零件，必須在本國製造。如果沒有自製率規定，則技術母廠與廠商完全依照比較利益之國際分工考量，不一定會積極引進製造技術。換言之，政府扮演了最低技術引進的調節者，例如，表 7-1 所示，1989 年以前台灣政府採取逐漸拉高的自製率政策，廠商的實際自製率也跟隨提升至 70%；1989 年開始政府自製率規定調降為 50%，廠商的實際自製率也依照成本考量下降至 50%。

◆ 表 7-1　台灣轎車自製率、關稅與市場佔有率統計

單位：100%

年	1958	1959	1960	1962	1963	1969	1979	1985	1987	1988	1989	1993	1999	2000
政府規定自製率	0	20	40	60	70	70	70	70	70	70	50	40	40	40
實際自製率	—	20	40	60	60	60	70	70	70	70	50	50	40	40
關稅(整車)				65	65	75	75	65	65	50	45	30	30	30
國產車市佔率								85	80	62	57	67	83	80

資料來源：ITRI / IEK(2000)；TTVMA；蕭志同 (2004)

※2001 年 11 月台灣加入世界貿易組織，自製率取消。

圖 7-1 即是政府自製率規定對零件製造能力的影響；政府自製率規定與廠商實際自製率有差距時，將促使技術母廠積極移轉部分零件生產技術與授權製造，隨著零件製造種類增加，因此零件製造能力也隨之累積，進而提升了零件實際自製率，形成一個負性因果回饋環路。

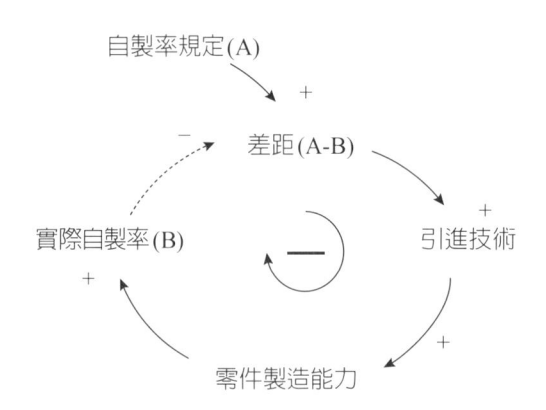

◆ 圖 7-1　自製率規定對零件製造能力的影響

政府之高關稅與限地、限額進口政策，是為了確保國產汽車有起碼的市場佔有率，避免進口汽車激烈的競爭而妨礙本國汽車產業的發展。但是隨著國產廠商市場佔有率提升之後，則高關稅保護政策就變成了非必要的政策工具。所以當國產汽車市場佔有率較高時，則政府將會逐漸降低關稅與開放進口，形成一個負性因果回饋環路，其環路類似圖 7-1 之環路。簡言之，政府是國產車市場佔有率的調節者。例如，台灣政府 1969 年至 1979 年長達 10 年時間，對進口轎車課以 75% 的高關稅；1987 年後，因國產轎車市場佔有率已經達 80% 以上，隔年 1988 年逐年下降關稅。截至 2000 年底，轎車進口關稅為 30%，國產轎車市場佔有率仍然高達 80% 以上 (表 7-1)。

研發鼓勵措施，則是為了提供國內汽車製造廠和零件廠的誘因，加強研發活動，發展製造與設計技術。台灣研發鼓勵措施分成三個階段，1953 年起到 1970 年為第一階段：每年約 9.6 百萬美元 ❶；而 1970 年至 1986 年為第二階段：每年約 4.8 百萬美元，鼓勵金額減少；而 1986 年為第三階段：1986 年之後，減為每年 3 百萬美元左右。所以，研發鼓勵措施對於整車設計能力與零件製造能力都有正面的幫助，有助於提升市場競爭力，刺激銷售量成為良性循環，反之惡性循環，而形成了一個正性的因果回饋環路中。

▶ 7-3-2 國內車廠角色

廠商在政府政策扶植下的策略是發展成為區域的汽車製造廠，其具體目標有二：一是提升製造能力，改善品質，降低成本，以提高利潤；二是提升設計能力，以增加長期競爭力。以裕隆汽車為例，它曾經是台灣最大汽車製造廠，為了實現上述目標，於 1980 年成立「中央汽車實驗室」，1986 年此研發部門擁有 650 個工作人員，致力於長期研發工作，同年 10 月，該公司推出首部自行設計研發的新轎車 (飛羚 101)。

換言之，廠商必須持續投入研發活動，以提升設計製造能力，如此才能時常推出新車款，以維持市場吸引力，促使銷售量增加，提高利潤，而有更充沛的資金挹注在研發活動上，形成了一個正性的因果回饋環路。另一方面，研發活動提升了製造能力，增加生產效率與產品品質，可以降低平均成本、提高利潤，這樣便形成了另一個正性的因果回饋環路。然而廠商投入研發活動時，會造成平均成本的增加，利潤縮水，形成了一個負性的調節環路 (圖 7-2)。

---

❶ 本文所有金額皆以新台幣 33 對 1 美元為匯率換算基礎。

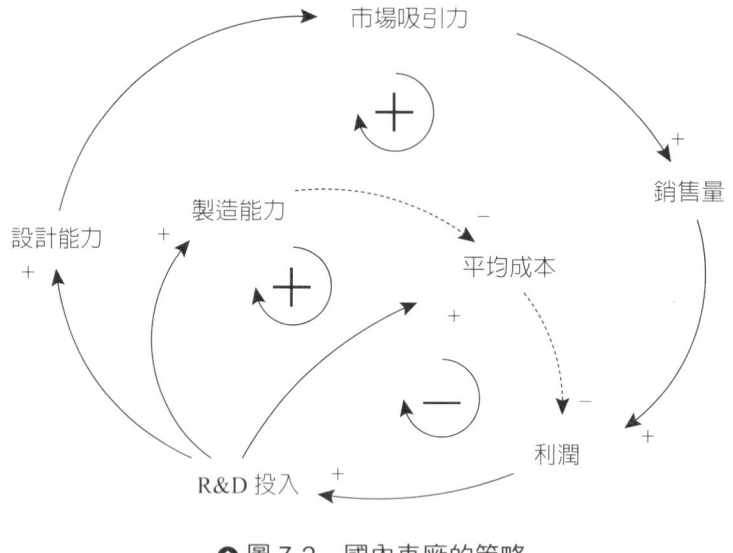

▲ 圖 7-2　國內車廠的策略

▶ 7-3-3　國外技術母廠策略

　　國外技術母廠的策略是取得新興工業化國家的汽車市場，擴大其本身市場佔有率及利潤。但是通常不願意新興工業化國家的汽車廠商脫離其控制，自立品牌，甚至成為區域性或國際性的競爭對手。技術母廠會扶植當地廠商，使之成為其技術與行銷通路下游廠商，如雁行理論所言，其可以釋出中、低水準技術，而專注於開發附加價值更高的關鍵零件或新車型，以保持競爭力。

　　另一方面，基於技術母廠全球化國際分工體系的利益觀點，技術母廠的作法是，移轉具有利基市場的零件設計與製造技術，並且扶植策略夥伴具有整車代工製造技術。但是，如果下游國內車廠商提升高階的設計能力；超過技術母廠容忍程度時，則會降低對下游廠商的支持度，通常以不提供新車型或新技術為手段，使下游廠商的銷售量和利潤下降，形成了一個負性的調節環路 (圖 7-3)。所以技術母廠是新興工業化國家汽車廠商設計能力的調節者。

　　例如，上述裕隆汽車於 1982 年執行研發「X101」新車計畫之後，原來技術母廠 (Nissan) 即不提供新車款，該公司於 1986 年推出「飛羚 X101」，與 1989 年製造第二款「飛羚 X102」之後，由於行銷通路與技術程度，難敵歐美先進國家車廠，國內外市場也反應不佳，獲利由盈餘轉為虧損，最後被迫放棄自有品牌。1996 年 2 月該公司研發工程中心人員只剩 75 人，和 1986 年的 650 人相比，判

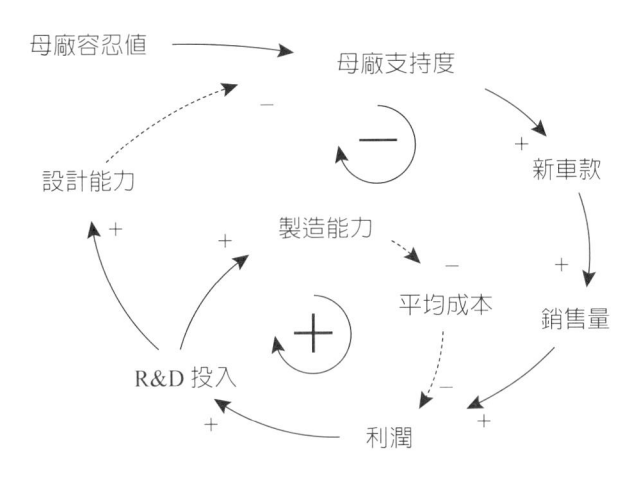

⬆ 圖 7-3　技術母廠的策略

若天淵。放棄自有品牌,並且以母廠提供新車款與技術和品牌行銷之後,該公司1997年營業額為 14 億美元,獲利率 11%,立即回到市場龍頭地位。另一家國內車廠商 (羽田),也幾乎在同時期自行研發新車款 (銀翼),自創品牌,最後也因為沒有獲得母廠的支持,於 1996 年停產關門。

▸ 7-3-4　消費者角色

　　台灣的消費者將轎車視為炫耀財。若是高階汽車 (例如,BENZ 或 BMW),象徵財富與社會地位的指標;若是中、低階汽車則必須常常購買新車款,才能符合消費者心裡期望,因此市場上有明顯的新車效應。由圖 7-4 在台灣推出的三種新車款的銷售量可知,新車效應約兩年時間。由於消費者偏好變化迅速,產品生命週期較短,廠商策略必須時常推出新車款,以滿足消費者需求,銷售量才能成長。因此,廠商推出新車款與變化速度快,零件需求變化速度也快,幾乎與新車款之零件開發速度相當;所以廠商沒有多餘時間與資源,可以開發新的且更高技術難度之零件項目。是故,轎車整車設計能力發展受限,停留在車型、功能方面之改款設計能力的技術層次。換言之,國內廠商為了滿足市場新車效應,改款設計能力成為生存發展的關鍵因素。並且發展出具有國際利基市場之零件生產技術,是故,2000 年台灣零件回銷國外技術母廠的金額約 6 億 9 千萬美元。因此消費者的行為,深深衝擊到廠商的成本和發展策略。

銷售量(台)

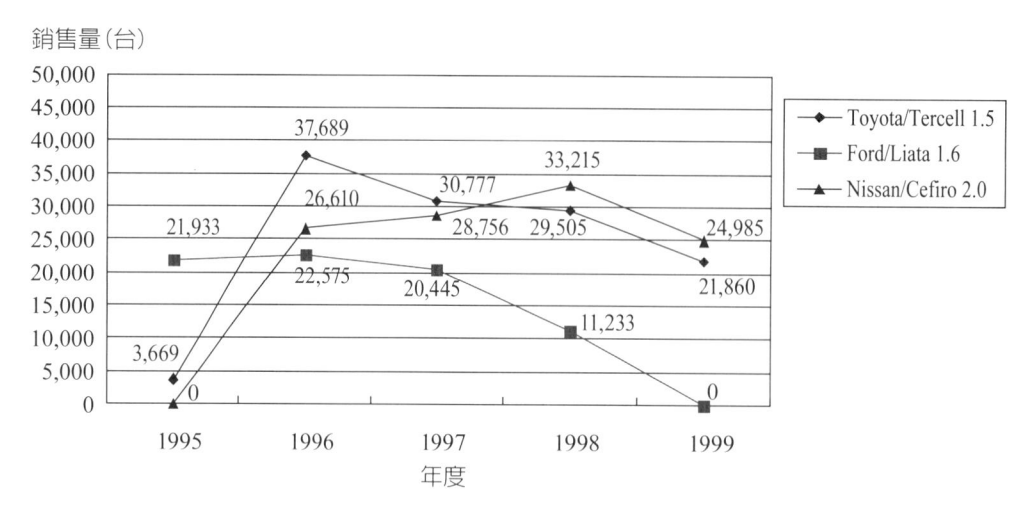

台灣轎車的新車效應數據：
- Toyota/Tercell 1.5：1995年 3,669；1996年 37,689；1997年 30,777；1998年 29,505；1999年 21,860
- Ford/Liata 1.6：1995年 21,933；1996年 22,575；1997年 20,445；1998年 11,233；1999年 0
- Nissan/Cefiro 2.0：1995年 0；1996年 26,610；1997年 28,756；1998年 33,215；1999年 24,985

▲ 圖 7-4　台灣轎車的新車效應

消費者偏好變化速度對改款設計能力累積的影響，首先形成一個主要正性環路。當消費者偏好變化速度較快時，新車款與變化的速度也會增加，使得廠商致力於累積改款設計能力，而形成良性循環 (圖 7-5)。

但是廠商車款變化速度較快時，生產成本就較會上升，利潤縮減，就沒有充沛資金可投入研發，不利於新車設計能力累積，使得推出新車款與變化速度減緩，因此產生一個對新車設計能力的負性平衡環路 (圖 7-5)。所以，消費者角色同時影響新車設計能力與改款設計能力的累積，對台灣汽車產業發展有重大的影響。

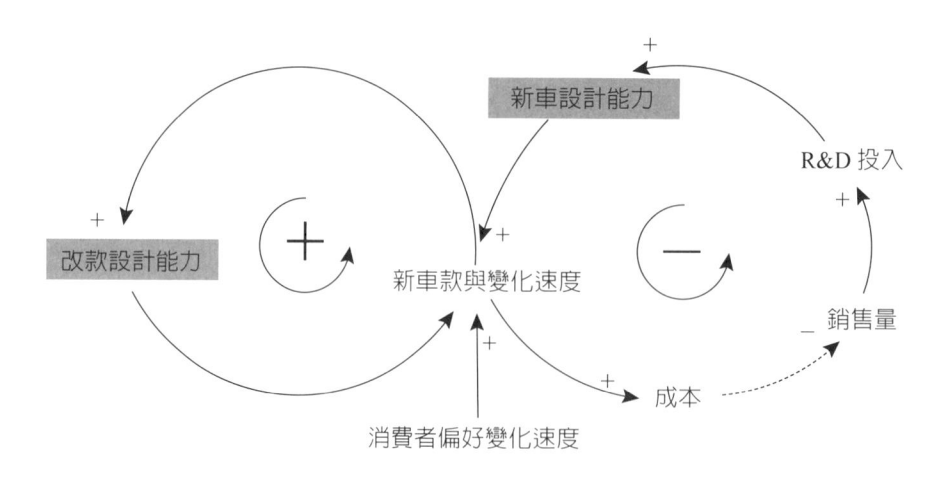

▲ 圖 7-5　消費者角色的影響

綜合上述政府、廠商、技術母廠、消費者四個主要角色，複雜互動後之整體觀的因果回饋環路如圖 7-6。這些角色的彼此互動形成了台灣特殊的汽車產業發展的結構；換言之，即為台灣特殊的汽車產業發展的動態模式。

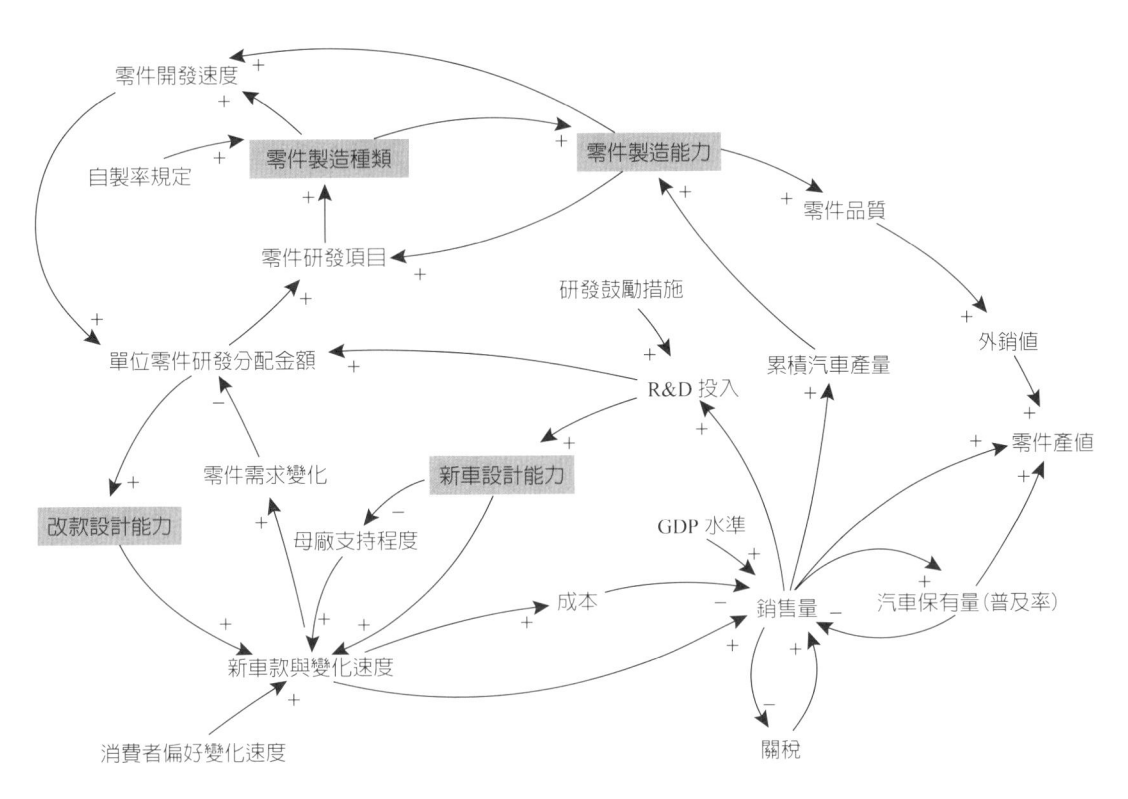

◆ 圖 7-6　台灣汽車產業發展的結構

◎ 7-4　量化模型

本研究所建立之量化模式共包含四十多條方程式及四個積量變數。其中處理較困難的變數與關係，茲說明如下：

▶ 7-4-1　車款設計能力與母廠忍受值

車款設計能力代表汽車廠商的研發技術水準，此水準在可以分成五個層級：由上而下依次是「概念車設計」、「關鍵零組件設計技術」、「整車系統設計」、「改款設計」、「仿製與代工」。以 0 到 1 為數值代表設計能力水準，0 表

示剛開始發展的起始點，1 表示能夠設計未來概念車，且達世界一流水準。設計技術能力分成五個層級後為：0～0.2 表示能力處於「仿製與代工」層級，0.2～0.4 表示能力累積至「改款設計」層級，0.4～0.6 表示能力處於「整車系統設計」層級，0.6～0.8 表示有能力設計開發「關鍵零組件設計技術」，0.8～1 表示能夠設計未來概念車。

車款設計能力的累積有兩方面的影響；第一、代表有能力自行提供新車款；第二、當車款設計能力超過母廠忍受值時，而威脅到技術母廠時，則母廠不提供任何新車款，否則母廠會提供國內車廠引進新車款的需求。車款設計能力母廠支持度亦以 0 到 1 為單位，0 表示完全不支持，即不提供新車款；1 表示完全支持，只要國內車廠提出需求，即配合引進新車款，介於 0 與 1 之間的值，表示不同程度的支持度，必須透過溝通、協調、談判後，才會確定引進何種新車款或新技術。母廠忍受值是以車款設計能力 0.4 為門檻 (即具備整車系統設計能力)，當國內車設計能力大於 0.4 時，則支持度降為 0，否則任其發展。

▶ 7-4-2　研發投入與改款設計能力

改款設計能力增加，必須仰賴自行研發製造零件的活動；亦即廠商透過研發經費投入後，從事新的零件項目研發活動，使零件自行研製比例累積。換言之，廠商在研製零件時，增加了零件設計能力，因而累積對車型外表及部分零件功能改變的能力。所以改款設計能力的成長，受到研發投入的影響。

此處存在非線性關係，即研發投入能產生多少改款設計能力增率；它們呈 S 成長曲線的特徵。因為起初零件最基礎的研發，必須建立一些基礎技術和相關產業水準，因此成長較慢；有了部分技術之後，則進行相關技術的零件研發速度將較快；最後是技術難度較高的關鍵零件，須投入研發的經費較多，而且技術難度與複雜度更高，成長則愈緩。

作者曾訪問兩位任職於工研院機械所的專家，係負責汽車技術開發將近 20 年的主管表示，研發投入在 3 千萬美元，而研製增率在未達到 0.025 之時，斜率遞增；而 R&D 金額高於 3 千萬美元之後，斜率遞減。當研發投入達到 4 千 5 百萬美元時，研製增率接近成長上限 0.05 (如圖 7-7)。

▶ 7-4-3　改款設計能力與零件製造能力

改款設計能力的高低，以 0 代表剛開始累積的起始點，1 表示其在國內市場

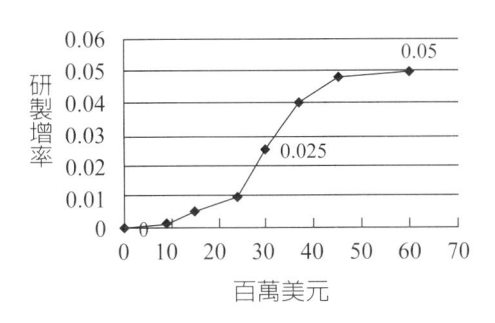

▲ 圖 7-7　研製增率與研發投入的非線性關係

之改款能力具領導廠商地位，除了部分關鍵零件外，皆能設計改變其功能。數值愈大表示改款設計能力愈強，超過 1 表示比先進國家技術母廠的能力還高。

零件製造能力代表了零件製造技術的困難度與品質高低，前者代表製造種類，後者代表相對品質水準。依零件種類可分成三類：維修耗材類、一般零件 (新車原廠零件) 和關鍵零組件。它們的相對品質水準則難以具體衡量，因此本模型以零件製造產值換算成等值之整車數量為衡量零件製造能力的指標。

▶ 7-4-4　成　本

成本深深受到消費者偏好左右，因為廠商為了滿足消費者偏好，每兩年進行改款設計；每六年大改款一次，導致廠商被迫放棄部分現有零件。因此在成本中除了生產成本之外，也包含小改款和大改款成本。其中生產成本係受到量產成本之規模報酬的影響，而且有一非線性關係存在，即生產成本和銷售量之間存在規模經濟現象，生產成本隨著銷售量增加而下降；但是因台灣市場規模有限，下降至一定水準即持平，如圖 7-8 之非線性關係。作者訪問台灣汽車研發專家推估：銷售量在 20 萬台，生產成本每台 1 萬美元時，才能合乎最小經濟規模 (Minimum Efficient Scale，簡稱 MES)。

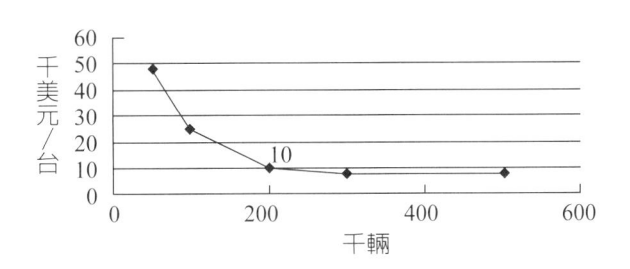

▲ 圖 7-8　生產成本的規模經濟現象

7-5 研究結果

台灣汽車產業發展模式,由四個主要角色交互作用,產生了複雜的特殊發展結構,建模之後,我們作了一些重要變數的動態模擬,分別是車款設計能力、改款設計能力、國產車市佔率、零件自製比例與零件製造能力。

改款設計能力的模擬結果,呈現 S 曲線的成長曲線的形狀,模擬改款設計能力之結果超過 1 以上,代表超過國際技術母廠水準。由於母廠並不反對國內車廠擁有改款能力,所以,台灣汽車產業累積了相當改款能力,也可以滿足市場每兩年改款的需求。這也是為何在台灣市場中,國產車漸漸能符合消費者需求,而擁有八成左右的轎車市場佔有率的原因 (圖 7-9)。此外,其改款設計能力已經受到母廠肯定,近幾年其紛紛在台灣設立亞洲改款設計研發中心。

車款設計能力的累積,也是呈現 S-curve 的成長曲線形狀,起初累積設計能力水準低,隨時間變化而成長漸增,後來因為技術母廠牽制而成長逐漸緩慢,以致累積能力水準,仍然距離國際車廠設計水準有一段差距,停留在本模式定義的 0.3～0.4 之能力水準 (圖 7-9)。

圖 7-10 是零組件自製比例發展動態模擬圖。所模擬的實際自製率累積至 0.6 左右。實際自製率是研製比例與授製比例加總。研製比例已經迅速累積至 0.4 與 0.5 之間。研製比例,係指國內廠商自行研發的零件製造比例,由於剛開始並無自製的零件,故從最簡單、技術層次較低的零件自行研發製造,是故成長較慢。隨著製造比例提升、能力累積,研製比例也會迅速上升。但是關鍵零件技術困難度

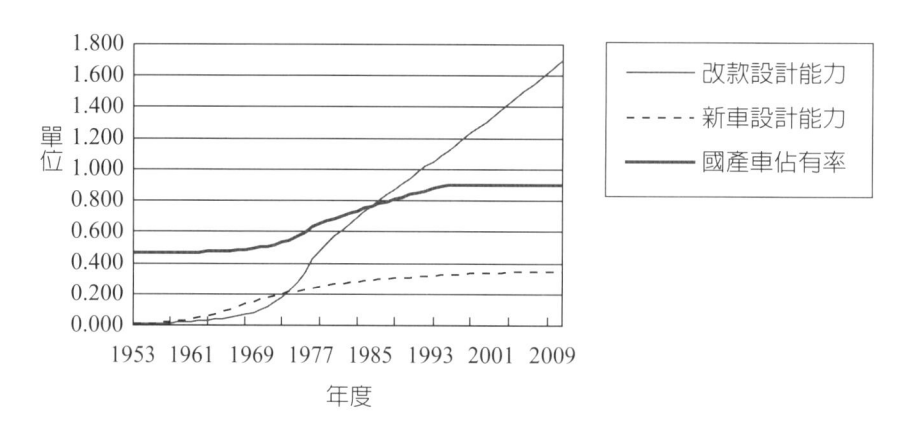

▲ 圖 7-9　車款設計與改款設計能力模擬

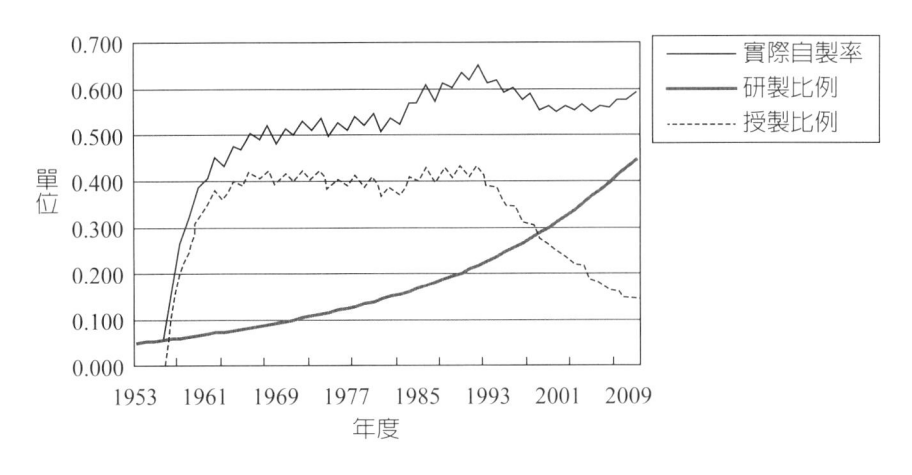

▲ 圖 7-10　零件自製率模擬

高，研發經費大，且關鍵零件技術專利掌握在技術母廠手中，開發新專利不易，因此研製比例大多屬於中、低技術零件；並且發展出具有國際利基市場之零件設計與製造技術。

　　有關授製比例方面，則是逐年下降。授製比例係指技術母廠授權製造零件之比例，由於必須滿足官方自製率的規定。因此技術母廠基於成本考量，一方面進行國際分工委託授權製造，另一方面也須考量國產車廠商的製造能力。當官方自製率改變時，也隨之改變授製比例。另外每兩年車型小改款與每六年大改款時，由於量產成本產生波動，零件授製比例呈現鋸齒狀的波動 (圖 7-10)。1989 年之後，由於政府降低自製率規定，使得授製比例逐年下降，模擬結果大致符合實際產業之發展。

　　最後一個模擬的變數是零件製造能力，隨著每年的零件需求和實際自製率累積的學習效果，使零件製造能力可以持續累積，在某些零件的成本與品質上，逐漸具足了國際競爭力，並且成為汽車零件全球國際分工體系的成員。圖 7-11 中的實線是本模式模擬的結果，縱軸代表相當出口成車的數目，最後每年可以出口等值 20 萬輛轎車的成績。1998 年台灣實際外銷零件達 21 億美元，相當於 25 萬輛轎車的金額。

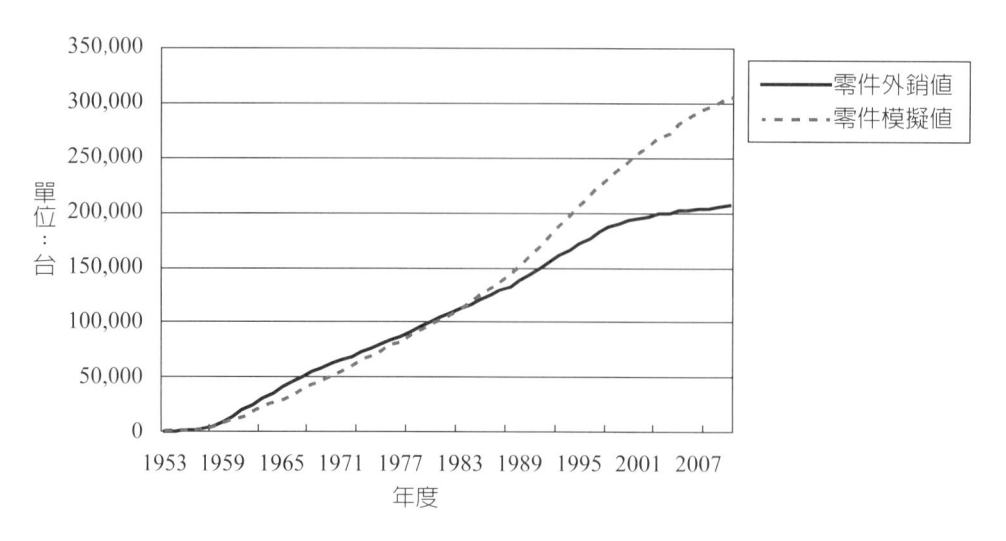

◎ 圖 7-11　零件外銷值模擬

▶ 7-5-1　發展階段

　　一般而言，新興工業化國家的汽車產業發展過程都會從保護幼稚產業，逐漸朝向開放市場競爭。台灣汽車產業發展可以分為三個階段：第一階段是技術引進與保護階段 (1953 年至 1967 年)，此時產業萌芽期主要是靠政府角色的發揮，即透過「關稅保護、自製率規定、研發獎勵」三個政策工具介入扶植。第二個階段是摸索學習階段 (1968 年至 1985 年)，此時期國內車廠商積極學習生產與車款設計技術，欲建立自有品牌。但是受到技術母廠的控制與消費者行為的影響。第三個階段是積極發展與開放競爭階段 (1986 年至 2001 年)：主要是為了發展關鍵技術與因應加入 GATT(General Agreement on Tariffs and Trade) / WTO (World Trade Organization) 之挑戰。在此階段，國內車商角色，受到政府與國際技術母廠策略與消費者角色影響，決定了最後的發展結構。其最終發展出如圖 7-9 與圖 7-11 本研究所模擬之結果：擁有出色的改款設計能力與部分具有利基市場的零件製造能力。

▶ 7-5-2　消費者角色的改變

　　如果消費者角色改變時，對結果有何影響呢？例如，當消費者視汽車是必需品而非炫耀財時，則產業發展結果將可能如何？以台灣商用車發展而言，消費者視為生財工具，偏好改變很慢。因此商用車產品生命週期長。廠商隨著銷售量

增加而收入增加,進而使得研發投入增加,進而累積整車設計能力和降低量產成本。這個增強環路之效果,便可以擺脫上述 4-Role 模式中技術母廠的控制環路作用。最後,廠商慢慢有能力推出新車款以應付市場需求,增加銷售量而進入良性循環。廠商便擁有整車設計能力與製造所有的零件種類,建立自有品牌。

圖 7-12 為以本研究之模型結構,將消費者偏好改變週期變長之後,設計能力的模擬結果。其設計能力可以逐漸累積達 0.7 以上水準,具有整車系統設計與開發關鍵零件之設計技術,而呈現不錯的發展結果。圖 7-13 是零件自製率在消費者偏好週期變長後累積的模擬圖,其實際自製率達 0.96,研製比例也達 0.9 以上,與實際現象大致吻合。零件製造能力也明顯累積更快更多,外銷值模擬結果如圖 7-11 之虛線所示。

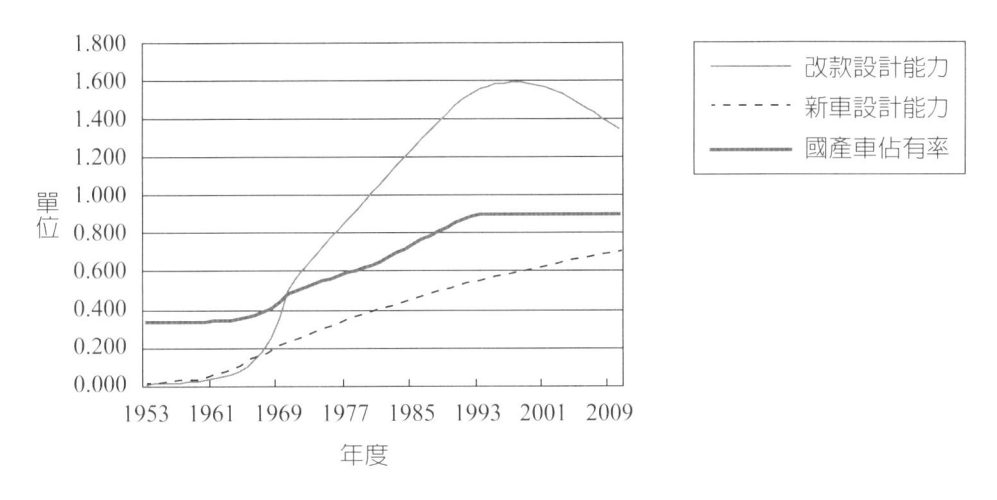

▲ 圖 7-12 消費者角色改變對車款設計能力的影響

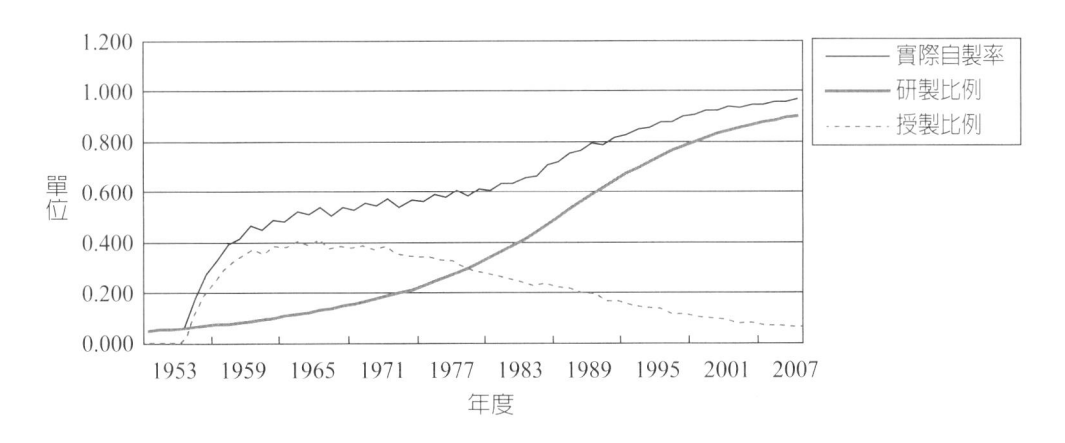

▲ 圖 7-13 消費者角色改變對自製率的影響

7-5-3　政府角色的改變

由於台灣已經在 2001 年 11 月加入世界貿易組織會員國，汽車產業的發展趨勢會如何呢？加入世界貿易組織之後，政府角色將隨之改變：不能直接進行研發補助，關稅必須下降，自製率立即取消。加上各國進口車衝擊下，台灣的汽車產業可能無法持續累積轎車整車設計能力，只能維持改款設計能力，與發展具有利基市場之零件，部分不具國際競爭力之零件將被淘汰，加上轎車產量減少，零件產值可能略為下降。國產車廠商為了生存可能與技術母廠更密切合作，或成為代工製造廠。而商用車的發展，可能在消費者要求較低維修成本之下，受進口車衝擊有限。

7-5-4　技術母廠角色的討論

綜觀台灣汽車產業發展的結果，由於日本汽車技術母廠與國產車廠商變成了垂直分工的夥伴，造成日系汽車在台灣市場的佔有率，遠大於歐洲系列汽車。高水準歐洲車系汽車在台灣有銷售佳績，但是中、低階水準之歐洲車系汽車在台灣銷售不佳，這是因為其產品生命週期較長。歐洲技術母廠因成本考量，而不願為了台灣區域消費者時常推出新車款，導致無法滿足台灣消費者的需求偏好。反觀日本技術母廠相對上較願意配合台灣車廠的要求，導入新車款頻率較高，以至於有較高的市場佔有率。甚至日本技術母廠，透過台灣車廠的許多優勢，策略聯盟與技術合作至中國大陸與東南亞開拓汽車市場。

7-5-5　對其他新興工業化國家的了解

此模型能夠增進對其他新興工業化國家汽車產業發展現象的了解。以韓國為例，它已經成功發展出汽車產業，並且擁有外銷至國際市場之能力。韓國同樣經過三個發展階段，在第一階段，技術引進與保護階段：韓國政府也實施高關稅與自製率規定。第二階段，廠商和政府以大量資金，積極投入研發，發展車款設計能力。加上消費者偏好較穩定，產品生命週期較長，而且其市場規模大，故可以擺脫國際技術母廠的控制。第三階段，它成功地發展出整車設計與製造能力，並能外銷到國際市場。若欲了解韓國汽車產業精確的發展結構，則需進一步的深入研究。

又如中國大陸汽車產業的發展，雖然消費者角色與台灣相似，對產品偏好變化快。但是其政府大力推動產業政策，而且市場規模非常大，生產要素成本低廉，也符合規模經濟條件。至於中國大陸是否可能發展出國際性汽車大廠和茁壯的汽車產業？則須再考量國際技術母廠與國內車廠的策略互動而定。當然，其精緻的發展結構，也須再透過觀察研究。

7-6 結論與建議

新興工業化國家汽車產業發展歷程，是複雜的動態過程。其發展的初期同樣面臨許多限制與政府政策支持，但是其個別發展的結果卻各不相同。本研究以系統動態學，建立台灣汽車產業發展之 4-Role 模式。其汽車產業發展主要受到政府、國內車廠、國外技術母廠與消費者等四個角色交錯影響；加上市場規模太小等客觀條件，使得其汽車產業發展動態結構，有其特殊性與複雜性。由此可知，新興工業化國家汽車產業的發展各有其不同的環境、條件與政策，而導致發展出不同的系統結構。所以新興工業化國家的汽車產業發展有其共同性與特殊性，必須要深入研究各國的發展模式，才能作更周延的了解。以台灣為例，由於其複雜結構所致，汽車產業很難累積未來概念車款設計能力而具備國際競爭力，但是卻發展出優越的改款設計能力，以及部分具國際競爭力的零件製造技術。

本研究提出了 4-Role 模式解釋台灣汽車產業發展的現象和釐清了三個發展階段。第一階段，技術引進與保護階段：政府扮演了重要的角色；然而在產業發展一段時間之後，政府角色的影響力則漸漸失去作用。第二階段，摸索學習階段：國內車廠商發展策略受到技術母廠與消費者角色影響，探索利基市場與學習設計與製造技術。第三階段，積極發展與開放競爭階段：國內車廠商在確定發展策略之下，作全力發展，此階段技術母廠與消費者扮演了關鍵的角色。此 4-Role 模式與三階段發展期同樣也可以作為建立其他新興工業化國家的汽車產業發展模式之參考。

討論題

1. 請用圖 7-6 台灣汽車產業發展圖，嘗試解釋為何大陸汽車產業可以成功發展，並於 2008 年銷售量超過 1,200 萬台，2010 年已成為 3000 萬台左右的全球最大市場？
2. 如果技術母廠容忍度提高，視國內車廠為合作夥伴，則國產車的設計能力將有何變化？

關鍵字

最小經濟規模 (MES)	進入障礙
規模經濟	產品生命週期
學習曲線	設計能力

附註

1. 原文發表於《JORS》期刊修改而成。
2. 作者感恩詹天賜、陳建宏教授對本文的幫助。

CHAPTER

8

台灣行動電話系統產業發展之動態模式

在知識經濟時代,資訊即時掌握是企業在不確定環境下重要的成功關鍵因素,而行動通信便是掌握即時資訊的機動性工具。1997年台灣地區開放行動電話民營以來,其電話系統之經營最早由中華電信獨佔市場,至後來台灣為因應電信自由化,轉而成為競爭激烈的市場。2002年官方開放第三代行動電話營運執照,2007年政府又開放第四代全球互通微波存取 (Worldwide Interoperability for Microwave Access,簡稱 WiMAX) 營業執照,使得整個行動電話市場成為一個多元化服務且高度競爭的環境。此時行動電話用戶數已超過 2,300 萬戶,創造出極大的產值。然而市場是否已呈現飽和及未來的發展趨勢為何?皆受到政府與業者的關注。此外民眾對行動電話基地台電磁波疑慮,導致行動電話系統基礎建設與維護的困難,也造成行動電話的通訊品質受到影響,此乃政府未來推行「Mobile 台灣」的一大障礙。事實上行動電話產業的發展是一個複雜且動態的過程,它受到許多因素交互作用的影響。本章探討台灣行動電話系統產業發展動態結構,嘗試解釋它的系統行為及作相關政策的模擬。研究結果顯示:台灣行動電話系統產業之發展結構主要以特許執照量、基地台總量、行動電話用戶數及用戶年平均使用量等積量相互作用所構成。換言之,它們形成數個關鍵環路而成為複雜且動態的發展結構。

8-1 前　言

在知識經濟時代，資訊即時掌握是企業在不確定環境下重要的成功關鍵因素，而行動通信便是掌握即時資訊的機動性工具。台灣自 1997 年行動電話開放經營以來，行動電話使用人口快速成長，依據國家通訊傳播委員會 (National Communications Commission，簡稱 NCC) 統計資料顯示，至 2002 年 4 月底台灣行動電話用戶數的普及率達 100.73%，持有率已超過一人一門號。行動電話已成為個人隨身必備的輔助設備，使用者在市場的競爭下，不僅享有優惠的通話費率和良好的通信品質外，更能擁有隨時隨地通信的便利性 (Gary and Grant, 2004)。

台灣為因應電信自由化，自 1997 年開放行動電話民間經營以前，其電話系統之經營便由中華電信獨佔市場，轉而進入自由化競爭市場的局面。台灣行動電信市場在 2002 年通過開放五張第三代 (3G) 行動電話營運執照 (中華電信、遠傳電信、台灣大哥大、亞太行動寬頻電信、威寶電信)，加上國家通訊傳播委員會在 2007 年又開放六張第四代 WiMAX 的營業執照 (大眾電信、全球一動、威邁斯電信、遠傳電信、大同電信、威達有線電視)，使得整個電信市場進入一個多元化服務提供的環境，但對行動電話系統經營者的競爭則更加白熱化。

電信自由化後，行動電話系統經營者為了爭取顧客，除了努力擴展經營規模與新技術外，並全力建設完善的服務網路，造成台灣行動電話基地台總數目快速增加，從 2001 年的 16,148 座增加至 2006 年的 49,752 座。在同一區域內重複架設的基地台數目激增，可能導致電磁波對人體的傷害 (Geory et al., 2007)，造成民眾對電磁波心生恐懼。再加上新聞媒體不斷地給予負面的報導，以致民眾抗議基地台建設的事件層出不窮且日趨嚴重 (中時電子報，2006/5/7)，迫使國家傳播委員會也於 2007 年要求行動電話系統經營者拆除 1,500 座基地台 (工商時報，2007/3/16；中央社，2007/11/5)。在使用者「要通信，卻不要基地台」的矛盾心態下，導致行動電話系統建設與維持的困難，也造成行動電話的服務品質衰退，政府與行動電話系統經營者要如何克服此一困境，將是未來行動電話系統產業發展的一大課題，也是政府未來推行「Mobile 台灣」的一大障礙。

台灣行動電話系統產業的發展現況為語音市場飽和數據市場成長緩慢、新技術的競爭者持續地加入、基地台建設困難等多方面交錯複雜之動態問題。本章針對台灣行動電話系統產業在經營環境下所面臨的問題，以系統思考模式來探討其

因果關係、尋求其癥結，並模擬可能因應之對策，俾利於政府及業者訂定相關政策及經營策略。

◎ 8-2　文獻回顧

行動電話系統經營是服務業之一，其考量為提供一個完整且高品質的通信服務給消費者使用；而行動電話網路的品質為來自基地台的建設與維持，經營者的收入則來自消費者的加入與使用。故本章針對行動電話的發展、消費者行為及行動電話系統經營者營運等議題來回顧國內外相關文獻。

▶ 8-2-1　行動電話的發展

Li and Whalley (2002) 認為原本的電信產業價值鏈 (Value Chain) 正逐步的被拆解，現在電信產業逐漸形成複雜的價值網路 (Value Network)。Ralph (2002) 則指出未來通訊市場的成功，需要由整體供應鏈共同合作，發展除了基本語音以外的應用以及內容服務。

Funk (1998) 認為在行動通信產業中，採用全球標準的製造商對全球市場佔有率有較大的影響和取得顯著的競爭優勢。Harrison 和 Holley (2001) 認為行動標準的發展是第二代移動通訊技術 (Second Generation，簡稱 2G) 能夠成功與廣泛傳播及使用的關鍵因素，經由標準的發展，使得行動系統經營者能使用不同廠商的設備，以建立全球行動通信網路，讓用戶能在任何地方皆可享受到同樣的服務。

行動電話發展迄今，已逐漸成熟普及且已有明顯地取代固定電話的趨勢 (Gary and Grant, 2004)。行動通信發展之所以會快速蔓延，是因為擁有良好的行動通信技術與管理環境，使得顧客可以享有便宜且優質的通信服務，但也造就了市場競爭，使得行動電話系統經營者與投資者之投資風險升高 (Harald, 1999)。即產業在過度的競爭後，會導致產業的重組 (Song and Kim, 2001)。

行動通信網路主要依賴網路的涵蓋，因其會影響網路的品質及用戶的容納量。Tommaso 曾為行動通信競爭市場裡的經營者建立一個競爭互動模式，讓競爭者決定其網路涵蓋規模，並藉由競爭者間網路涵蓋的差異性相互合作，以節省成本支出及減緩價格的競爭 (Tommaso, 1999)。隨著大型企業集團與跨國電信集團積極介入國內行動電話服務產業，各使業者莫不卯足全勁積極擴展市場佔有率，引

發業者間在經營策略上的合縱連橫。這種策略結盟的趨勢，進而導致產業結構的變化與市場集中率的變動 (陳炳宏，2000)。

國內業者間競爭加劇。因此各行動電話經營業者莫不以增加行動數據收入，當成未來的主要營運目標，降低語音收入減少對公司營運所帶來的衝擊，而行動商務與內容提供將是第三代無線行動通訊技術 (3rd-Generation，簡稱 3G) 行動通訊系統的獲利關鍵。所以行動電話業者必須採取因地制宜、客製化、即時等策略來發展行動商務，並加強行動商務價值鏈成員的合作及交易安全機制，共同創造多贏的新局面。在推展行動上網上，政府與業者必須齊力建立完善的行動上網環境，而民眾對於寬頻網路環境的需求與使用習慣的建立，將有助於第三代無線行動手機的市場拓展；另外，提供顧客個人化、客製化的服務以及系統的穩定性、安全性及網路管理能力亦需納入考量。面對行動電話市場的競爭者，應該建立明確的市場區隔策略與加強彼此的策略性合作 (劉仲原等，2003)。

台灣第三代無線行動通訊產業受到系統標準的選擇、行動電話終端的配合、商業模式的建立及行動數位內容產業的興盛等關鍵性不確定因素之影響，服務供應商在經營上將面臨到發展限制。故第三代無線行動通訊的服務業者應扮演好中介者機制，配合服務質量 (Quality of Service，簡稱 QoS) 的機制、不同方案的定價包裝及網管技術來發揮頻寬的利用率，以提升營運效率與更佳的顧客服務。而影響未來行動通訊產業發展的關鍵因素為語音使用量、數據下載量、數據下載資費水準、用戶數、政府政策、資費方案、技術的發展應用、消費者行為及內容服務的創新與加值 (莊懿妃等，2005)。所以第三代無線行動通訊產業發展上，應儘速提供消費者更多元化的功能及殺手級服務，且在操作上應維持簡易且一致性和教育消費者的責任，以利數位內容的發展。

▶ 8-2-2 行動電話的消費者行為

Fomin (2001) 認為電信產品的生產與消費服務連在一起創造出製造商、服務經營者及用戶三方的複雜關係，電信產業的改變在許多方面影響用戶的需求模式，而內容及服務範圍在塑造需求中扮演重要角色。Ralph and Shephard (2001) 指出對於行動通信設備的外觀和喜好會影響用戶對服務的感覺。Feldmann (2002) 認為行動通信設備的選擇會受到科技的影響外，也會受到行動通信設備所提供的內容及功能是否能滿足用戶需求所影響。因為取得適當的競爭優勢是基於差異化、用戶需求及評估科技的發展，以克服行動電信網路的高度不確定性，故策略對行

動通信市場極為重要。

行動電話系統經營是屬於服務業，顧客的關係特別受到經營者的重視。顧客忠誠度關係到行動電話系統經營者與顧客間之關係的維持，而顧客的忠誠度是來自顧客的滿意度。另外，電話號碼可攜服務將會影響顧客的忠誠度，因而激勵市場的競爭 (Torsten et al., 2001)。為了有效提高顧客忠誠度，行動電話系統經營者應注重顧客導向的服務品質來提高顧客滿意度，以及與顧客建立長期關係。其中的服務品質包含了通話品質、加值服務及顧客服務等 (Kim et al., 2004)。而長期關係有賴通話費率、品牌形象及合約期限等。此外當一個消費者選擇行動電話公司時，會考量選擇一個網路規模較大的公司，因為用戶數較多的網路公司，其網內通話費率較便宜且訊號品質較佳 (Kim and Kwon, 2003)。

Clelia et al., (2007) 探討義大利行動電信市場的消費者行為，其顯示通話費用、促銷方案及通訊品質和服務便利與品質有正向關係。對於台灣行動電話的消費行為，其顯示消費者在選擇行動電話系統業者時會重視系統業者的服務保證、通訊品質、通話費用及網內親友比例等因素，而行動電話經營業者可利用通話費率的降低或增加免費通話費等策略來增加用戶數 (莊懿妃等，2005)。若有促銷方案時，則會考量手機促銷價格及門號租用的時間等因素。對於手機的選擇則傾向於購買知名度較大及形象較佳的品牌 (邱魏頌正、李梅菲，2002)。

Cheng et al., (2003) 認為行動影音電話是第三代無線行動服務的殺手級應用 (Killer Applications) 之一，3G 的服務價格和創造的比例價值會影響未來 3G 服務的發展。台灣第三代無線行動電話服務至 2007 年初普及率約 10% 左右，使用者對行動電話的要求首重語音傳輸，其次是影音服務，最後才是上網功能；推廣第三代無線行動電話，第三代無線行動裝置設定費與使用費仍是關鍵因素 (莊懿妃等，2007)。2010 年左右智慧型手機上市，更掀起 4G 與 5G 的導入。

在開放競爭的電信市場裡，Fredericks and Salter (1995) 認為顧客滿意無法提高公司的營業收入或利潤，但顧客忠誠度則對公司實質的營收有明顯的影響。在相關的文獻探討中指出服務品質及顧客認知價值，對顧客滿意度有正向關係；而顧客認知價值及顧客滿意度則對忠誠度有正向關係。所以，行動電話經營者應提升服務品質、顧客認知價值及顧客滿意度等來提高顧客忠誠度 (莊懿妃等，2005)。

▸ 8-2-3　行動電話系統經營者的營運管理

由於行動電話系統經營者對服務內容及品質的需求日益殷切，在此發展情況下，基地台建設數量需求也隨之增多。根據目前的初步研究證據，遭受基地台電磁波暴露而造成健康危害的可能性很小，但是民眾對行動電話健康危害的疑慮都來自基地台 (林宜平、張武修，2006)，加上媒體對行動電話電磁波會影響人體健康之報導，使得民眾群起抗爭而影響基地台的建設，業者或政府部門有關單位應廣為宣導，減少建設阻力。

另外，行動電話基地台對都市景觀的影響及建設空間的不足等問題，雖然可以比照歐美各國在國家公園設置假樹造型的基地台，或設法將基地台隱藏在鐘塔、教堂屋頂或煙囪中等 (林宜平、張武修，2006)，但仍是有待行動電話系統經營者與政府相關單位共同努力改善。綜觀上述文獻少有以整體觀的角度對行動電話系統經營進行研究，所以本章以宏觀的角度建立此產業發展之系統動態模式，探討行動電話系統產業之特性與發展趨勢。

◉ 8-3　產業現況與特性

▸ 8-3-1　行動電話系統發展現況

依據資策會 2005 年有關「全球行動電話系統」發展新聞訊息 (資策會 FIND 網站)：在日本方面，依據日本電氣通信事業者協會 (Telecommunications Carriers Association，簡稱 TCA) 所公布的數據顯示，日本 2005 年第一季行動電話用戶數成長率為 1.8%，低成長率意味著日本行動電話市場漸趨於飽和。在非洲方面，到了 2004 年已經成長到 7,680 萬戶，年成長率高達 58%。在美洲方面，依據 Informa Telecoms and Media 公布的最新數據指出，全球行動通訊系統 (Global System for Mobile Communications，簡稱 GSM) 用戶於 2005 年在 8 月突破 15 億大關，美洲 GSM 用戶總數超過 1 億 5,800 萬。在印度方面，根據國際電信聯盟 (International Telecommunications Union，簡稱 ITU) 的數據指出，截至 2004 年底印度行動電話用戶數為 4,730 萬戶，行動電話滲透率 (Mobile Penetration) 4.37%。在歐洲方面，根據 Research and Markets 的報告指出整體歐洲市場在 2007 年達到

100% 的滲透率。綜觀歐洲整體的行動服務市場，仍以資料服務為主，其中簡訊服務 (Short Message Service，簡稱 SMS) 為資料服務業者的主要利潤來源。另外，根據電信產業時事通訊報刊 Telekom Online 的數據揭示，瑞典行動電話 (門號) 的持有量已超過 1 千萬支，行動電話滲透率已高達 110%。成為全球行動電話滲透率最高的國家。除了瑞典之外，擁有 100% 行動電話滲透率的國家還包括義大利及英國。而根據 Computer Industry Almanac 對 57 國手機用戶市場進行的研究報告顯示，全球的手機用戶將於 2005 年超過 20 億，預估至 2010 年可達 32 億用戶。

台灣在 1987 年電信自由化後，逐步開放電信市場。並於 1996 年電信三法通過後，正式將電信監理的電信總局獨立於中華電信公司之外，使獨佔的電信業務完全開放。開放前電信事業僅中華電信獨家經營，當時的行動電話普及率僅 6.86%，由表 8-1 可知 1997 年行動電話用戶數僅 149.2 萬人。在 1998 年民營行動電話系統業者加入經營後，不僅提供大量的門號及滿足使用者的需求，更使得電信資費合理化和手機價格大眾化，造成台灣的行動電話用戶數成長非常快速，由表 8-1 可知 1998 年行動電話用戶數迅速成長至 472.7 萬人。而且更在短短的幾年內，創下世界第一的普及率達 110%，以及行動通信營收高達所有電信總營收的 56.45% (國家傳播委員會網站，2008)。

● 表 8-1　1997~2007 年台灣行動電話發展之數據資料表

西元年	基地台總量 (座)	用戶數 (人)	年平均使用量 (分鐘)	營收 (億元)
1997	N/A	1,492,000	N/A	N/A
1998	N/A	4,727,000	739	N/A
1999	N/A	11,541,000	828	1,060
2000	N/A	17,874,000	825	1,558
2001	16,148	21,939,790	794	1,709
2002	25,276	24,875,631	837	1,794
2003	31,416	25,799,839	930	1,897
2004	41,087	22,760,144	1,182	2,083
2005	48,674	22,170,702	1,302	2,202
2006	49,752	23,229,262	1,289	2,192
2007	N/A	24,301,971	1,286	2,185

資料來源：國家通訊傳播委員會 (2008) / 何紓萍 (2009) 彙整

由於台灣行動電話用戶數也到達飽和點，導致成長趨緩。行動電話系統經營者陸續展開併購策略，來鞏固市場地位及擴大佔有率。同時政府又開放第三代行動電話系統進入，使得目前國內行動電話市場競爭更加白熱化。目前市場上的競爭者如表8-2。台灣語音市場雖已達到飽和，但數據市場仍有極大的成長空間。

除此之外，在台灣行動電話發展中之特有狀況為基地台抗爭。隨著民眾的健康意識抬頭和電磁波會影響人體健康的疑慮，造成此類事件層出不窮，引發嚴重的對立衝突，使得行動電話經營者面臨民眾「只要通信，不要基地台」的棘手問題(中時電子報，2006/5/7)。

◆ 表8-2　台灣行動電話系統經營者狀況

分類	系統種類	經營區域	經營業者	有效期	備註
2G	GSM 900	全區	中華電信	2012/12/31	
		北區	遠傳電信	2012/12/31	
		中區	東信電信	2012/12/31	於2004年由太平洋電信併購
		南區	泛亞電信	2012/12/31	於2001年由太平洋電信併購
	DCS 1800	全區	中華電信	2012/12/31	
		全區	遠傳電信	2012/12/31	
		全區	台灣大哥大	2012/12/31	
		北區	和信電訊	2012/12/31	於2003年由遠傳電信併購
		中、南區	東榮電信	2012/12/31	於1999年由和信電信併購
	PHS	都會區	大眾電信	2016/12/31	
3G	WCDMA	全區	中華電信	2017/12/31	
	WCDMA	全區	遠傳電信	2017/12/31	
	WCDMA	全區	台灣大哥大	2017/12/31	
	CDMA 2000	全區	亞太行動寬頻電信	2017/12/31	
	WCDMA	全區	威寶電信	2017/12/31	
4G	WiMAX	北區	大眾電信	2016/12/31	
	WiMAX	北區	全球一動	2016/12/31	
	WiMAX	北區	威邁斯電信	2016/12/31	
	WiMAX	南區	遠傳電信	2016/12/31	
	WiMAX	南區	大同電信	2016/12/31	
	WiMAX	南區	威達有線電視	2016/12/31	

資料來源：國家通訊傳播委員會(2006) / 何紓萍(2009)彙整

另外，本章依據國家通訊傳播委員會歷年公布之資料彙整基地台數量、用戶數、顧客使用量及營收等歷年發展之數據資料如表 8-1。在行動電話的快速發展狀況下，語音市場逐漸飽和及數據市場成長緩慢，新技術與新服務隨時間發展將對此產業的市場發展有動態的關聯性。

8-3-2 行動電話系統產業特性

行動電話系統產業係屬公眾電信服務事業的一種，其主要的通信方式是藉由無線電波的傳遞，達成使用者不受時間與地點限制的通信。一般行動通信應具有下列特性：獨佔性、公眾性、移動性、遍布性、永續性、管制性、互連性、全球性和資本密集性 (資策會 FIND 網站)。

台灣推動電信自由化係參考先進國家市場開放的經驗，採取漸進式與階段性的開放策略，並遵循世界貿易組織 (World Trade Organization，簡稱 WTO) 入會中美雙邊協議有關電信之承諾。自 1995 年起，陸續開放行動通信、衛星通信及固定通信等多項電信業務。開放後，台灣的行動電話產業特性除了公眾性、移動性、遍布性、永續性、管制性、互連性和資本密集性等一般的行動電話產業特性外，依據交通部電信總局的法規之部分調整及增設，其還有特許性、公平性、品質監督及自由化等產業特性 (資策會 FIND 網站)。

依據行動電話系統產業特性，網路的發展首重提供顧客的通信品質，而訊號的涵蓋與容量的負荷為其衡量因素，此因素與網路基地台的數量有關。台灣行動電話的經營，必須獲得政府的特許並受其監督。在發照政策影響下，有多家行動電話經營者進入此產業市場，再加上品質的要求，以致全台灣的基地台數量也隨之增加。因而，民眾對基地台電磁波的恐懼則與日俱增，造成基地台抗爭事件亦隨之擴大。民眾「只要通信，不要基地台」的矛盾心態，使得台灣行動電話系統產業發展之因素間的因果關係，也隨之複雜多變。這些因素彼此互為因果且隨著時間及市場的變化，而產生不同之發展結果，故其不宜以單一面向來觀察其發展，應將其建立一個完整之結構，來觀察其發展之行為。

8-4 系統動態模型建構

本章依據文獻之回顧、專家訪談及群組建模 (Group Model building) 等方式取得相關資訊,並決定以特許經營執照、基地台數量與抗爭間之因果關係,並探討網路建設的障礙,基地台數量、通信品質與顧客數之因果關係和市場競爭、顧客成長與基地台建設意願之因果關係,來探討行動電話網路未來發展之關鍵因素。

8-4-1 特許經營執照、基地台數量與抗爭間之因果關係

特許經營執照、基地台數量與抗爭之因果關係如圖 8-1。在特許執照發放後,基地台數量也隨之擴增。在基地台激增的壓力下,民眾對電磁波之疑慮亦隨之增加,而抗爭發生頻率亦隨之增高。在抗爭的壓力下,基地台也逐漸地隨之拆除,使基地台的數量降低,因而形成了一個負性的因果回饋環路。

在基地台數量減少的情形下,與網路品質需求的目標差距也隨之愈來愈大。電信業者為維持網路品質之要求,必須要更換架設位置以補足網路訊號不良的地方,但由於抗爭的壓力仍然持續存在,使得其基地台復建的困難度相對地提高,而離網路目標愈來愈遠,而形成了一個正性的因果回饋環路。如此的發展將嚴重地影響了網路的通信品質,進而影響顧客應有的權益。當特許執照的 15 年有效期

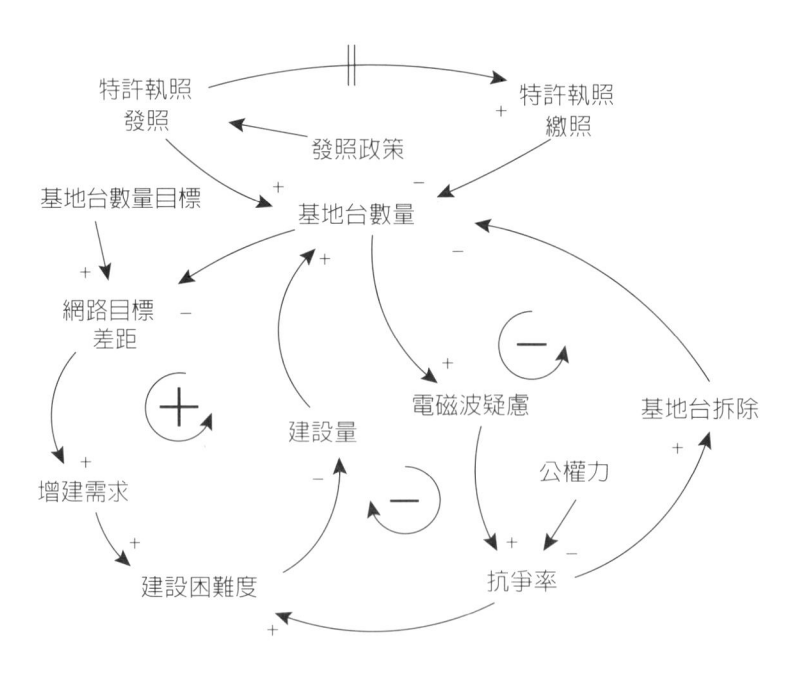

▲ 圖 8-1 特許經營執照、基地台數量與抗爭間之因果關係

限到期繳回時,基地台的數量亦隨之自然減少。

8-4-2　基地台數量、通信品質與顧客數間之因果關係

　　基地台數量、通信品質與顧客之因果關係如圖 8-2。基地台數量增加,將使行動電話網路的通信品質更加完善,而誘使大量用戶使用,進而普及率提升、基地台涵蓋範圍縮小,而必須增加基地台數量。在此同時,通信量亦隨之增加而需擴充基地台的容量,因而形成了網路成長的正性因果回饋環路。

　　如果網路品質穩定且產品功能完善的情況下,必可對顧客每年的平均使用量有所助益而促使通信量增加。在通信量增加網路提供之容量就有可能不足,此時必須增設基地台來拓展網路容量,以因應容量不足等問題。

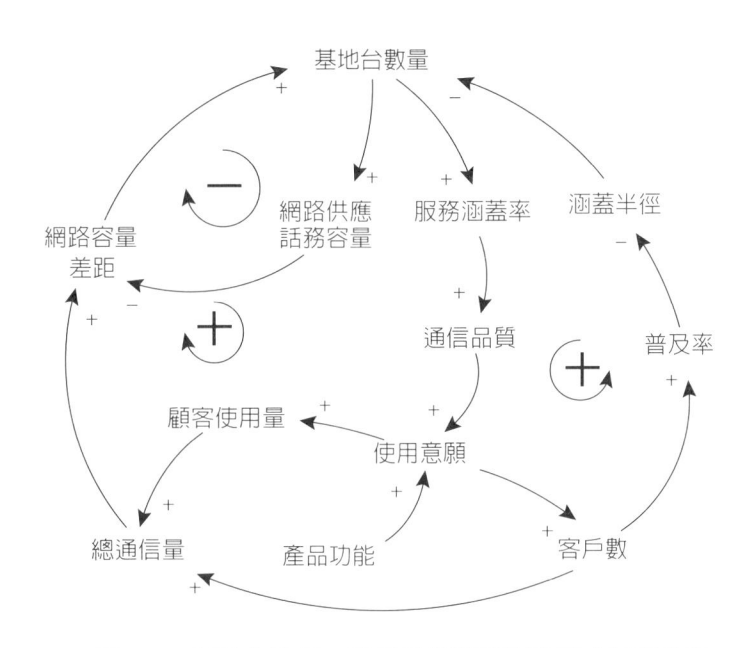

▲ 圖 8-2　基地台數量、通信品質與顧客數間之因果關係

8-4-3　市場競爭、顧客成長與基地台建設意願間之因果關係

　　市場競爭、顧客成長與基地台建設意願間之因果關係如圖 8-3。台灣在電信自由化之前,由於獨佔市場的中華電信所提供之行動電話門號不足,需求者常需等候排隊多時,由表 8-1 得知電信自由化後的 1998 年比電信自由化前的 1997 年增加 323.5 萬人,而 1997 年的用戶數僅為 149.2 萬人。當行動電話業務開放自由化後,需求者不僅有足夠的門號可選用,更有多家的行動電話經營者可比較。根據

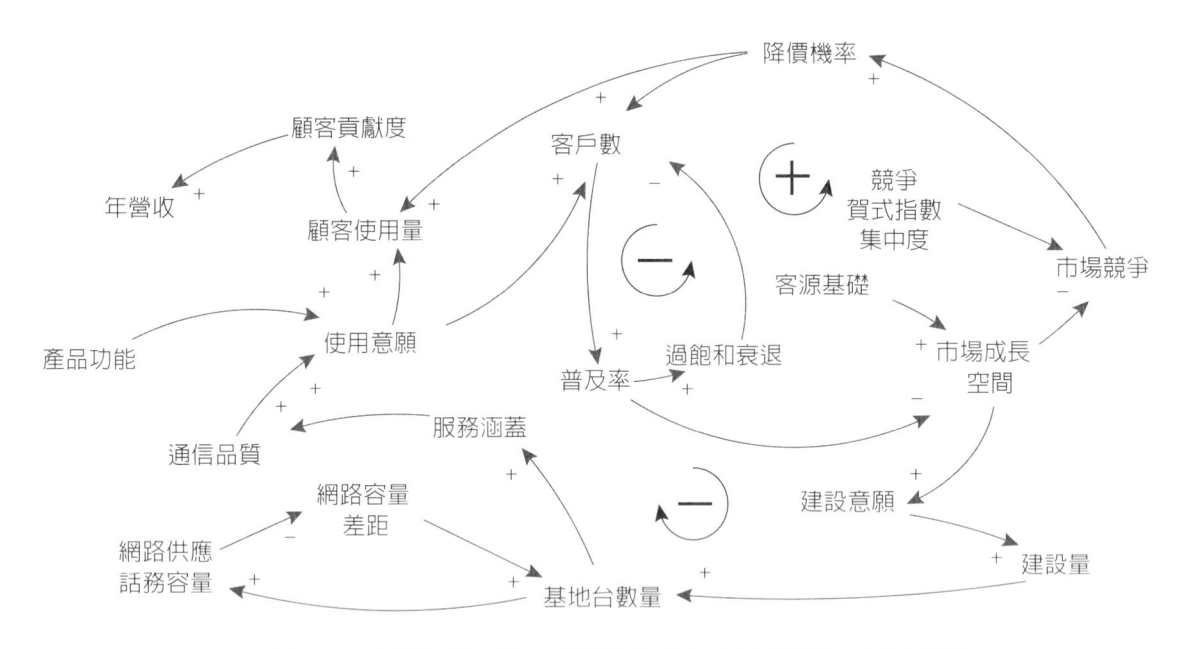

▲ 圖 8-3　市場競爭、顧客成長與基地台建設意願間之因果關係

表 8-1 在 2002 年行動電話用戶數量為 2,487.7 萬人，超過台灣人口總數 2,300 萬人，已達到「人手一門號」的普及率，故經營者在競爭市場的降價競賽也提前展開。

當普及率達到 100%、甚至超過時，使得市場成長的空間受到壓縮，不僅行動電話經營者利用併購策略來降低競爭強度，更對網路的擴 (增) 建時程予以延長來觀望市場，因而使基地台數量成長趨緩。同時過度飽和的用戶數在兩年的「簽約」期限結束後，會產生成長率衰退現象。雖然在行動電話經營業者進行併購後，市場的競爭強度有些許降低，但是緊接著又有新進的競爭者加入，使得目前行動電話市場，仍處於非常競爭的局面。

另外由於費率降低及產品多樣化後，也促使顧客每年的平均使用量，以每年 9% 的成長量成長。而顧客每年平均花費於行動電話的費用 (貢獻度)，最初雖有衰退，但由於使用量的提升，於 2004 年起已有回升的跡象。最重要的是行動電話經營者的年度總營收是持續地成長。圖 8-3 已呈現上述各因果間之正負性之影響環路。將上述各質性分析圖彙整成「台灣行動電話系統產業發展之質性結構圖」，如圖 8-4。

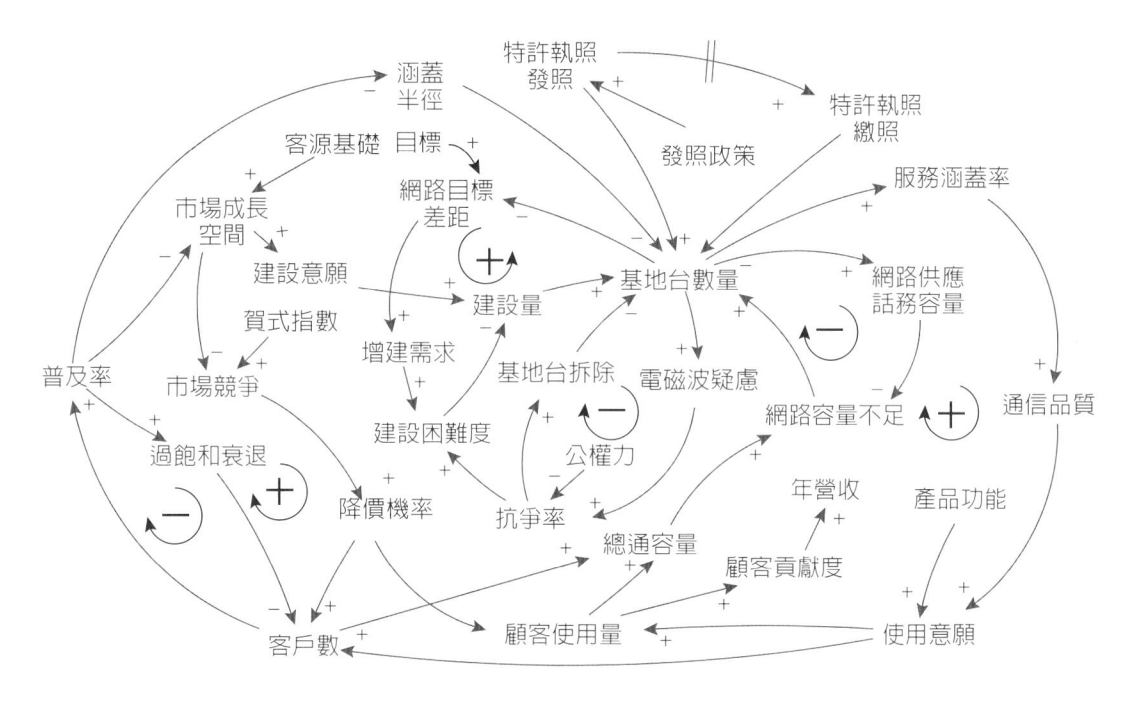

▲ 圖 8-4　台灣行動電話系統產業發展之質性結構模型

▶ 8-4-4　建設期程意願與市場成長空間之非線性關係

　　建設意願是作者與業者資深管理者經由訪談得知，建設的步驟為先以面的角度建置其基地台的涵蓋範圍，然後隨需求逐步以點增設，故建設初期一般基地台涵蓋半徑平均約為 1.5 公里，至今已縮減至 1 公里範圍左右。另外，基地台達成網路目標數量的建設期程意願，亦隨著市場的飽和從三年延長至六年。其關係函數圖為非線性，如圖 8-5。

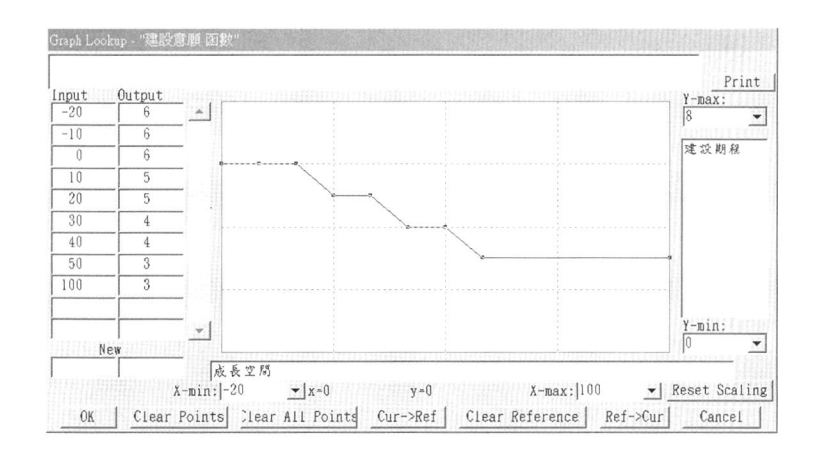

▲ 圖 8-5　建設期程意願與市場成長空間之非線性關係圖

8-5 結果分析與趨勢模擬

最後經與行動電話系統經營業者經驗豐富之管理者討論與修正，使模式符合真實系統之運作，並確認研究範圍已囊括問題的所有關鍵因素。其中模式內之各項變數亦經重複測試，使其結果達到正常之變化範圍內。有關模式內各變數單位、異常現象和行為，以及各變數間的敏感度，均逐一檢查並不斷地反覆測試及調整，藉以驗證本模式符合系統學者對效度之要求。

台灣自 1997 年開放中華電信、遠傳電信、台灣大哥大、和信電訊、東信電信、東榮電信及泛亞電信等七張的行動電話經營執照；2001 年開放大眾電信 PHS 經營執照；2002 年開放中華電信、遠傳電信、台灣大哥大、亞太行動寬頻電信及威寶電信等五張的第三代 (3G) 行動電話營運執照；2007 年又開放遠傳電信、大眾電信、大同電信、威邁思電信、全球一動、威達有線電視等六張的 WiMAX 營業執照。執照發放量之模擬趨勢與實際數值的比較如圖 8-6，實線部分為執照發放量的實際歷史圖。

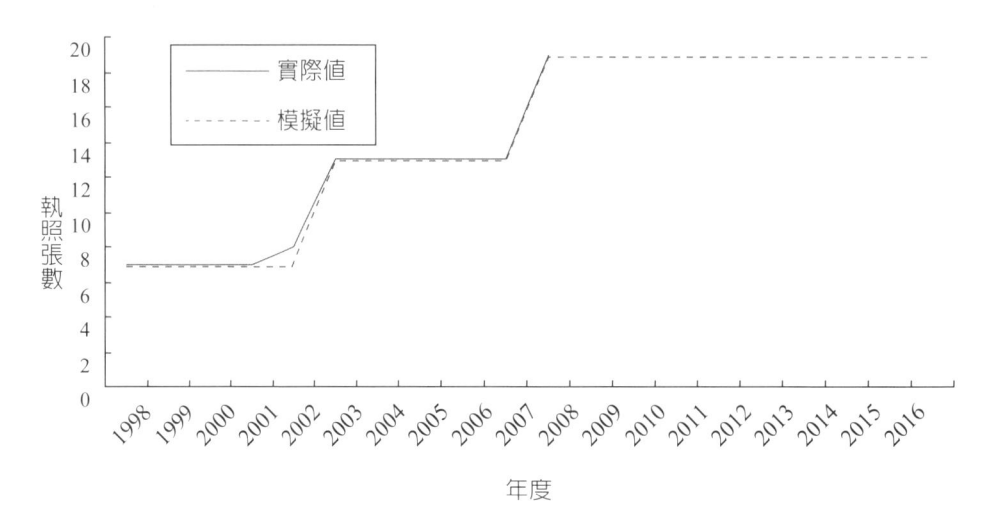

▲ 圖 8-6　行動電話執照發放數量之歷史值與模擬值比較圖

台灣行動電話的基地台總數量在 2001 年為 16,148 座，然後每年大概以 6,000～10,000 座的數量成長至 2005 年的 48,674 座。但因行動電話用戶數漸趨飽和及基地台抗爭頻率增高，以致 2006 年的基地台總數增加數量僅為 1,078 座。基地台總數量之模擬趨勢與實際數值的比較如圖 8-7，實線部分為基地台總數量的實際趨勢圖。

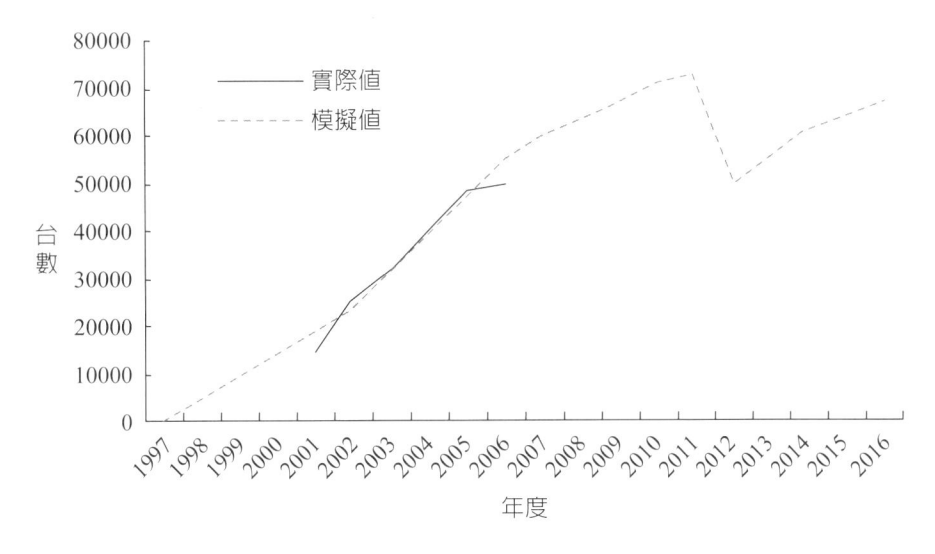

◎ 圖 8-7　行動電話基地台總數量之歷史值與模擬值比較圖

　　因為第二代行動之全球行動通訊系統 (Global System for Mobile Communications，簡稱 GSM) 標準——GSM900 及 DCS1800 的經營執照需於 2012 年到期繳回，以致基地台的數量也會跟著減少；等到第二代行動通訊技術之 GSM900 及 DCS1800 的經營執照重新核發後，基地台的數量又會跟著增加，故基地台總數量的虛線模擬部分會於 2012 年大量下降，然後再往上增加。

　　台灣行動電話的用戶數量在 1998 年為 472.7 萬人，到 2003 年用戶的增加數量以由每年 700 萬人逐漸下降至每年 130 萬人，而達到 2,580 萬人的總數量。然後因用戶的兩年簽約期陸續到期，及部分行動電話經營者清除久未使用的門號，以至於用戶數慢慢減少，故 2004 年行動電話用戶數量減為 2,276 萬人，而 2005 年更減為 2,217.1 萬人。因為兩年簽約期關係，故 2006 年行動電話用戶數量又增加為 2,324.9 萬人，2007 年更增加至 2,428.7 萬人。行動電話用戶數量之模擬趨勢與實際數值的比較如圖 8-8，實線部分為行動電話用戶數量的實際趨勢圖。

　　對於行動電話用戶數量的虛線模擬部分，行動電話用戶數自 1998 年因電信自由化而開始增加，然後因市場過度飽和及兩年簽約期的到期，以至於 2004 年用戶數開始慢慢減少，接著因兩年簽約期的關係而於 2006 年用戶數開始慢慢增加。由於兩年簽約期效應，故往後會有兩年用戶數慢慢減少，接著兩年用戶數慢慢增加的循環情形產生。

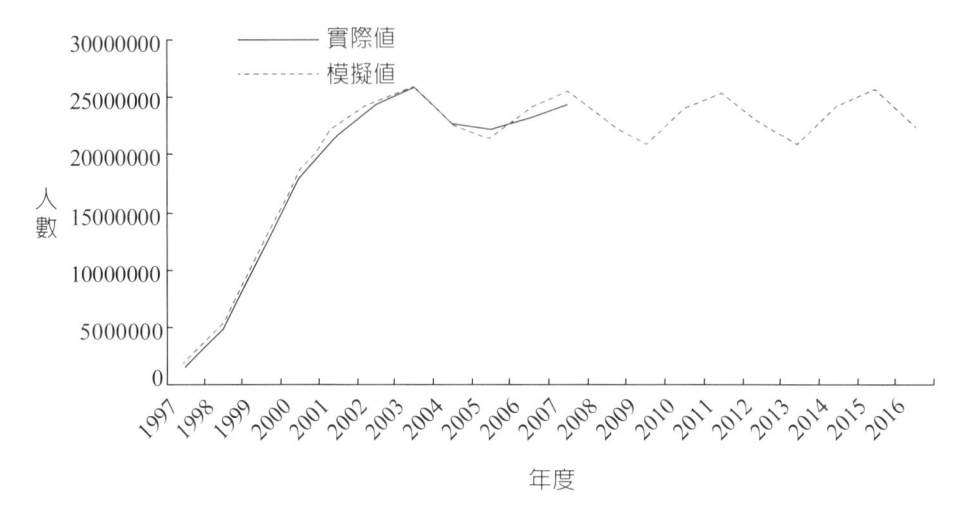

▲ 圖 8-8　行動電話用戶數之歷史值與模擬值比較圖

　　台灣行動電話的用戶年平均使用量在 1998 年為 739 分鐘，1999 年用戶年平均使用量成長為 828 分鐘，但是隨後兩年因基地台的增設量趕不上行動電話用戶的增加量，以致 2001 年用戶年平均使用量下降至最低的 794 分鐘。接著因 2003 年第三代行動電話開始使用，以致每年成長而使 2005 年用戶年平均使用量到達 1,302 分鐘。後因 2006 年基地台總數增加量下降和行動電話用戶數量開始增加，以致 2006 年及 2007 年的戶年平均使用量稍微下降。用戶年平均使用量之模擬趨勢與實際數值的比較如圖 8-9，實線部分為用戶年平均使用量的實際歷史值。

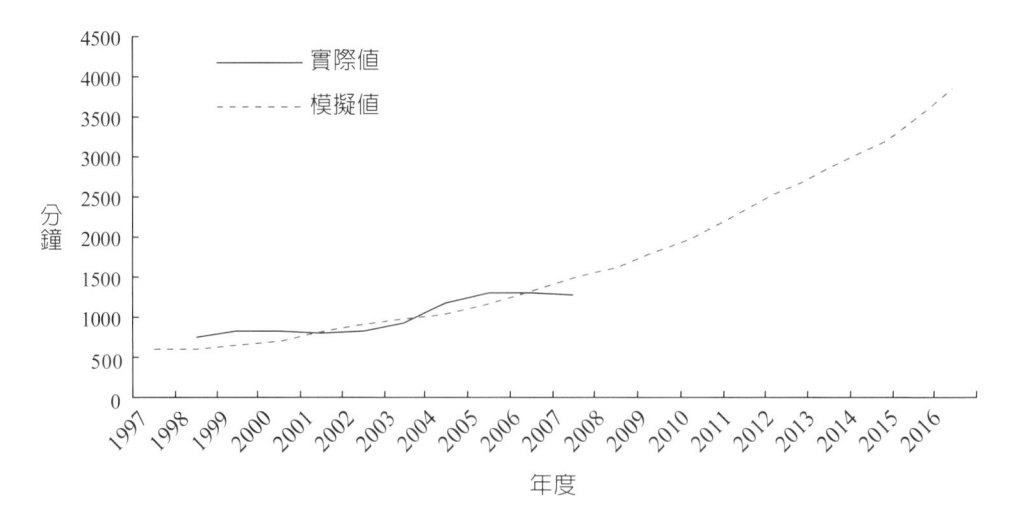

▲ 圖 8-9　行動電話用戶年平均使用時間之歷史值與模擬值比較圖

8-6 結　論

　　台灣行動電話產業的發展是一個複雜且動態的過程，它受到基地台數量、政府政策、累積的用戶數、客戶每年平均的使用量、民眾對電磁波疑慮、公權力執行等交互作用的影響。其產業特性有：特許性、公眾性、移動性、遍佈性、永續性、管制性、互連性、資本密集性、普及性、公平性、品質監督及自由化等特性。

　　本章建構台灣行動電話系統產業的發展動態模式，探討特許經營執照量、基地台總量與抗爭之間，基地台總量、通信品質、與顧客成長之間，市場競爭、顧客成長與基地台建設意願之間等重要因果環路，並解釋行動電話系統產業發展之行為。

　　基地台總量會隨著特許經營執照量增加，但在基地台數量激增之下，民眾對電磁波之疑慮亦隨之增加，造成抗爭發生頻率亦隨之增高，導致基地台的數量降低。此外基地台數量增加，會使行動電話網路的通信品質更加完善，造成大量顧客使用，促使用戶每年平均使用量增加。而當用戶普及率達到100%、甚至超過時，會使顧客成長空間受到壓縮，導致行動電話經營者對基地台數量建設意願趨緩。基地台是無線網路的基礎，也是通訊品質的來源，其對顧客的使用意願及行動電話經營者的年營收深具影響。此議題不僅影響合法的行動電話經營業者的網路品質，更成為國家未來行動無線網路發展的絆腳石，政府相關單位應即早予以重視。

　　台灣行動電話系統產業之發展模式最主要以特許執照量、基地台總量、行動電話用戶數及用戶年平均使用量等積量交互作用所構成，所以本章利用所提出的模型，模擬執照發放量、基地台總數量、行動電話用戶數量及用戶年平均使用量的未來趨勢，並與實際歷史數值作比較。研究顯示政府的發照政策是基地台數量多寡之關鍵因素，故政府應徹底執行公權力及調整後續之特許執照發放政策，才能有效管理基地台總量，來保障行動電話經營者與消費者之權益。從模擬結果顯示，政府的發照數量和特許期間對基地台總數有非常明顯的影響，政府的發照數量會讓基地台數量快速增加，但是特許期效到達後會讓基地台數量快速下降，故政府發照政策改成逐漸發放方式及特許期效不同可讓基地台數量不會產生劇烈變化。

　　此外雖然行動電話用戶數量呈現振盪情形，但用戶年平均使用量還是呈現上升趨勢，所以未來開放更多的功能來創造用戶年平均使用量以增加盈收，是行動

電話業者可努力的方向。

由於語音市場已趨飽和，而數據市場成長緩慢，加上新技術競爭者持續地加入，以致市場供過於求。在此種情況下，行動電話經營者應設法擴大需求的客源基礎，以及在產品功能上的精進與創新，方能突破目前成長的瓶頸，使得行動電之用戶數、顧客平均年使用量及行動電話經營者年營收可持續成長，創造行動電話市場另一波成長的榮景。

而開放第三代無線通訊系統及第四代無線通訊系統 (Fourth Generation，簡稱 4G) 行動電話後，行動上網通訊及使用網路電話，也是值得深入研究的課題，另外 ICT (Information, Computer and Telecommunications) 替代率、網路電話市場和未來行動電話產業通訊技術之發展等，也是行動電話業者與政府所應該關注的焦點。

討論題

1. 行動電話消費者希望手機與基地台電磁波不要太強，以免傷害人體，又要基地台的訊號強，使手機處處可收到訊號，是否自相矛盾？
2. 請討論 4G、5G 行動電話推出後，對 PC 產業或資訊網路會有何衝擊？
3. 如果兩岸通訊產業標準互通或技術、交叉持股合作策略聯盟，則對於台灣電信產業將有何變革？

關鍵字

行動電話	通訊品質
資通訊技術	通訊安全
基地台	顧客貢獻度

附註

原文發表於《經濟與管理論叢》期刊修改而成。

第3篇

高科技、新興產業發展政策分析

CHAPTER 9

台灣大型 TFT-LCD 產業發展趨勢分析

顯示器產業是繼半導體產業之後,成為全球重要的高科技產業之一,整體顯示器產業中,無論以產值或產能而言,都以薄膜電晶體液晶顯示器 (Thin Film Transistor Liquid Crystal Display,簡稱 TFT-LCD) 產業佔最大宗。以 2007 年為例,全球顯示器面板產值高達 1,049 億美元;而全球 LCD 產業的產值中,以大型 TFT-LCD 的產值最大,佔整體 LCD 產值的比例近 70%;而台灣大型 TFT-LCD 的產值為 327 億美元,位居全球第一。

事實上,台灣大型 TFT-LCD 產業發展是由許多資源因素之間彼此牽動,並且相互的影響,例如:累積資金、技術、人力、外在環境的支援、市場誘因、政府產業政策和人才教育制度等因素有關,本研究以系統動態學方法論,探討台灣大型 TFT-LCD 產業發展結構,提出台灣大型 TFT-LCD 產業發展之因果關係模型,以解釋其行為現象,並作相關討論。

◎ 9-1 前 言

顯示器產業是繼半導體產業之後,成為全球重要的高科技產業之一。在整體平面顯示器 (Flat Panel Display,簡稱 FPD) 產業中,無論對產值或產能而言,都以 TFT-LCD 產業佔最大宗。1990 年代以後,因消費者對動畫、色彩和可觀賞角度等

視覺要求愈來愈嚴苛,加上 TFT-LCD 的價格大幅滑落,使得大型 TFT-LCD 的產品廣泛的應用在筆記型電腦、個人電腦、監視器和家用電視產品上。

根據工研院 IEK 所做的統計,2007 年全球大型 TFT-LCD 產值為 728 億美元,相較 2006 年的 513 億美元持續成長了 41%,且 2007 年它成為台灣地區年度產值破兆的單一產業。TFT-LCD 可謂台灣極具影響力的產業,不僅其產值位居十大光電產品之首,2003 年至 2008 年來,相關項目累積資本支出也近 300 億美元以上,使其產品之應用在短短的 30 年內呈現高速的成長。而 TFT-LCD 產業之上、中、下游,主要包括上游的設備、材料及零組件三大類;中游為 TFT-LCD 面板的製造與 TFT-LCD 模組的組裝;下游的應用領域可分為電腦、消費性電子、通訊與運輸市場等領域。

然而一個產業的發展,主要除了企業內部所需資金、技術、人才三大要素外,另也無法獨立於外在環境資源的支援、市場誘因、政府產業政策和人才教育制度。台灣 TFT-LCD 產業真正促使該項產業能於短期內蓬勃發展,原因來自於早期國外技術供給條件、內在資金風險和下游筆記型電腦市場景氣熱絡等因素結合的結果。因此必須以整體觀點及全面性通盤思考的角度進行研究,才能提升對 TFT-LCD 產業發展的了解。因此本章擬以系統動態學,來探討其發展結構。

本研究首先討論 TFT-LCD 產業發展的一般特性,其次探討台灣大型 TFT-LCD 產業發展的獨特系統結構,進而分析韓國和日本在大型 TFT-LCD 產業未來發展的趨勢和可能對台灣的影響,最後以系統動態學的方法論質性模型,建構台灣大型 TFT-LCD 產業發展的成功模式。

◉ 9-2 TFT-LCD 產業特性

「Liquid Crystal」,是液態結晶物質的意思,1968 年美國 RCA 公司首先將「液晶」(Liquid Crystal) 應用在儀器的顯示面板上。後由日本 Sharp 公司自 RCA 公司移轉液晶技術之專利,於 1973 年 4 月成功的開發出 LCD 面板之計算機、手錶、儀表板等產品,正式開啟了 LCD 產品的應用時代與商用化價值。此後,在日本廠商不斷的研發下,使得液晶顯示器逐漸在各種產品上獲得廣泛的應用,同時奠定了日後 Sharp 公司在液晶產業的地位。

TFT-LCD 產業的技術的演進,即來自玻璃基板尺寸不斷地加大。1970 年代為

液晶顯示器小尺寸時代 (2 吋以下)，主要用於儀表顯示器領域，產品僅能做一些簡單的數字與符號顯示；1980 年代，液晶顯示器的發展以中小尺寸 (10 吋以下) 為主，應用產品為個人數位助理 (Personal Digital Assistant，簡稱 PDA)、電子字典、掌上型遊樂器、液晶電視機和高資訊容量的儀表板等；到了 1990 年代初期，液晶顯示器開始進入大尺寸的時代 (10 吋以上)，應用領域正式進入大尺寸的筆記型電腦領域，同時筆記型電腦應用的產值佔整體液晶顯示器產值的 50% 以上；1995 年後，液晶顯示器廠商並不滿足於液晶顯示器僅侷限在 12 吋以下的應用市場裡，繼續往更大尺寸的領域發展，逐步跨入電腦監視器與家用電視機市場。

▶ 9-2-1　一般特性

液晶產業在台灣有「第二個半導體」產業之稱，它因快速成長而受到矚目，除了它可取代映像管顯示器 (Cathode Ray Tube，簡稱 CRT) 既有市場，如電視機螢幕、桌上型電腦螢幕和終端機市場外，更重要的是它發展出自有市場，如筆記型電腦螢幕、汽車導航系統、攝影機和數位多功能光碟 (Digital Versatile Disc，簡稱 DVD) 螢幕等，均是結合光學與資通訊新科技的新興市場，而 TFT-LCD 產業的一般特性如下：

■ 資本密集產業，廠商進入或退出市場障礙高

以一個大型 TFT-LCD 台灣廠商而言，其建廠資金從技術研發到量產階段約需投資的金額至少 5 億美元至 10 億美元不等，尤其跨世代廠房設備支出金額愈高，建一座五代廠約需 15 億美元，而七代廠則約需 30 億美元。因此固定資產之投入額度龐大，規模經濟現象明顯。隨著廠商持續投入新世代生產線之更替，將降低平均單位生產成本，創造成本優勢，卻也提高了進入障礙。同時廠商一旦投入此產業，固定資產將成為沉沒成本，廠商若欲退出此產業將承擔此高額的沉沒成本，因此也形成了廠商的退出障礙。

■ 技術密集產業，專利權保護

TFT-LCD 與半導體之製程相當類似，皆屬於技術層次高且複雜。不論廠房設備、材料與關鍵零組件特性、面板製程與模組組裝技術，都在持續開發改進中。韓國與日本廠商已先進入此產業，申請相當多的發明和新型的專利，後進廠商欲達到高良率的挑戰，若在先進廠商不願意授權或在高昂的權利金要求下，後進廠商極易侵犯其專利，要如何突破專利權上的問題，是一個極重大的課題。

■ **產品的生產技術，更替速度快**

　　一般而言，技術被開發初期，可創造技術競爭障礙，但隨著技術擴散及競爭者技術的提升，使得技術上的競爭障礙無法維持很久。因此廠商必須持續投入大量之研發費用，以研發新技術，創造另一個競爭障礙。並因應市場趨勢，提升產品的附加價值，加強服務品質，降低單位生產成本，提高產品品質，以維持競爭力。TFT-LCD 面板即使外觀的尺寸、厚度和重量都相同，但是不同客戶要求的產品亮度和電路接點等幾乎都不盡相同，因此 TFT-LCD 產品為高度客製化的產品，廠商生產的產品需隨著客戶的要求而有所調整，生產技術也隨研發改良而不斷提升。

■ **產品價格波動大，易受市場景氣循環之影響**

　　面板業是屬於典型的景氣循環產業，景氣的好壞深受產業本身之供需影響。過去韓國面板廠，挾帶其優勢成本與市場佔有率、價格與產品布局策略，經常造成台灣面板廠的大騷動。以 2002 年初為例，當時液晶監視器用的 15 吋面板報價已低到 190 美元左右，但韓國三星突然對外宣布調漲 15 吋面板的價格，而且漲到 270 美元，結果台灣廠商聞訊跟進漲價，最後造成 15 吋面板價格過高，導致液晶監視器的價格居高不下，市場需求銳減。在韓國廠商挾帶優勢的量產能力、較低製造成本和較高的市場佔有率下，韓國廠商的殺價策略與操控市場的能力，對台灣廠商造成無比的市場競爭壓力。

■ **國際化水平分工現象普遍**

　　而全球市場競爭激烈，經營要獲利，廠商除價格競爭外，更進一步降低成本，以提升競爭力，而要求供應商就近供應。因此，供應廠多將勞力密集的低階產品移至海外生產成本較低的地區生產。至於銷售、採購、財務、研發和高階產品的生產，則仍由總公司掌握。大型 TFT-LCD 產業亦有國際化分工的現象，如日本廠商將生產移至台灣，與台灣廠商作某種程度的合作與聯盟，而台灣與韓國廠商則將勞力密集之製造廠移轉至中國大陸生產，以達到資源最適配置的效益。

▶ 9-2-2　台灣 TFT-LCD 發展過程中的特色

　　台灣液晶產業的起源，始自 1980 年代的敬業電子公司。它透過美國休斯公司導入 TN-LCD 技術，是台灣最早的技術引進案和原廠委託代工 (Original Equipment Manufacturing，簡稱 OEM)。後經中華映管公司於 1997 年自日本三菱 ADI 引進大

尺寸 TFT-LCD 的生產線後，才正式進入 TFT-LCD 大尺寸面板的領域。

根據台灣工研院產經中心 (IEK) ITIS 計畫的統計資料顯示：自 2005 年起台灣大尺寸 TFT-LCD 面板產值比重呈現逐年成長之趨勢。2007 年已高達 84.9%，顯示台灣顯示器面板產業係以大尺寸 TFT-LCD 面板為主力產品，在短短約 30 年間的發展即成為全球第一，而台灣大型 TFT-LCD 產業獨特的特性探討如下：

■ 政府政策及研發體系上的支持

台灣早在 1976 年敬業電子為生產電子錶用顯示器，即自美國 Hughes 引入轉向列顯示器 (Twisted-Nematic，簡稱 TN) LCD 的後段製造生產，至 2006 年台灣 TFT-LCD 產業產值成為全球第一。其中一項重要因素是台灣政府有許多的獎勵政策，並且營造企業研究開發的環境。例如，1986 年修正「生產事業獎勵項目及標準」，將半導體及液晶顯示器列為獎勵產業，可享有五年免稅，或股東可享有 30% 的所得稅扣抵，1987 年台灣經濟部工業局更將 LCD 列為「策略性工業適用範圍」。1991 年政府的「高科技第三類股上市上櫃辦法」和「鼓勵民間開發新產品辦法」等獎勵，對於企業籌措資金、降低投資風險和鼓勵業界積極從事研究開發助益甚大。另一方面半導體與液晶顯示器幾乎是同一時期開始蓬勃發展，但是在產業特色上半導體產業對整體經濟發展的效果遠大於液晶產業，所以台灣政府不得不選擇將資源集中於發展半導體產業上，並積極地追趕與美、日間的技術差距。

而在台灣高科技產業發展上，主要扮演技術和人才培育搖籃角色的工研院，對液晶顯示器的開發研究，始自 1987 年至 1988 年間對高溫多晶矽和非晶矽的技術進行評估。1989 年至 1992 年間的「微電子技術發展計畫」才編列預算、購買機器和研發。而 1993 年至 1997 年實施的「平面顯示器技術發展四年計畫」和 1997 年至 2003 年的「平面顯示器關鍵技術發展六年計畫」，其主要計畫宗旨皆為建立產業技術，所採用的是與業界共同研發的方式進行，因此上述計畫執行的結果是移轉多項技術給國內業者。但對業界而言，台灣工研院所具有的是「研究開發」的技術，而非「量產」技術，此為業者事後仍得求助於日商技術移轉相關量產技術的原因。

■ 半導體產業和個人電腦組裝業人才的支援

TFT-LCD 的主要製程分三大部分，一為前段薄膜電晶體陣列 (TFT Array) 製作，二是中段的液晶面板組裝 (LC Cell Assembly)，三為後段液晶面板模組組裝 (Module Assembly)。過去台灣有 TFT-LCD 量產經驗的工程師少之又少，而台灣

半導體產業在過去 30 年來的發展，讓台灣學習到精密設備、培養技術人才以及相關晶圓廠管理的知識，這與 TFT 的前段製程密切相關。值得注意的是日本、韓國皆具半導體產業發展基礎，日、韓的 TFT-LCD 製造業者幾乎都是半導體業者。而台灣 TFT-LCD 業者從半導體經營直接跨足於液晶產業，轉換企業內部資源者並不多，只有「聯友光電」和「瀚宇彩晶」可透過半導體關係企業取得前段 Array 製程技術及經營資源外，其餘業者多數屬跨產業間的人力資源調度；而後段製程部分則來自台灣 1960 年代以來，個人電腦及其他資訊周邊組裝業所累積相當豐富的裝配經驗人才；其中最欠缺的是 Cell 部分的技術人才，即是台灣液晶顯示器業者從日本企業技術移轉的重點。

■ **亞洲金融風暴誘發日本技術移轉台灣**

自 1991 年起，台灣就有兩家 TFT-LCD 公司的創立，但因屬小格局的經營規模，一直無法突破日本的技術屏障，發展出自己的產業。1997 年後日本因為受到亞洲金融風暴影響，國內景氣轉差，同時又受到韓國廠商價格上的擠壓，為求突破困境，乃釋出技術給台灣廠商，轉而靠收取技術移轉金來賺取利潤；到了 1998 年後，台灣有六家公司相繼投入大尺寸 TFT-LCD 製造，並帶動上游配套零組件的大量投資，使台灣成為日商 TFT-LCD 的代工重鎮。

■ **主要原料須仰賴日本進口**

TFT-LCD 的製造成本結構中，材料成本的比重高達 50% 以上，與半導體的主要製造成本在於機械設備折舊迥異。目前台灣 TFT-LCD 的廠商除主要原料來源仍大部分受制於主要的來源國日本外，其餘大部分的上游關鍵原材料，例如：彩色濾光片、驅動 IC、背光模組和偏光板等，皆已能成功研發，並且自主的生產。

◎ 9-3　日、韓 TFT-LCD 的發展紀要

以下針對日本和韓國對 TFT-LCD 產業未來的發展，和可能對台灣之影響作一探討。

▶ 9-3-1　日　本

1973 年 4 月日本 Sharp 公司成功的開發出世界上最早的液晶顯示器產品後，

開始了液晶顯示器產品的商用化價值,並逐漸在各種產品上獲得廣泛的應用。日本廠商經過 1997 年亞洲金融風暴後,在景氣不佳和難以降低龐大的人事成本下,再加上歷經幾次液晶的景氣循環後,評估自身之競爭優勢與劣勢後,乃決定以加強技術研發、掌握關鍵零組件和生產設備的策略。避免與台灣和韓國廠商之低價量產方式相互競爭,而改採釋出既有之生產技術賺取權利金的方式,以為事業單位注入現金流量。包括東芝、NEC、日立、松下和三洋等 TFT-LCD 產業夥伴,為尋求發展契機,幾乎只有在兩種途徑中選擇。一是找到台灣的合作對象,其中東芝有「瀚宇彩晶」和松下有「聯友光電」合作夥伴;另一方法為放緩大尺寸 TFT-LCD 的擴產速度,轉往中小尺寸的手機或數位相機面板發展,加強技術研發、掌握關鍵零組件與生產設備,並與台灣廠商有密切的策略聯盟關係,故台灣與日本廠商可謂合作多於競爭;2016 年 4 月鴻海集團成功購併 Sharp 公司,便是最好的台日合作典範。

▶ 9-3-2 韓 國

韓國早在 1980 年代起投入液晶顯示產業發展,但多半集中在較低階的扭轉向列顯示器 (Twisted-Nematic,簡稱 TN) 型與超扭轉向列顯示器 (Supertwisted-Nematic,簡稱 STN) 型的產品。1990 年代初期,南韓廠商以試驗性質的生產線,開始 TFT-LCD 相關技術的開發與量產技術的培養。到 1994 年末與 1995 年初,三星電子與 LG. Philips LCD 各自進入 TFT-LCD 產品的第一條生產線,才開始具備量產的能力,並逐漸轉變為以 TFT-LCD 為重心。在 1998 年後更集中資源發展 TFT-LCD,雖然當時亞洲金融危機嚴重威脅到韓國各大財團,但韓商為了獲得更多的現金收入,以韓元大貶和低價出口策略,讓韓國廠商快速地搶佔 TFT-LCD 市場,造就了兩家公司在 1999 年起順利超越日商,從此在市場上形成一路獨領風騷的局面。

韓國在國家政策支援下,積極研發國產設備,尤其韓國已明確揭示將以顯示器作為未來提升國家競爭力重點產業,計畫性的建構國產設備供應鏈體系,以提升整體顯示器產業的體質,目前已造就諸多前段設備廠商並共同研發先進製程設備,甚至將版圖擴展到海外市場。因此韓國設備將來可能成為市場主流,未來台灣平面顯示器產業發展可能面臨設備取得困難、機密考量以及開發時程落後等問題。

9-4 系統動態學質性因果關係模型建構

本文以系統動態學方法論探討台灣大型 TFT-LCD 產業的發展結構，以了解台灣在短短的 30 年內，即成為大型 TFT-LCD 產業全球產值第一的奧秘。

9-4-1 研發人力累積之因果環路

台灣 TFT-LCD 產業發展所需的主要研發人力來源，可分為四：一是工研院高科技人才。工研院成立於 1973 年，在人才培育上，配合政府政策與產業界需要，透過自國外技術引進與自主性的研發並行方式，支持台灣的半導體產業、資訊電子產業、TFT-LCD 產業、自行車產業和工具機等許多產業的發展；二是在台三家日商：高雄日立電子、台灣夏普電子、台灣愛普生所培育之技術人才，包括 STN LCD 製程中最關鍵的 Cell 製程技術、產品設計技術及模組技術；三則是半導體產業之工程技術人才，由於 TFT-LCD 前段 Array 製程與半導體製程相似度達 70%，不同的只是 TFT 的基板是玻璃，而半導體的是晶圓，因此其許多工程技術人才是來自半導體產業；四為國內高等教育體系的理工科系人才。

透過系統動態學方法可明白研發人力累積之因果環路。獲利能力高和產業吸引力大，會吸引資金的持續投入，使股東願意增資或向外借款投資，使累積資金可直接的增加。而累積資金提升使得投資在訓練研發人力的金額也增加，進而吸引人才。然而研發人力數增加，而使得薪資的成本支出增加，進而促使研發成本及總成本的提高，是減少獲利的因子，而形成一個負性因果回饋環路。換言之當獲利減少時，對於 TFT-LCD 產業的吸引力也隨之降低，因此可吸引到的工研院高科技人才、半導體研發人力、日商液晶面板廠人力和高等教育畢業生投入此產業即減少，即形成四個負性因果回饋環路。另一方面，因為研發人力的增加，會使得廠商的研發能力增加，進而提升技術水準使得玻璃基板尺寸增大和產品良率增加，也因為良率的提升，使得單位生產製造成本下降和毛利提高，其產品變得更具有價格競爭優勢，而提高了台灣廠商在全球市場的佔有率，隨著毛利提高及全球市場佔有率的提高，廠商收入也隨之增加，於是收入的增加帶來獲利能力的提升，而形成一個正性因果回饋環路 (如圖 9-1)。

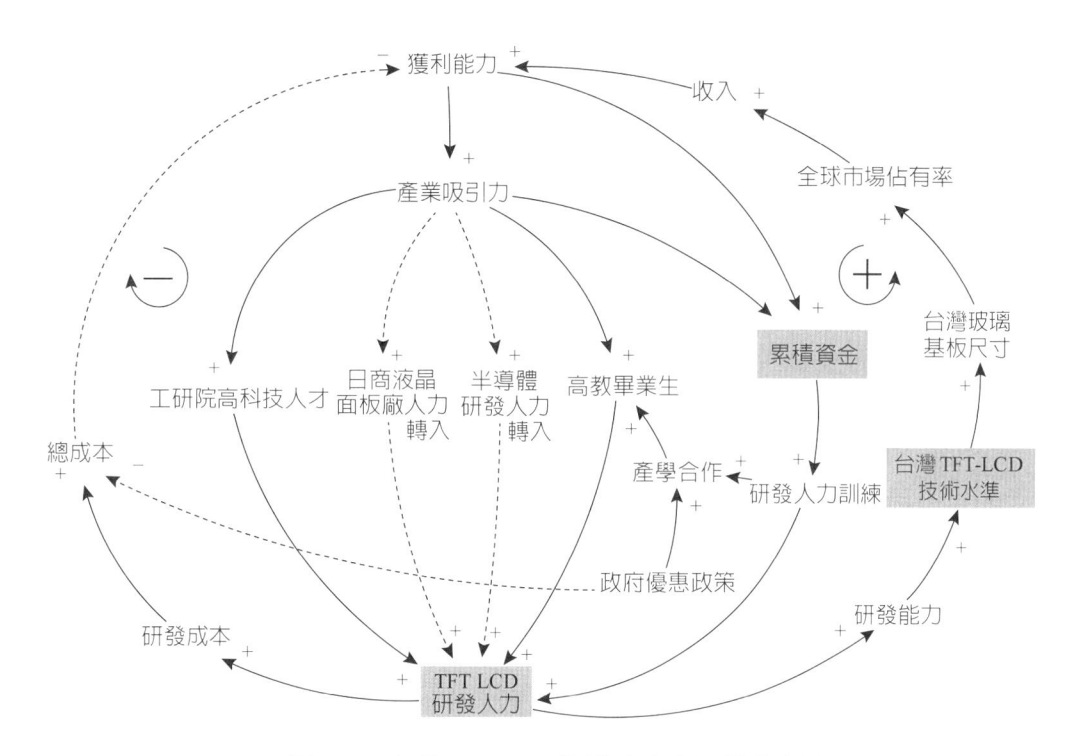

▲ 圖 9-1　台灣 TFT-LCD 研發人力之因果環路圖

▶ 9-4-2　累積技術水準之因果環路

　　企業為能經營獲利和提升競爭力，以提高生產量，促成規模經濟；而欲擴大規模經濟則需要增加資金的投入。企業增加資金的來源除因獲利所累積之盈餘外，另可請股東增資或向外借款等方式籌措：在增加資本部分，即可發行普通股或特別股請原股東認購；也可發行存託憑證，如美國存託憑證 (American Depository Receipts，簡稱 ADR)，向美國地區申請上市掛牌交易，以利向當地之投資者募集資金及日後 ADR 之流通和交易。而向外借款，如果屬於供短期資金融通用時，公司可發行商業本票籌措；如果屬於供長期資金運用時，公司可發行公司債，如一般公司債或可轉換公司債，以向不特定之投資者募集，或向金融機構辦理長期借款。

　　台灣的平面顯示器雖然開始於 1980 年代，整體產業的發展速度比半導體產業快，因為 TFT-LCD 的主流技術有半導體技術上的支援，因此 TFT-LCD 的生產能迅速由小玻璃基板擴大到大玻璃基板。其中 1995 年由於三代廠的成功生產，使筆記型電腦產業能迅速建立，也正式進入大面板的世紀。面板產業的投資金額龐

大，常被喻為「燒錢產業」，尤其是次世代的投資規模總是有增無減，因此藉由營運所取得的資金往往不足以應付新增加的擴廠支出，故未來恐怕將會更依賴市場的募資計畫。

對關鍵零組件成本佔大宗的面板廠商來說，技術研發與整合的完整度，也是影響長期發展的重要因素。以台灣主要的面板業者來看，僅友達光電與奇美集團布局能與日本和韓國的廠商相抗衡，未來面板廠的生存利基將會受到持續性的壓縮。台灣 TFT-LCD 迅速發展大型面板的業者有友達、奇美、彩晶、華映和群創等，關鍵零組件如彩色濾光片、背光模組、驅動 IC 及偏光板自主率都超過 80%以上，背光模組甚至幾達 100%。但台灣目前生產 TFT-LCD 零組件的主要原料約有近 99% 仍是來自於日本，產業內所需的生產設備也還無法獨立。另一方面有關玻璃基板尺寸部分，從 1990 年日商投入第 1 世代生產線量產以來，玻璃基板尺寸從 300 mm×350 mm，一直到 2008 年的第 8.5 世代生產線，尺寸增大為 2,200 mm×2,500 mm，顯示出 TFT-LCD 產業的技術難度不斷的在提升，而主要的困難即來自玻璃基板尺寸不斷快速地加大。而液晶顯示器其面積大小正代表著產品的附加價值，因為尺寸愈大，則更有彈性地切割成不同產品需求。

圖 9-2 為累積資金對技術水準的因果環路圖。當技術水準提高時，玻璃基板尺寸會愈來愈大，投入之製造成本會增加，進而使總成本增加，因而使獲利減少。因增加投入資金造成生產成本加重，使獲利相對減少，而形成一個負性的回饋環路。而台灣廠商技術水準不斷提升，將可減少對日方的依賴，使得日本廠商於權利金上的收入相對減少。但是韓國廠商的研發能力提升造成之競爭和排擠效應，也會對日本廠商產生影響，日商也會加速移轉更高技術給台灣，並收取權利金。並且進行次世代技術的研發，降低單位成本，刺激全球需求量，因而形成一正性因果回饋環路。

對於全球最大玻璃基板尺寸生產技術的提升，將可使面板的產量大增及單位製造成本下降，但也造成庫存的壓力，廠商為刺激需求，將會更有意願及能力降低售價以加速銷售，對廠商而言，因售價降低的幅度小於單位成本下降的幅度，將使廠商增加利潤。

另一方面，因大尺寸面板售價降低後，其下游廠商將樂於減少或淘汰較小尺寸的面板，改生產較大的尺寸產品以供應消費者，因而下游廠商對大尺寸面板的需求增加，且促成其替換以前所生產較小尺寸產品，使下游產品的生命週期縮

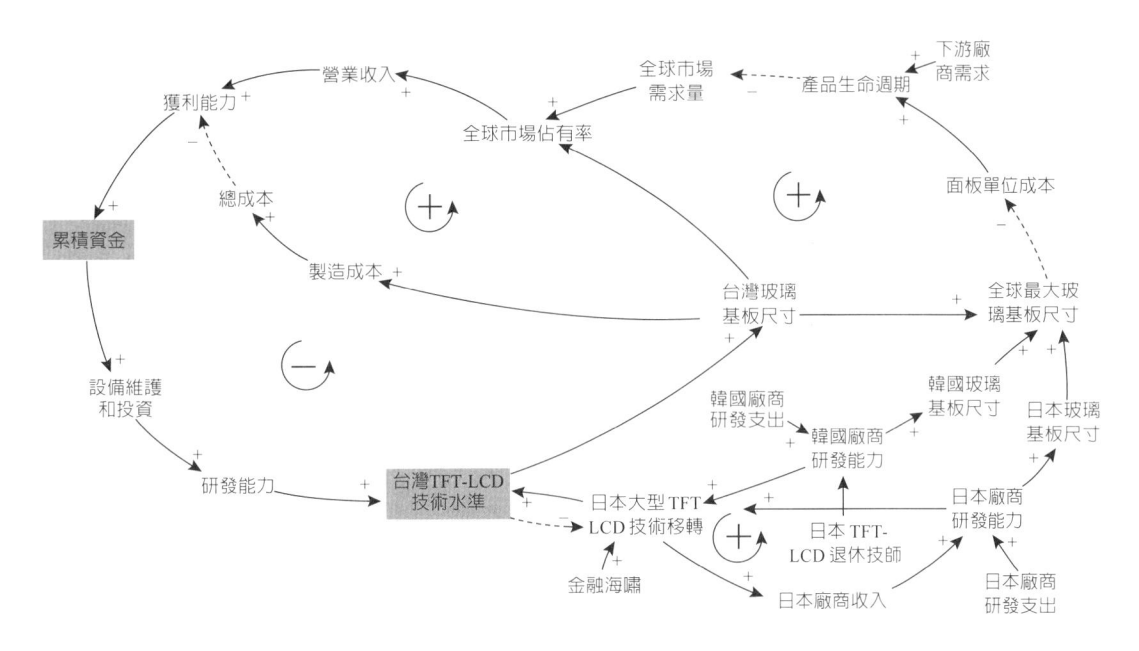

◉ 圖 9-2　累積資金與技術水準之因果環路圖

短,並擴大了全球市場對大尺寸面板的需求量,也增大了市場佔有率,因而形成一正性的因果回饋環路。

▶ 9-4-3　玻璃基板大尺寸技術累積之因果環路

大型 TFT-LCD 面板量產技術是 TFT-LCD 產業的核心能力,台灣 TFT-LCD 產業的發展受惠於日本與韓國之間的技術競爭。經由日本廠商的技術移轉,以及台灣筆記型電腦 (Notebook,簡稱 NB) 所創造出的龐大需求,吸引台灣廠商看好大型 TFT-LCD 的未來發展潛力,投入大量的資金進行建廠及量產。目前全球面板的生產重鎮集中在台、日和韓三地。就過去面板產業的發展情況來看,在筆記型電腦部分,由日、韓廠商領先;在監視器部分,則演變為以台、韓廠商居首。由於台灣、韓國為了量產上的競爭,兩國於 2001 年至 2003 年間共投入了八條第五代 TFT-LCD 生產線。但在跨足液晶電視時代,原本已淡出面板生產的日商又重啓戰局,日本廠商除持續朝轉向客製化及朝向開發次世代技術外,亦持續開拓次世代生產線,如 2008 年 Panasonic 併購 IPS-Alpha,投入八代線之建置。Sony 及 Sharp 策略聯盟,合資建置十代線等,均對液晶產業造成重大影響。台、日、韓三國較勁的局面,結果帶來全球最大玻璃基板尺寸的提升,而全球最大玻璃基板尺

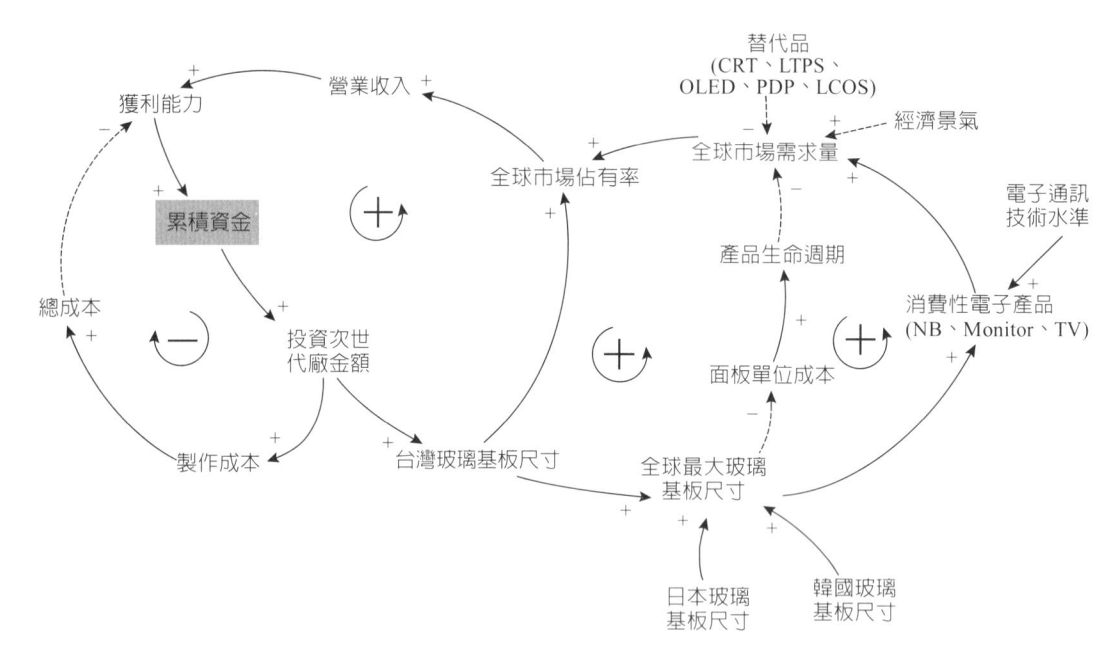

▲ 圖 9-3　玻璃基板大尺寸技術累積之因果環路圖

寸對於全球市場佔有率的取決，也完全在於售價及消費者的接受程度。

　　從供給面要素考慮時，母玻璃基板加大雖會使面板供給量增加，但是在世代與世代更迭間，常因良率的降低而使供給量減少，加以不同面板需求具有替代性，原以供應大尺寸為主的生產線，會因某一個中小尺寸面板景氣熱絡，而將生產線移至中小尺寸時，大尺寸的供應量亦會減少。因此圖 9-3 即說明影響基板尺寸之因果環路圖。當獲利能力高時，股東願意投資次世代的意願增加，於是玻璃基板的次世代尺寸開發投資也提高，此時將加大 TFT-LCD 面板的尺寸；當台灣的基板尺寸變大時，連帶的會影響到台灣在全球市場的競爭力，進而提升了全球市場的佔有率。且也會影響到全球最大的基板尺寸；當全球最大的基板尺寸提升的速度愈快時，使得面板尺寸的更迭速度加快，因生產技術之提升而使成本降低，讓廠商有能力降低售價以吸引客戶，進而對全球的市場消費者會形成一股購買的吸引力，而增加了全球的市場佔有率，形成一個正性環路。

　　台、日、韓三國較勁面板產業後，中游面板大者恆大。值得注意的是，在新世代生產線不斷投產，TFT-LCD 應用產品戰線不斷拉長，尺寸大型化和規格多元化的情況下，不但使得大者恆大的產業特性愈加明顯，廠商首要面對的二大營運挑戰，分別是生產線的產品組合、調配能力和成本的競爭力。全球 TFT-LCD 之未

來市場規模，將因台灣與韓國廠商的積極投產，而呈現大幅擴張的態勢。

以市場佔有率的觀點來看，日本廠商將因後續對於非晶矽 (Amorphous Silicon，簡稱 a-Si) LCD 擴產計畫停滯或縮減，轉而朝向低溫多晶矽 (Low Temperature Poly Silicon，簡稱 LTPS) 加速投資。而在 TFT-LCD 產業版圖中僅能維持固定之市場規模，卻降低其市場佔有率。相對地，台灣與韓國廠商在保持產量規模與市場佔有率同步提升下積極擴產，勢必將繼續成為 TFT-LCD 產業的兩大供應國。由於大型 TFT-LCD 面板的下游廠商主要為液晶電視、監視器和筆記型電腦等產業，加上電子通訊技術水準的提高和消費者對生活品質的提升，可增加全球使用 TFT-LCD 面板的需求量，使台灣市場佔有率提高，因此形成一個正性環路。

但全球需求量同時受景氣循環與 TFT 替代品左右；例如 LTPS、CRT、有機電激發光顯示器 (Organic Light-Emitting Display，簡稱 OLED)、矽基液晶 (Liquid Crystal on Silicon，簡稱 LCOS) 和電漿顯示器 (Plasma Display Panel，簡稱 PDP) 等的威脅。例如業界有所謂「液晶景氣循環」，每次景氣循環為期約二年到二年半左右，第一波景氣谷底出現在 1995 年，第二波的谷底則出現在 1997 年底，後在 2000 年又再度成為 TFT 的過度投資年；而在 2008 年所發生的金融海嘯，至今仍持續影響全球的消費市場，其效應影響之程度值得業者和後續研究者持續關注。

綜合上述，台灣大型 TFT-LCD 產業發展所獨特的內部累積的人力、資金和技術外，並與外部的國外技術母廠、國外競爭者和全球的經濟景氣彼此環環相扣、互為因果，而形成如圖 9-4 的台灣大型 TFT-LCD 產業發展之因果環路圖，此因果環路圖得到友達三位高階管理者與工研院資深產業分析師認可其模式效度。

9-5 討 論

隨著新世代生產線的擴展，各廠商依其目標產品之經濟因素切割，而做出生產線玻璃基板尺寸的標準。因此廠商所使用的重要設備幾乎很難有共同的產業技術標準。面對高度客製化生產設備的挑戰，政府與研發機構很難有效地推動與協助。而台灣目前大型 TFT-LCD 產業的零組件約有近 99% 的原物料來自於日本，而韓國卻有能力自行研發及生產其本身 TFT-LCD 產業所需要的設備與零組件，對於台灣未來的 TFT-LCD 零組件產業的發展，仍是一件相當值得台灣政府與業者關心的議題。

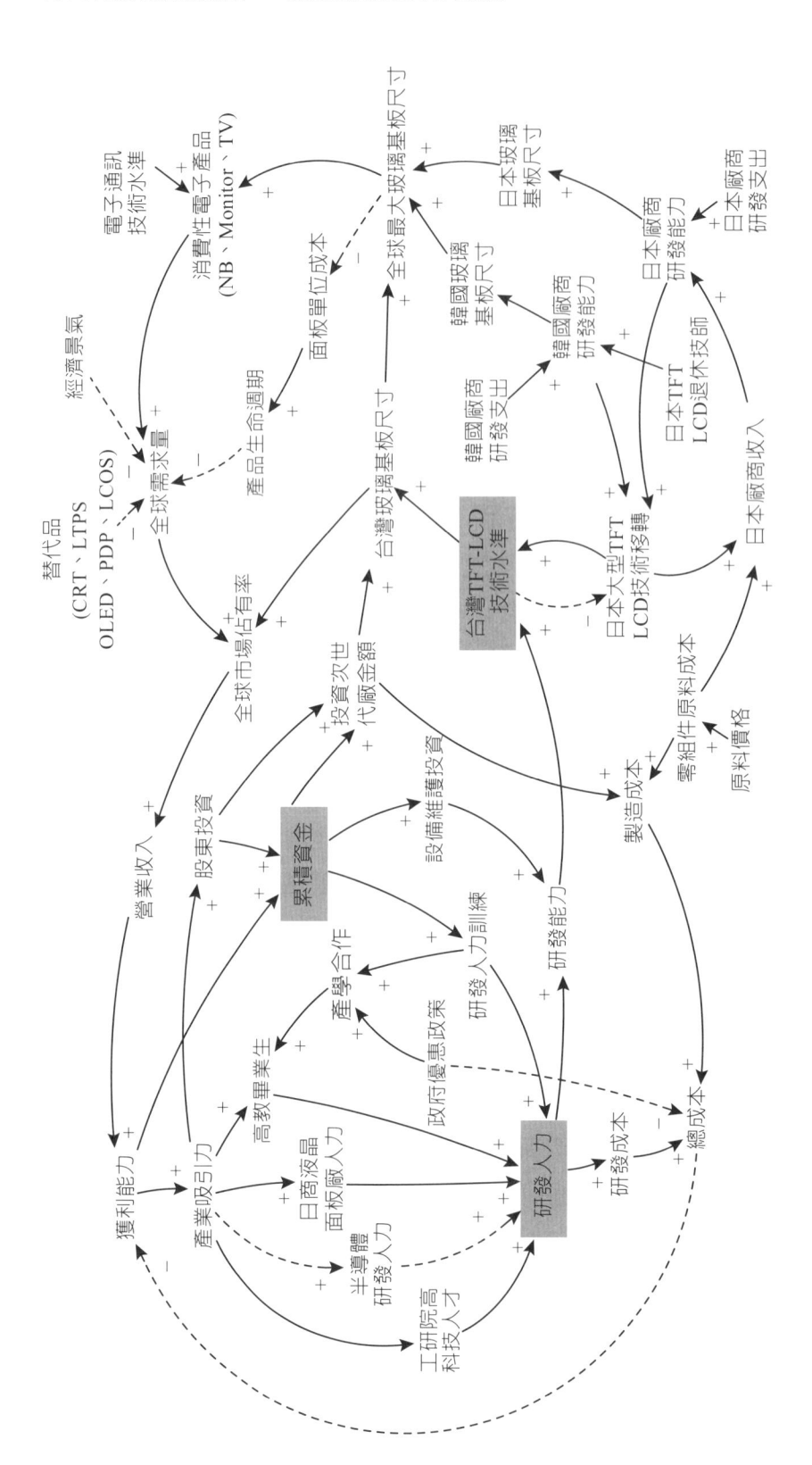

▲ 圖 9-4 台灣大型 TFT-LCD 產業發展之因果環路徑圖

由於台灣是一個以出口為導向的國家，而顯示器面板產業的產值居全球第一大，由於 2008 年所發生的金融海嘯導致全球金融問題嚴重，致使全球消費轉弱，而台灣大型 TFT-LCD 廠商要如何面對此全球性的經濟不景氣，考驗著業者的智慧與經營能力。

近幾年來，中國大陸積極前進平面顯示器產業的野心，2002 年以前僅有一條吉林彩晶的 TFT-LCD 生產線，主要係以 10 吋以下的產品為主。而上海廣電 (SVA Optronics) 與日本 NEC 正式於 2003 年合作，成立上海廣電 NEC 液晶顯示器有限公司 (SVA-NEC)，建構了中國大陸第一條 5 代生產線。而北京東方電子 (BOE-Hydis) 於 2003 年初，以 3.8 億美元購併韓國 Hydis，於 2005 年正式加入五代線的生產行列，漸漸在國際取得一席之地。加上台商努力於大陸建廠，規模勢必超越台灣本土，將形成兩岸競合的局面，最後極可能出現台灣、日本、大陸、韓國四強的新世界。

◎ 9-6　結　論

本文以系統動態學方法論中的因果關係回饋質性模式，探討台灣大型 TFT-LCD 產業在短短的 30 年如何成為全球第一。該項產業能於短期內蓬勃發展，主要的原因除企業內部所需資金、技術、人才三大要素外，另也無法獨立於外在環境的支援、市場誘因、政府政策和人才教育。

由於近十年來台灣 TFT-LCD 廠商的併購，如聯友與達碁合併成立友達光電、奇美併購日本 IBM 和 2006 年的友達光電合併廣輝案等得知，維持在產業中的龍頭地位，並由併購增加規模經濟對於各廠商而言也是相當重要的策略，推估未來 TFT-LCD 產業將形成少數廠商寡佔市場的局面❶。不僅僅是與國際上的廠商相互競爭，台灣本身的 TFT-LCD 廠商之間取得平衡，以鞏固上、中、下游產業的穩定性，若缺少任一環節將減低廠商之競爭力。

人才瓶頸的挑戰，對台灣而言，政府更應積極輔助 TFT-LCD 廠商培養人才，以避免產業內形成互搶人才的廠商競爭。特別是跨廠商和跨產業的整體合作，面對未來全球的競爭，台灣面板廠商應以研發高自主的設備能力為發展重點，以累

---

❶ 奇美於 2010 年被鴻海集團併購，鴻海於 2016 年併購日本 Sharp 公司。

積的製程能力，帶動國內周邊設備廠商切入前段製程的核心設備。另外，加上台灣政府與研發機構基礎技術的建立與協助，來帶動台灣發展 TFT-LCD 生產設備產業，以鞏固 TFT-LCD 產業之整體性的競爭力。

未來中國大陸市場將扮演關鍵因素。近幾年來台灣面板廠積極的透過近距離服務來贏得大陸的廣大市場，由於地緣關係和語言、文化的共通性，與大陸買家之間的交流沒有任何障礙，多數台灣製造商都已實現貼近客戶進行交貨。未來台灣的面板業者應積極把握在大陸市場的優勢和掌握面板新一代的生產技術與需求，才能持續在此產業維持最大的競爭力。然而大陸官方與廠商也積極發展此產業，未來兩岸競合關係成為台灣 TFT-LCD 產業發展的重要因素。

討論題

1. 就大陸充沛人才，廣大市場因素，對台灣 TFT-LCD 產業有何意義？
2. 政府與台灣大型研發機構對目前 TFT-LCD 產業，有何著力點？為什麼？

關鍵字

TFT-LCD	策略聯盟
併購	競合策略
技術移轉	OEM

附註

1. 原文發表於 AJTI 期刊並參考黃慧華教授之博士論文內容修改而成。
2. 感謝友達光電副總吳國隆先生，泛宏碁集團顧問邱英雄先生；以及工研院 IEK 劉美君小姐接受作者訪問，並給予寶貴意見，一併致謝。

CHAPTER 10

台灣中草藥產業發展結構動態模型

中草藥現代化產業將是未來 20 年最重要的四大產業之一，且根據國際醫學統計年報估計，2006 年中草藥市場產值已突破 350 億美元。台灣中草藥製劑產業發展也已經推動，其系統牽涉衛生福利部、經濟部、財政部相關政策的影響和廠商、消費者間的互動，形成一個複雜且動態的系統。以台灣為例，台灣政府部內在 2001 年正式實行「中草藥產業技術發展五年計畫」，2005 年 3 月全面推動中藥廠實施 GMP 制度，五年間帶動廠商相對投入研發金額達新台幣 8 億元，其產業界提出國內外植物藥，新藥臨床試驗申請達 26 件，而國科會在獎助研究的國內外專利高達 74 件，初步達成上游研發成果落實產業界之目標。2016 年總統大選後，新政府也將生醫與綠能產業發展列為重要政策。本章探討中草藥製劑產業發展結構，嘗試解釋其系統行為。最後討論當廠商研發經費、投入研發廠商數和政府資金補助產生變化時，對中草藥製劑產業產值的影響。

◎ 10-1 前　言

「哈佛商業評論」曾在報導中預測：生物科技、網路、中草藥現代化與行動通訊，將是未來 20 年最重要的四大產業。目前西方醫藥對於許多重大疾病的醫治，尚未找到根治方法，而在新藥的研發上也面臨了很大的瓶頸，因而促使科學家們逐漸轉回自然界中尋找可能的答案。其中傳統的中醫醫學及西方傳統的草

藥便逐漸受重視，加上生物科技的發展，使得中草藥得以科學化，以新的面貌問世，促成了近幾年來中草藥產業的興盛與生機。

自 1998 年以來，以美洲、歐洲及亞洲為主的全球植物萃取物市場，約有 30 億美元，並以 15% 的年成長率持續擴大。全球植物藥市場在 2005 年突破 260 億美元，該產業之成長率超過西藥，具有極大的市場開發潛力。根據世界衛生組織的報告指出，現今全球有 40 億以上的人口，使用草藥作為某種程度的初級醫療，而全球有 130 個國家應用中草藥，有 124 個國家建立中草藥相關研究機構。從全球草藥市場的版圖來看，歐洲是最大的草藥市場，也是全球草藥產業最發達的地區，約佔全球市場的 35%；亞洲地區約佔總市場的 28%；美洲市場佔總市場的 23%；其他地區則佔 14%。

台灣在 1997 年行政院公布之「行政院開發基金投資生物技術產業五年計畫」，將「科學中藥」列為 10 項政府所積極推動、鼓勵投資的相關生物技術領域項目。經濟部為了促進中草藥產業技術的發展，於 2001 年成立「中草藥產業諮詢委員會」並實行「中草藥產業技術發展五年計畫」，以期望 2006 年中草藥產業產值可達新台幣 400 億元 (行政院衛生署，2000)。台灣中草藥製劑產業之技術發展之因素牽涉範圍甚廣，除了政府與民間組織大力推廣外，尚須考慮廠商資產規模、臨床研究能力以及專利申請案通過門檻高等因素。本章首先分析中草藥製劑產業的一般特性，並應用系統動態學方法，深入台灣中草藥製劑產業技術發展之結構，試圖解釋其行為，並做動態模擬和政策分析。

10-2　台灣中草藥製劑產業現況、特性與研究方法

10-2-1　台灣中草藥製劑產業發展現況

台灣在 1945 年光復後，政府接受日本統治時期的衛生管理方式，仍以取締、消滅中醫為最終目的，甚至以不承認中醫教育，來斷絕中醫之生存途徑。在光復初期，由於醫藥政策尚未步入軌道，密醫、無照藥商及偽藥猖獗。直至 1970 年公布「藥物藥商管理法」，並且同步實施嚴格管理藥物後，政府推行藥務行政和藥事法規才漸漸的步入軌道。

台灣中草藥廠商最多時達 246 家，資本額大都在新台幣 2,000 至 5,000 萬元

間，整體從業員工數約 2,650 人，營業額約在新台幣 37 至 52 億元，生產產品以固有成方為主，劑型以濃縮劑型為主，市場以內銷為主。目前台灣的傳統中草藥廠以生產濃縮製劑的廠商最多，約佔中草藥製劑產業總產值的 71.5%，傳統製劑約佔 28.2%，西藥劑型產品只有總產值的 0.3%。投入研發工作的廠商約有 20 家，佔總廠商家數的 11.76%，每年研究發展經費約 0.5 億元，佔藥廠營業額的 2.5% (陳堂麒，2003)。而台灣中草藥品質與西藥同樣採取「優良藥品製造標準認證制度」(Good Manufacturing Practices，簡稱 GMP)，其目的是加強對藥品生產品質的監督。1982 年 5 月 26 日衛生署會同經濟部、行政院農業委員會共同發布優良藥品製造標準，該標準於 1988 年 12 月 31 日公布實施，中藥廠之中藥濃縮或西藥劑型均須符合 GMP 制度，至 1994 年 9 月 30 日止，台灣中藥廠已全面符合 GMP 制度 (行政院衛生署中醫藥委員會，2006)，因此台灣中草藥製劑產業已有相當制度的基礎環境。

10-2-2　中草藥製劑產業一般特性

中草藥製劑與一般西藥不同，受社會、文化、人口、經濟和國民教育程度的影響，由於西藥普遍會造成消費者服用後較強的副作用或不舒適，而有愈來愈多的消費者選擇中草藥作為醫療或保養，以回歸自然的醫療養生方法，也因而造就政府或相關機構對中草藥法規的重視與制定。

■ 消費者意識改變，加上人口老化，需求成上升趨勢

根據世界衛生組織 (World Health Organization，簡稱 WHO) 的報告指出，現今全球有 40 億以上的人口使用草藥，作為某種程度的初級醫療，其中主要的原因，是因為近年來隨著老年人口比例的增加，生活環境品質趨劣，慢性疾病罹患率也明顯增加。世人對生活與飲食方式轉而尋求回歸自然，崇尚天然藥物已蔚為風潮。此外西藥在長年使用後發現了各種缺憾，使得世界各國開始崇尚回歸自然的醫藥養生法，加上「預防重於治療」觀念日漸普遍，讓中草藥的發展再現曙光，為中醫藥走向世界帶來契機，因而促使中草藥之消費者有逐年上升的趨勢。

■ 文化特性──藥食同源

以全球中草藥產品種類而言，功能性食品為最大宗佔 37%，市場為 555 億美元；第二大產品是天然 / 有機食品，市佔率 20%，市場為 300 億美元；第三大產品為維他命 / 礦物質產品，市佔率 14%；中草藥產品的市佔率是 13%；天然保健

用品及運動飲料產品各佔8%，由產品的市佔率可看出，全球中草藥產品主要是以食補和中草藥產品共同組成的。

■ 中草藥法規愈趨嚴格

中草藥製劑產品為因應民眾使用中草藥而造成不良的副作用，全世界各國皆為此訂定了相關的法規。美國藥物食品管理局 (Food and Drug Administration，簡稱 FDA)，於2003年公布一份保健食品管理新條例草案，首次提出要為保健食品的生產和標籤制訂嚴格的標準；歐盟自1999年起，討論加強草本產品的安全性、品質、成果及行銷手法，並希望歐盟各國能互相承認；日本要求所有漢藥製造廠重新受審；中國大陸自2001年起，加強審核中藥的臨床實驗。由以上各國於近年來所訂定的藥令法規可得知，各國為了與國際中草藥市場接軌，皆積極的修訂中草藥相關之藥令法規。

▶ 10-2-3 台灣中草藥製劑產業特性

■ 中草藥製劑廠商資產規模小，自行研發比率低

台灣中草藥製劑廠商資本額大都在新台幣2,000至5,000萬元間，從業員工總數約2,650人，營業額約在新台幣37至52億元，多屬於小型工廠。由此可知台灣中草藥廠大部分為中小企業，人力狀況每家平均員工數38人，研發人員佔2%，品管人員佔8%，人力大部分集中在生產方面。由於中藥是國內特有的傳統產業，且國內外專門培育中藥專業人才的地方很少，因此高學歷所佔比率不高，甚至仍有一部分人力培養是以師徒相授的方式，在資金、人才不足之下，使得投入自行研發之台灣中草藥製劑廠商比率低。

■ 中草藥專利申請案門檻高

中草藥與西藥專利申請案相比較下，較不易獲准，其主要原因為中草藥與西藥之基本性質迥然不同，中草藥之名稱不統一，同物異名或同名異物難以對照，甚至藥材有許多亞種，難以辨別；且中草藥方劑中的複方常含多種植物，成分複雜，有效成分大多不明；其次中草藥成分之變異性大，再現性不佳，且中草藥成分中之不純物多；而中醫病症名與西醫疾病名不易對照；中藥之治病機制迥異於西藥，而且未建立標準的藥理模式，藥理功效數據不具科學性，最後相關審查基準尚未制定，並欠缺相關審查經驗與人才。

台灣中草藥專利核准件數偏低之原因，一方面是因該類中草藥案件於醫藥品

相關類別申請案中所佔比例甚低,另一方面是該類別案件多屬國內申請人提出,其中又以個人申請人居多,研究單位者較少,技術水準相對不高。申請案中對於所含成分組成之分析,一般多未盡明確。對於功效部分,又都無法提出具科學性之可信數據資料,依據歷年來之醫藥品相關專利審查基準及現行專利審查基準之規定,中草藥申請案多無法符合專利要件。

中草藥製劑產業牽涉藥材種植、智慧財產權保護、臨床試驗法規與研究時間長,且實驗成果有時間遞延的問題,特別是中草藥新藥開發所需之化學、製造與管制、毒理、藥理以及基原鑑定等重要環節,而形成了長期複雜且動態的過程。

10-2-4 研究方法

應用系統動態學來探討醫療相關產業之研究,有 Homer and Hirsch (2006) 提出慢性病防治之模式,認為醫療是動態複雜的問題,應打破過去對於醫療的片段思考,研究結果認為對於全球醫療的問題,如護士短缺問題,應該用更寬闊的角度來探討這些問題。而中草藥製劑產業相關研究則有 Chen (2005) 認為可用網際網路來整合政府、學術機構和產業的資源,以提升傳統中藥產業發展;Zhou et al. (2005) 等則為中草藥製劑產業建立一個資訊系統的模型,發現中草藥製劑產業中,不同的廠商在生產和管理流程與經營上有很大的差異。

10-3 中草藥產業模型建構

10-3-1 質性模型的建構

■ 廠商資產規模與中草藥製劑業產值之因果關係環路

當中草藥製劑廠商之資產規模增加時,投入生產製劑的廠房設備資金便會增加,進而使得生產的中草藥製劑產值增加,其銷售值相對的也增加;中草藥銷售值成長時,廠商的收入便會增加,使得廠商獲利提升;中草藥製劑廠獲利提升時,其資產規模也會跟隨著增加,而形成如圖 10-1 的正性環路之因果關係圖。

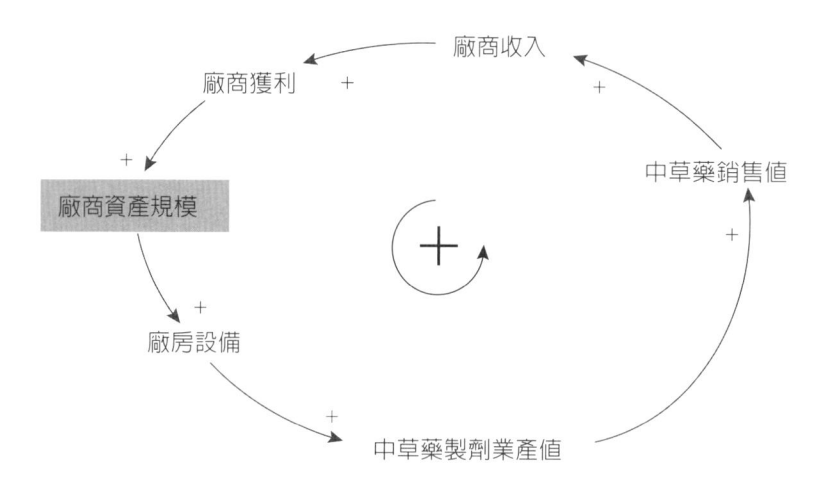

[圖 10-1 廠商資產規模對中草藥製劑業產值之因果關係]

■ 廠商資產規模對廠商研發支出之因果環路

　　中草藥製劑廠商之資產規模大小會影響投入研發經費的多寡，若中草藥製劑廠商投入更多的研發經費，對於台灣中草藥製劑產業之新藥研發的成功有更大的幫助。當廠商資產規模大時，廠商有能力投入高額的研發活動，廠商投入的研發支出便會增加，而使得廠商成本增加，而導致廠商之獲利減少，而形成負性因果環路圖，如圖 10-2。所以當廠商為中小企業時，政府資金的補助為廠商是否願意投入研發工作的一個重要因素，政府常在一個產業發展中扮演的一個重要之推手角色。

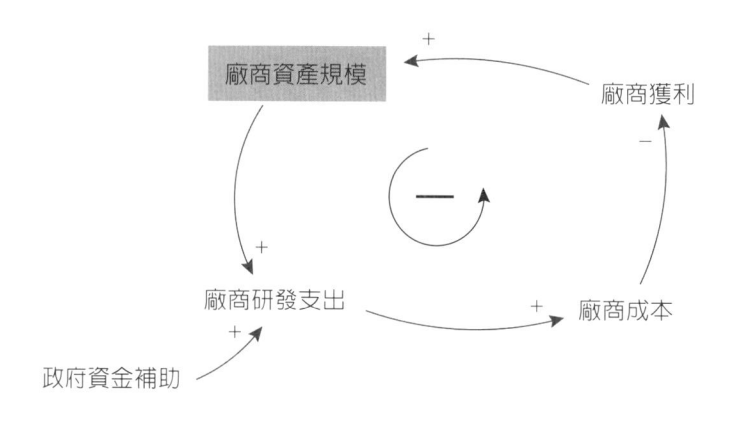

[圖 10-2 政府補助、廠商資產規模對廠商研發支出之因果環路]

■ 中草藥新藥研發數及專利申請件數對於中草藥製劑產業之因果環路

　　近年來政府為促進台灣中草藥製劑產業之發展，實行了「中草藥產業技術發

展五年計畫」，希望協助中草藥產業突破現況，邁入國際中草藥市場，因受限於台灣中草藥製劑廠商資本規模過小，而導致專業研發人員或是投入研發之經費皆不足。故當廠商資本規模增加時，廠商投入研發支出便會增加，而聘請更多的新產品研發人員，當一家中草藥製劑廠之新產品研發人員增加時，其所研發的中草藥新藥便會增加，也代表其擁有更良好的新藥研發能力，因而使得能通過臨床試驗中草藥產品數增加。

通過臨床試驗的中草藥產品除了可申請上市外，另外也可申請專利保護其智慧財產權並獲取權利金，以增加廠商之獲利。當通過臨床試驗中草藥產品數和中草藥專利件數增加時，會使得中草藥新藥產值提升，增加台灣中草藥銷售值，進而增加廠商的收入和獲利，並使得廠商資產規模增加。由圖 10-3 中草藥新藥研發數及專利申請件數對於中草藥產業之因果環路所示，包含了兩個正性環路，分別為中草藥新藥研發數對中草藥製劑產業之因果環路及中草藥新藥之專利申請件數對中草藥製劑產業之因果環路。

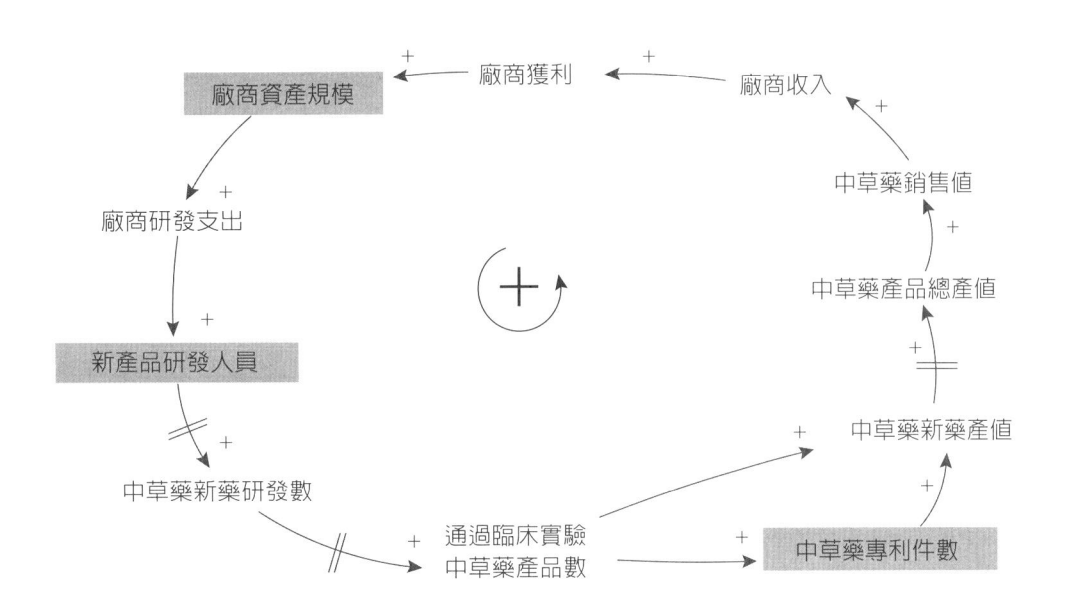

▲ 圖 10-3　中草藥新藥研發數、專利申請件數與中草藥製劑產值之因果環路

10-3-2　量化模式的建構

本節利用系統動態學方法及 Vensim 軟體進行量化模式建構與模擬，量化模式包括五個積量變數，即廠商資產規模、新產品研發人員、臨床研究設備、臨床實驗人力和中草藥專利件數和 32 條方程式，茲說明變數間與積量的交互關係如下。

■ 廠商資本規模累積

台灣中草藥製劑廠商於 1995 年時，其資本額約為 3.1 億美元，中草藥製劑廠是否能夠成功的銷售其產品獲得利潤，關係著中草藥製劑產業的發展。除此之外，由於台灣中草藥製劑廠資本額大都在新台幣 2,000 至 5,000 萬元間，多屬小型工廠 (廖美智，2004)，使得投入研發的中草藥製劑廠商比例過低。因此當廠商資本規模充足時，對於所投入研發經費的提升也有一定的幫助，廠商資本規模主要的增加來源為廠商的獲利，當廠商獲利時便會增加資本模增量。

■ 新產品研發人員累積

經由實際訪問工業技術研究院之生技與醫療保健研究組資深研究員得知，行政院於 1997 年公布之「行政院開發基金投資生物技術產業五年計畫」和經濟部所實行之「中草藥產業技術發展五年計畫」，當廠商投入研發經費、投入研發廠商數以及政府補助的資金改變時會影響研發支出。

研發人員增量主要的來源即為所投入的研發支出，當投入的研發支出增加時，中草藥製劑廠所聘請的員工人數便會增加，而中草藥製劑業員工月薪約為新台幣 33,000 元，專業技術人員佔全體員工比率 17%；而研發人員減量主要是受到離職的影響，如研發人員之退休、離職等。

新產品研發人員是由研發人員增量減掉研發人員減量，台灣中草藥製劑產業從業人員約 2,650 人，而根據台灣中草藥製劑大廠，如順天堂藥廠、港香蘭藥廠和勝昌製藥廠等，研發人員佔從業員工約 24.15%，因此計算出台灣中草藥製劑廠之新產品研發人員數約為 640 人。

■ 臨床研究設備累積

由經濟部技術處所實行「中草藥產業技術發展五年計畫」中可得知，政府近年來大力推廣中草藥產業的發展。而政府為促進傳統中草藥產業升級、轉型及建立新興中草藥產業，針對企業及其相關部會進行規劃。依據計畫中歷年提供各相關部會之補助資金，可計算出中草藥臨床實驗預算，以及其所投入臨床研究設備

購買資金比例約佔 44%。而從學者范航秉於台灣製造業附加價值構成分析報告中，可算出歷年製造業平均折舊率為 4.396%。

■ 臨床實驗人力累積

中草藥臨床實驗預算的增減同樣也會影響臨床研究人力的多寡，由經濟部技術處所實行「中草藥產業技術發展五年計畫」中可得知，臨床實驗預算除了增加臨床研究設備外，也會使得臨床研究人力增加。從中醫藥委員會建立及推廣中藥臨床試驗體系，進行中藥複方製劑臨床應用之評估，並藉此建立中藥臨床試驗機制(行政院衛生署中醫藥委員會，2003)。而藥政處也於民國 88 年度下半年至 93 年 6 月之間執行計畫，推動醫學中心「設立新藥臨床試驗病房及相關實驗室」，並持續培育執行臨床試驗所需之中、西醫師、藥師及相關人才以提升臨床試驗品質。因此當政府能針對臨床研究提供更多的政策和計畫，來提升台灣臨床研究人力訓練時，將能提升台灣中草藥產業進行臨床研究的能力(中醫藥委員會，2003)。

■ 中草藥專利件數累積

台灣中草藥製劑產業未來是否能跨足國際中草藥市場，除了中草藥產品的研發外，是否能夠申請中草藥專利，確保中草藥產品之智慧財產權，也是一個重要的議題。而學者張仁平 (2002) 也提出中草藥累積先人數千年的智慧結晶，已有相當的實證基礎，近年來在政府大力提倡下，相關研發與製造技術亦隨之提升，面對知識經濟時代的來臨，智慧財產權的保護已成為業者競爭與生存的利器與保障，由此更可得知中草藥專利件數，對於台灣中草藥製劑產業發展，扮演著重要的角色。

由上述廠商資產規模、新產品研發人員、臨床研究設備、臨床實驗人力與中草藥專利件數五個積量，構成台灣中草藥製劑產業技術發展之動態結構，如圖 10-4 所示。經系統動態學專家和中草藥專家評估此模型，認為有相當高的效度，此模式可進行量化模擬，以驗證歷史與模擬值和趨勢圖的比較。

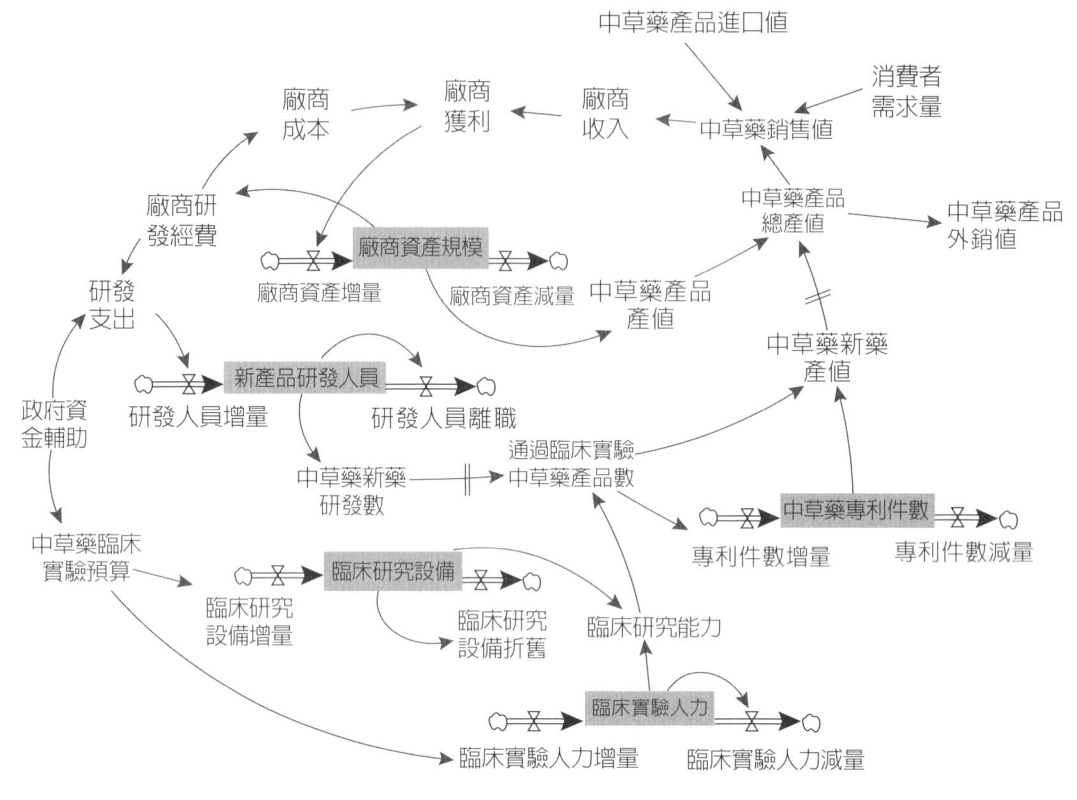

▲ 圖 10-4　台灣中草藥製劑產業發展之動態模型

🎯 10-4　結果與模擬

▶ 10-4-1　中草藥產品總產值結果模擬

　　近幾年來，台灣政府為促進中草藥產業之發展，採取了一系列的政策，希望藉由這些政策輔導產業，以邁向國際化。自 1995 年 11 月 1 日正式成立「行政院衛生署中醫藥委員會」，專職管理台灣中醫藥行政管理等工作外。也於 2001 年至 2005 年間投入了新台幣 50 億元，推展「中草藥產業技術發展五年計畫」的執行，強化了國內中草藥產業技術發展之基盤建構，對於專利保護、臨床試驗、品質管制、研發環境及人材培育等，提升台灣中草藥產業進軍國際之競爭力。

　　而台灣中草藥產品產值除了受上述政府政策之影響外，廠商是否能夠投入研發經費自行開發新產品，也是一個影響中草藥製劑業產值的重要因素。受限於台

灣中草藥製劑廠之規模皆屬於小規模，因此一家廠商是否能自行開發新藥品，並且通過臨床實驗而上市，關係著台灣未來是否可跨足國際中草藥市場，例如台灣懷特新藥公司所研發的止咳中藥 (懷特咳寶 PDC-748)，目前 Phase I/II 臨床試驗證實安全性及療效，一旦開發成功，將可進軍全球 154 億美元之止咳市場。

圖 10-5 為自工研院所收集之實際值和本研究模擬之結果，自 1995 年以來台灣中草藥製劑產值呈現逐年成長的趨勢。而 2006 年產值下降的原因，最主要是受到台灣政府於 2005 年 9 月全面實於中草藥廠 GMP 後，許多不符 GMP 要求的藥廠已不再生產中藥製劑，而降低了產值。

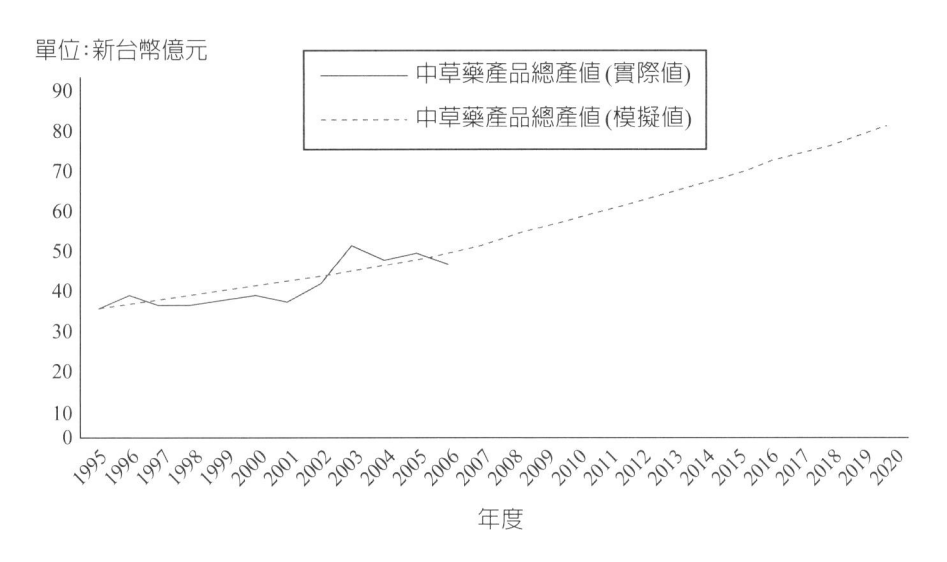

▲ 圖 10-5　中草藥製劑業產值的歷史實際值與模擬值

▶ 10-4-2　討　論

■ 廠商研發經費變化之影響

台灣中草藥研發廠所投入的研發經費約佔資本額 2.5%。在系統結構不變的情況下，摸擬廠商投入研發經費增加至 10% 和增加至 20% 時的影響結果，如圖 10-6，當廠商研發經費增加使得中草藥產品銷售值明顯的增加。

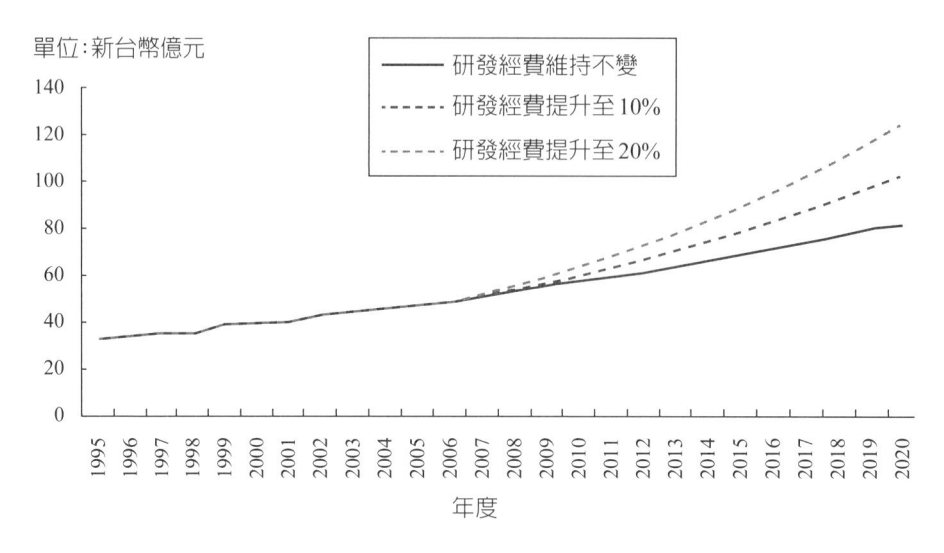

▲ 圖 10-6　研發經費變化對中草藥製劑業銷售值之影響

■ 政府資金補助變化之影響

自 1995 年行政府衛生署中醫藥委員會成立後，政府近年來為促進台灣中草藥製劑產業之發展，無論是在研究發展、臨床試驗環境、產業面皆投入了大量的資金，希望能進軍國際中草藥市場，以達到中草藥國際化之目標。本研究嘗試模擬當政府資金補助變化時，中草藥製劑業產值之變化，如圖 10-7。

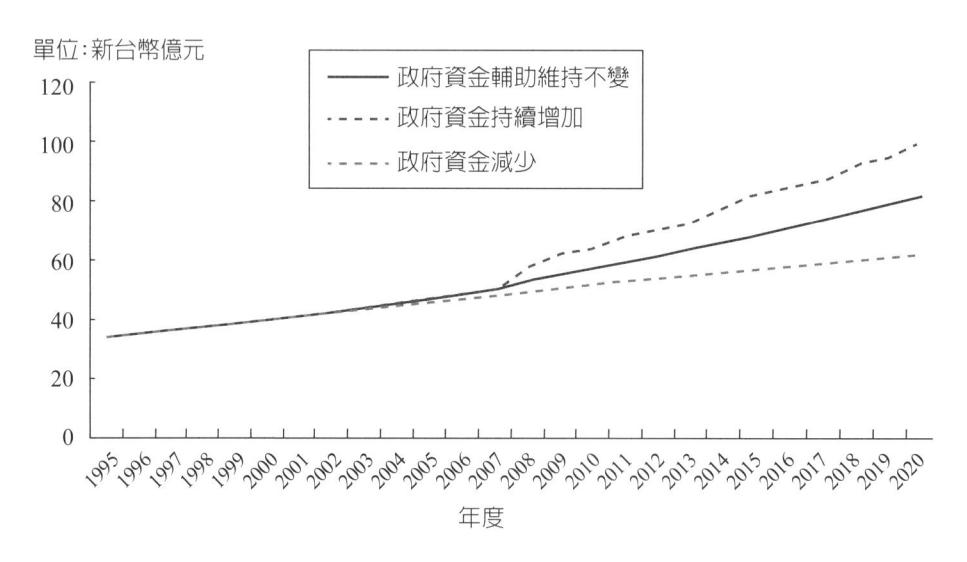

▲ 圖 10-7　政府資金補助變化對中草藥產品總產值之影響

10-5　結　論

　　台灣中草藥製劑產業技術發展模式是一個複雜動態的結構，研究結果顯示中草藥製劑產業技術發展之關鍵環路，主要受到廠商資產規模的大小、新產品研發人員、臨床研究設備、臨床實驗人力和中草藥專利件數等五個關鍵環路的相互作用，而形成一個動態的系統模式。當廠商研發經費增加和投入研發廠商比率提高時，會使得中草藥產品總產值增加。不論政府資金補助持續增加或減少時，中草藥產品總產值都是呈現成長的趨勢，只是當政府資金補助下降時，其成長趨勢較為緩慢。

　　以系統動態學研究醫藥產業的研發結構非常適合。因為藥品的開發時間非常長，如研發、臨床實驗到通過上市需一段很長的時間，加上許多的系統因素如政府政策、研究人才培養、廠商資金累積等因素彼此交互作用，互為因果。所以系統動態學在醫藥研發的應用上可繼續深入探討。另外本研究是一個探索性的研究，中草藥製劑產業的資料缺乏與蒐集困難為需要改善的地方，期後續學者能繼續投入研究。此外傳統中藥店鋪流通市場產值缺乏資料，相信它的商機不亞於製劑產業。而將中草藥轉型為「健康食品」的市場的研究，都是重要的相關課題。

討論題

1. 民間將中草藥視為食補產品，則如何區分醫藥與食品之界限？
2. 坊間民俗療法（例如，跌打損傷、推拿、拔罐等）的師徒制「寶貴經驗知識」，要如何去重視與科學化？
3. 政府如何利用產業政策及科技幫助業者種植安全、品質、可靠的中草藥作物。

關鍵字

中草藥	藥食同源
製劑產業	中醫藥委員會

附註

1. 原文發表於《醫務管理期刊》修改而成。
2. 大陸中草藥科學家屠呦呦獲得 2015 年諾貝爾生醫獎，證明了中草藥對抗瘧疾的具體療效，其靈感更是受到古代中醫書籍的啓發。因此傳統醫學的寶貴知識，非常值得用現代科學方法來驗證。

CHAPTER 11

台灣太陽光電產業發展趨勢

全球人口爆炸、新興國家經濟發展快速，使得石油與電力之需求逐年上升，各國紛紛推出因應方案，促使再生能源產業蓬勃發展，其中太陽光電產業 (PV) 便成為各國努力的重點產業之一。PV 產業發展受到各國相關政策左右；例如自 2014 年起，歐盟與美國先後祭出反傾銷稅對抗中國太陽光電產業，台灣處在中國 PV 產業全球供應鏈中而受到影響。2013 年台灣 PV 產量全球排名第二，全球 PV 廠商與台灣的政府都非常關注歐盟與美國反傾銷稅對 PV 產業的衝擊。事實上，PV 產業的發展結構是動態且複雜的過程，本研究以系統動態學方法，探討台灣 PV 產業發展之系統結構，模擬反傾銷稅對台灣 PV 的產能趨勢、財務衝擊以及可能造成的全球性影響；而且模擬不同稅率的政策效果，同時進行相關的討論。

◎ 11-1 前　言

隨著全球人口爆增、新興國家之中國、印度、巴西等國的經濟發展快速，使得石油與電力之需求逐年上升；加上中東產油國政治不穩定、國際衝突頻繁、日本又於 2011 年發生 311 福島核災事件，故發展替代火力與核能的再生能源成為各國努力的大方向。因此世界各國政府紛紛推出激勵方案，促使太陽光電等產業蓬勃發展。

以德國為首的再生能源發展，透過 Feed-In Tariff (FIT) 政策造就了太陽光電 (Photovoltaic，簡稱 PV) 產業的快速崛起；中國則在經濟快速發展下，對能源的需求大增，藉由政府扶植與補貼之政策，諸如減稅、低利貸款以及透過 Renewable Energy Development Fund 組織的補貼等，造就 PV 產業供應鏈的壯大。台灣與中國互動頻繁，且已成功發展高科技產業，對於製程與技術相似的 PV 產業發展相對快速，同時自 2000 年起，台灣政府透過各項政策法案，吸引業者投入 PV 相關產業發展，且政府、研究機構與民間業者共同累積資金投入研發、提升生產技術、建置產能等，使台灣 PV 產業漸漸建立起產業供應鏈；2013 年台灣 PV 產量達全球第二，已具有關鍵的影響力。

但自 2008 年金融海嘯、2011 年歐債危機後，高度依賴資金的 PV 產業受到嚴重波及，不僅上游原料轉變成供過於求，下游亦由於 FIT 政策緊縮，造成需求趨緩、成品價格急速下跌。此時，中國與台灣已囊括全球 1/2 以上之 PV 產能，在供給增加需求減少的情況下，歐、美廠商面臨嚴重虧損與破產，2012 年部分企業分別向歐盟委員會、美國商務部提交反傾銷調查申請，於是歐盟與美國開始對中國及台灣 PV 產業進行反傾銷與反補貼 (Dumping and Subsidy) 的調查。

2014 年歐盟與美國依 WTO 之反傾銷協定，分別對中國採取課徵反傾銷與反補貼稅，以及針對台灣 PV 廠商實施反傾銷稅。以往討論關稅議題，均從課徵國為保護本國產業的角度切入，但在 PV 產業部分，由於先進國家仍須仰賴新興工業化國家之 PV 廠商製造生產，提供低價產品以利其發展再生能源供電系統；故本文討論焦點為台灣 PV 產業受到反傾銷稅衝擊後可能發生之影響，之後再進一步討論其造成全球 PV 產業之改變；此部分將會是全球 PV 廠商與台灣政府所關注的議題。

事實上 PV 產業發展受到產能、資金、技術的累積與外在環境因素左右，形成一個複雜且動態之供需系統。本研究藉由系統動態學方法，針對台灣 PV 產業發展進行研究；首先歸納 PV 產業一般特性及台灣 PV 產業獨有之特性，其次探討台灣 PV 產業發展之系統結構，分析產業發展系統內關鍵因素彼此間互動的行為，最後再模擬反傾銷稅對台灣 PV 產業所造成的財務衝擊與產能趨勢，並進行宣示稅率、臨界稅率及可能稅率等不同情境下之討論。

11-2 產業特性

本研究以台灣 PV 產業發展為研究對象，針對產業發展系統內部因素結構與外在環境變數交互作用之因果關係，嘗試解釋其系統行為與未來可能的發展趨勢。欲深入了解產業發展結構，必須先分析其產業特性；PV 之產業一般特性及台灣 PV 產業特性兩部分如後。

11-2-1 產業一般特性

太陽能產業供應鏈上、中、下游生產階段具有不同的生產規模，所需的資本投入與技術難度亦不相同。通常上游產業規模大，所需的資本也較大，技術難度高；而中、下游產業規模小、所需資金投入小，且技術上相對有比較一致的標準，因此上游產業進入障礙高，形成少數廠商寡佔的局面，中、下游廠商進入障礙較低，市場競爭較為激烈，以下為太陽能產業的一般特性：

■ 生產成本高，產業發展受到各國政府能源政策的影響

雖然太陽能電池價格快速下降，但生產成本高，每度電發電成本仍高於水、燃煤、天然氣，未能達到與市電同價，因此太陽能電池的裝置，受到各國政府能源政策的影響，尤其是 FIT 的影響最具關鍵性。

■ 產業鏈完整程度影響其國際競爭力

PV 產業供應鏈大致可區分為「晶矽材料、矽晶圓片、PV 電池、PV 模組 (太陽光電系統)」等四個生產階段。由於產品不具多樣化，惟有較低的成本，才具有價格競爭優勢，垂直分工的廠商在每個生產階段都要有利潤，致使無法壓低終端產品的價格；高度垂直整合的廠商，因為不需分享利潤，整體成本較低，較具競爭力；此外，垂直整合可掌握原料來源，不致受限原料廠商的限制及哄抬價格，唯獨缺點是廠商必須有足夠的資金才能同時投資上、下游，而在不景氣時亦需承擔雙層風險。

■ 上游產業鏈資金與技術進入障礙高

太陽光電產業鏈愈上游競爭廠商愈少，資金與技術進入障礙愈高；早期關鍵原物料 Polysilicon 多掌握在德、美、日等極少數廠商手中，但自 2006 年起，中國廠商開始投資發展多晶矽材料，數年間已成為生產大國。矽晶材料的製造牽涉傳

統化學冶金製程，需要消耗大量水電資源，建廠時程長達三年，同時建廠及購買設備需要大量的資金，形成高度的產業進入障礙。

■ 技術的進步對發電成本影響顯著

太陽能電池廠商的競爭力最主要來自產品提供的單位發電成本，技術進步可以減少基材的使用，降低單位生產成本；除此之外，有更好的技術提升光電轉換效率，亦可降低每度電的發電成本。不同的生產階段需要不同的生產技術，最上游矽晶材的製造牽涉傳統化學冶金的製程技術，PV 利用較薄的晶片、更高的轉換效率、改良生產製程等，降低每度電的發電成本。

■ 規模經濟

規模經濟指的是生產單位成本隨著產量的增加而下降。太陽能產業中、上游的生產需要興建廠房與添置設備，具有規模經濟；此外，生產的部分若具經濟規模，也可藉由大量採購取得議價優勢，購買相對便宜的原物料。故此，利用大規模的生產可以降低單位生產成本，讓廠商在市場更有價格競爭力。

▶ 11-2-2 台灣 PV 產業特性

根據台灣工業技術研究院的研究，台灣太陽光電產業具有兩個發展特性：高度仰賴外銷及產業結構缺乏上下游整合。彙總研究報告與業者訪談紀錄，綜合可得台灣太陽能產業的發展特性如下：

■ 產業供應鏈仍以中游電池較具規模

台灣的太陽能產業最早從電池開始，目前雖已初步建立完整產業供應鏈，但發展極不平衡，仍集中在中游的電池。根據能源局 2012 年資料得知：台灣太陽能產業廠商總計 139 家；其中上游 17 家、中游 53 家、下游 69 家；下游廠商雖多，但規模小不具國際競爭力。IEK 資料顯示，2011 年台灣矽晶電池產業全球市佔率達 10%，矽晶片產業全球市佔率為 6.8%，最上游矽晶材料及最下游的模組全球市佔率均微不足道。

■ 台灣內需市場太小高度仰賴外銷

台灣內需市場太小，不足以支撐較大規模的生產，因此台灣 PV 廠商外銷比例超過 90%。由於本土市場胃納太小，無法建立大規模具行銷能力的大廠，故下游存在許多小型廠商不具有國際競爭力，在國際市場沒有能力建立通路與市場品牌知名度。

- **欠缺垂直整合無法掌握原料供應**

　　有別於國際大廠垂直整合型態，台灣太陽能產業缺乏上、中、下游之整合或策略聯盟，以專業化生產為主，產業發展過程頗有複製晶圓代工垂直分工的產業模式，聚焦並集中資源擴展每個生產階段的規模經濟，但此種互利分工在太陽能產業卻未必適用。由於 PV 產品不具多樣化，整合度高的廠商整體成本能夠壓低，同時可以掌握原料來源。為解決供料問題，在 2008 年金融海嘯前，多數台灣 PV 廠商採取現金預付方式購料，並與材料供應商簽訂長期供料合約確保原料取得，如此作法雖可降低進貨成本，但財務壓力大，當材料價格下跌時將造成營運風險。

- **台灣廠商缺乏銷售通路，故不具品牌知名度**

　　台灣產業發展以製造為主，代工的思維較少品牌經驗，又因市場太小不足以支撐下游廠商在本地發展自有品牌，所以台灣廠商較少投資於品牌及通路。反觀大陸廠商，有國內廣大市場支撐，進而在國際市場建立通路，且具有市場品牌知名度，在電池模組及系統的銷售具有優勢。2012 年由於中國對產業的補貼及在國際傾銷，歐盟與美國對其太陽能電池課徵反補貼及反傾銷稅，可能增加台灣獲取中國品牌廠訂單機會，但依舊代工替中國發展品牌；如何發展品牌建立通路是未來台灣太陽能廠商應思考的方向。

11-3　模型建構

　　透過系統動態學方法論之「專家群組建模 (Group Model Building)」技巧，從影響台灣 PV 產業的外部因素 (例如：反傾銷稅)、內部調整變動 (例如：產能投資金額) 來設定模型邊界，再進行台灣 PV 產業發展結構的建構，並找出關鍵環路；其中以銷售與支出、累積資金與產能、反傾銷稅衝擊等三個環路最為關鍵，之後再繪製成產業發展之因果環路圖。以下為主要關鍵環路說明。

11-3-1　銷售、利潤與研發支出關鍵環路

　　PV 的銷售量影響了收入及利潤，銷售量愈高，則收入及利潤隨之增加，有了利潤之後才能投入研發改善品質，進而增加市場佔有率，再增加銷售量，形成了一個正性因果回饋環路。隨著銷售量增加，可提升產能利用率，進而降低平均

成本增加利潤，累積資金上升，投入研發 (R&D) 金額亦隨之增加，PV 品質提升後，可增加銷售量，再次形成正向增強環路。因為增加 R&D 支出，將使平均成本上升，抑制利潤及累積資金的增幅，在此形成了負性調節環路。此外，政府投入研發經費，亦會帶動 PV 品質提升；而投入研發 (R&D 支出) 與品質的提升間，存在著時間遞延的效果。圖 11-1 即是銷售、利潤與 R&D 支出因果環路圖。

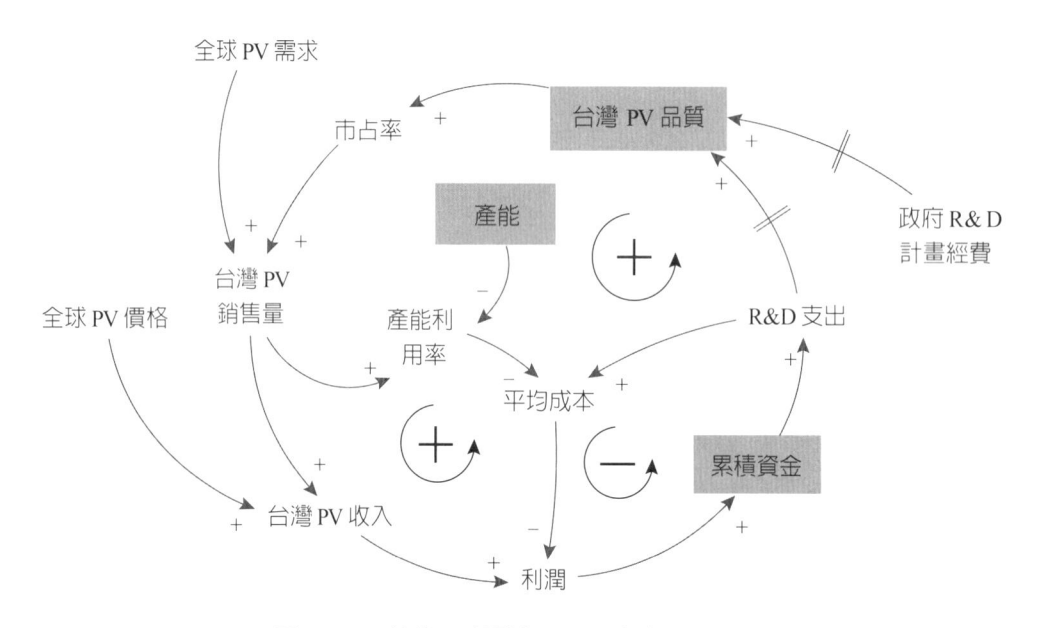

▲ 圖 11-1　銷售、利潤與 R&D 支出因果環路圖

▶ 11-3-2　累積資金與產能關鍵環路

　　PV 產業最重要的關鍵因素即為資金與產能的累積。資金累積的來源可以分為兩方面，其一是銷售的利潤，其二則是藉由舉債增加資金；當資金累積到一定數量後，進而投資在產能擴充，以增加可銷售數量；圖 11-2 即是累積資金與產能之因果環路圖。

　　當全球 PV 需求上升時，PV 銷售量增加，利潤亦同時上升。由於利潤的增加，將使累積的資金數額增加，同時藉由舉債快速累積資金後，投入產能投資，增加 PV 產能；隨著產能增加亦會造成維修與折舊成本上升，進而導致平均成本增加，致使利潤下滑，再影響資金累積，形成一個負性因果回饋環路。此外，產能增加將造成產能利用率下降、利潤下降、資金累積減少，爾後再影響產能投資減少，導致產能下降，再次形成負性調節環路，惟產能投資後到實際產能間有時間遞延的效果。由以上兩個負性環路可知，PV 產能不可能無限制的擴充。

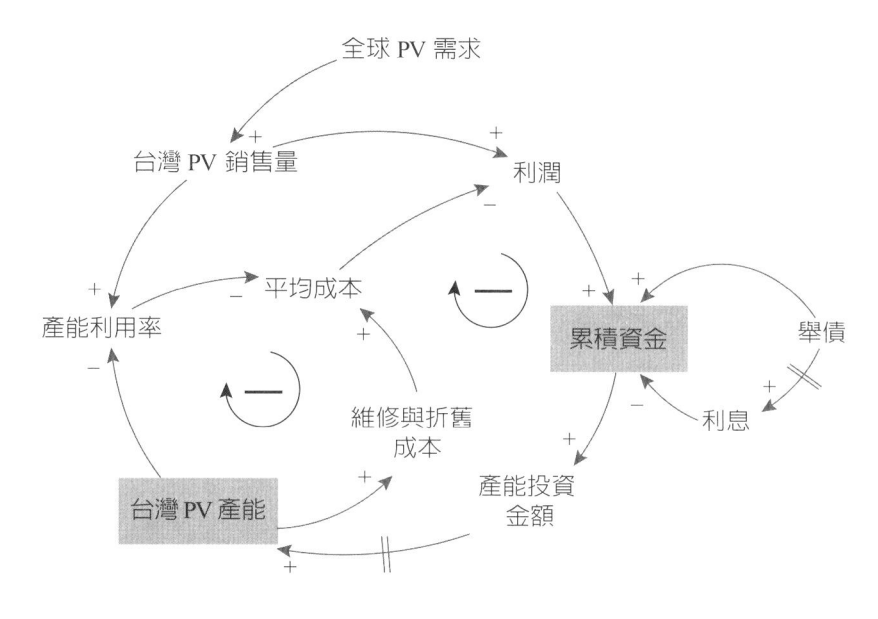

▲ 圖 11-2　累積資金與產能因果環路圖

▶ 11-3-3　反傾銷稅對台灣 PV 產業之衝擊關鍵環路

　　圖 11-3 顯示反傾銷稅對台灣 PV 產業所造成的影響。當歐盟與美國對台灣 PV 廠商課徵反傾銷稅後，將會產生兩方面之影響；首先將直接影響 PV 廠商，使成本上升、利潤下降，進而造成累積資金減緩甚或為負值，再導致 PV 產能下降；其次則是對中國廠商課徵反傾銷稅，最終將造成其出口銷售量下降，間接影響台灣 PV 供應鏈訂單減少，再對利潤與資金造成影響。

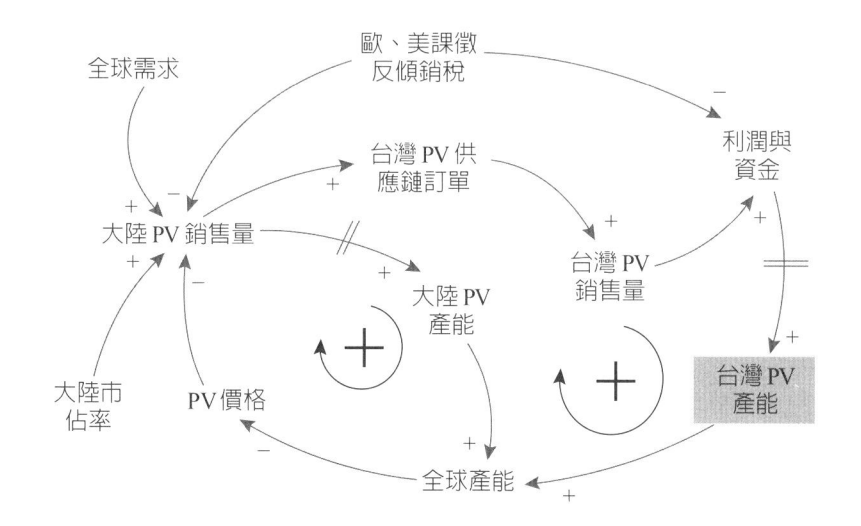

▲ 圖 11-3　反傾銷稅對台灣 PV 產業之衝擊因果環路圖

11-3-4 台灣 PV 產業發展結構圖

依據銷售、利潤與 R&D 支出、累積資金與產能、反傾銷稅對台灣 PV 產業之衝擊等三項關鍵環路交互影響下，以及累積資金、台灣 PV 品質、台灣 PV 產能等三項重要積量變數的彙整，本研究整合而成台灣 PV 產業發展結構，整體模型描繪出台灣 PV 產業具有時間遞延、複雜且動態的關係。圖 11-4 即為台灣 PV 產業發展結構圖。

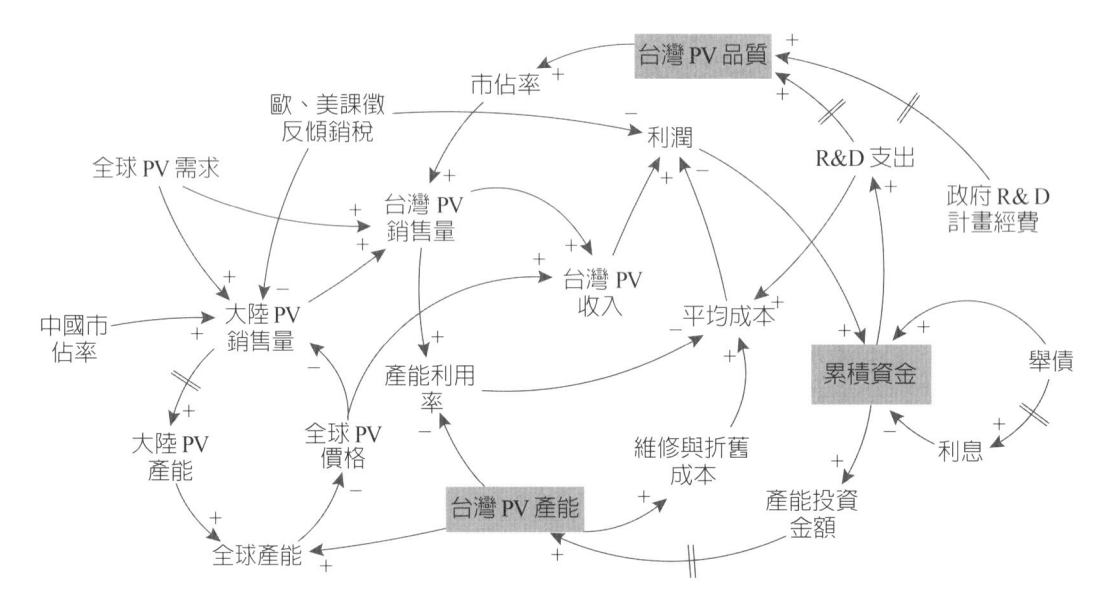

◎ 圖 11-4 台灣 PV 產業發展之系統結構圖

◎ 11-4 模擬與討論

本節討論量化模擬部分。依據文獻、訪談專家學者之結果，建立各項變數之基礎參數。例如：政府投入比例、折舊及各項支出等參數，同時調整質性模型變數，最後透過專家檢視模型的模擬行為之外部效度與解釋能力，並使用 Vensim 軟體建構成為量化模型。此外，模型模擬時間為 30 年 (自 2000 年起至 2030 年止)。

11-4-1 模型效度驗證

從模擬結果來看(如圖 11-5),估計變數數值與實際數值主要趨勢大致相同,顯示本模型外部效度高。圖 11-5 台灣 PV 產能自 2007 年至 2012 年呈現快速成長;考慮若無反傾銷稅影響,產能將持續增加,直到 2028 年後呈現收斂的態勢;模擬課徵反傾銷稅時,則自 2014 年起成長趨緩,尤其是 2017 年至 2020 年產能停滯,而自 2021 年起,產能開始呈現下滑。

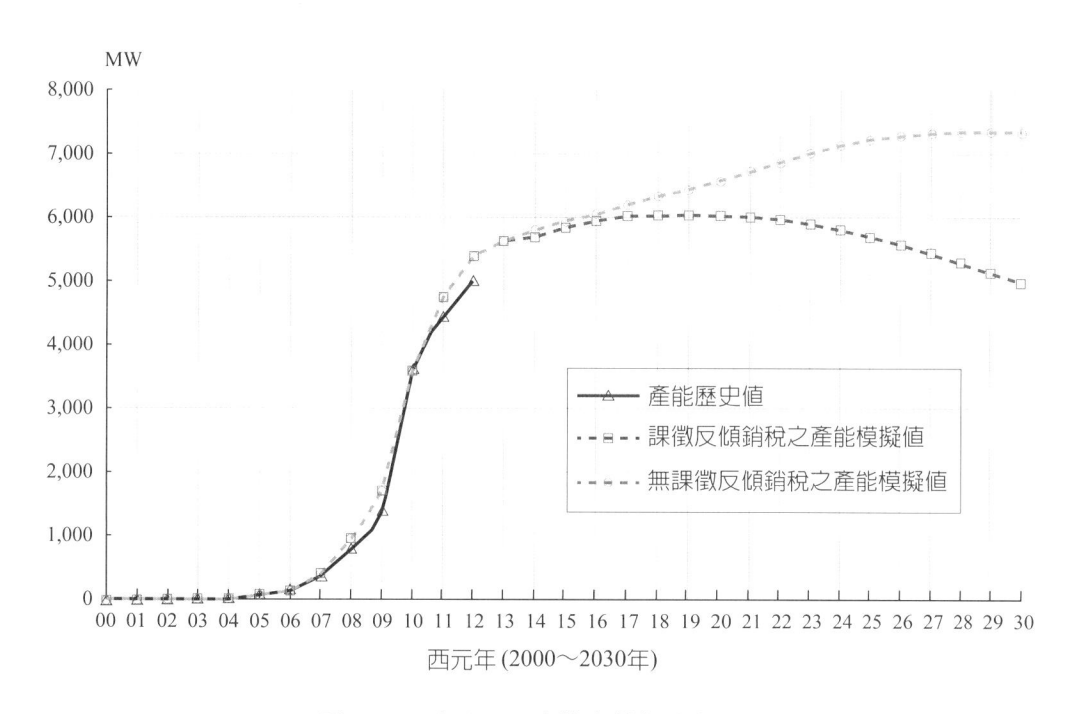

◎ 圖 11-5 台灣 PV 產能之模擬值與歷史值

11-4-2 反傾銷稅衝擊

為了分析反傾銷稅對台灣 PV 產業的影響,模擬情境分為三種不同稅率,分別模擬反傾銷稅對台灣 PV 產業產能及累積資金的影響(表 11-1 顯示模擬稅率情境)。考慮 2014 年僅第三季起逐步實施反傾銷稅,故 2014 年之稅率為全年平均值(約為 6%)。

假設歐盟與美國之政策有其他考量下,減輕對台灣 PV 廠商之稅率,2015 年全年平均稅率為 15%,2016 年起停止課徵,此部分之反傾銷稅僅達到象徵意義,稱為宣示稅率;考慮台灣 PV 廠商仍積極與各國協商,且美國商務部近日宣判之

● 表 11-1　台灣被課徵反傾銷稅不同情境

稅率＼年	2014	2015	2016	2017	2018	～	2030
宣示稅率	25%*	15%	0	0	0	～	0
可能稅率	25%*	20%	15%	10%	5%	～	5%
臨界稅率	25%*	20%	18%	18%	18%	～	18%

*2014 年第三季起逐步課徵反傾銷稅。

反傾銷稅已開始下降，2016 年起稅率將逐年減少，預估至 2018 年起維持 5% 之稅率，此為可能稅率之估計方式；最後藉由不斷的重複模擬，找到台灣 PV 廠商無法繼續生存之臨界稅率及實施年限，在此臨界稅率情境下，台灣 PV 產業將面臨消失或出走。

圖 11-6 為不同稅率條件之台灣 PV 產業產能圖。從此圖中可以發現，開始課徵反傾銷稅後，產能增加幅度開始減緩，並自 2018 年起開始衰退。隨著稅率情境改變，產能降幅亦隨之增加；宣示稅率條件下，衰退幅度平均每年 1.22 %；可能稅率時，則衰退幅度平均每年 1.79 %；臨界稅率情況，衰退幅度擴大為平均每年 2.11 %。

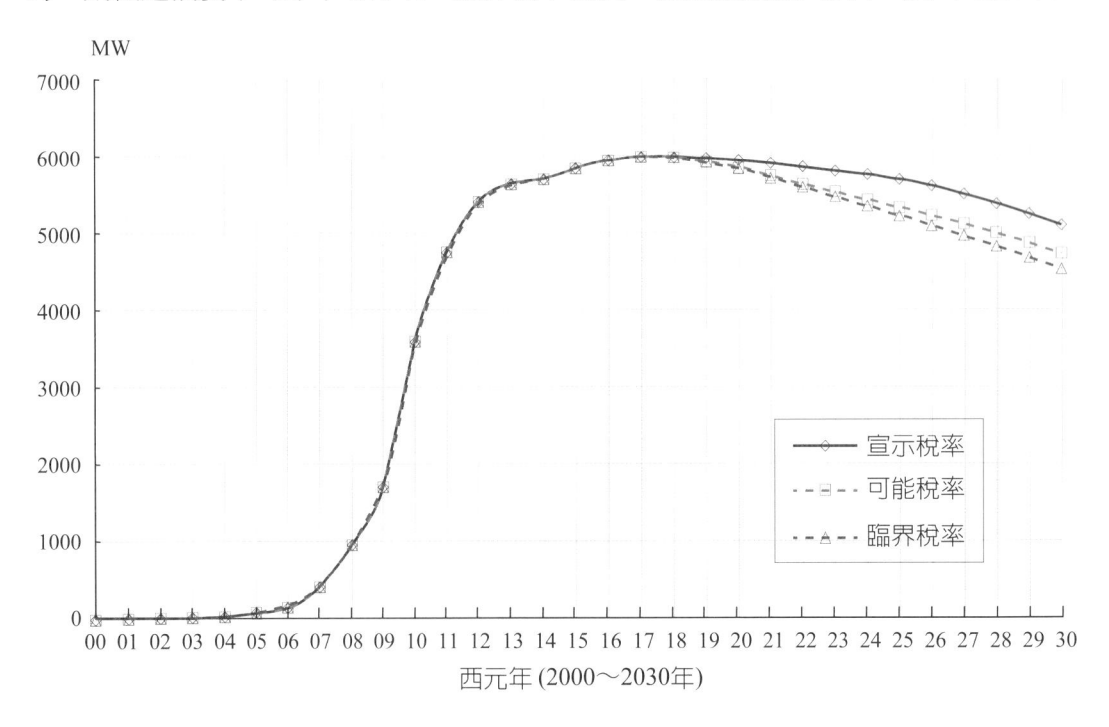

● 圖 11-6　反傾銷稅對台灣 PV 產業衝擊之產能模擬圖

圖 11-7 為不同稅率條件下，台灣 PV 產業之累積資金圖。隨著稅率增加，累積資金隨之下降；考慮 2014 年之前，2009 年至 2012 年受到全球經濟環境不佳之衝擊下，台灣 PV 產業整體之累積資金為負值，亦即仰賴舉債才能生存，此部分與現況吻合；而自 2014 年起實施反傾銷稅後，2015 年累積資金急遽下降轉為負值。宣示稅率條件下，則自 2016 年起累積資金開始反轉向上，但仍需至 2021 年才開始出現正值；若為可能稅率情況，則累積資金需至 2020 年才開始出現反轉，2023 年才會出現正值；臨界稅率情況下，累積資本無法轉為正值，即至 2030 年模擬結束為止均為負值。

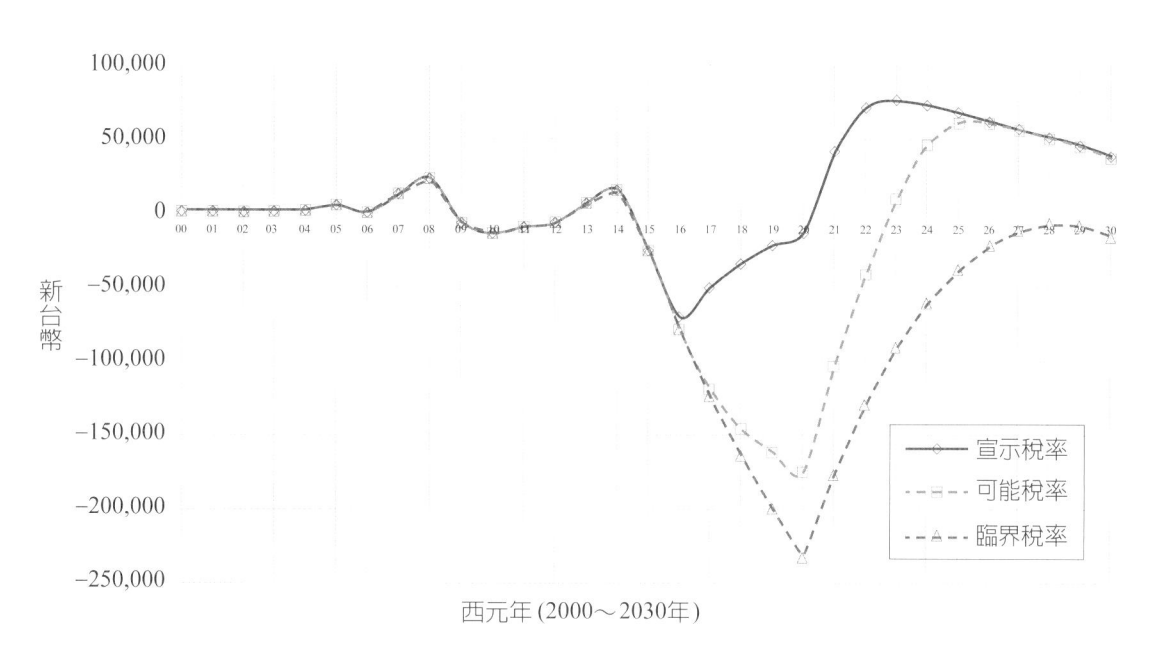

▲ 圖 11-7　反傾銷稅對台灣 PV 產業衝擊之累積資金模擬圖

11-4-3　討論

有鑑於台灣廠商規模較小，資金相對於國際大廠則顯得捉襟見肘，所以在財務面的考量極為重要。從模擬結果來看，若是因為宣示稅率而產生虧損時，廠商可用增資、舉債的方式因應，以維持公司生存，此部分問題尚可解決。若為可能稅率時，雖然將連續虧損六年，但毛利隨著反傾銷稅的下降而逐漸回復，資本市場對此結果應該可以接受，廠商面可進一步與銀行團協商債務，或是台灣政府短期挹注資金挽救。但若為臨界稅率條件下，面對未來稅率是否可能下降的不確定

狀況，勢必難以持續經營，台灣 PV 產業必將面臨倒閉、重整或是出走的危機。綜上所述，若歐盟及美國對台灣課徵反傾銷稅，則台灣 PV 產業必然會面臨新一波的挑戰。

其次，PV 產業的資金累積將進一步反映在產能上，惟有擴充產能到達經濟規模後，PV 產業才有可能持續發展壯大。對台灣而言，隨著反傾銷稅的課徵，加上內需市場不足，將造成產能持續衰退；反觀在中國部分，在反補貼、反傾銷等貿易戰愈演愈烈下，中國政府火速推出補貼政策，產能即從外銷為主轉為內需市場，減少對歐、美的依賴，整體發展仍可維持。同前所述，反傾銷稅對台灣 PV 產業影響深遠，在整體產業結構環環相扣的特性下，從利潤到財務面以及產能，均造成了不可抹滅的影響，成為台灣 PV 產業未來發展的關鍵因素。

此外，台灣 PV 產量為全球第二，在中國獨大情況下仍具有關鍵地位。雖然反傾銷稅為保護課徵國之產業發展，但同時歐、美各國優先考慮產業與環境影響的情況下，實際上會造成該地區之 PV 產業成本上升，將不利於再生能源設備的裝置與使用，雙方均蒙受其害。故此，課徵國廠商可能建議歐盟與美國應謹慎考慮對台灣實施反傾銷稅之方式，或是以合作、協商取代懲罰性關稅；利用台灣的製造強項，搭配各國既有之模組、系統品牌廠商，共同競逐市場；如此一來，無論在降低太陽光電發電成本、開發綠色潔淨能源等議題與工作，合作則兩利，對全世界 PV 發展才會是最有幫助的。是故，歐美各國政府與廠商在現實利益考量下，反傾銷稅對台灣 PV 之衝擊，產生不同類型廠商的效果。

11-5 結 論

本研究歸納出 PV 產業之一般特性有以下五項：(1) 生產成本高與發展受能源政策影響；(2) 產業鏈完整程度影響國際競爭力；(3) 上游資金與技術進入障礙高；(4) 技術進步對發電成本影響顯著；(5) 規模經濟。台灣特性則有以下四項：(1) 產業供應鏈以中游電池較具規模；(2) 內需市場太小高度仰賴外銷；(3) 欠缺垂直整合無法掌握原料供應；(4) 缺乏銷售通路不具品牌知名度等。

台灣 PV 產業的發展是一個複雜且動態的系統結構，由資金、產能與相關政策的關鍵因果回饋環路所構成，本研究運用系統動態學方法論，探索台灣 PV 產業發展之系統結構，同時模擬歐盟與美國之反傾銷稅對台灣 PV 產業造成之衝擊。

模擬結果顯示,當面對反傾銷稅衝擊時,台灣 PV 產業未來發展可能發生虧損、累積資金減少、產能衰退等影響;同時藉由重複模擬,找到讓台灣 PV 產業可能面臨絕境之臨界稅率,進一步將導致虧損的危機。反傾銷稅的實施將成為台灣 PV 產業發展所面對最嚴峻的挑戰,政府與廠商應提早面對因應。台灣身為全球 PV 產業重要之供應鏈,反傾銷稅的實施將導致重大變化,對全球再生能源的使用與建置都會產生影響,此亦歐盟與美國實施反傾銷稅時所謹慎考慮的部分,後續值得持續觀察。

最後本研究雖然以台灣 PV 產業發展情境為模擬對象,但對於中國 PV 產業發展,亦有助於了解反傾銷稅可能對大陸 PV 產業造成的衝擊,但仍需再進行研究,以了解其系統結構與行為。此外系統動態學方法論,以宏觀角度探討複雜系統的行為結構,亦適合對其他再生能源產業之研究。

討論題

1. 台灣太陽光電產業與大陸呈現競合關係,然而大陸官方對產業的補貼是否算不公平競爭?台灣的官方與廠商應該如何因應?
2. 為何歐盟尤其是德國對於大陸課徵反傾銷等稅猶豫不決或不希望稅率太高?如果德國政府鼓勵再生能源發展,是否希望民間業者低價取得大陸的產品?這樣是否矛盾?

關鍵字

太陽光電產業	政策效果模擬
反傾銷稅	邊際稅率
反補貼稅	再生能源

附註

1. 本章原文發表於《RSER》期刊修改而成。
2. 國內友達晶材於 2009 年成立 PV 上游的矽晶片製造材料據點,2015 年營收已達 40 多億新台幣,員工約兩千人。

CHAPTER 12

台灣 DRAM 產業發展之興衰

DRAM 產業的發展，自從 INTEL 在 1970 年時製造出第一個 DRAM 之後，正式開啓了序幕，在政府的輔助與廠商的努力之下，經過二十幾年努力隨著 PC 產業的蓬勃發展，帶動了台灣 DRAM 產業整體產值的提升，也成爲了台灣產業的另一項驕傲。但隨著近幾年來全球景氣循環明顯，以及 2007 年至 2009 年間世界性的金融海嘯，使得台灣 DRAM 產業陷入相當大的經營危機。由於該產業產值高、就業人數及所影響之層面廣泛，在 2010 年左右的金融海嘯期間，更引起是否政府應該紓困？紓困是否有效？的爭辯。但最終敵不過再一次的不景氣，部分廠商賣給了國外廠商。台灣的 DRAM 產業在短短的二十年中，由缺乏資源到世界第三大的生產國，最後卻沒落收場。其發展過程值得探究，包括政府的政策制訂、企業的研發投入、終端需求的改變或經濟問題等等，這些因素之間的交互影響對於 DRAM 產業發展相當重要。本研究利用系統動態學以台灣爲例，探討 DRAM 產業發展之結構，提出 DRAM 產業發展興衰的必然結果，最後再對於產業發展相關政策作相關討論。

12-1　前　言

　　D-RAM，中文名稱為動態隨機記憶體(Dynamic Random-Access Memory, DRAM)，自 INTEL 在 1970 年製造出第一個 DRAM 之後，正式開啟了序幕，其與中央處理器 (CPU) 都為 PC 中不可或缺之重要晶片。標準化的 DRAM 產品主要使用於個人電腦、筆記型電腦與工業用電腦，目前應用層面已逐漸擴及其他相關電子產品例如印表機、手機等各種消費性電子，雖然新型消費性電子發展而使非標準型 DRAM 產品比例逐漸提升，但 DRAM 最大市場仍為 PC 相關應用的標準型 DRAM，約佔百分之七十，也正由於其主要使用在 PC 相關，所以 DRAM 產品受 PC 市場之波動影響較大。

　　二十多年以來，隨著 PC 產業的蓬勃發展，也帶動台灣 DRAM 產業整體產值的提升與台灣半導體產業的興起，也成為了台灣半導體製造業中相當重要的一環，也在國際市場上具競爭力的產業。台灣的記憶體製造為在半導體產業中之重要性僅次於晶圓代工，由表 1 可知其佔 IC 製造業產值比例約為百分之三十到百分之四十，記憶體製造總產值佔半導體產業所有產值的十分之一強。

◆ 表 12-1　我國 IC 製造業產值比例分布

年 半導體產業	2005 年	2006 年	2007 年	2008 年	2009 年 (F)
IC 製造業	100	100	100	100	100
晶圓代工	64	57	61	68	65
記憶體製造業	34	40	36	28	30
其他	2	3	3	4	5

資料來源：劉珮真 (2009) 台灣經濟研究院 / 積體電路製造業基本資料

　　台灣的 DRAM 產值不僅高，且在全球市佔率為百分之十五，在市佔率上僅次於韓國與日本，為世界第三。其所涉及之上下游相關產業相當複雜，根據工研院 IEK (2009) 指出，至 2008 年年底，我國半導體產業上、中、下游廠商共有 386 家，產業相關從業人員約為 13 萬人，對於我國高科技產業發展產生重要影響。

由於 INTEL 廠商在 DRAM 上的發展，亞洲各國也在 1970~1980 年代，由日本、韓國與台灣各進行了國家型的半導體研發計畫，也因為各國在半導體計畫的發展和政府的培植，造就了 DRAM 產業的蓬勃發展，形成了現在台美日韓四強鼎立的情況。台灣的 DRAM 發展雖然由 1983 年工研院與華智公司合作共同開發 64K CMOS DRAM，但由於國內無 DRAM 的專業製造，僅能將其轉給日本廠商製造，遂興起國內自行發展 DRAM 製造的討論，且由於當時國內電腦產業開始蓬勃發展，隨著 PC 產業的重要性提升，愈需要有自身的 DRAM 供應。在 1989 年德碁成立後，工研院也啟動次微米計畫，發展台灣自有的 DRAM 產品與製程；並於 1993 年正式開發成功，並將研發成果與廠房技術移轉至世界先進公司，使台灣經歷四年的發展之後也躋身世界領先者之林，而後所吸引的國內外廠商合作，相繼投入資金、人力、技術於 DRAM 市場，開啟了台灣 DRAM 產業的發展，而政府亦將其列為策略性高科技產業，以各項租稅優惠促進產業發展，從而帶動台灣經濟進一步發展。

後來由於廠商在提升量產規模與壓低成本的競爭所興建的新產能，加上廠商對於新作業軟體的需求情況錯判和 2008 年所爆發的金融海嘯連帶影響下，台灣 DRAM 產業連三年生產值成長率為 2007 年的 −2.47%、2008 年的 −23.33%、2009 年的 −18.16%，使得整體產業陷入相當嚴重的衰退。廠商在面臨大量虧損與現金流出時，必須向政府申請紓困與債務延長償還，政府由原先的主導、培植到淡出，在未來產業發展中所扮演的角色，其實是很值得探討的課題。

由上述幾點可知，台灣的 DRAM 產業在短短的二十多年，由原先毫無基礎，到全球市佔率的第三，DRAM 產業的發展在廠商、技術母廠與政府各角色之間的相互互動下，吸引了來自資金、人力與技術等資源，而使產業逐漸成長與茁壯，奠定了產業發展的基礎。隨著產業的發展與擴張，必定會與其他相關因素之間產生相互的影響與互動，由於 DRAM 產業的發展是具有如此的動態過程，需要用整體與動態的觀點來研究。

產業的發展過程是相當複雜且動態，以傳統解析法去探究產業整體面貌是相當困難，運用系統動態學對於產業系統結構的探討，可以較清楚的面貌來詮釋產業的整體發展過程。尤其 DRAM 產業牽涉到複雜之政府政策、國外技術母廠策略和廠商的發展策略等特性交互影響，綜合上述 DRAM 產業發展之問題本質特性，本研究採用系統動態學作為分析方法。將各個變數之間相互連結的因果關係互相

了解，有助於探討產業發展中相互之間的影響與系統運作的涵義藉以了解較佳的政策槓桿點，並運用系統的觀點來探究其產業發展背後的系統結構。

12-2 台灣 DRAM 產業發展簡史

台灣 DRAM 產業的發展自 1984 年起迄 (2016) 已三十多年，產業的從無到有，並藉由政府、廠商等等的角色相互影響而發展出今日具規模的 DRAM 產業，以下由其發展沿革與產業現況，說明台灣 DRAM 產業發展的過去與興衰。

12-2-1 發展沿革

台灣 DRAM 產業發展由 1984 年華智公司與工研院電子所合作開發 DRAM 產品開始，於 1985 年初成功的開發出 64 K 與 256 K 的 DRAM。不過此時台灣並無製造 DRAM 的晶圓廠，僅能委託韓國與日本廠商製造，逐引發國內對於成立大型晶圓廠之討論。之後在 1987 年成立台灣茂矽，1989 年底宏碁與德儀技術合作成立了德碁半導體，茂矽在 1991 年合併華智後積極發展自主的 DRAM 產品，於 1993 年建立 6 吋晶圓廠，以微米製程量產 DRAM，可算是台灣 DRAM 發展的初期。在德碁成立後不久，工研院便投入次微米技術的科技專案計畫，這以 DRAM 為載具的研發專案，衍生出台灣第一家具有設計與製程能力的 DRAM 公司：世界先進，1994 年世界先進成立之後，國內其他 DRAM 公司也陸續成立。日本三菱與力捷電腦合作，而成立了力晶半導體，西門子與茂矽合作，台塑集團則與日本沖電氣合作成立南亞科技。然而產業的第一波淘汰出現在 1998 年，由於各大廠紛紛跨入以 8 吋晶圓廠生產，導致 DRAM 產能過剩報價狂跌，德碁半導體在經歷兩年各五十億元以上之虧損以及無技術來源的情況下，在 1999 年宣布退出 DRAM 製造。隔年由工研院次微米計畫延伸出來的世界先進，也由於技術斷層與虧損，於 2000 年轉型為晶圓代工。自此台灣自有的標準型 DRAM 產品研發也正式告一段落，雖然半導體業的整體不景氣使得整體 DRAM 產業的產值大幅滑落，但到了 2001 年後，整體產業景氣回升，國際大廠以委外代工之比重大幅提升，產業的整體獲利也隨之提升。

全球 DRAM 市場在 2000 年之後，廠商紛紛朝向更大規模的 12 吋廠投資，相較於原先 8 吋廠，12 吋廠對於廠商資金影響相當大，若廠商不具有成本與資金上的優勢，就容易被淘汰，如同 2002 年華邦電子退出標準型 DRAM 產品競爭和

2003 年茂矽經歷兩年共虧損逾 300 億元，亦退出標準型 DRAM 的競爭行列，整體產業剩下擁有自有產品的南科、力晶和茂德與以專門代工的華亞科和瑞晶。

▶ 12-2-2 產業沒落

2007 年所推出的微軟作業軟體 Vista，雖然其所需的記憶體容量與原先的 XP 軟體相比，需要較多的記憶體；但市場對於 Windows Vista 的反應冷淡，導致原先所錯誤預期的新作業軟體上市對於提升記憶體銷售有顯著上升，此外由於國內外廠商於先前所建置 12 吋廠之產能陸續開出，造成整體市場供過於求。再加上於 2007 年中的次級房貸問題所引發的金融海嘯，造成世界性經濟衰退，受到以上種種因素之影響，2008 年 DRAM 報價呈現嚴重下挫。依據台灣經濟研究院 2010 年 DRAM 製造業景氣趨勢調查，合計國內 DRAM 廠商的稅前虧損金額分別為 2008 年的 1,500 億元、2009 年第二季的 670 億元，其中 2008 年全年嚴重虧損的規模創下歷史新高，整體產業陷入由 2007 年第二季至 2009 年第二季連續九季的虧損窘境，國內外 DRAM 產業面臨前所未有的經營困境。在廠商現金大幅流出之下，國內廠商的財務狀況均不佳，且償債能力仍然偏低，2009 年亦多有償還債務的壓力，故 DRAM 廠商的財務調度狀況則備受市場矚目。所幸自 2009 年中，除來自製程提升所新增的產能外，加上微軟 Window 7 所帶動的換機潮，使 DRAM 晶片報價提升，讓奄奄一息的國內廠商得以起死回生，由 2009 年底至 2010 年第一季，台灣 DRAM 產業雖然撐過了景氣寒冬，但後面挑戰接著而來。

技術與競爭力的部分，由於 2007~2009 年的景氣循環使我國產業受創嚴重，政府在 2009 年的三月初政府宣布要在 6 個月內成立「台灣記憶體公司」(Taiwan Memory Company , TMC)，並委請聯電榮譽副董事長擔任整合案召集人，其後續的公司架構也於四月初出爐，且將與 Elpida 技術結盟。原先預期將形成聯美、聯日兩陣營來對抗韓系廠商的局面，但由於 2009 年年中 DRAM 整體報價回升，廠商對於政府政策不明確，參與策略聯盟意願不高；且立法院更通過對於 DRAM 產業不進行資助的決議，使得原先預定整併國內設計與生產能力之 TMC 計畫前景不明。然而廠商仍積極與國外技術母廠合作再提升製造能力，例如力晶、瑞晶和茂德皆與爾必達合作，而南科、華亞科與美光合作來取得先進製程，但由於相較於韓國廠商，我國廠商之製程仍落後一個世代，且在成本競爭優勢也落後於韓國廠商，最終部分廠商無法熬過虧損而被收購，台灣的 DRAM 產業終於逃不了沒落的悲劇收場。

12-3　DRAM 產業一般特性

通常產業發展與產業特性是息息相關的，由於產業本身的結構會影響產業組織行為，因此探討產業本身的特性，對於了解產業的面貌是相當重要的，以下將分為兩點來探討台灣 DRAM 產業的特性。

DRAM 產業為一需要高資金投入與高技術密集的產業，其產品的製作就如同半導體晶片的製作過程，需經過各種繁雜的手續。IC 製造廠將晶圓廠所做好的晶圓，利用光罩將電路設計圖印上，再經過晶片製造之程序，將電路及電路上的元件，在晶圓上做出。由於 IC 上的電路設計是層狀結構，因此還要經過多次的重複製作程序，經過封裝與測試之後，才能製造出一個完整的積體電路，DRAM 晶片由投片到產出成為可使用之 IC，所需之時間約為四到六個月；製造 DRAM 所需的材料、設備、廠房以及人力相當龐大，其產業特性如下：

▶ 12-3-1　資本密集

廠商必須擁有晶圓廠才能生產 DRAM 晶片，但晶圓廠的投資與所必須購買的機器設備對於進入產業的廠商來說是相當大的投資。晶圓廠的固定成本又隨著晶圓尺寸的增加而大幅上升，在台灣經濟研究院積體電路製造業基本資料中指出，建設一座晶圓廠的初期成本由 8 吋晶圓廠的 10~15 億美元到 12 吋晶圓廠的 25~30 億美元，廠商須經由多年方能將建廠成本攤提完畢，一座 12 吋晶圓廠必須有更多的資本支出與營業額，因此形成一道極高的進入門檻。

▶ 12-3-2　技術密集

由於 DRAM 的製造過程必須使用相當多的技術，包含化學、電子與電機等相關的知識與技術，進入產業之廠商必須具有相當之製造上專業技術，且新產品的研發與製程技術的提升都有賴產業持續的進行研發投入，在台灣經濟研究院的報告指出：我國 DRAM、SRAM 製造業之現況與未來中指出以三星、美光與爾必達為例，每年在 R&D 部分的投入佔其營業額 10%~15%，大約兩億到三億美元來開發新技術，則亦會帶給後進廠商相當高的技術進入門檻，廠商的獲利性來自於產品研發能力與製程技術的提升，具有技術優勢的廠商在未來市場上將更具有競爭優勢。

12-3-3 生產上具規模經濟

DRAM 是大量製造的標準產品且在生產上具規模經濟，廠商在初期購置機器廠房時投入之成本相當高，隨著生產晶片之數量增加，可將其平均固定成本隨產量增加而遞減，形成廠商在生產上具有規模經濟。

12-3-4 以低成本競爭為主

此外各家廠商所產出 DRAM 晶片都相同，價格競爭變成為主要的競爭關鍵，如何壓低生產成本變成為廠商主要課題，在產品的生產上，隨著製程濃縮與晶圓面積提升，廠商可增加每片晶圓可切割之晶片數，當每片晶圓可切割之晶片數增加，便可以降低廠商生產成本，相對提高廠商之獲利，如表 12-2 所示，在相同晶圓尺寸下，以 0.35 微米的製程生產晶片相較於在 0.5 微米下，在其他條件不變，產出晶片為原先 0.5 微米的兩倍，另外，8 吋晶圓與 12 吋晶圓相比較，12 吋晶圓可產出之晶粒數約為 8 吋晶圓的 2.4 倍，製程提升和晶圓面積提升皆能有效降低廠商之成本 (表 12-3)。

◆ 表 12-2 不同製程下產出晶粒數之比較

製程 (μm)	0.5	0.35	0.25	0.2	0.18	0.175
總產出	100	210	400	630	800	1000
假設良率	0.95	0.9	0.85	0.75	0.7	0.7
有效產出	95	189	340	473	560	700

資料來源：茂德科技

◆ 表 12-3 8 吋晶圓與 12 吋晶圓成本差異表

	8 吋晶圓	12 吋晶圓	差異 (%)
晶圓成本	$1,671	$2,547	52.4%
晶粒數	541	1297	139.7%
良率	95%	95%	
淨顆粒數	514	1233	
晶粒成本	$3.25	$2.06	-36.4%
其他成本	$0.96	$0.96	
每顆晶片成本	$4.29	$3.09	-28.0%

資料來源：張順教 (2006) 高科技產業經濟分析

12-3-5　產業供需不穩定且景氣循環明顯

　　DRAM 產業需求主要來自於 PC 市場，PC 市場的需求穩定與否會影響 DRAM 整體的需求。例如：根據工商時報於 2007 年 3 月 27 日的報導指出，台灣廠商對於 2006 年年底微軟公司所推出的作業系統 Windows Vista 會大量推升，對於 DRAM 容量之需求的市場前景看好；但待 Vista 推出之後，市場反應不佳，並無帶起原先預期的換機潮而導致市場上 DRAM 晶片供過於求。另一方面廠商的供給面也因廠商在看好未來前景而投入產能建置或是製程轉換來提升產量時，必須在購買機器設備、建構廠房，需要有一年半到兩年的產能建置的時間，製程轉換也須四到六個月的轉換期，所以存在著供給上的時間遞延；使得供需之間經常存在缺口，供需不穩定亦為造成其景氣循環之相當大之因素，當產業前景良好、廠商手頭資金充裕，則廠商會大規模投資提升產能，但卻造成供過於求，晶片價格下跌。產業前景不佳，廠商資金不足降低投資與製程提升，產業供給小於市場需求，則價格又再提升。如此的循環不已，也造就出 DRAM 產業特殊的產業波動型態，產業中的廠商也由於持續的景氣循環現象而劇烈調整，廠商家數相較於 2003 年的 14 家主要廠商，減少到 2010 年所剩的 5 家主要廠商。

12-4　台灣 DRAM 產業發展特色

　　台灣 DRAM 產業相較於其他國家 DRAM 產業發展有兩點特殊的產業特性，分別為政府產業發展政策影響甚鉅；另一方面自主產品與製程開發能力不足、多採行技術合作與策略聯盟，此兩種特色造就與其他國家發展 DRAM 產業的相異之處。

12-4-1　政府政策影響

　　我國發展 DRAM 產業中，政府扮演相當重要的前導角色，研究計畫與研發人才的培育，都成為了產業發展相當重要的基礎。例如於 1973 年所成立的工業研究院，其轄下的電子所在台灣 DRAM 產業發展之初即扮演相當重要角色，以次微米計畫所衍生之研究人力來提升產業的整體 R&D 能力，雖然由次微米計畫所衍生的世界先進公司因技術瓶頸而轉入晶圓代工，但是整體所培養出的產業人力仍然相當可觀。

12-4-2 開發能力不足、多採行技術合作與策略聯盟

由於台灣發展 DRAM 產業僅有於前期「世界先進公司」擁有產品與製程技術，其餘國內廠商在產品與製程的開發能力上皆不足，皆採行與國際大廠技術合作與發展。例如力晶、茂德與爾必達的泛爾必達聯盟，還有與美光合作的南科與華亞科，相較於其他國家之 DRAM 產業，我國 DRAM 產業擁有製造與產能上的優勢，也是使得美日廠商與台灣合作之原因之一。

◎ 12-5 台灣 DRAM 產業發展之結構

為了探討台灣 DRAM 產業發展過程之結構，本研究利用系統動態學來建構其發展模式，並利用 Vensim 軟體的分析能力，將模型中各個變數連結出的模型，藉此來探討台灣 DRAM 產業主要發展策略在產能、人力、資金與技術合作發展之間各變數相互影響之系統行為。

12-5-1 產能累積

廠商在初期投入市場之時，必須建置相當規模的廠房與機器設備方能進入 DRAM 製造業，國內廠商為提升在 DRAM 市場佔有率，以及因 DRAM 產品之特性而必須進行的成本控制與價格競爭。廠商會以興建 8 吋廠或 12 吋廠、購買機器設備做為提升產能，以獲取全球市佔率及壓低 DRAM 晶片的平均生產成本，此為國內廠商在市場發展上之最大優點，也是與國際大廠商談技術合作之最大籌碼。當廠商以產業資產投入產能建置提高總產能時，若在需求穩定成長之下，會使產能利用率提高，我國廠商自 2002 年後主要投資產能在於 12 吋晶圓廠，由於可產出的晶片數量為原先的 8 吋廠產量的 2.4 倍，相較於原先 8 吋晶圓廠 12 吋晶圓廠的建置更可提升產能並壓低晶片成本的 30%，平均成本壓低後便可以提升廠商獲利空間，形成對產業資產有正性發展之環路。然而廠商在產能建置時，若提升總產能造成其產能利用率下降，亦會提高其廠商的平均生產成本而影響廠商獲利與產業資產，從而形成一個負性的調整環路。

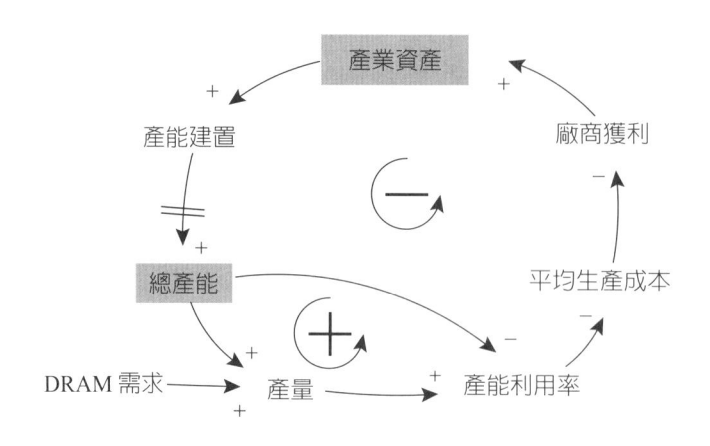

◎ 圖 12-1　產能累積環路

12-5-2　人力累積

　　國內廠商除了產能上的建置可使總產能提升之外，亦可以藉由產業的 R&D 能力提升，來提升製程技術的能力。由於產品開發亦牽涉關於產品專利問題，且須投入的時間與資本較大，國內廠商大多注重在開發製程技術，以提升可生產的總晶片數。產業的 R&D 能力來自於培養的資深工程師人力，資深工程師人力的培養與台灣 DRAM 產業的發展是說是息息相關。台灣 DRAM 產業的 R&D 發展源自於工研院，在 1980 年代所投入的開發次微米技術的科技專案計畫，這對於我國產業發展前期人才的培育有相當重要的影響，有相當多由工研院電子所培養出的研究人力投入到產業當中。此外也有從海外歸國的研究人才，例如當初由工研院的副所長史泰欽先生所邀請回國來執行次微米計畫的盧志遠、盧超群和趙瑚等等的歸國學者，還有從國內相關系所畢業投入產業中的人力，都成為產業相當大的研發人力。一旦產業具研發能力的資深工程師人力增加，則會提高產業的 R&D 能力，以利提升製程技術以降低晶片的平均生產成本，進而提升廠商的獲利。但是產業的 R&D 投入，也必然的會提高每片晶片的平均生產成本，進而影響廠商的獲利。因此資深工程師、資產與產能的關係，形成了兩個因果環路，如圖 12-2。

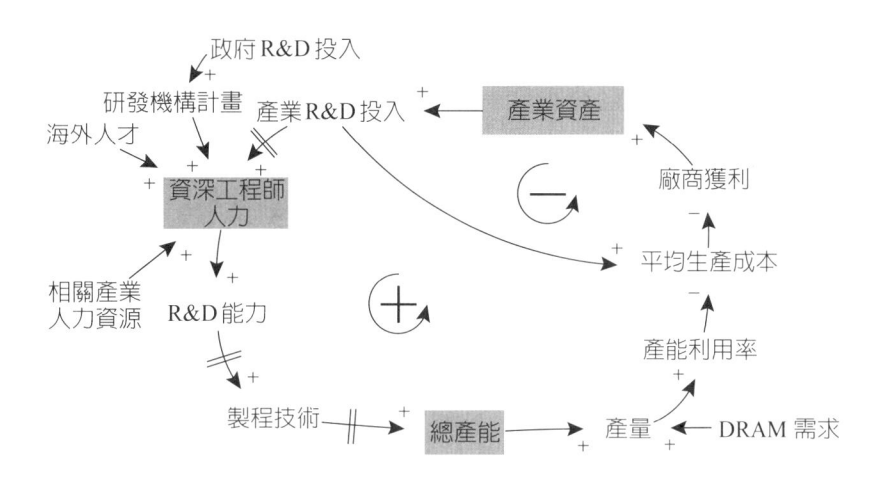

▲ 圖 12-2　研發人力累積關鍵環路

12-5-3　技術合作

　　台灣 DRAM 產業發展前期是由政府以研究計畫方式投入資金與人力，開發產品與技術，除了自行開發與研究，廠商也與國外大廠相互合作開發產品與技術。由於製程技術與產品開發必須投入相當高之研發資本與人力，相較於其他技術領先廠商，我國在產品與技術研發投入相當薄弱。有鑑於此，選擇與國際大廠合作為國內廠商重要發展策略，國內廠商與國際大廠合作情形已久，如表 12-4 所示。國內主要 DRAM 廠商合作對象由原先的三菱、西門子與沖電氣，到現今的聯美日廠商抗韓廠的爾必達與美光聯盟，但合作夥伴的持續轉換顯示技術來源上的不穩定，為台灣 DRAM 產業嚴重的弱點。

◆ 表 12-4　國內主要廠商與主要合作國際廠商之時間表

公司	創立時間	合作廠商
力晶半導體	1994 年	1999 年：三菱
		2003 年：爾必達
茂德	1995 年	1995 年：西門子 / 英飛凌
		2003 年：海力士
		2009 年：爾必達
南亞科	1996 年	1995 年：沖電氣
		2000 年：IBM
		2002 年：英飛凌 / 奇夢達
		2008 年：美光

資料來源：本研究整理／引用自 (羅文鍵, 2011)

國內廠商選擇與國際廠商相互合作以換取在產業發展之未來性，所以技術母廠的支持度亦為廠商在獲取技術移轉時之相當重要之因素。國外廠商與國內廠商合作之主要目的在於產能互補與技術合作，這也在反映出台灣 DRAM 廠商的製造能力受到肯定且具有國際競爭力。由於我國主要產能貢獻來自於 12 吋廠之建置；相較於國外廠商，我國廠商在製造方面較具有生產成本上之優勢。此外也藉由取得相關的製造技術來提升自身的製造能力，如下圖所示，技術移轉帶來的製程技術提升，可提升產業的製程技術，並提升可產出的總產能，產業的廠商所擁有的產能愈高時，亦會提升國外廠商合作之意願。

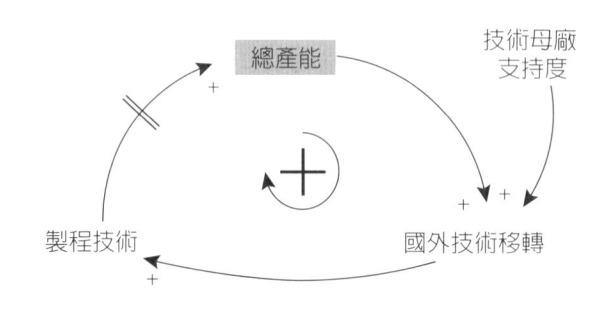

▲ 圖 12-3　技術合作因果環路

12-5-4　資產的累積

對 DRAM 廠商而言，廠商在興建廠房與投資製程提升方面，必須投入相當高的資金。以廠商在投資 8 吋廠、12 吋廠為例，約花費新台幣五百與一千多億元。到其後投資必須花費到新台幣三千多億元以上的 18 吋廠；製程的投資與轉進必須花費達新台幣百億元之多，廠商必須擁有資金調度的能力，方能在提升產能與技術和市場競爭時擁有較多的籌碼。廠商除了投資建置產能上的獲利可直接增加產業資產外，廠商也可以藉由資金募集來增加產業資產，廠商對外的資金募集主要有銀行融資、發行公司債、股市募資與政府注資。其中主要的部分為銀行融資與發行公司債，以力晶公司為例，2007 年和 2008 年間，分別向華南銀行與國泰世華銀行等三十多家金融機構聯貸共 600 多億元的資金，做為興建廠房、提升製程技術與技術移轉之費用。政府注資則為因 2008 年底至 2009 年，DRAM 產業整體陷入嚴重虧損且面臨倒閉危機，政府於是在 2009 年 7 月底提出產業改造方案，提出政府注資至提出改造方案且通過之 DRAM 公司。雖然由於 DRAM 產業於 2009 年年底因晶片報價回升而使各家廠商財務狀況回穩，加上立法院要

求政府停止注資 DRAM 產業，但政府注資對於產業資產仍具相當的影響力。

以廠商建置產能為例，廠商藉由產能建置提升總產能後，藉由產量提升影響產能利用率，降低平均成本後提升廠商獲利。廠商獲利會影響對於市場上的資金吸引力，資金吸引力提升會對於銀行的融資與發行公司債造成影響；對資金的吸引力愈高，則銀行融資與公司債的發行就會愈多；銀行融資與公司債發行愈高則會提升產業的資產擁有，對於產業有兩個正性的發展環路。然而廠商的資金募集會面臨調節，因為資金的募集必定需要付出利息的成本，所以在此有兩個負性的環路做調整，如圖 12-4。

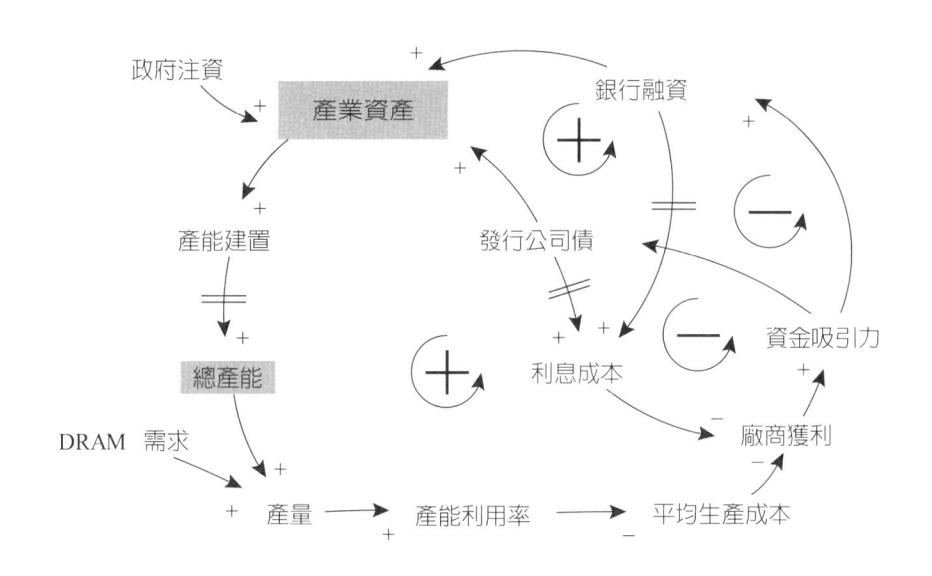

◎ 圖 12-4　資產的累積環路

▶ 12-5-5　整體環路圖

上述四個關鍵因果環路圖說明了產能累積、人力累積、技術合作與資產累積的運作模式。接下來加入外部因素及 DRAM 產業內相關因素進行探討說明；產業資產除了來自與獲利與上述的資產累積運作模式注資外，亦可藉由股市增資來增加產業資產，產業資產可提升產業的 R&D 投入與增加產能建置，兩者皆會對於資產形成正向環路，唯其受到 DRAM 的外部需求大小影響。而影響平均生產成本除了受到原先的產業 R&D 影響與產能利用率影響，其亦受技術權利金影響，而技術權利金受技術移轉數量影響，隨著移轉數量愈大，則技術權利金愈多。廠商獲利也受到 DRAM 需求所影響的晶片銷售價格。此外政府的租稅優惠政策也會影響廠

商獲利，最後將各環路相互連結，由於產能建置與人力累積兩者提升所增加的總產能會影響技術合作環路，且技術合作環路會影響到總產能並亦影響資產累積環路，由以上四個關鍵因果環路圖之間相互的影響再配合上許多產業的外在環境條件，便形成台灣 DRAM 產業整體發展之因果關係環路圖 (圖 12-5)。

◎ 12-6　討論與結論

歷經數十年的努力，台灣的 DRAM 產業由缺乏成熟的產品與製程技術，到成為世界市佔率第三大產業，並建構出與美日韓各國不同的發展情形，足見台灣 DRAM 產業在不同的發展結構下所創造出的產業特色，以下就各個觀點分析台灣 DRAM 產業的發展。

▶ 12-6-1　政府在 DRAM 產業的發展中扮演相當重要的角色

政府在台灣 DRAM 產業的發展中扮演相當重要的輔助角色，雖然在產業的發展之初，是由廠商首先研究開發，但由於政府對於產業之發展有其願景，便會投入資源協助產業的發展。DRAM 產業的發展藉由政府在次微米計畫上的推波助瀾，也衍生出「世界先進」和其他與國外大廠合作之國內廠商，政府的角色在其中不言可喻。此外自 2007 年以來，台灣 DRAM 產業陷入非常大的衰退危機，政府於 2009 年中宣布要於六個月內成立台灣記憶體公司 (TMC)，結合 DRAM 上下游廠商，並以資金對日商爾必達公司進行投資，待取得其股份後換取技術轉移上不需支付權利金。事實上在產能整併提升總產能後，可增加對於國外廠商的議價能力並提升產業的整體規模，不過由於自 2009 年第三季後，DRAM 報價回升，廠商虧損狀況減緩，加上立法院要求國發基金不得對 DRAM 產業注資，使得「台灣記憶體公司」胎死腹中，不過以政府角色而言，不管在產業的發展之初或是在發展中，都可能會對產業產生相當大的影響。

▶ 12-6-2　製造能力為台灣最大優勢，供需的波動影響廠商利潤

台灣廠商在 DRAM 產業的發展歷程中，具有的最大優勢就是製造能力。根據經濟部的資料，在 2007 年時所擁有的 12 吋廠產能，使得由於產能大所貢獻的生產成本較低且提升全球市場的市佔率達 29%。相較於其他各國，台灣廠商所擁有

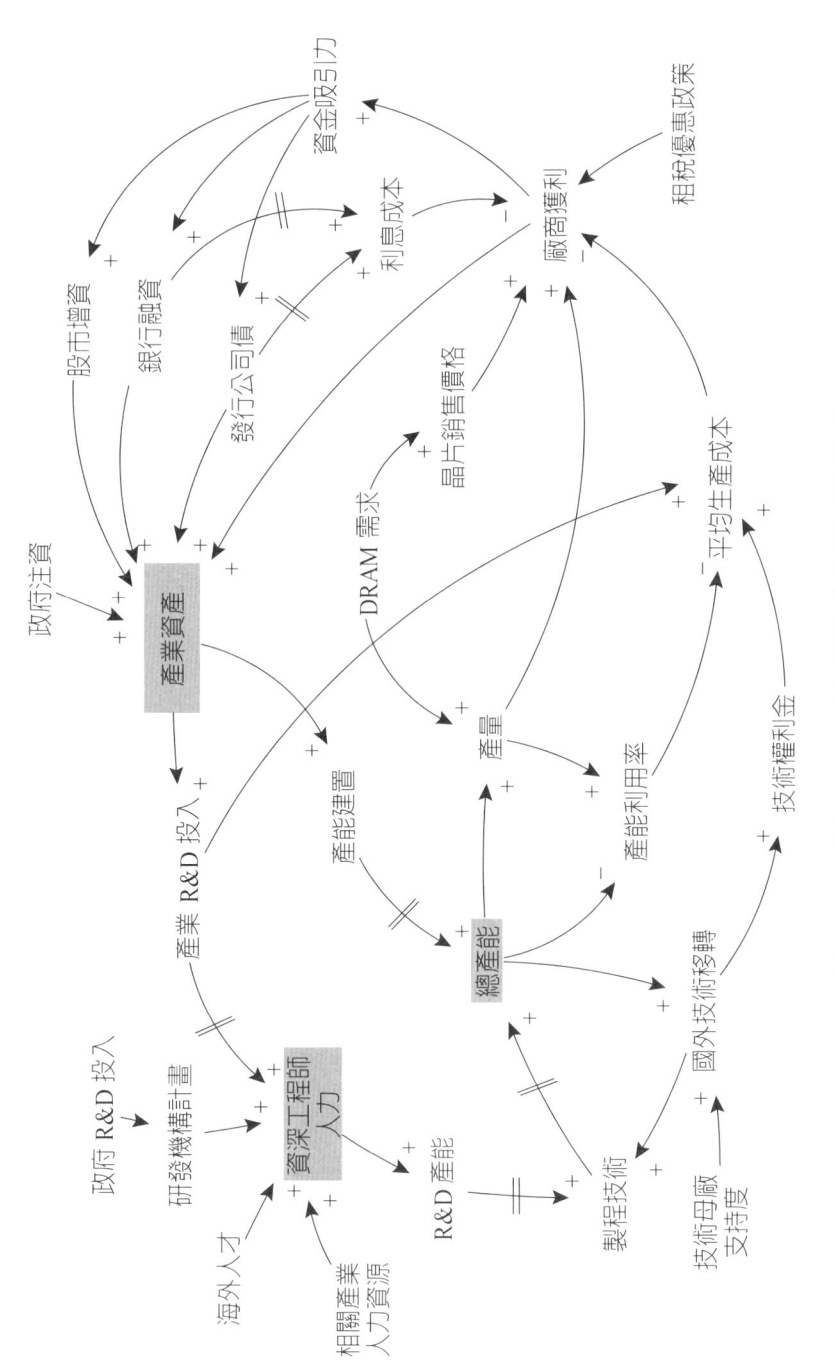

▲ 圖 12-5 台灣 DRAM 產業發展之整體因果環路徑圖

的產能對於其他技術母廠來說是一個相當好的談判籌碼，且可在市場需求大時，獲得較大的獲利。但 DRAM 產業的發展有一個很大的外在影響，就是穩定的市場需求。DRAM 的主要需求來自於 PC 市場，簡言之，PC 市場的穩定與否會對於整體 DRAM 產業的影響甚鉅。此外廠商的供給提升會存在時間上的遞延，假若在市況好時多增加投資時，則可能在產能大量建構時遇上供給過剩而導致虧本。例如，在 2003 年半導體年鑑中指出，在 1995 年由於 PC 上所搭載的 CPU 效能大幅提升，且有 Windows 95 作業平台的推出雙重影響下，當年度的 DRAM 市場成長率為 83%。但是由於廠商在 DRAM 價格與獲利高漲下而積極投資，市場因此呈現嚴重的超額供給，整體市場在 1996 年衰退了 38%。之後更因亞洲金融風暴而使市場需求大幅衰退，造成了連續三年都為負成長的情況，所以供需的穩定與否，決定了廠商獲利情況；更甚者會決定廠商在產業的存續。此波由 2007 年所發生的供需失衡與金融風暴，使得廠商在建置廠房提升產能上，更加小心謹慎。

▶ 12-6-3　必須不斷在產能與製程上提升，方能維持競爭力

　　DRAM 產業是一個高資本投入的產業，廠商無不追求以產能的提升以及製程進步來壓低產品的生產成本。在廠房建置上，廠商由最初的 6 吋廠、8 吋廠到現階段為主的 12 吋廠。製程的提升也由原先的 2 微米到後來的次微米，以至現在的奈米。基本上，由於半導體製造本身就是個固定成本相當高的產業，尺寸愈大的廠房所需的建廠金額愈高，製程提升所必須花費的研發與轉換金額就愈高，所以必須以量產規模來壓低平均成本，並且利用產能來維持其在市場上的競爭力。廠商唯有不斷投資與設立生產線，擴大產能，提升製程技術與資金來源，方能鞏固其競爭力。相反地，若無法擴大產能或是在製程技術上精進，則產業平均生產成本高於其他廠商時獲利減少，資金來源獲取不易，則在產能與技術上進步更為緩慢，則廠商在最後只能被迫退出或被其他廠商併購。如同瑞晶總經理從事 DRAM 產業 20 年來的心聲：「DRAM 產業並不容易轉型，是一個進入門檻高，退出門檻更高的產業。」換言之，沉沒成本很高。

▶ 12-6-4　依賴技術合作廠商的方式，卻也埋下隱憂

　　台灣 DRAM 產業與國外技術大廠合作已行之有年，在技術開發上，台灣廠商仍無法掌握其關鍵技術。所以多藉由自身在製造上的優勢，由大廠獲得產品與製程技術以製作自有品牌之 DRAM 晶片。此外大廠也可在不提升資本支出下而獲

得產能,策略聯盟對於合作的雙方都相當有利。但若國外技術大廠中斷技術合作時,國內廠商可能會頓時喪失技術與產品來源,對於廠商來說具有相當大的營運風險。例如 1999 年退出的德碁半導體,因為喪失了來自德州儀器的技術來源,在加上連兩年的巨額虧損而退出市場。而國內廠商的技術移轉取決於國外技術母廠對於廠商的支持度,現行多採策略聯盟做技術協同開發與產能合作,例如力晶與爾必達聯盟在台的研發中心,初期將在兩年內投入 5,000 萬到 8,000 萬美元,由力晶、瑞晶、爾必達三家公司一起建構 80 人團隊;並根據先前力晶與爾必達間的共同協議,力晶日後也將陸續導入新製程技術,由於自行開發新技術能力必須付出相當高的研發成本,頗有聯美、日廠抗韓廠的態勢。

由上述之幾點,可以了解台灣 DRAM 產業在二十多年的發展中有其特殊性,具有和其他主要國家不同的產業特色。除了有政府在發展中的大力支持,也由於技術上的限制,發展出具有特色的自有品牌與代工雙路線。台灣 DRAM 產業在這二十多年的確走出自己在發展上的一條路,但是在面臨許多的挑戰下,產業早該思索如何發展未來。在既有的系統結構下,若再次發生如同此次金融風暴之重大影響,那麼政府是否需要再次投入協助產業的整合?或是任其隨著市場的腳步自由調整?值得省思。

台灣廠商所面臨的問題是關鍵技術的來源。在 2010 年左右的金融風暴衝擊,產業錯過透過整合向國外取得技術來源提高籌碼的機會,那麼過去的技術合作與策略聯盟對於產業的發展是否仍為產業的最佳的發展策略?最後所要提到的,在廠商所有的生產與製程提升的部分,皆在於生產成本的降低,但最終取決於產業的需求是否有相當穩定的成長與發展,而在於 DRAM 的最大宗應用市場 PC,是否可持續穩定的發展。在過去的觀察是:對於市場的預測錯誤而導致供過於求,且延續著金融風暴而導致了產業約兩年多的不景氣。因此對於 DRAM 產業的發展,實在是業者必須更謹慎去面對更複雜的環境挑戰,否則面對市場不景氣時,必然發生財務週轉不靈,將種下被收購或公司重整的命運。不幸的是,它已成為事實而沒落了。

討論題

1. 政府推動高科技產業的扶植政策,要在何種前提下對整體台灣長期才會有利?
2. 政府挹注高科技產業資源,是否會對傳統產業產生資源的排擠效果?

關鍵字

| DRAM 產業 | 專利權利金 |
| 技術授權合作 | 策略聯盟 |

附註

原文發表於 2010 東海大學財經商管研討會修改而成。

第 4 篇

觀光、運動產業之管理決策分析

CHAPTER 13

台灣國際商務旅館發展模式分析

觀光產業的發展，首重旅館業的經營成功。近二十年來，台灣經歷 SARS、金融海嘯、經濟成長趨緩……等因素影響，諸多產業影響甚鉅，而觀光業首當其衝是受創頗深的產業。2008 年以後政府時期積極開放大陸人士來台觀光政策，刺激了觀光相關產業發展，帶動民生經濟，此時旅館業則又呈現前所未有的蓬勃景況；然而隨著 2016 年 5 月新政府上台後，兩岸旅遊業是否急轉直下？有待時間觀察。事實上旅館的發展模式，受到許多因素的交互影響，不論是需求面的旅客人數、供給面的房間數，或是經由人員教育訓練改善服務品質，增加廣告行銷拓展口碑與品牌效應，最終不啻希望增加盈餘繼而帶動投資，讓旅館的發展日益壯大。本研究探討台灣國際商務旅館產業發展模式，發現其五個關鍵環路並建構出其質性因果關係模型，以增加對於旅館產業發展的了解，藉此探討政策與產業環境可能的變動，以及對於產業發展趨勢可能之影響。

◎ 13-1 前　言

進入 21 世紀，觀光產業也就是無煙囪工業，漸漸成為主流；促進觀光產業發展，無論商務或旅遊市場，莫不成為各級政府主要施政目標之一。來台旅客人數在民國 92 年 SARS 爆發時大幅衰退 (–24.5%)，觀光總收入同步下降至新低 (–19.2%)，影響餐旅觀光產業甚劇；爾後雖逐步回復，但是民國 97 年左右

起受到金融海嘯、歐債風暴等負面影響，民國98年外籍來台旅客人數再度下降(-6.5%)，而旅遊總收入回到七年前的水準(如圖13-1所示)。

值此同時，政府採行各項刺激方案，例如：開放陸客來台、發放消費券、推動「觀光拔尖領航方案」以及舉辦各項大型活動……等，希冀提振觀光產業整體綜效，推升民生消費成長，進一步促使國內經濟回到正軌。政府種種舉措至民國101年止，來台旅客人數大幅成長，超越700萬人次(較民國92年最低點成長225%)，觀光總收入亦成長至6,363億元(較民國92年最低點成長99.1%)；加上近年來民間企業積極參與投資觀光業，各地區旅館的興建以及遊樂設施的增加，已經重新讓觀光產業呈現前所未有的蓬勃景況(如圖13-2所示)。

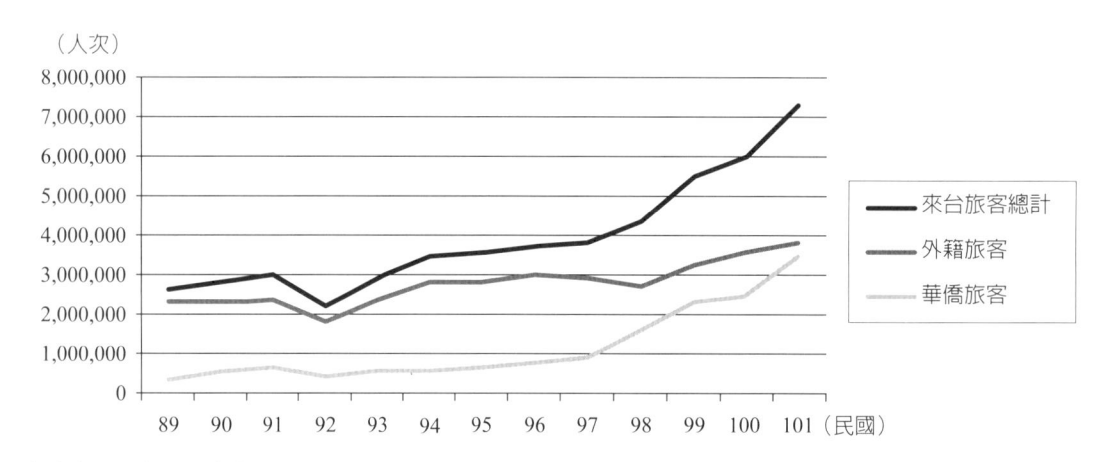

資料來源：交通部觀光局

▲ 圖13-1　來台旅客人數統計

資料來源：交通部觀光局

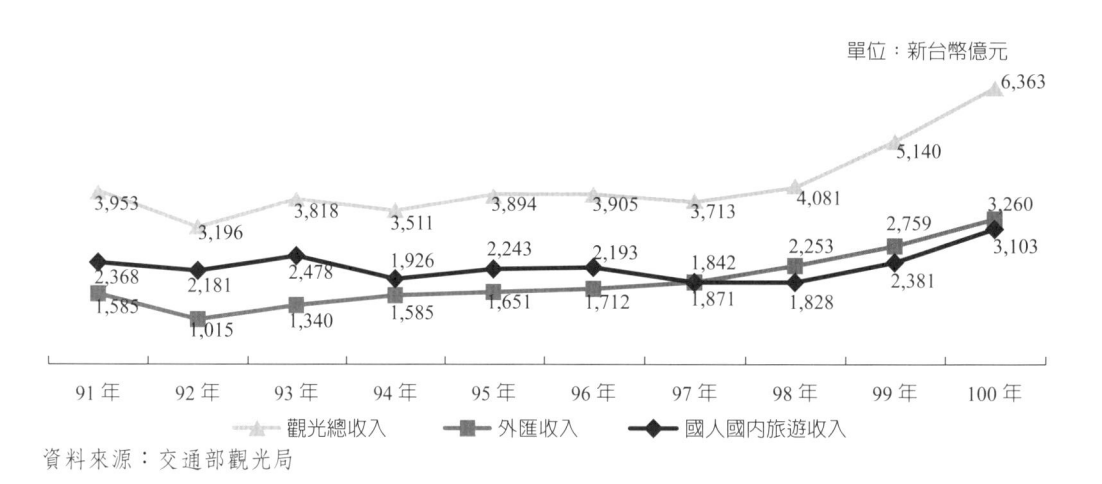

▲ 圖13-2　觀光外匯收入及國內旅遊支出及總收入

旅館飯店營運是一個非常複雜的動態問題。從投入資金到市場營運至少需要 2 年以上的時間，供給與需求的時間落差大；優質從業人員更需要長時間的培育，即飯店教育訓練制度以及管理人力養成，品牌知名度以及顧客忠誠度更不可能一蹴可幾；廣告效果及顧客的口碑效應均需時間累積；大部分旅館飯店業主，往往對於旅館產業整體運作，希冀以行銷和廣告來打響飯店知名度，利用硬體設備的新穎、豪華與現代感，來擴大市場佔有率，達到營利目標；常忽略無形的員工訓練所帶給客人的滿意度，及其創造出的口碑效應；導致面臨景氣波動時，整體營運下滑。

以上種種關鍵因素間，環環相扣互為因果的交互影響，並且具有時間遞延的效果，造成旅館飯店營運發展成為複雜且動態的影響。是故，研究旅館經營發展模式，必須以整體觀、系統化的角度進行全面分析，才能提供對此產業發展實質的幫助。因此，本研究首先分析產業特性，並利用系統動態學方法論，探討旅館的經營發展，嘗試解釋其行為，試圖能夠找到旅館飯店持續獲利的方式，以作為訂定未來發展策略之參考。

13-2 旅館特性

13-2-1 旅館特性

Barros & Pestana (2005) 研究旅館經營效率時提及旅館無論大小，只要達到一定的家數，便具有規模經濟效果，同時該研究指出，旅館業的技術創新甚低，雖然整體而言仍為具有效率，惟仍需視其所在區域以及飯店規模而定。余聲海 (1987) 認為旅館的一般特性包含以下七項：服務性、綜合性、豪華性、公共性、持續性、地區性以及季節性。翁崇雄 (1993) 研究表示，服務業具有以下四種特性：無形性、不可分割性、變異性、易消逝性等特性。葉樹青 (1999) 則細分旅館特性為一般特性及經濟特性，其文表示一般特性有服務性、綜合性、豪華性、公開性、無歇性；經濟特性則為產品不可儲存與高廢棄性、短期供給無彈性、資本密集、高固定成本、低變動成本、受位置影響、需求的波動性、多重性、服務即時性等。王雪梅 (2003) 研究整理提到觀光旅館具有以下特性：受地理位置影響大、市場進入障礙高、經營技術易被模仿、短期供給無彈性、先進者無先行優勢

或規模經濟效果、需求多樣性易受外在因素影響、明顯淡旺季、產品不可儲存與高廢棄性、顧客品牌忠誠度高等等特性。

▶ 13-2-2 教育訓練

黃英忠、吳融枚 (2000) 認為辦理教育訓練主要可以達到三個目的：累積技術培育人才、補充能力不足、流暢溝通促進合作。沙克強 (1998) 說明教育訓練的目的：知識、技術、能力的提供與授與以及態度的培養和改變兩個項目。教育訓練目的在提升個人技能，塑造個人獨立性和自信心，並能使個人適才適所。Clegg (1987) 指出訓練成效之評估可以決定訓練是否值得，提出須改進的地方檢測目標達成情形，最後決定訓練是否應該繼續存在，找出更好的訓練方法並建立未來的訓練指導方針。王郁棻 (2008) 研究結論有四項顯著成立：教育訓練滿意度愈高則管理職能提升愈多、管理職能提升愈多則工作績效愈好、教育訓練滿意度愈高則工作績效愈好、教育訓練滿意度透過市場敏銳度職能的提升而影響工作績效。

透過上述文獻，可清楚了解教育訓練的方法以及回饋，將深切影響工作績效。進而替飯店以及顧客創造更高的價值。

▶ 13-2-3 員工離職

David (1989) 歸納旅館員工離職因素為以下四項：甄選過程問題、僱用程序問題、員工對工作機會或薪資不滿意、管理方式有問題等；詹益政 (2001) 談到旅館員工離職原因可分為以下五類：工作不適宜、缺乏指導與訓練、待遇問題、未能團結合作及其他原因；諸如管理人員問題，沒有晉升機會等等。丁一倫 (2002) 論文中指出造成下列離職增加的原因：(1) 旅館工作者對於組織目標愈認同和了解，離職的傾向較低。(2) 旅館的管理制度與薪資福利的滿足，也會降低員工的離職傾向。(3) 只要有好的工作機會和環境，員工的離職傾向會提高；此外，其亦提出四項建議：(1) 重視旅館人力素質養成和不當離職問題。(2) 了解員工離職產生是管理不當的問題。(3) 旅館應更重視主管領導的功能。(4) 促進員工聯誼活動。

由以上文獻整理可得知，在旅館產業造成員工離職的關鍵因素可以有以下數項：管理方式的改變、教育訓練的多寡、員工薪酬制度，以及工作量能的負荷再加上新飯店的吸引。

13-2-4 服務品質

中華民國管理科學會 1993 年提出服務的定義：「服務」來自於銷售行為或搭配銷售時所為之工作或為利益或為滿意狀態；Parasuraman et al. (1985) 認為服務具有四大特性：無形性、不可分割性、異質性與易逝性，同時也定義服務品質為客戶期望與感受到的服務水準之間的差距。Parasuraman, Zeithaml & Berry (1996) 探討服務品質對顧客行為意向的影響研究結果顯示：服務缺失與顧客忠誠度及溢價支付意願呈現反向關係，而與變更及外部回應的意願呈現正向關係；同時指出顧客忠誠度包含以下述五項：對企業的正面評價、對潛在客戶推薦該企業、鼓吹親友與該企業交易、以該企業為購買的第一優先選擇。林隆儀 (2011) 研究服務品質、品牌形象、顧客忠誠與顧客再購買意願的關係時，其研究結論有以下 7 點：(1) 服務品質對顧客忠誠有顯著的正向影響。(2) 品牌形象對顧客忠誠有顯著的正向影響。(3) 顧客忠誠對顧客再購買意願有顯著的正向影響。(4) 服務品質對顧客再購買意願有顯著正向影響。(5) 品牌形象對顧客再購買意願有顯著正向影響。(6) 顧客忠誠在服務品質對顧客再購買意願影響具有部分中介效果。(7) 顧客忠誠度在品牌形象對顧客再購買意願影響具有部分中介效果。

綜上所述，服務品質與顧客忠誠度、品牌形象、顧客再購買，以及推薦購買之間存在著正向且緊密的關聯。

13-2-5 品牌廣告

依據美國市場行銷學會 (AMA) 定義：品牌是一個名稱 (Name)、術語 (Term)、標記 (Symbol)、符號或象徵 (Sign)、設計 (Design) 或是以上項目的綜合。其目的是用來辨認某個銷售者或者某群銷售者的產品或服務，並使其與競爭者的產品和服務作出區別。Keller (1993) 從個別消費者的觀點來定義品牌權益，認為以一般的觀念來說，品牌權益是消費者對品牌之行銷刺激而反映於品牌知識的結果，也就是消費者對於該品牌的好惡程度。AMA 定義：廣告是贊助者對其提供的產品、服務及觀念所做任何付費形式的非人員展示及促銷。Mitchell & Olson (1981) 與 Shimp (1981) 研究發現，消費者對廣告的態度；例如好壞、喜歡或不喜歡，是影響品牌態度形成及轉變的要因。所以對廣告的態度已成為廣告效果 (品牌態度和廣告說服力) 產生前的重要媒介變數；但廣告態度會隨社會、經濟和媒體環境改變而改變。現代廣告之父 David Ogilvy 曾經說過：「每一則廣告，都是為了

建立品牌特質所做的長期投資。」結合上述資料，可直接證實品牌知名度與廣告間有密不可分的關係。

◎ 13-3　產業發展沿革與特性

▶ 13-3-1　台灣觀光旅館發展沿革

■ 房間供給

台灣觀光旅館自民國 79 年起跨入國際連鎖體系，整體觀光旅館 (國際觀光旅館及一般觀光旅館) 房間數穩定維持在 21 萬間左右。到民國 86 年至 91 年，因國民所得提升，以及政府 (週休二日) 政策因素，快速增加至 25 萬間，成長近 2 成。民國 92 年至 97 年，由於 SARS 風暴以及國際經濟情勢動盪，此間仍維持在 25 萬間左右。民國 98 年至 105 年初，因應政府開放大陸人士來台，總房間數再度快速成長；至 101 年底為止，成長至 30 萬餘間，再度呈現 20% 之高成長 (如圖 13-3)；直到民國 105 年新政府上台，兩岸關係改變，此榮景才結束。

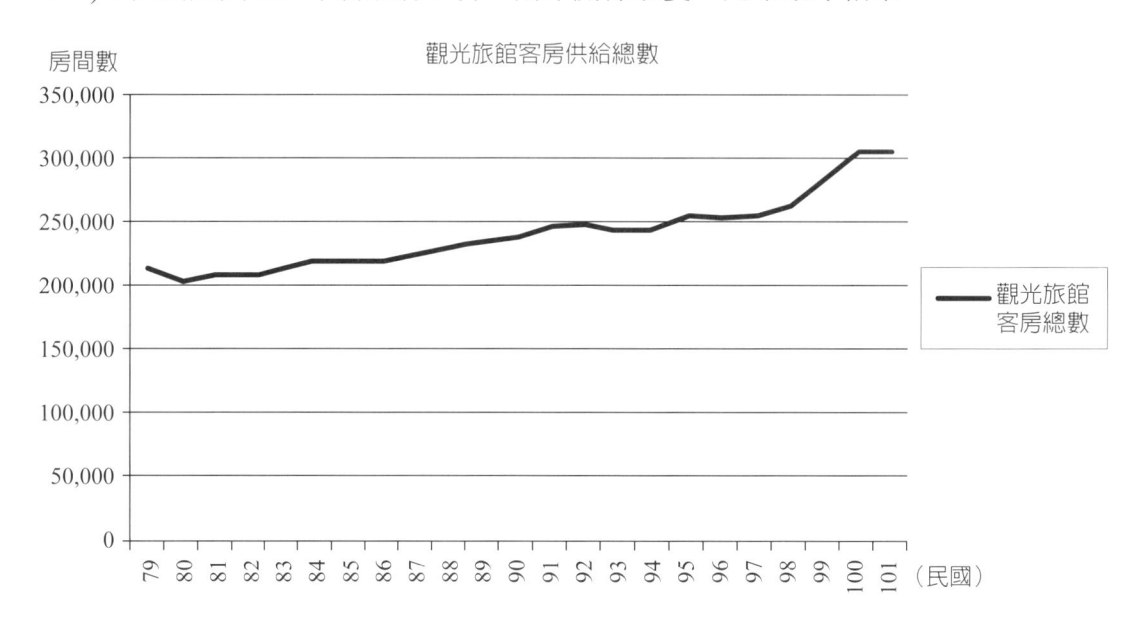

資料來源：本研究整理自交通部觀光局統計資料

▲ 圖 13-3　觀光旅館客房供給圖

■ 平均住房率

民國 79 年至 83 年間，住房率均在 60% 以下平均約為 56%。此階段因台灣人民生活型態尚未改變，對於觀光旅館的了解不足，故多為外籍旅客使用，住房率無法拉升。到民國 84 年至 91 年，國民所得提升影響生活型態改變，政府實施週休二日，平均住房率上升至約 62.4%，平均增幅約為 11.4%。民國 92 年之後，除了民國 92 年的 SARS 風暴導致住房率驟降至 56% 以外；民國 97 年至 98 年受到全球金融風暴影響降至 65% 以下，其餘年度平均住房率則上升至 68.6%，平均增幅 10% (如圖 13-4)。

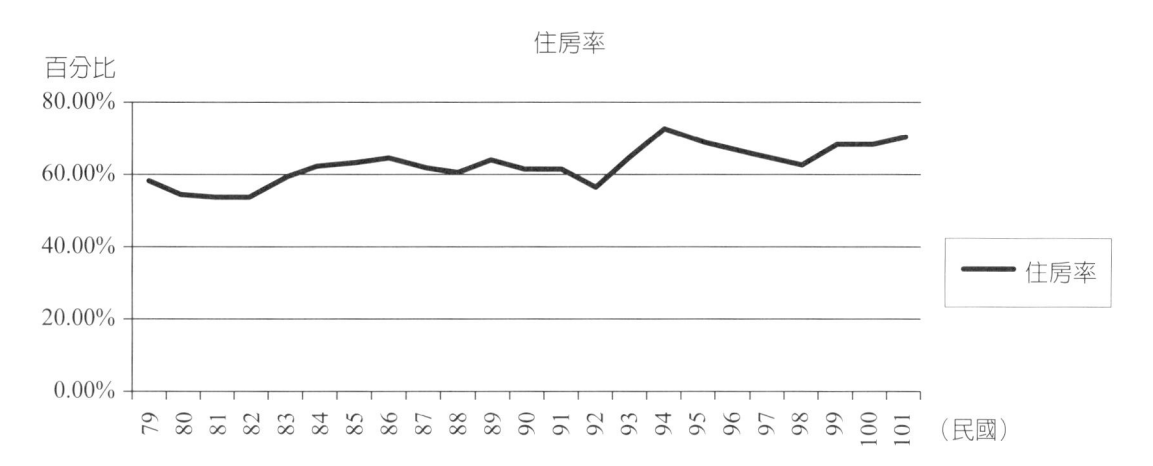

資料來源：本研究整理自交通部觀光局統計資料

◎ 圖 13-4　觀光旅館住房率圖

■ 員工人數

同樣民國 79 年至 83 年間，員工人數與住房率增減形態類肆，平均員工數約維持在 23 萬人；到民國 84 年至 91 年，隨著住房率的增加，平均員工人數增加至 25.7 萬人，增幅約為 11.7%，略為超過住房率成長幅度 (11.4%)；民國 92 受到 SARS 影響，員工總數降至 13 年前新低，由於此波受創幅度甚大，使得業者經營策略趨近保守，導致爾後數年住房率雖回升，但員工數增幅僅約 2.6%，遠低於住房率增幅 (10%)；直到 99 年起，陸客來台觀光狀況穩定成長後，員工人數始呈現逐年上升趨勢，而觀光旅館總員工數於 101 年首度突破 30 萬人大關 (如圖 13-5)。

員工人數

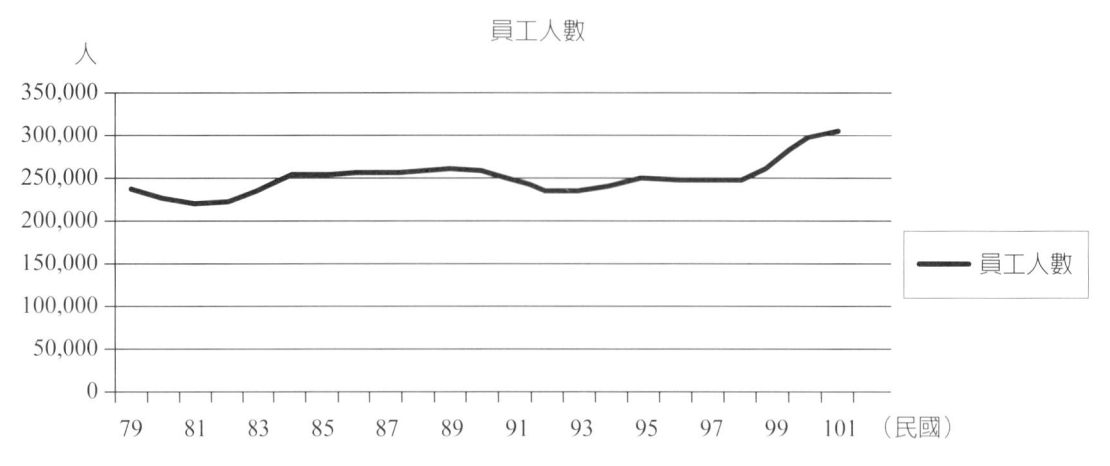

資料來源：本研究整理自交通部觀光局統計資料

圖 13-5　觀光旅館員工總人數圖

■ **興建中之觀光旅館**

自 97 年起，兩岸關係發展日漸熱絡，加上政府 2008 年後大幅開放大陸人士來台觀光，台灣旅館住房需求便呈現大幅度成長；當時在市場預估未來觀光產業持續看好的情況下，各方興建飯店熱潮風起雲湧，從 2013 年起至 2017 年增加將近一萬間客房，總投資金額高達七百多億元。但 2016 年民進黨執政後情況已改變。

13-3-2　旅館產業一般特性

依據既有之文獻回顧後，概略可將旅館產業的一般特性歸納以下數點：

■ **地理位置、品牌知名度等相對重要**

旅館客房主要需求客層為洽商或旅遊，故位置必須符合商辦集中、交通便利或是鄰近風景區等條件，是以地理位置便成為開發經營首先必須考量的重點；然而對於外籍、外地旅客而言，洽商、旅遊住宿亦為其另一個「家」，若能選擇知名或熟悉的品牌入住，相對較有安全感，亦會是選擇的重要條件之一，所以說品牌知名度相對重要。

■ **固定成本高、資金回收期長，形成高度進出障礙**

旅館產業所提供之產品為住宿、餐飲以及服務，所以在開發初期必須投入大量資金建構固定資產，例如土地取得以及地上物興建裝修等費用，成為固定成本

相當高的產業又如：宜華國際觀光旅館預計興建 320 間客房，預定投入資金高達 65 億元；而旅館業產品數量固定 (房間數、座位數)，導致銷售總金額有限，也造成資金回收慢、回收時間長等因素，同時也對後進者有一定的進入障礙，先行者則會有退出障礙。

■ 產品以服務為主，屬於勞力密集型產業

旅館的實質產品是客房與餐飲，但是從客戶進入旅館到離開，所有的服務均需仰賴人力完成。換言之，其實是以服務為主的商品；同前所述，服務仰賴人力，自然產生大量的人力需求，也就是屬於勞力密集型的產業。

■ 硬體差異大改變不易，維修折舊及裝修費用高

旅館在開發前便已完成建築規劃，硬體建築一旦興建後很難重新改建，地上物折舊費用相對高昂。而為了維持既有的功能與水準，同時也無法要求使用客戶善盡良善維護之責，則必須付出龐大的維修費用。另外，旅館的裝潢需要隨著時代改變作出適時調整，是以往往三年一小修、五年一大改，以求符合市場現況需求，同時也造成了龐大的裝修費用。

■ 經營技術易被模仿，知識外溢效果高

旅館同屬服務業一環，無論是服務態度以及服務方式，迥異於其他產業可有相關專利保護，即便是硬體建築及裝潢亦同，而服務標準或是新的服務方式，同業學習快速，是故旅館經營是容易被模仿的，知識外溢性高，不會有明顯的技術差異。

■ 新飯店效應大，先進者優勢不明顯

旅館行業較為特殊的部分即是客戶有「喜新厭舊」的心態，新旅館成立會吸引客戶嚐鮮入住，反而造成先進入市場者有更大的壓力，必須在軟、硬體服務上調整，無法明顯的產生先進者優勢。

■ 需求彈性大、具多樣性；易受外在因素影響；有明顯淡、旺季

由於旅客對於價格非常敏感，且替代品多，造成需求彈性較其他服務業為大。其次，旅客來源可能是諸多不同國籍、不同區域甚或不同種族等，勢必造成客戶需求的不同以及多樣性。另外同上所述之來源多變，相對更亦受到如國際情勢、政經環境、天然災害……等的影響。因應種種特定日期與活動，如國際展覽、重大活動、寒暑假……等因素影響，往往造成季節性對產品的需求變化劇烈。

■ **產品具有不可儲存及高廢棄性，短期供給量無彈性**

由於旅館提供之產品為硬體設備及軟體服務，硬體設備無論是客房或餐廳，當日無法銷售的部分即成為廢棄產品，無法儲存或保留，而軟體的勞務或服務亦同；旅館房間及餐廳數為固定數量，無論需求增加多少，房間或餐廳的增建，均需要相當的時日才能投入生產，故房間數及餐廳數在短期內的供給量是無法改變的。

13-4 台灣旅館產業特色

13-4-1 適用的法規、主管機關不同，影響申請執照的類別

台灣旅館業依申請執照不同，主管機關及制度均不甚相同，整理如表 15-1：由於以上不同，致使台灣成立觀光旅館意願較低；業主考慮方便性與適法性，僅申請一般旅館執照 (例：台中 -Hotel One)，部分老舊旅館申請時為觀光旅館，但經數十年未更動，導致旅客印象中無法以官方之旅館分類來看現有旅館之等級；此亦為觀光局亟欲推動星級評鑑計畫之主因，惟其非強迫制，阻力仍大，可能需要較長時間努力。

▼ 表 15-1 旅館主管機關一覽表

分類	觀光旅館業	一般旅館業
性質	許可制 (籌設許可)	登記制 (經營許可)
目的事業主管機關	1. 國際觀光旅館：交通部觀光局 2. 一般觀光旅館： 　I. 直轄市：直轄市政府觀光局 　II. 其他地區：交通部觀光局	＊直轄市、縣市政府觀光單位
專用法規	1. 發展觀光條例 2. 觀光旅館業管理規則 3. 土地、建管、消防、衛生、工商等相關法令	1. 發展觀光條例 2. 旅館業管理規則 3. 土地、建管、消防、衛生、工商等相關法令

資料來源：引用自吳勉勤 (2010) ／本研究整理。

13-4-2　國際化程度較低，過度集中單一客源

自民國 97 年起至 101 年止，短短五年時間內，在政府開放大陸人士來台觀光後，陸客來台人數已攀升至總體來台旅客之 37%，若包含港澳地區 (皆屬中華人民共和國)，則人數已超過來台旅客總人次之一半 (51%)；其次則為日本，2012 年占比為 20%；而歐美旅客整體佔比已降至 10% 以下 (9%)；如圖 13-6。

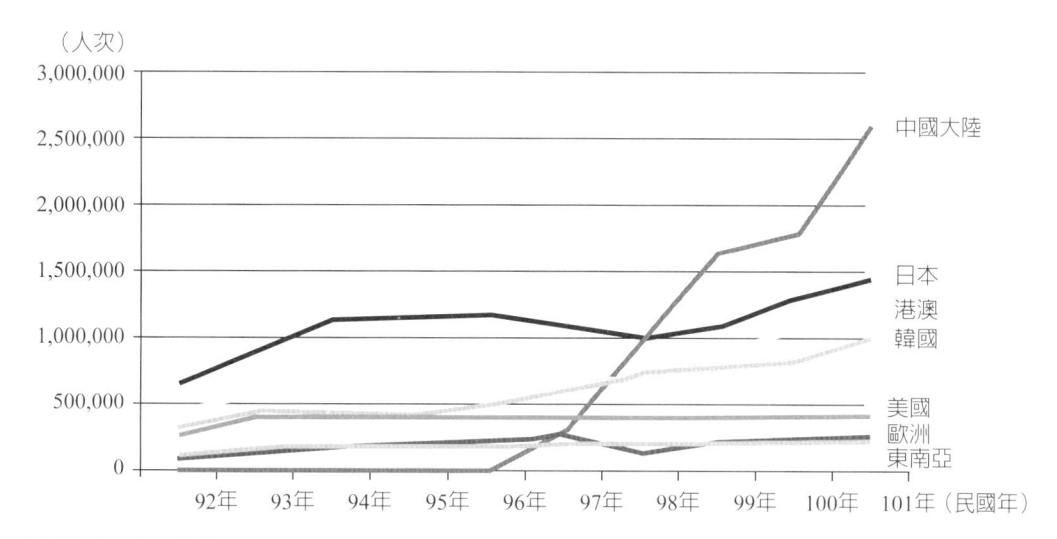

資料來源：交通部觀光局

◎ 圖 13-6　來台旅客人次與國別統計圖

13-4-5　商務人數比例逐年下降，轉為旅遊顧客為主

在交通便利的影響下，國內出差的商務市場旅客人數已漸漸下降。除此之外，由於國內產業外移，商業活動減少，加上大型展覽無論是規模或是展期均有減少之趨勢，所以商務人數比例呈現逐年下降。在此情況下，政府推廣休閒旅遊，開放大陸人士來台觀光，逐漸發展為旅遊為主要重點；如圖 13-7。

13-4-6　母企業深深地影響旅館營運方針

旅館業因投資金額高，需要龐大資金因應，往往非單一企業獨力資金可負擔，故多為集團公司轉投資的子公司 (例如：太子建設 - 日華金典及 W Hotel；鄉林建設 - 涵碧樓；遠雄企業 - 遠雄悅來飯店；寶成集團 - 裕園花園酒店……等)。而母公司通常並非單一利潤考量，可能是土地投資增值、龐大現金流量、集團知

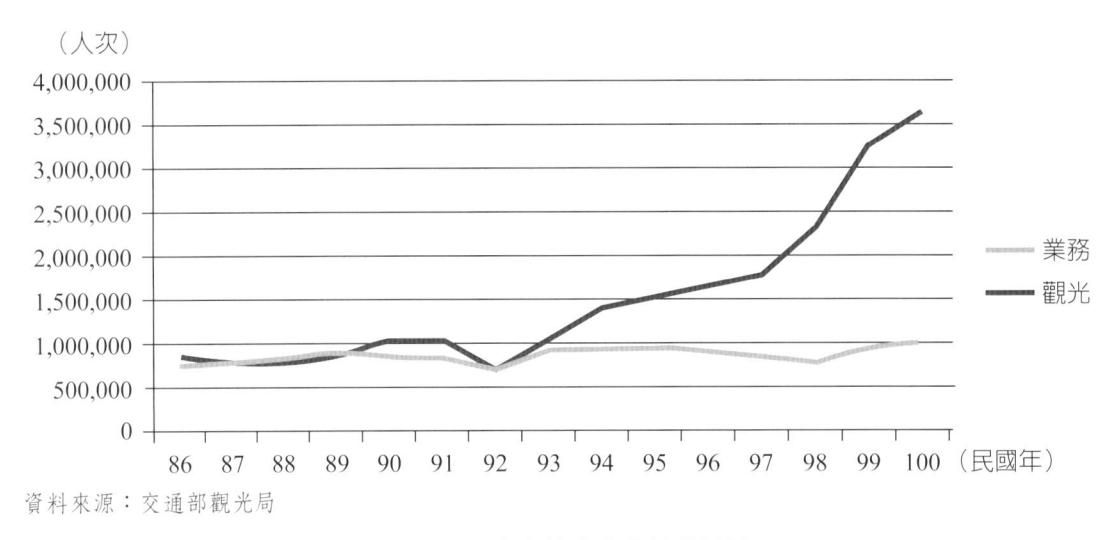

圖 13-7　來台旅客人次目的統計

資料來源：交通部觀光局

名度……等，在此種情況下，自然在經營決策方面涉入較深，以期達到母集團所設定之目標。

13-4-7　台灣交通便利，商務旅館搶佔休閒旅遊市場

台灣本島面積僅三萬多平方公里，且商業活動集中西半部，而南北長只有三百多公里，加上密集的交通網絡以及高速鐵路，縮短了交通時間；對於都會型飯店而言，商務市場逐漸萎靡，但是卻擴大了旅遊市場，所以現階段幾乎所有的商務飯店均積極搶佔旅遊市場。

13-4-8　開放大陸人士來台政策影響產業面深遠

各國政府對於旅館產業相關政策對產業發展均有一定之影響，而在台灣最重要的便是政府開放大陸人士來台觀光之影響最為深遠，因陸客已佔來台旅客人數超過二分之一，相形之下幾乎掌握旅館業四分之一以上的命脈；例如參考圖13-1與圖13-2，觀光外匯收入佔觀光總收入約51%；其中陸客佔比又超過50%，而對於住房率以及平均房價則更是直接的影響。綜觀各國，似乎難以看到有相類似的政策對產業影響如此之深。

13-5 質性因果模型建構

本文為利用系統動態學方法探討旅館經營發展,並繪製質性因果關係圖說明各項因子之間的交互影響關係,同時經由現職高階經理人員訪談,藉以調整、歸納實務見解,冀望模型能更吻合現況。

13-5-1 供給與需求環路

旅館業的供給即為飯店的房間數,由於受到需求面住房人數上升影響,新飯店的成立造成房間數增加;因其短期供給無彈性,故有時間滯延效果,而房間數增加則總供給上升,可入住人數增加進而增加住房人數,形成正性增強環路。住房需求部分,分為國內、國外旅客兩個部分;關鍵影響因素為開放陸客人數以及國內實質 GDP。此外,住房人數與平均房價之間存在魚與熊掌不可兼得的效果;當住房人數增加,平均房價上升,但平均房價上升後又會抑制住房人數增加,形成調節性負性環路。由以上各項關鍵因素交互作用下,形成了成長上限環路 (如圖 13-8 所示)。

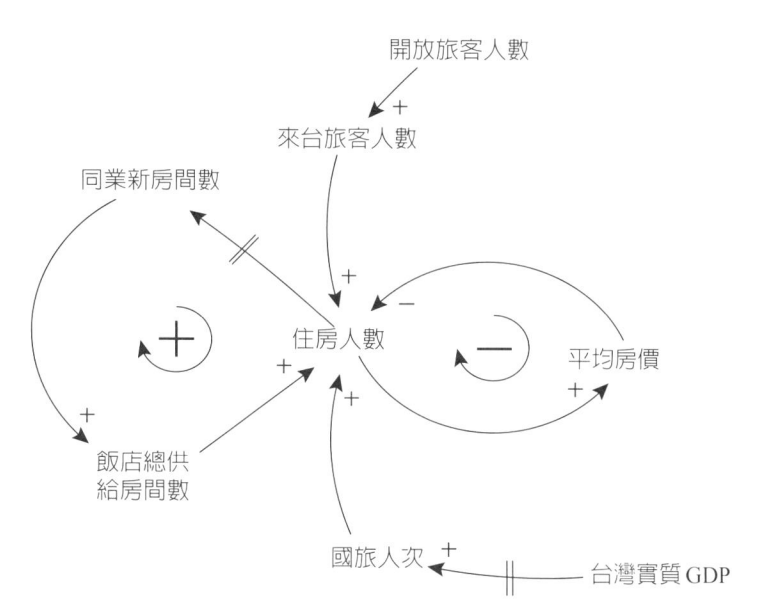

▲ 圖 13-8 影響住房供給及需求因果環路圖

13-5-2 累積口碑與品牌效應環路

飯店是異地遊子的另一個「家」，所以大家通常會選擇知名飯店；也就是說品牌知名度相對重要。創造品牌知名度最直接快速的方式也就是廣告，藉由廣告行銷累積品牌知名度；再增加顧客忠誠度，使得入住人數增加，讓總收入上升；便有更多的廣告行銷費用可投入，形成正性增強環路。其中廣告密集度則是投入多寡的管理者自我控制的選項 (如圖 13-9)。

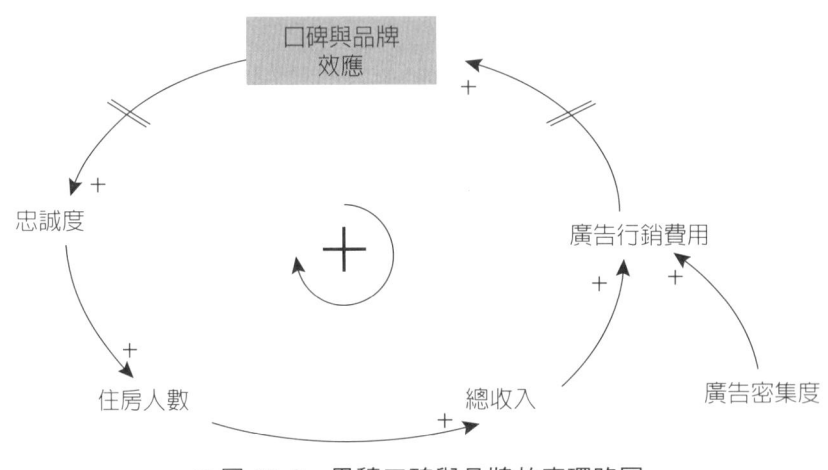

▲ 圖 13-9　累積口碑與品牌效應環路圖

13-5-3 累積總房間數環路

飯店的總房間數決定了收入的上限，唯有增加總房間數才有可能不斷的成長，創造更多的營收。藉由增加股東投資或是借貸取得資金，投入興建旅館房間可增加總房間數(興建需要時間，故有時間遞延效果)，之後便增加入住房間數，進而增加總營收，再增加保留盈餘；決定保留盈餘的重要因素則是股東分紅比例，此時便有更多資金可增加新投資，形成正性增強環路。唯增加新投資往往需要舉債，舉債則增加營業成本，進而侵蝕保留盈餘，形成調節性的負性環路，以上兩者結合成為成長上限的環路 (如圖 13-10 所示)。

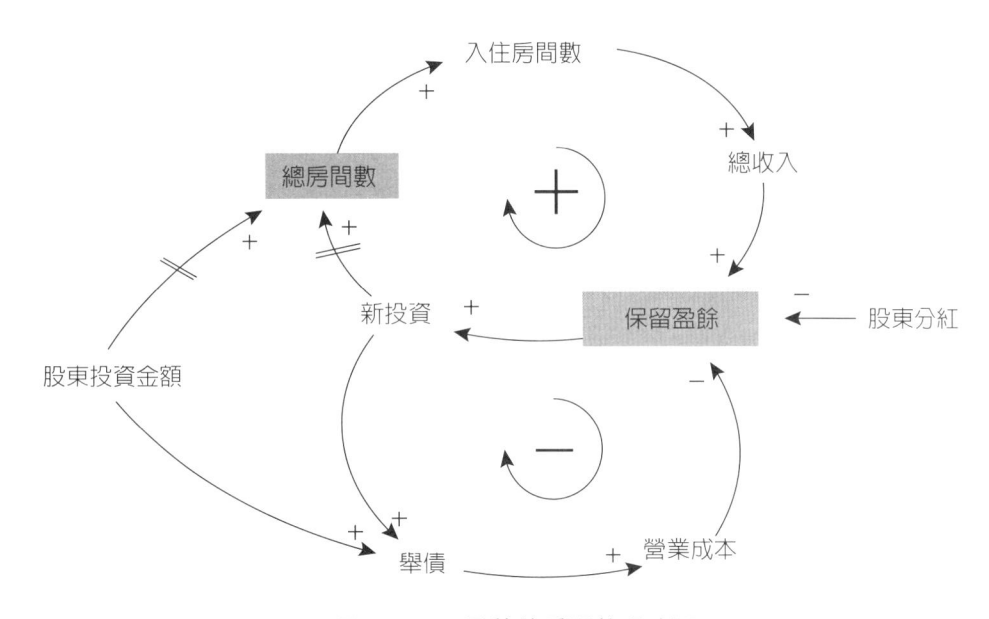

▲ 圖 13-10　累積總房間數環路圖

13-5-4　累積硬體功能與品質環路

飯店的硬體通常是顧客所鍾愛且重視的選項之一，當硬體品質提升同時也代表著服務水準提高，服務品質的提升可帶動口碑與品牌效應增加，進而增加住房人數、總收入、保留盈餘，爾後則有更多金額投入設備更新，再提升硬體功能與品質，形成正性增強環路 (圖 13-11)；其中，折舊率則是影響硬體功能與品質的重要減項因素，而基層合格人力愈多，則對於維護能力增加，進而使折舊率較低。

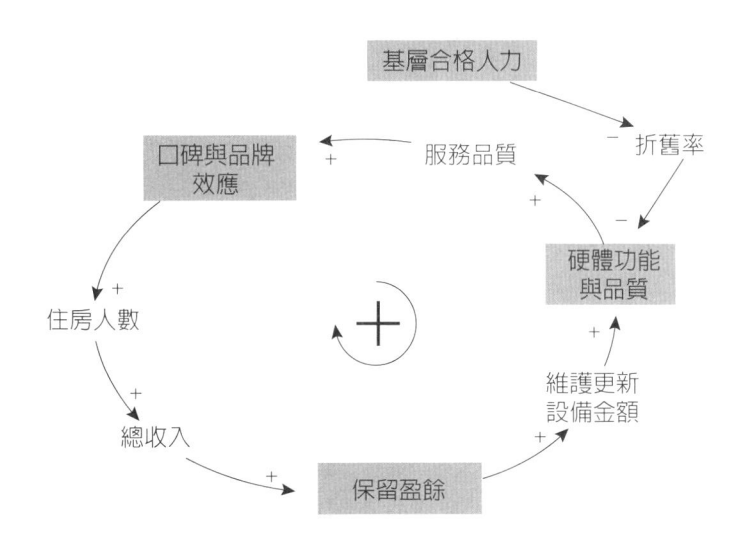

▲ 圖 13-11　累積硬體功能與品質環路圖

13-5-5　人力資本累積環路

■ 基層人力累積環路

　　基層合格人力的累積是由員工數、正職員工比例、基層員工離職率以及員工訓練金額組合而成。員工數的決定，循慣例乃依據飯店的總房間數而定，其中包含了正職、兼職員工以及建教合作生等，而飯店可視狀況調整員工比例，故亦形成了正職員工比例的關鍵因素。其次，飯店投資在人力資源訓練的金額部分，除了可直接提升基層合格人力之外，間接亦可降低員工離職率。最後，影響基層合格人力最關鍵的因素即為基層員工離職率。除上述影響外，外聘管理人力、員工獎金和工作負擔等，均有深遠的影響。

　　基層合格人力的累積，可提升服務品質，增強口碑與品牌效應，提升住房人數，最終增加保留盈餘，直接投入在員工訓練上(間接降低離職率)，便能持續累積基層合格人力(間接減少合格人力減損)；又或將保留盈餘提撥部分員工獎勵，便能有效降低基層員工離職率，減少合格人力減損；以上均能形成正性增強環路。此外，基層合格人力累積後，提升住房人數，同業將受此吸引擴建或成立新飯店增加新房間數，緊接而來的是新飯店吸引員工投入，將增加離職率，減少人力累積，進而形成調節性的負性環路。

■ 管理人力累積環路

　　管理人力由基層合格人力晉升、或外聘管理人力以及被同業挖角離開組成。目標管理人力仍依據飯店總房間數決定，而在基層晉升管理人力後與目標管理人力的差距便決定外聘管理人力；差距愈大外聘愈多，外聘愈多則管理人力愈充足，管理人力充足則又降低與目標管理人力的差距，此部分形成調節性的負性環路。而管理人力愈多，會提升服務品質，進而增加住房數，接者會吸引同業投入，然後又會吸引管理人力到新飯店，此部分又形成一個調節性的負性環路(圖13-12)。

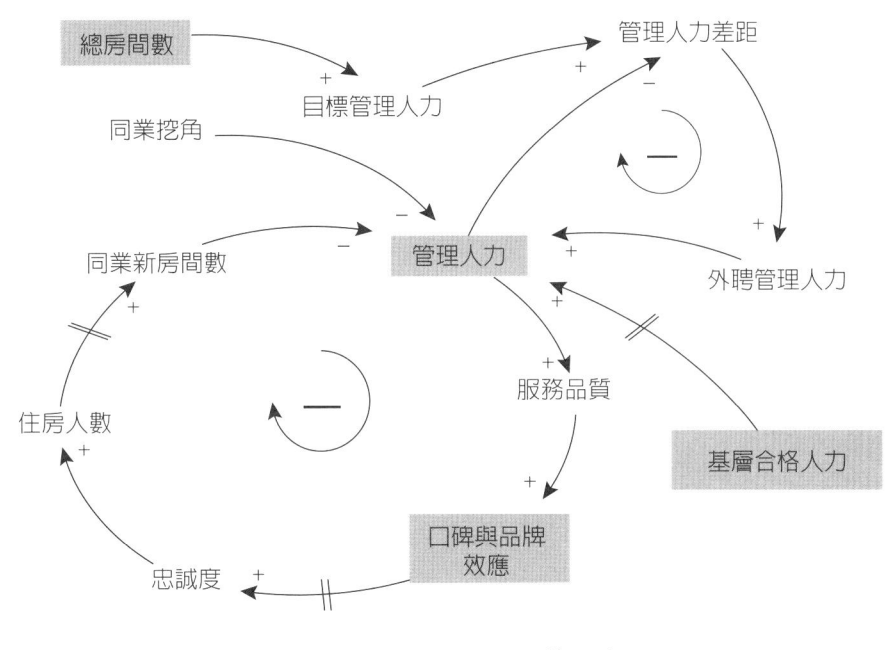

▲ 圖 13-12　管理人力累積環路圖

13-5-6　整體質性因果模型

　　圖 13-13 為整體因果關係圖，代表旅館受到供給需求、廣告行銷累積、總房間數累積、硬體功能與品質累積以及人力資本累積等數個因果環路的影響；由上述重要環路的交互作用下，形成台灣旅館業特殊且複雜的動態環境。此質性因果關係模型經過旅館業數位高階主管及專家檢視後，一致認為此模型已相當完整且具有解釋能力。並且說明現況下政府政策、業主概念以及高階經理人等，在不同目標影響下的發展前景。

◎ 13-6　結　論

　　台灣國際商務旅館的經營發展是一個複雜且動態的過程。歷經數十年來各種不同時期、型態的轉變，以及在國家政策方向的引導下，已蛻變成足以與國際接軌、競爭的產業。近十多年來，台灣技職教育體系以及高等教育競相成立休閒、餐旅類學校及系所，對於人才的培育不遑多讓，每每在國際競賽中奪取優異成績，也讓台灣累積了雄厚的餐旅人力資本。再者台灣資金充沛，面對許多產業尋

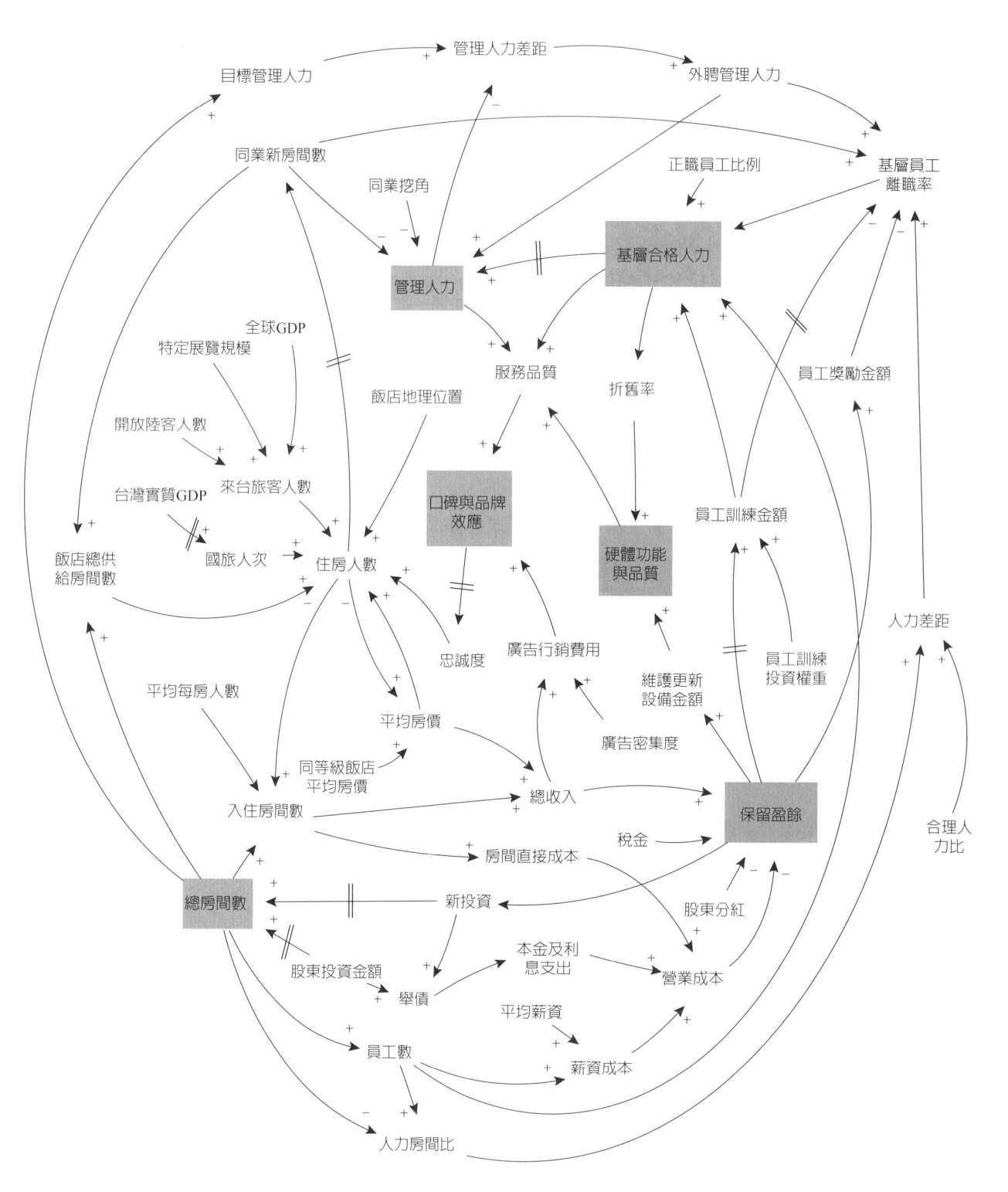

▲ 圖 13-13　台灣國際商務旅館經營因果關係模型圖

求轉型的需求下，愈來愈多的企業投入資金在旅館產業，也促成了旅館產業的蓬勃發展。然而相形之下實務業界受限於追求利潤極大的誘因下，將人才的養成及服務品質累積放在次要地位，於是在愈來愈多的廠商進入競爭下，很難有相對卓越的領導廠商出現。

本研究運用系統動態學方法質性模型，探討台灣國際商務旅館經營管理的系統結構。根據整體質性因果回饋環路，住房人數受到外在環境的衝擊後，進而影響入住房間數，再對保留盈餘產生決定性的結果；而保留盈餘的多寡則影響了未來投資、硬體改善與人才培育的長遠效果。此五個關鍵環路形成了台灣國際商務旅館的發展結構；其中關鍵因素是由政府政策、總房間數、保留盈餘、服務品質、口碑與品牌效應以及人力的培育等六個因素，形成了複雜動態之系統行為。

此外，政府對於觀光產業政策應建立長遠發展計畫，而非一味的飲鴆止渴，就像來台旅客人數不足，便大量開放陸客，相關配套措施不全下，最後只會成為價格競逐而犧牲品質；或因為兩岸政治關係的不確定因素，造成巨大的變動。

討論題

1. 對於大量旅客進入台灣地區旅遊，已經影響本地人的生活與觀光品質；是否應該制定每年的單一地區進入台灣的遊客人數上限？
2. 不同國家或地區的旅客來台灣是否會產生排擠效果？例如，日本遊客因其他地區來台人數上升而下降。或本地人已經不太願意到人潮擁擠的故宮博物院參觀。
3. 政府開放陸客來台，對觀光、旅館、運輸、飲食、精品……等等產業有何利益？

關鍵字

旅館產業　　　　　　　　　　　　產業發展
國際商務旅館　　　　　　　　　　政策分析

CHAPTER 14

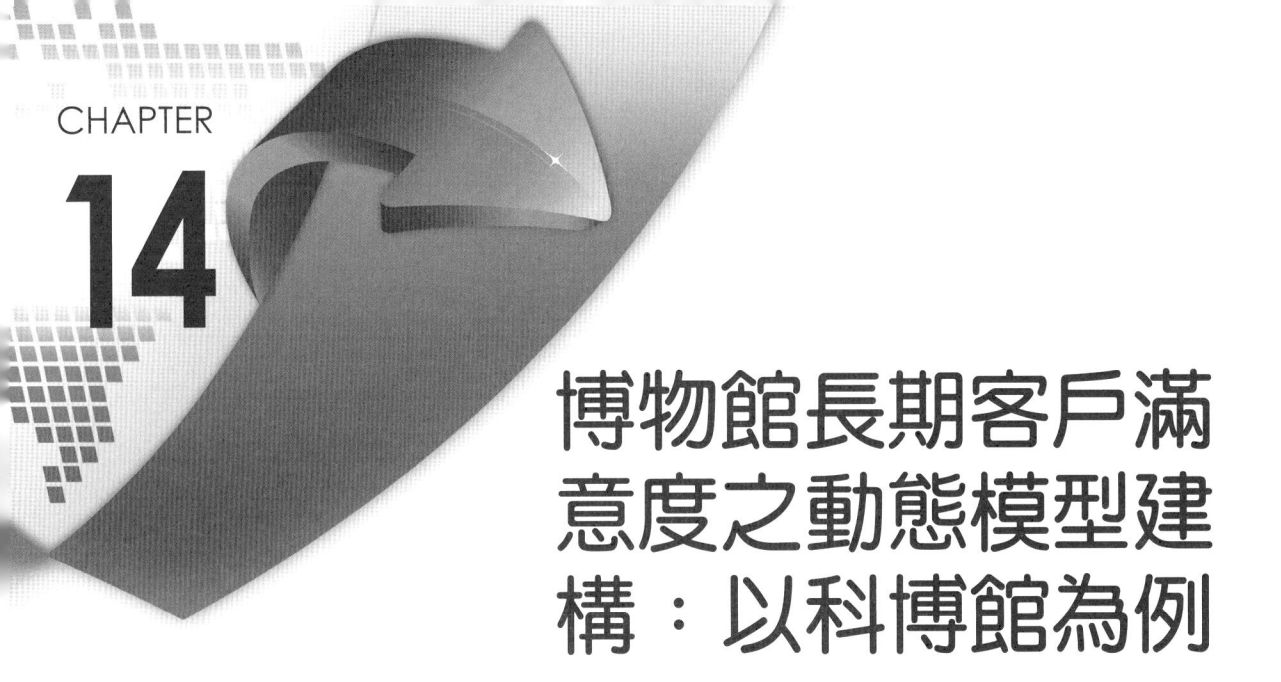

博物館長期客戶滿意度之動態模型建構：以科博館為例

國立自然科學博物館成立於 1986 年，短短的十多年的發展，於 1999 年超越國立故宮博物院，成為台灣第一大博物館，甚至成為世界上前五大博物館。1999 年至 2007 年期間，多年來吸引超過 3 百萬人次的參觀，已經成為台灣民眾最重要的觀光休閒場所。然而博物館面臨到其他休閒觀光產業強大的競爭壓力，如何爭取更多的觀眾將是個挑戰，因此長期觀眾滿意度即成為重要的議題。事實上博物館觀眾長期滿意度是一個複雜的問題，牽涉到政府政策、館方服務品質、觀眾期望、競爭者與社會環境等因素交互作用，而形成一個動態且複雜的結構。本研究利用系統動態學，探討國立自然科學博物館經營管理之系統結構，得知國立自然科學博物館之觀眾長期滿意度受到政府、館方、參觀民眾與競爭者之四個角色交互影響，最後本章進行相關政策模擬及討論。

◎ 14-1 前 言

博物館是現代文明的表徵，一個國家科學與文化水準的展現，其發展也與人類社會演進有著密切的關聯。博物館在不同時代背景呈現出不同的面貌與特色。隨著社會的進步，現代的博物館漸漸地由蒐集、保存、展示的功能，轉變成同時具有休閒、娛樂、教育的功能。再加上知識性休閒活動意識抬頭，民眾需要一個正面積極、自我成長的休閒場所，博物館因為擁有豐富收藏，讓大眾在參觀的過

程中，可得到精神上的滿足，所以博物館成為大眾休閒時的重要場所。過去 20 年來，博物館發展成為台灣新興的社會教育機構，不但大型博物館積極的興建，各縣市文化中心也陸續完成 (陳國寧，1997)。其中國立故宮博物院、國立自然科學博物館、國立科學工藝博物館每年皆有百萬以上人數到館參觀，由此可知博物館在現今的休閒活動中扮演日益重要的角色，根據交通部觀光局的資料，國內大型博物館從 1998 年至 2004 年的遊客人數統計不容忽視，如表 14-1。

◆ 表 14-1　1998 年至 2005 年台灣大型博物館遊客人次

單位：人次

年博物館	1998	1999	2000	2001	2002	2003	2004	2005
故宮博物院	3,235,169	1,800,668	1,864,061	2,149,978	2,101,217	1,327,727	1,544,755	2,637,076
台北市立美術館	557,560	457,998	723,240	743,304	412,919	297,254	350,074	463,751
歷史博物館	369,678	304,178	669,520	1,450,603	584,856	434,726	324,991	342,276
自然科學博物館	2,360,107	3,041,563	3,829,824	3,189,496	2,666,833	2,551,866	3,371,334	3,505,495
科學工藝博物館	1,480,816	1,042,970	1,219,991	846,121	1,036,217	1,451,828	1,256,906	1,476,378
高雄市立美術館	430,967	353,380	539,460	342,442	545,354	304,439	556,402	344,257
海洋生物博物館			1,874,919	2,488,855	2,347,529	1,747,566	1,837,229	1,681,652

資料來源：觀光局觀光統計年報 1998 年至 2005 年

由於民眾對於休閒的觀念愈來愈重視，遊憩參與者更加重視遊憩體驗的品質，就參與者而言，服務品質是評估管理單位效率的標準 (Backman and Veldkamp, 1995)。換言之，滿足顧客需求為依歸的時代已經來臨。由於博物館為教育機構兼具服務業之特質，而服務人員或義工在解說或服務參觀民眾之過程，傳遞服務給參觀民眾；因此博物館的經營管理愈來愈強調服務品質，期望提供更好、更即時、更適切的服務來滿足參觀者的需求。此外資訊科技的發達，博物館可藉由資訊科技為工具，以提供有效率的服務，進而提高服務品質、增加參觀民眾長期滿意度與重遊意願。

國立自然科學博物館 (以下簡稱科博館) 為台灣第一座大型科學類博物館，是一所規模恢弘、兼顧知識性與娛樂性的博物館。雖然台灣早已有國立故宮博物院，但科博館無論在硬體或軟體方面，對往後興起的各種博物館而言，有著開創、引導的使命和地位。國際性顧問公司麥肯錫 (McKinsey) 於 2003 年 10 月提出「世界各大美術館及博物館參觀人數前十名」的調查報告中，以 2002 年參觀人數做比較，台中科博館名列世界第四，參觀人數為 270 萬人。前三名分別為巴黎羅浮宮博物館、紐約大都會博物館與倫敦國家畫廊，參觀人數分別為 580 萬人、540 萬人與 490 萬人 (謝慧菁，2003)。由此可見，科博館在國內外博物館中的重要地位。

博物館之觀眾長期滿意度由服務品質、服務人員態度及館方經營策略等許多複雜且動態之因素所構成，由於各個因素相互影響，互為因果且環環相扣。因此本章透過文獻整理建構一個博物館使用者認知價值、長期滿意度與忠誠度關係的模型，並透過系統動態學的方法，從博物館的功能以及其發展趨勢等因素作一個整體性的觀察，找出所隱藏之結構及觀眾長期滿意度之影響因素，以了解系統行為；最後，透過決策模擬，找出相關的決策討論與建議，期望能作為博物館在經營管理時之參考。本章架構如下：本小節為研究動機與目的；第二節介紹博物館的定義並回顧顧客滿意度、服務品質、認知價值與忠誠度的相關文獻；第三節探討科博館的系統特色，利用系統動態學 (System Dynamics)，透過宏觀的角度探究科博館觀眾長期滿意度之系統結構，了解各個變數間之因果關係，並解釋系統行為；第四節利用系統動態學方法建構模型；第五節利用系統模擬進行各變數之敏感度分析與決策模擬，作為科博館觀眾長期滿意度研究之參考；最後為本研究的結論與建議。

14-2 文獻探討

本小節首先介紹博物館的相關定義，另外分別回顧顧客滿意度、服務品質、認知價值與忠誠度的相關文獻。

14-2-1 博物館之定義

博物館是社會文化的產物，伴隨文化的變化，博物館可以不斷豐富它的生命。博物館簡單的說是以蒐集、陳列、保存物品，以供參觀、研究與娛樂、欣賞

為目的。換言之博物館有蒐集、鑑定、登記、保存、展覽、教育、研究及娛樂等功能。不同的時空背景會產生不同的定義來詮釋博物館的內涵。本章整理各單位或學者對博物館之定義，如表 14-2 所示。

◆ 表 14-2 博物館的相關定義

單位或學者	定義
國際博物館協會 (International Council of Museums，簡稱 ICOM)	博物館是為社會和社會發展服務的非營利常設機構，對公眾開放，為研究、教育和欣賞的目的，收藏、保護、研究、傳播和陳列關於人類及人類的實物或非實物證據。
英國博物館協會 (Museum Association，簡稱 MA)	博物館是一處蒐集、保全並使文物、標本增加可及性的機構，因社會的委託而保有這些收藏品。博物館能讓一般民眾有能力透過探索收藏品獲得靈感、學習和享受快樂。
英國博物館與圖書館服務處 (Museums and Library Services)	博物館乃一公眾或私人的非營利機構。此機構建立在以教育與審美為根本目的的永久基礎，並雇用專業的人員，擁有或使用可觸摸的、動態或靜止的物品，照顧這些物品，並定期向一般大眾展示。
美國博物館協會 (American Association Museums，簡稱 AAM)	一座有組織、常設的合法非營利機構，主要以教育或美學為目的，具有明確的使命，它設有專任的、且具博物館專業知識與經驗的館員，擁有、照顧和利用文物，並定期安排符合公眾標準的、運用與詮釋文物的展覽與活動，以饗社會大眾。
日本博物館協會	蒐集、保管、展示有關歷史、藝術、民俗、產業與自然科學相關資料，並在教育的考慮下提供一般大眾利用這些資料，進行與其相關之教養、調查研究、創造所需之工作，也就是以調查研究這些資料為目的的機構。
教育部	博物館係指從事人類文化、自然歷史等原物、標本、模型、文件、資料之蒐集、保存、培育、研究、展示，並對外開放，以提供民眾學術研究、教育或休閒之固定、永久，而非為營利之教育文化機構。

資料來源：廖宛瑜 (2006)

14-2-2 滿意度相關文獻

顧客滿意度理論發展相當早且有許多不同的看法。Schreyer and Roggenbuck (1978) 以差距理論 (Discrepancy Theory) 的觀點指出滿意度乃由消費者的期望與實際感受的知覺間的差距來決定。Oliver (1981) 認為顧客滿意 (Customer Satisfaction) 是一種特定交易所產生的情緒上反應。Woodside et al. (1989) 認為顧客滿意是顧客經由消費之後所產生的整體態度表現，進而反映出顧客在消費後喜歡與不喜歡的程度。就概念性而言，消費者於購買與使用產品 (服務) 之後，會針對預期的報償與購買成本進行兩者間之比較，比較結果即形成其消費者滿意或不滿意的結果；就操作性觀點而言，顧客滿意類似其態度或認知，為顧客對產品與服務屬性之滿意總和 (Churchill and Surprenant, 1982)。滿意度之相關文獻繁多，但少有研究博物館長期客戶滿意度的文獻。

14-2-3 服務品質相關文獻

隨著時代的變遷及社會型態的改變，博物館為因應經濟、文化、社會環境所產生的經營挑戰與競爭壓力，使得博物館由被動地為參觀者提供服務，轉變為主動地為參觀者提供服務以滿足參觀者之需求，已成為博物館服務品質優劣的重要指標。雖然博物館為非營利組織，但在面臨到競爭激烈的環境，傳遞有品質的服務是企業競爭與生存的重要關鍵 (Parasuraman et al., 1985)。

Kotler (2000) 提出服務的四種特性是以描述「人員服務」為主，而博物館主要是提供參觀者專業之人員服務，因此有著較高的相關性。本研究在此運用 Kotler (2000) 所提出服務的四種特性，說明如下：

1. 無形性 (Intangibility)：服務是無形的，無法像實體產品一樣能看到、嚐到、感覺到、聽到或嗅聞到。
2. 不可分割性 (Inseparability)：係指服務之生產及消費必定同時發生，無法分割。
3. 可變性 (Variability)：由於服務有高度的多變性，受到提供服務的時間、地點及人員等因素的影響很大。
4. 易逝性 (Perishability)：服務既是無形的商品，同時也是一種施於顧客的立即性商品，只有在提供的時候才會存在，因此無法預先生產、儲存。

以博物館的資訊服務為例，說明如下：博物館資訊服務不像實體產品般，可事先看到、感覺到，所以參觀者在接受服務時，會先由博物館的外觀、室內設備、服務人員與說明文件中，預先推斷博物館的好壞，此為服務之無形性；博物館資訊服務的提供與接受是同時發生的，因此服務提供者 (博物館) 與接受者 (參觀民眾)，對於服務之品質是互相影響的，此為服務之不可分割性；博物館資訊服

務的品質會因人、事、時、地、物等因素的不同，而使參觀者有不同的感受，此為服務之可變性；博物館的資訊服務是在參觀者提出需求時發生的，無法預先產生以等待參觀者要求，此為服務之易逝性。

對於使用者而言，服務品質比產品品質更難評量；Gronroos et al. (2000) 則提出顧客知覺服務品質包含：(1) 功能上的品質 (Functional Quality) 又稱為過程品質 (Process Quality)，是指顧客在服務過程中所感受到的服務水準；(2) 技術上的品質 (Technical Quality) 又稱為結果品質 (Outcome Quality)，是指顧客對所接受的服務所做出的衡量。Parasuraman et al. (1985) 研究指出，服務品質相似於「態度」，是顧客對於事物所作的整體評價。三年後，Parasuraman et al. (1988) 由定義衡量服務品質的十項初始構面從中萃取得到一組由 22 個項目、5 個服務品質構面所組成的服務品質量表(稱之為 SERVQUAL)；本研究將其應用於博物館的服務品質，說明如下：

1. 有形性：館方所提供之服務相關的實體設施、設備及服務人員的外表。
2. 可靠性：館方服務人員正確、可信任的實現對顧客服務承諾的能力。
3. 反應性：館方服務人員積極地幫助顧客以及即時提供服務。
4. 保證性：館方服務人員具有的專業知識、禮貌以及服務執行結果是值得信賴的。
5. 關懷性：服務人員的態度親切、主動關心參觀者的需求並提供個人化的關心及服務。

國內博物館服務品質相關文獻，高大剛 (2000) 探討博物館服務品質與滿意度，則是引用 SERVQUAL 五構面，配合考慮博物館的行業特性，新增「娛樂性」、「教育性」及「安全性」三個新構面，共八個構面，來衡量服務品質並探究參與者之滿意度。同樣為探討博物館服務品質之研究，林怡安 (2001) 參考 SERVQUAL 量表原有的五構面及過去以博物館服務品質為研究之文獻，將事前期望之服務品質分為四因素，分別為「有形性」、「合理性」、「關懷性」、「設備運用性」；事後實際知覺之服務品質則分為五因素，分別為「有形性」、「合理性」、「保證性」、「關懷性」及「設備運用性」，研究中採「事前期望服務品質」與「事後實際知覺服務品質」分別衡量探討。許元和 (2002) 主要將陶瓷博物館所提供的服務品質要素，以 Kano 二維品質模式歸類，把 17 個服務品質要素分別歸屬於「魅力品質」、「一元品質」、「無差異品質」、「反向品質」及「當然品質」，顯示參訪人員對不同的屬性品質，有著不同的感受。

14-2-4　認知價值相關文獻

價值是指相較於消費者所付出的總成本之下，所得到的整體利益；價值有很多不同的形式，例如：產品的實用性、產品的形象及附加的服務等。Strauss and Frost (2001) 認為顧客認知價值，包括從顧客的觀點來提供產品的利益，特別是產品屬性、品牌或支援的服務，並藉此減少顧客服務時間、金錢與精力的付出成本。Zeithaml et al. (1988) 認為，使用者認知價值可視為是使用者對產品或服務所提供的整體效用所做的評價，也就是使用者基於所付出 (如找尋資料的時間) 與所得到 (如獲得知識) 的認知價值上對產品整體效用評估。本章認為認知價值即為參觀者對於博物館所提供的利益 (如得到知識、休閒空間之利用) 與所付出的成本 (如花費時間、門票) 兩者間的權衡 (Trade Off)。

14-2-5　忠誠度相關文獻

在現今競爭激烈的環境之下，企業光是達到顧客滿意，還不足以完全地留住所有的顧客，主要原因在於企業缺少「忠誠顧客」的認知，畢竟忠誠的顧客才是公司長期獲利的來源，Bowen & Shoemarker (1998) 認為顧客忠誠度是顧客願意再次光臨。Jones & Sasser (1995) 認為顧客忠誠度的衡量，可分為三個構面，分別為：(1) 重複購買的意願 (Intent to Repurchase)：主要在衡量顧客未來再度購買該公司之產品或服務的意願；(2) 主要行為 (Primary Behavior)：包括顧客最近購買的次數、購買頻率、金額、數量及購買意願；(3) 次要行為 (Secondary Behavior) 主要是顧客願意幫公司推薦之行為。Oliver (1997) 則定義忠誠度就是願意不計成本的重複訂購同一種產品或服務，而不去理會其他可能的選擇。綜合上述，本章將顧客忠誠度綜合顧客內在心理所引發的忠誠、顧客實際購買的行為與再次購買的意願，使其能客觀地判斷忠誠顧客。

綜合上述之博物館定義與顧客滿意度、服務品質、認知價值及忠誠度的相關文獻，本章認為博物館是為具有保存、蒐集文物、教育之功能機構，並隨著資訊科技之進步，其所提供之服務除實體的設備、設施外，博物館內館員所提供的專業知識、館方所提供更便利的數位資訊服務，及利用科博館對參觀民眾進行教育推廣等等，也是服務項目。因此博物館所提供的服務除硬體設備外，尚包括軟體之館員服務、音樂氣氛、數位服務與教育推廣。儘管過去文獻已提供許多博物館服務品質或滿意度影響之相關研究，然而博物館的長期目標是在追求參觀民眾的

長期滿意度,而非只看重於「一次性」的參觀行為,且過去學者專家之研究並未提及長期觀眾滿意度、社會人力資源運用、數位科技應用以及政府補助意願等因素對於博物館整體發展的影響,此為本章有別於其他文獻之處。

14-3　科博館的系統特色

本節首先介紹博物館之一般特性、台灣博物館的特性以及科博館的系統特色。

全球博物館之一般特性如下:

1. 博物館是現代文明的表微,一個國家科學與文化水準的指標。
2. 博物館是一座自然、科學或藝術珍品的貯存所 (Repository)。
3. 博物館是一個物件導向 (Objected-Oriented) 的機構,蒐集人們注意的物件。
4. 博物館是一個同時具有學習、教育、娛樂並對公眾開放之機構。
5. 博物館是為了提升國民文化素養與知識水準而永久存在的「常設性」機構。
6. 博物館長久以來被界定為公益的非營利機構。
7. 數位化、全球化。

根據本章研究,科博館的系統特色如下:

1. 參觀人數眾多、再使用率高。
2. 位階中高、編制規模大、預算額度較高。
3. 是台灣第一座以科學課題為重點之博物館。
4. 長期規劃建設。
5. 與學校團體互動頻繁,參觀者以團體觀眾為主。

14-4　質性因果關係模型建構

本節應用系統動態學方法建構博物館客戶長期滿意度各因果關鍵環路圖,並針對因果關鍵環路圖內具有關聯性之變數與參數加以整合,並加以描述其系統行為。

■ 年度預算對服務品質之影響

對於博物館經營而言，如何能有效地運用博物館之經費，以達到博物館營運目的，是個重要的議題。透過年度預算對門票收入之影響來看，如圖 14-1 所示。由科博館每年需提列之年度預算開始，政府給予科博館該年度預算額度高，則可用於數位科技應用與硬體設備之投資經費額度隨之增加，科博館數位科技應用普遍，提升科博館服務品質進而正向地影響到參觀民眾的滿意度及忠誠度，前往科博館參觀的人數也隨著上升。科博館歷年累計觀眾人數增加，科博館的門票收入增加代表科博館營運狀況佳，政府之補助意願亦隨之增高，便決定下一年度之預算額度。由此環路可看出年度預算對服務品質之影響為正性環路。

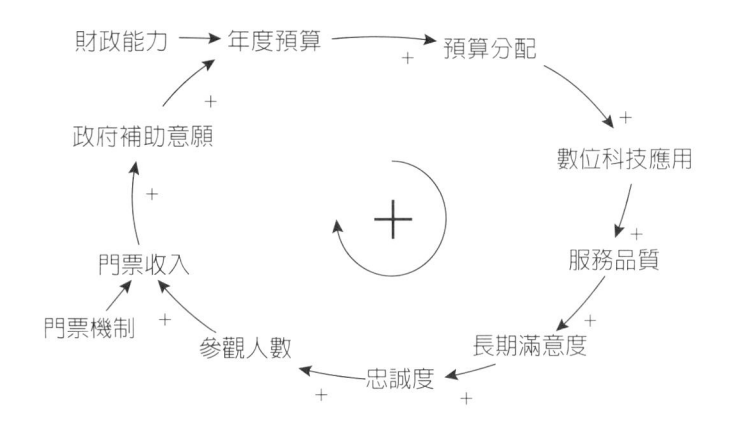

△ 圖 14-1　科博館年度預算對服務品質之影響

■ 博物館專業人員質量對長期滿意度之影響

政府對於科博館經費之補助意願高，則科博館可動用之年度預算額度增加，可多聘請具有專業知識之工作人員，進而提升科博館素質，增進科博館經營績效，讓參觀民眾前往科博館參觀時能得到更專業的自然科學之原理與現象，提升民眾之長期滿意度與參觀意願。讓原本潛在之參觀人數意願提高，自然參觀人數亦隨之增加。但由於其他同業競爭者吸引力，將造成部分參觀民眾捨科博館而選擇其他的場所進行活動。因此唯有透過加強科博館之專業素養，以提高觀眾之長期滿意度，使觀眾願意一再地前往參觀，方能有效加強科博館經營績效。環路圖如圖 14-2 所示。

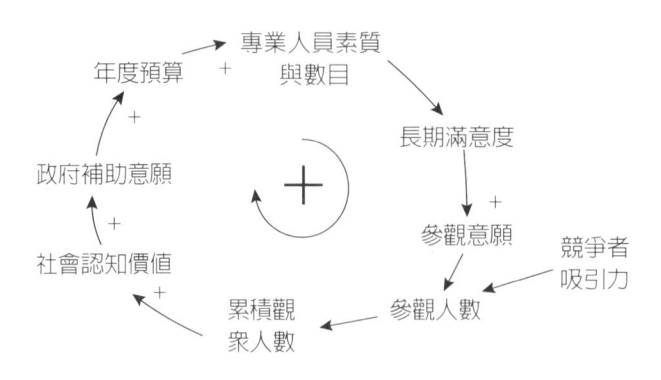

▲ 圖 14-2　科博館專業人員質量對長期滿意度之影響

■ **累積設備對預算需求之影響**

　　提供給民眾一個優質的參觀環境，博物館每年都編列設備採購經費，以便能提供更完善之硬體與環境，讓參觀民眾使用。隨著每年新設備之採購，科博館所累計的設備數也隨之增加。但由於設備數量的逐漸增加，相對的維護費用也必須提高，造成科博館營運成本增加，收支結算中成本增加，造成科博館預算需求提高，科博館所提出之年度預算額度亦隨著增加。形成正性的增加環路如圖 14-3 所示。

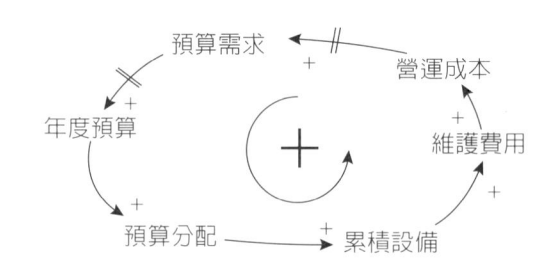

▲ 圖 14-3　科博館累積設備對預算需求之影響

■ **義工人數對於服務品質之影響**

　　近幾年來由於政府補助經費不足、人事精簡，博物館為有效地經營，必須與社會結合，開發社會人力資源，充分運用非正式人力，透過義工人數對於服務品質之影響。如圖 14-4 所示，可知當年度預算提升，經費分別運用於聘請專業人員、數位科技應用、科教活動及設備投資之額度增加，服務品質提升，社會大眾對科博館的認同感及口碑逐漸成為正向，樂意成為其義工為大眾服務，使得科博館可使用的之社會人力資源增加，對科博館而言可以節省人事費用避免浪費，形成負性調節環路。

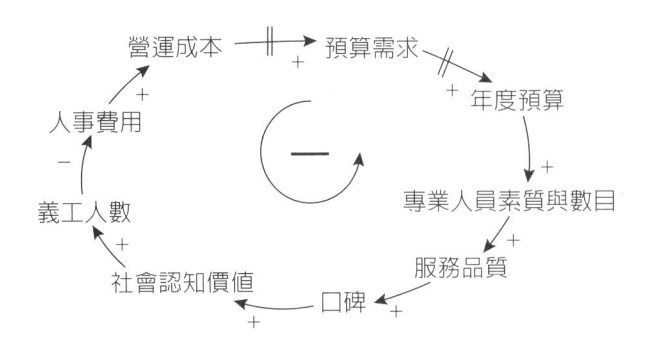

◎ 圖 14-4　科博館義工人數對服務品質之影響

■ **整體環路圖**

上述數個關鍵因果環路說明了服務品質、觀眾長期滿意度與科博館經費的運作模式，接下來加入外部因素及科博館內部相關因素進行探討說明。科博館的經費預算來源主要來自政府機構、門票收入以及競爭者吸引力的排擠，館員人數隨著經費的增加而增加，因為服務人員增加後科博館不需要擴充人力，館員人數不受影響；因此科博館人事經費壓力減少，可用於硬體與資訊投資的部分增加，科博館所累積的設備及服務水準亦增加，科博館為因應所增加的設備，必須提撥更多的維護費，造成科博館的經費壓力。但由於採購新設備及提高服務水準後，觀眾長期滿意將隨著提升，參觀人數亦增加，科博館門票收入及政府補助亦隨著增加。圖 14-5 為科博館觀眾滿意的整體因果回饋環路。

◎ 14-5　結果模擬與決策分析

▶ 14-5-1　結果模擬

科博館客戶長期滿意度模型，由服務品質、所累積設備、觀眾人數及長期滿意度與其他因素交互作用，產生複雜、動態的結構。我們針對數個重要變數的動態模擬結果進行說明，分別是年度預算、義工人數、教育團體、觀眾增量及累積觀眾人數。並且本研究之系統動態學量化模式模擬結果與歷史資料之數據進行比較，其說明如下：

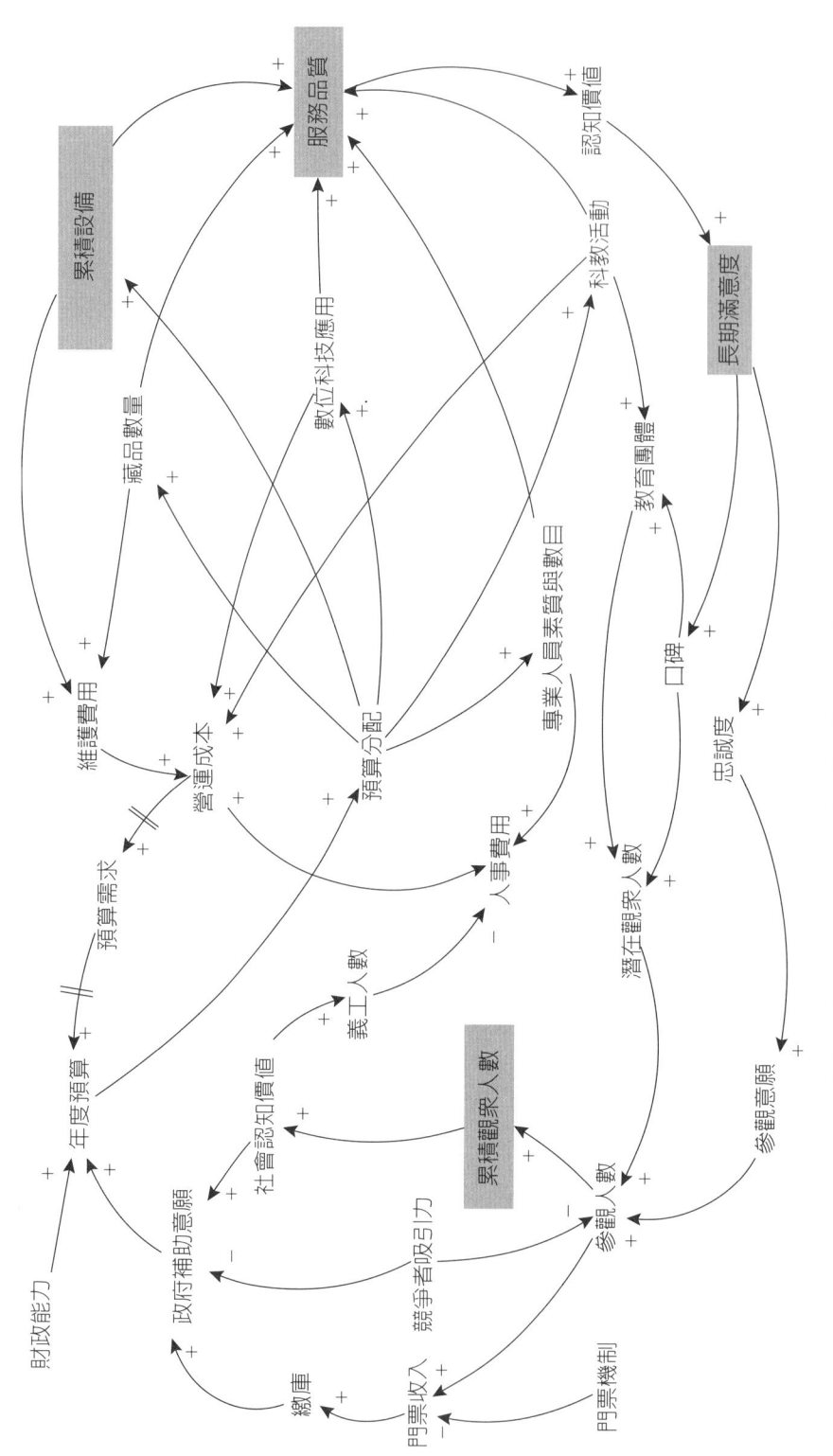

▲ 圖 14-5　國立台中自然科學博物館發展之整體因果回饋環路

■ 年度預算的模擬

本章訪談科博館高階管理相關人員後，得知科博館為社教機構，採行公務預算機制，因此科博館的收入於年終結算後，全部繳交政府。支出的部分則於該年度之前提出預算，再送教育部，教育部再送立法院審核，立法院根據項目及金額的合理性進行刪除或增加後，才將預算經費於年度開始前交給科博館。然而科博館於 1994 年度前均屬建設期間，故經費支出較高；1995 年到 1997 年度間，尚有植物園建築經費，另因會計年度自 1999 年 8 月起由 7 月制改歷年度，故編列 1999 年下半年及 2000 年度一年半之預算；至 1998 年度以後已無建築費用，取而代之的為開館後所需的各項人事、消耗、維護等經常支出；科博館年度預算實際值與模擬結果之比較如圖 14-6 所示，模擬結果可反應真實系統的行為特徵。

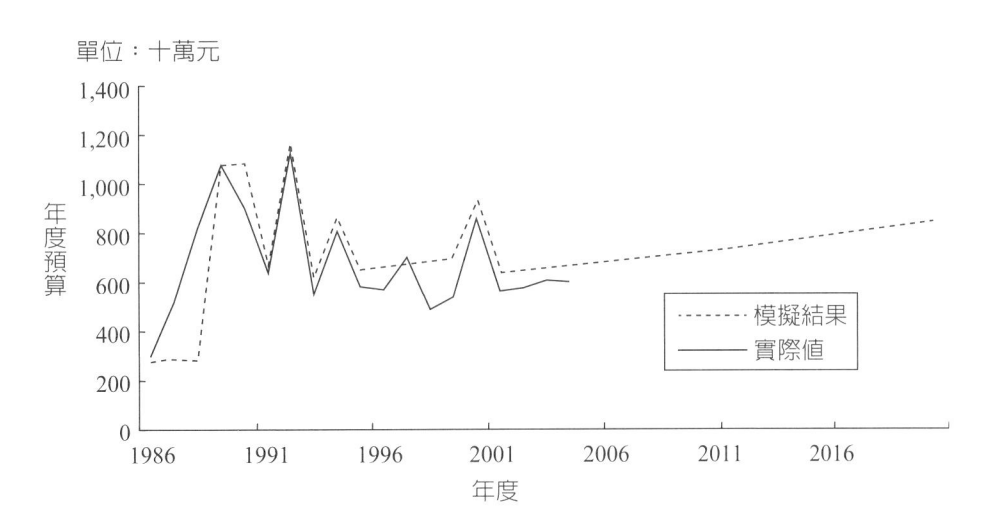

▲ 圖 14-6　科博館年度預算模擬結果比較

■ 義工人力資源運用模擬

科博館自 1986 年第一期建館開放以來，即積極運用義工人力資源協助各項館務工作之推展，分為科教活動、觀眾服務、研究支援及行政支援等。第二、三、四期館相繼於 1988 年、1993 年開放，業務更加複雜繁重。在早期國內社教機構運用義工並不普遍的情形來說，科博館運用義工至今已有 20 年的時間；無論甄選、訓練、考核、福利及淘汰都已建立一套完整制度。科博館義工在 1994 年為 438 人，至 2004 年增至 1,018 人，表示社會大眾對科博館的認同感有逐漸增加的趨勢，義工們願意為科博館貢獻時間，以協助有支薪人員提供服務，在政府預算

不足、人力精簡的情形下,更有賴於義工的協助與幫忙,為更多參觀民眾服務,對於科博館而言,更可以透過義工達到節省人事費用之效益。科博館義工人數實際值與量化模擬結果比較如圖 14-7 所示。

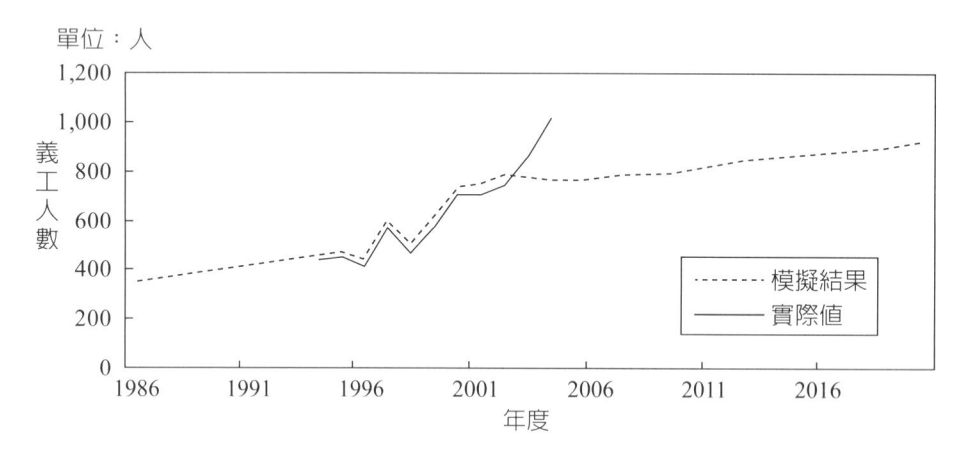

◎ 圖 14-7　科博館年度義工人數歷史值與模擬結果比較

■ **教育團體的參觀團數模擬**

科博館展示內容豐富且深具教育功能,且針對學童設計參觀活動學習單,各級學校經常辦理教學參觀活動,故歷年來科博館以團體參觀居多,佔所有觀眾人數四成。圖 14-8 為科博館歷年教育團體數與模擬結果之比較。

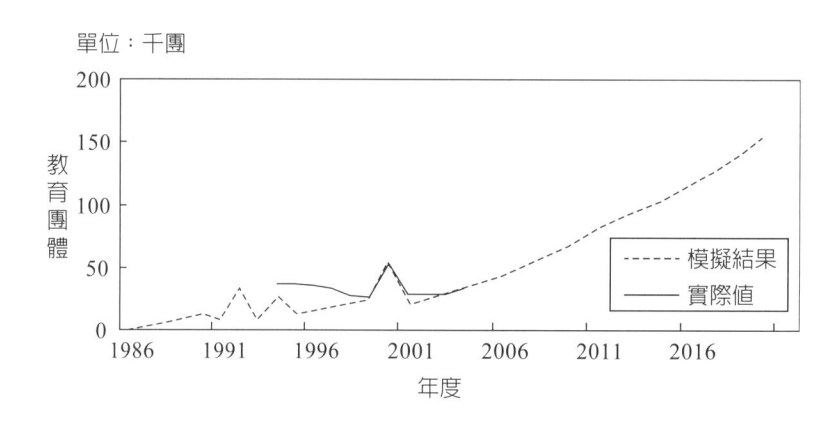

◎ 圖 14-8　科博館教育團體數量歷史值與模擬結果比較

■ **觀眾增量（每年參觀人次）**

科博館自 1986 年太空劇場、科學中心開館,即吸引 164 萬人到館參觀;至 1988 年生命科學廳加入,到館人數增加至 266 萬人;中國科學廳及地球科學廳於

1993年開放,參觀人數達310萬人,其後三年由於新鮮感逐漸降低,1997、1998兩年間參觀人數一度下滑,至1999年植物園開始人氣始又回升;2000年舉辦「古埃及的今生與來世特展」使參觀人數達370萬人創歷年新高。之後科博館每年度推出多項精彩特展,如2001年之「兵馬俑──秦文化特展」等,使參觀人數持續上揚。科博館歷年參觀人數與系統模型模擬系統行為結果比較如圖14-9所示。

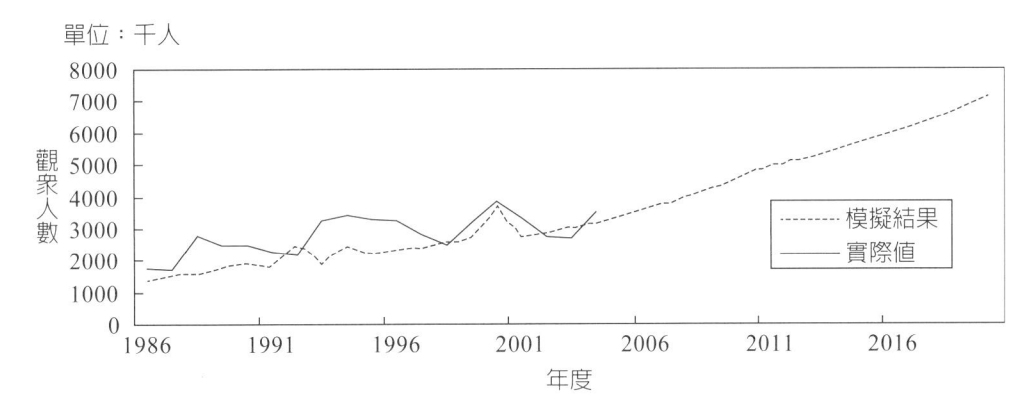

▲ 圖14-9　科博館歷年觀眾人數歷史值與模擬結果比較

■ **累積觀眾人數**

隨著每年參觀民眾的增加,使得科博館之觀眾人數得以持續累積,提升科博館名知度,則政府更願意提供更佳的資源。圖14-10的實線是本研究模式模擬的結果,在2004年之前累積成長較迅速;之後將呈現緩慢地成長;實線表示科博館歷年累積之觀眾數。

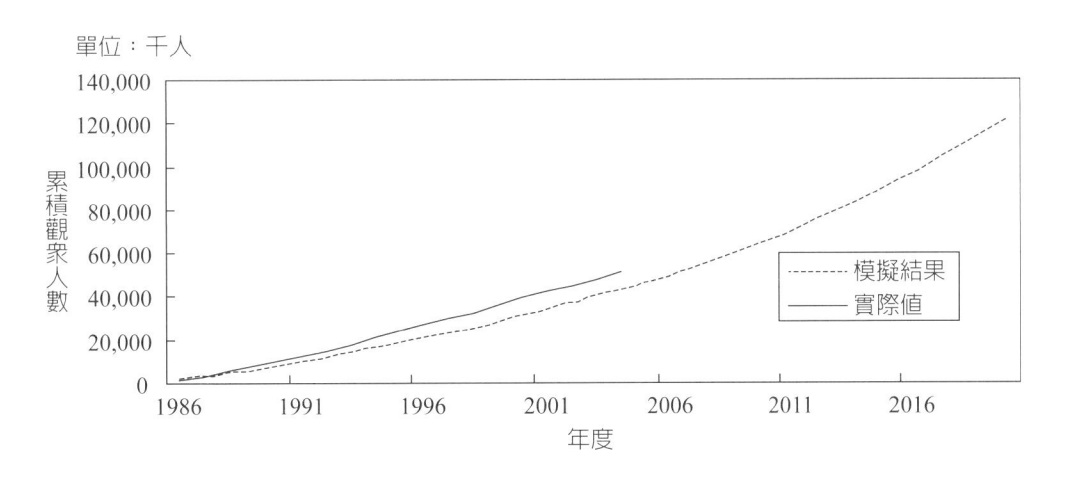

▲ 圖14-10　科博館累積觀眾人數模擬結果比較

14-5-2 決策模擬

本小節將擬定相關變數之情境條件進行政策模擬分析，希望透過模擬結果找出重要關鍵因素，期望能作為政府、科博館管理者，甚至其他博物館在經營管理時之參考。

1. 科博館減少人事費用之投資，將預算經費增加於科教展示、數位科技應用以及蒐集研究，是否累積觀眾人數會增加？或者減少？

減少人事費用之投資，將預算經費增加於科教展示，則累積觀眾人數上升(如圖14-11)。

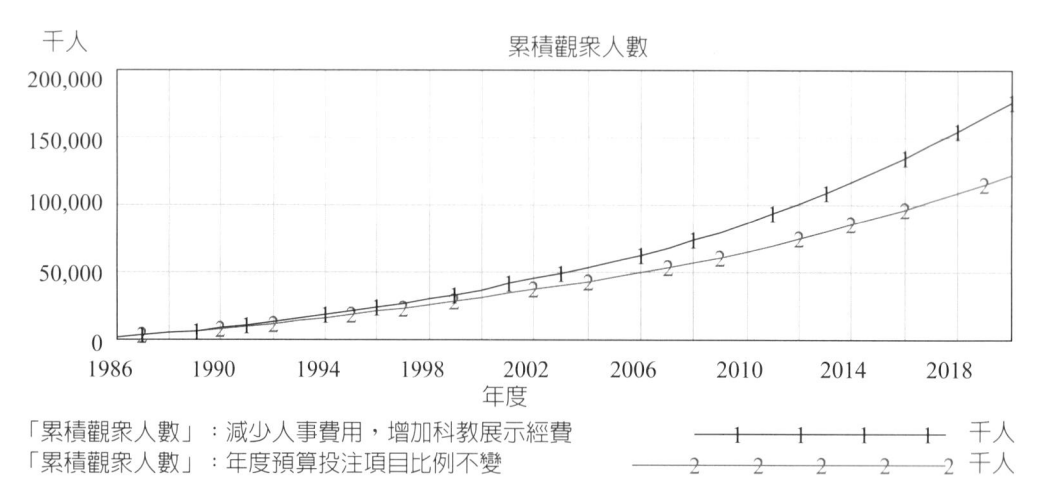

◆ 圖 14-11　科博館增加科教展示經費之累積觀眾人數模擬結果

若是減少人事費用之投資，將預算經費增加於設備投資應用，則累積觀眾人數上升(如圖 14-12)。

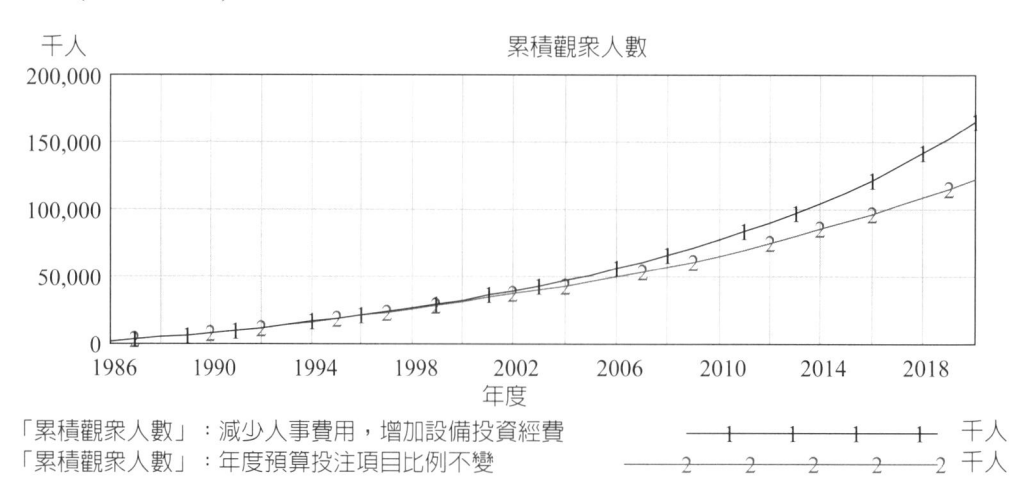

◆ 圖 14-12　科博館增加設備投資之累積觀眾人數模擬結果

減少人事費用之投資，將預算經費增加於自然物蒐集研究，則累積觀眾人數變化不大 (如圖 14-13)。

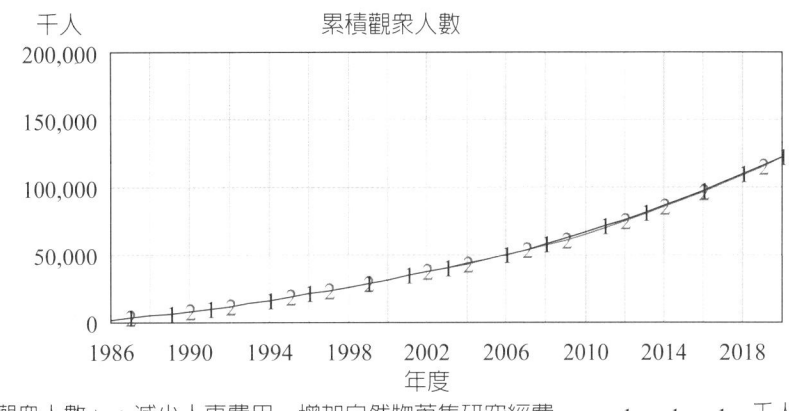

▲ 圖 14-13　科博館增加自然物蒐集研究之累積觀眾人數模擬結果

減少人事費用之投資，將預算經費增加於數位科技應用，累積觀眾人數變化不大 (如圖 14-14)。

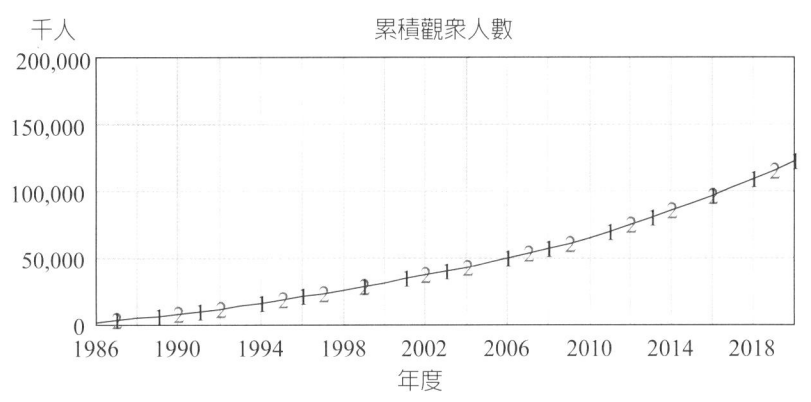

▲ 圖 14-14　科博館增加數位科技應用之累積觀眾人數模擬結果

由上述之情境模擬 (如圖 14-11 至圖 14-14)，可明顯地看出當科博館之管理者將人事費用之經費減少，轉而投資於科教展示及設備採購兩個項目，對於增加參觀人數而言成效，會優於經費投資於數位科技應用與自然蒐集研究部分。

2. 門票價格上升之影響

由於科博館主要以門票及場地設備管理收入為主，因此當管理者將平均門票由原本的 164 元提升至 300 元時，對於科博館之年度預算有實質的幫助，年度預算之額度亦將隨之微幅提升。模擬結果如圖 14-15 所示。

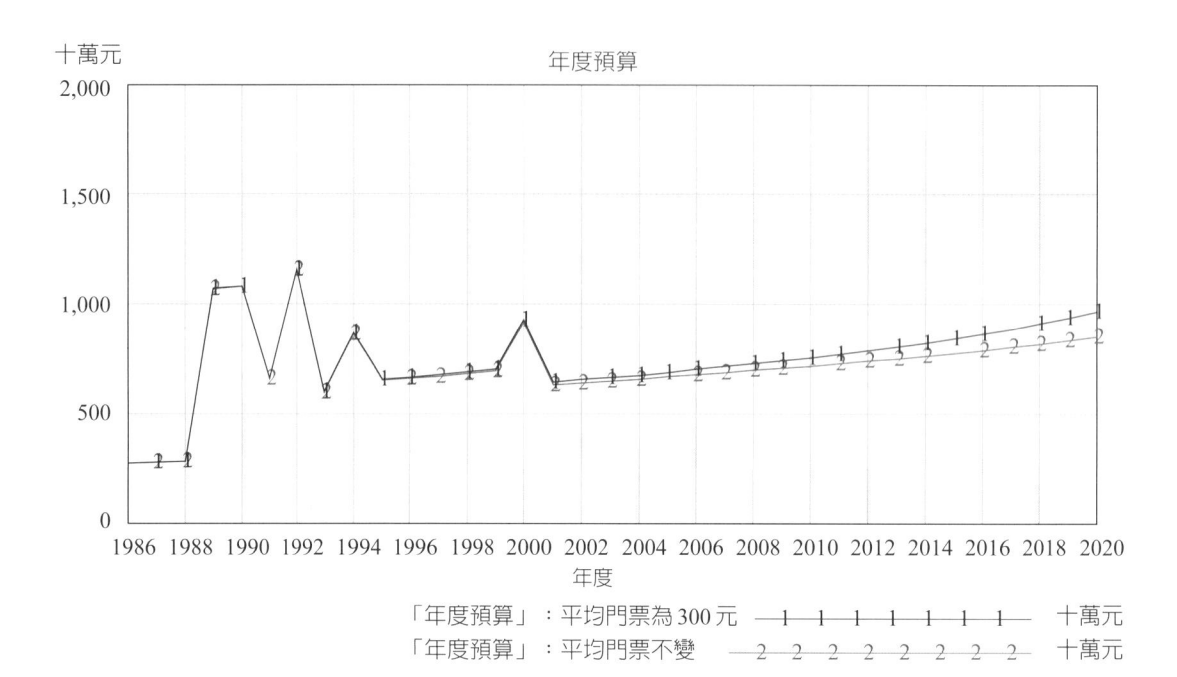

◎ 圖 14-15　科博館提升平均門票之年度預算模擬結果

3. 政府財政能力之影響

政府財政能力主要取決於該年度之國民生產毛額，透過提高該年度財政能力變數，政府給予科博館補助額度增加，進而提升科博館之累積觀眾人數，但幅度不大。如圖 14-16。

4. 競爭者吸引力之影響

隨著休閒產業的發達，民眾假日休閒娛樂之選擇變多，對於科博館而言，新建的國立或私立之博物館將增加其競爭者引力。當競爭者吸引力增強，需要政府補助之博物館增多，將降低政府補助科博館之意願，受到競爭者排擠效應之影響，科博館之年度預算額度亦隨著減少。如圖 14-17 所示。

▲ 圖 14-16　科博館提高財政能力之累積觀眾數模擬結果

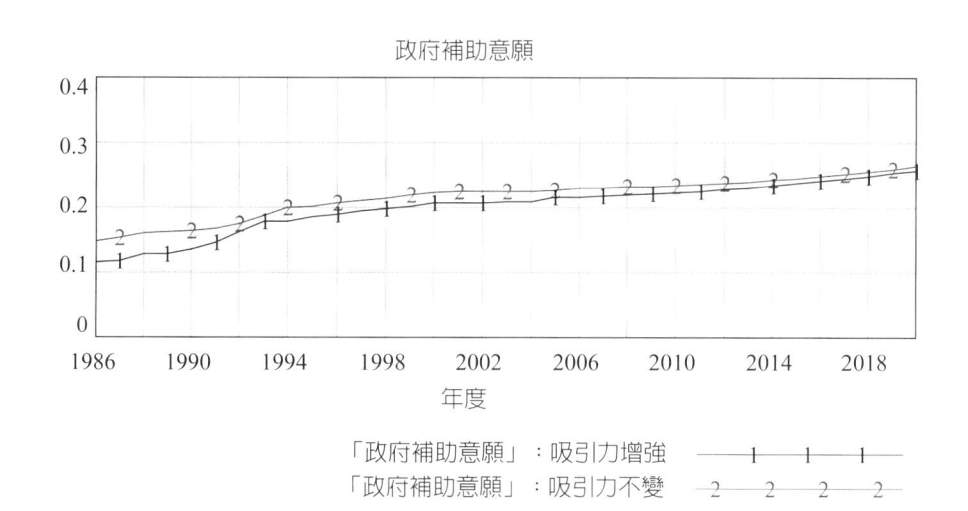

▲ 圖 14-17　競爭者吸引力對政府補助科博館意願之影響

14-6　結論與建議

14-6-1　結　論

　　全球博物館擁有「文化指標、珍品之貯存所、物件導向、兼具學習、教育及娛樂性、常設性、非營利為目的、數位化全球化及義工制度」等等主要的一般特性；然而科博館更具有五項特色：「參觀人數眾多與忠誠度高、佔地廣大、編制規模大、長期規劃建設、與學校互動頻繁」。因此由上述各個不同層級之博物館特色歸納，可知博物館是一個複雜的問題，因為各個博物館分別具有不同條件以及特色與定位，例如，國立故宮博物院之定位是全球首屈一指的中華古代文化藝術寶庫；國立台灣美術館則定位為台灣美術發展寫歷史，鼓勵創新、奠基未來。然而因定位不同，經營管理時所牽涉之複雜因素也不同，而且博物館必須長期經營，投入經費、人力及設備等。而各個博物館定位、規模、地理位置等客觀條件的影響，使得科博館發展動態結構有其特殊性與複雜性，而導致有不同的系統結構，所以博物館產業長期經營發展其特殊性及共通性是值得進行深入探討。

　　本章利用「系統動態學」，以整體觀的角度，找出科博館經營管理之系統結構，並且經由研究顯示科博館之觀眾長期滿意度主要受到政府、館方、參觀民眾與競爭者四個角色交互影響而成。其受到政府財務挹注影響很大，館方推出科教展示主題，以及數位科技服務之應用，累積眾多觀眾、長期滿意度及廣大民眾認同，進而擁有許多志工。但是龐大的人事成本負擔，確實已經成為科博館長期經營下最大的壓力。由系統動態模式中可得知科博館長期滿意度累積現象，受到數個主要關鍵環路交互作用：服務品質、所累積之設備、專業人員之素質與數量及義工人數影響，彼此之間環環相扣、互為因果。

　　藉由擬定不同情境條件進行政策分析結果，科博館經費主要收入來自於門票及場地設備管理收入，因此當科博館平均門票提高的話，科博館年度預算亦受到影響而小幅增加。並且由於科博館預算經費額度固定，管理者可透過減少人事費用之投資，增加額度於科教展示及硬體設備之投資比例，將有效地提升觀眾參觀滿意度進而提高民眾前往參觀之人數。

　　因此，藉由本章之系統動態模式以及關鍵因果環路探討，了解政府政策、館方的策略、競爭者與觀眾四個角色，如何透過系統結構影響博物館發展之系統行為；可作為研究其他博物館經營管理者之參考。

14-6-2 建　議

本章主要以科博館為主要研究對象，透過宏觀的角度找出博物館觀眾長期滿意度之結構，並利用系統模擬進行各變數之敏感度分析與決策模擬。本章經由模擬結果分析提出下列幾點建議，以供科博館及其他博物館之參考，分別敘述如下：

1. 由於科博館經費編列於公務預算體系下，受到政府法規約束，財務需仰賴政府補助，科博館本身並無自主權。是故建議科博館須考量是否建立獨立財務經營模式，使科博館財務健全度，得以因應社會變遷，快速機動調整。

2. 博物館屬於兼具服務業性質之社會事業，但隨著國人教育水準的提升，觀眾愈來愈重視服務品質，因此博物館可透過提供更多優質服務項目提供令人滿意的體驗，進而提高博物館觀眾之參觀意願與忠誠度，例如，向他人傳播、提高再訪或重遊意願等，以便提高博物館之經營績效。

3. 近年來政府與民眾對於休閒娛樂逐漸重視，導致休閒產業蓬勃發展。如國內不同型態新興博物館與國外博物館來台設分館，而這些趨勢造就了其他台灣博物館界面臨到強大的競爭壓力，已不再能以典藏品貯存所而孤芳自賞了，如何增加民眾進入博物館學習新知的動力及娛樂功能，將受到更大的重視。

4. 近年來，台灣地區的博物館有蓬勃發展的現象，博物館數量成長迅速，政府花大錢增設博物館，但是前往參觀之民眾寥寥無幾。甚至該如何定位新的主題博物館，不只是硬體設備之提供，亦是個值得探討之議題。

由本章可知利用系統動態學建立博物館長期滿意度累積模式，是一個不錯的研究途徑。換言之，系統動態學可適用於未來其他博物館發展之研究，以及博物館其他相關議題，希望未來有興趣的學者可以繼續深入的研究。

討論題

1. 如果科博館位階提升，從教育部下提高為隸屬總統府 (例如：故宮博物院) 或行政院下，則在經費更充裕下，是否會經營得更好？
2. 在博物館中設立低價速食店是否會和科技、自然、藝術的氣氛不相應？
3. 政府近幾年在各縣市蓋了許多主題館，但乏人問津而成為「蚊子館」，您認為原因為何？

關鍵字

博物館	忠誠度
科博館	服務品質
長期客戶滿意度	認知價值

附註

原文投稿《IJEBM》期刊並參考廖宛瑜 (2006) 碩士論文內容修改而成。

CHAPTER 15

台灣跆拳道運動發展之成功模式

跆拳道運動已經成為世界上所流行的一項單項體育運動。2000 年跆拳道運動成為雪梨奧運正式競賽項目。然而如何發展跆拳道運動，增加國家知名度與形象，成為部分新興工業化國家 (Newly Industrialized Countries，簡稱 NICs) 的努力目標。2004 年奧運第二屆跆拳道比賽，台灣跆拳道團隊立即得到兩面金牌與一面銀牌。事實上台灣發展跆拳道運動已近半個世紀，初期由軍隊引進，歷經「引入」、「全民運動」、「進軍國際」與「展露實力」等四個時期。近幾年來政府與民間大力鼓勵跆拳道運動選手在奧運比賽獲獎。官方提供了有利的誘因，並配合引進外籍教練等關鍵的機制，促進了跆拳道運動比賽的成功。事實上台灣跆拳道運動的發展是一個動態且複雜的過程。其發展過程牽涉政府、社會大眾、運動員、教練、學生等角色因素，彼此環環相扣，互為因果。本研究利用系統動態學，以整體觀的角度，探討台灣跆拳道運動發展之系統結構，並且試圖解釋其系統行為。最後本章模擬政府提高獎金誘因時，對於選手人數累積與獲得奧運獎牌的影響。

◉ 15-1 前　言

跆拳道運動已經成為世界上流行的一項運動。截至 2005 年 12 月為止，世界跆拳道聯盟 (The World Taekwondo Federation，簡稱 WTF) 於全球已有 179 個會員

國 (表 15-1)，顯示跆拳道運動的蓬勃發展且推廣到世界各國。1988 年跆拳道運動已被列為奧運之表演賽項目，直到 2000 年跆拳道運動才成為奧運正式競賽項目。而部分新興工業化國家更是以此運動項目，作為增加國家知名度與形象的途徑，例如台灣、南韓等國家，近十幾年來非常積極發展跆拳道運動。

2004 年 8 月雅典奧運會比賽，台灣跆拳道團隊立即得到兩面金牌與一面銅牌。台灣跆拳道在奧林匹克運動會 (The Olympics，簡稱奧運) 之表演賽與正式比賽的表現，共獲得獎牌數為七金、一銀、七銅的傲人成績 (表 15-2)。

◆ 表 15-1　世界跆拳道聯盟會員 (國) 統計表

區域聯盟	會員 (國) 數量
亞洲跆拳道聯盟 (Asian Taekwondo Union, ATU)	41
歐洲跆拳道聯盟 (European Taekwondo Union, ETU)	47
泛美洲跆拳道聯盟 (Pan American Taekwondo Union, PATU)	42
非洲跆拳道聯盟 (African Taekwondo Union, AFTU)	39
澳洲跆拳道聯盟 (Oceanian Taekwondo Union, OTU)	10
合計	179[※]

[※] 2013 年共 205 個會員。

◆ 表 15-2　歷年奧運比賽台灣代表隊奪牌統計

	年　份	金　牌	銀　牌	銅　牌
奧　　運	1988	2	0	3
	1992	3	0	2
	2000	0	0	2
	2004	2	1	0
總　　數	1988 ～ 2012	7	1	10

事實上台灣發展跆拳道運動長達近半個世紀。1966 年台灣由國防部的引進，並大力推行於軍隊之中，其發展歷程初期由軍隊引進，歷經「引入」、「全民運動」、「進軍國際」與「展露實力」等四個時期。隨著時間累積之後，慢慢盛行於民間。尤其在 1988 年和 1992 年的兩屆奧運示範賽中，分別奪得二金、三銅和三金、二銅的優秀成績，造成台灣跆拳道體育界士氣大振，全民學習跆拳道風氣

盛行。根據中華民國跆拳道協會 2005 年 5 月為止，已登記之跆拳道道館有 675 家，2010 年達 1,031 家；加上各級學校跆拳道社團均已紛紛成立，使得跆拳道學習人口成長極為迅速。

台灣政府與民間，自從奧運納入跆拳道比賽以來，大力鼓勵跆拳道運動選手在奧運比賽獲獎。例如官方主要政策是提供了選手獲獎的高額獎金之誘因政策，並配合引進外籍教練等關鍵的機制，並且於 2000 年後注重奧運比賽選手的基本體能科學化訓練；促進了跆拳道運動比賽的成功。

其實台灣跆拳道運動的發展是一個動態且複雜的過程。其發展過程牽涉政府、社會大眾、運動員、教練、學生等因素，彼此環環相扣，互為因果。本研究利用系統動態學，以整體觀的角度探討台灣跆拳道之系統結構，並且試圖解釋其系統行為。最後本章模擬政府提高獎金誘因時，對於選手人數累積，獲得奧運獎牌之政策效果。

15-2　跆拳道運動的特性

為了歸納出跆拳道運動的特性，本研究人員訪談了台灣跆拳道國家代表隊總教練蔡明志先生，與參加多次國際級比賽的台灣選手黃志雄先生 (於 2004 年奧運獲得銀牌)；亦蒐集了相關文獻，整理如下：

15-2-1　跆拳道運動一般特性

■ **運動傷害大**

經由訪談台灣跆拳道國家代表隊總教練蔡明志先生，他指出跆拳道運動是兩個選手互相攻擊對方，進而求取勝利的一項競賽運動。經年累月的練習後，對於腰部、膝關節與踝關節，造成運動傷害的機率也相對地提升，因此選手受傷的比例高於其他項田徑或球類運動。

■ **比賽節奏快**

2005 年 4 月跆拳道比賽時間改變，男子由每回合三分鐘縮短為每回合二分鐘。女子則維持不變，每回合同樣是二分鐘。相較於柔道的男、女組各為五分鐘和四分鐘，跆拳道的節奏是緊湊快速的進行比賽過程。

■ 動作難度愈高得分愈高

2004年奧運銀牌台灣選手黃志雄提到:「為了加強激發選手攻擊的意識,因此動作難度愈高則得分愈高」。像是「空中頭部跳踢」得三分、「空中胸部跳踢」得兩分。而其他站立地面旋踢、下壓、前踢、後踢等擊中頭部或胸部,都是判得一分。因此選手們為求高分,都積極採取困難度高之動作。

■ 世界級選手比賽生涯短

跆拳道運動員訓練不易,需從小培養起,培養一位跆拳道運動員需7年至11年的時間。然而跆拳道運動員必須在體能巔峰時,方能達到成績的高峰,其最適年齡為18歲至28歲(蔡葉榮,2000)。但運動傷害是不可避免,要做好運動防護措施,否則運動生命就會因此而縮短,更嚴重者則會斷送運動生命而退出比賽場。

■ 體型高瘦者佔優勢

對於跆拳道選手而言,瘦長的體型佔有先天的優勢。在同樣體重級數競賽中,肢體較長者,通常能以最快的速度,在有效的攻擊範圍內,擊中對手並取得勝利。因此體型之優劣勢為比賽勝敗的關鍵之一。

■ 賽前選手須心理輔導

心理輔導的進行,可加強並穩定跆拳道運動員的心理狀態,並協助他們在體育場內外,發掘自己真正的潛能。克服自我、教練及社會大眾所帶來的壓力,也是跆拳道運動員成功的基礎。

▶ 15-2-2　台灣跆拳道運動之特性

■ 台灣人的體型優勢

在亞洲地區,由於台灣大多數跆拳道選手的體型是屬於瘦、高型的體格,速度較為敏捷,可以增加進攻的難度,達到高得分效益的成果,因此跆拳道在台灣是被重視的單項體育運動項目之一。

■ 人才找尋不易

台灣是以升學為主的社會型態,家長常以學生的課業成績,來決定是否讓學生參加社團活動。在升學主義的國家,培養體育運動選手十分困難;尤其是跆拳道運動,長期相同的訓練動作枯燥乏味,學習的熱誠和興趣也常漸漸消失,最後會留下來訓練的人已經不多了,當中的優質選手更是少之又少,所以造成人才短缺。

■ **缺乏其國際經驗的本土教練**

　　教練是隊伍裡最關鍵角色，而本土教練的培養上缺乏長遠眼光和戰略安排的經驗，因此必須依賴國外教練來台指導，造成沒有外籍教練較不易獲得國際比賽佳績，因此 2002 年以後台灣積極引進國外的教練。

■ **長期累積發展**

　　在 1966 年台灣跆拳道是由軍隊引進，認為跆拳道將有助於提升部隊戰力，同時亦可推廣為民間運動，達到健身強國之目的。由於長期的累積發展，跆拳道整體技術與學習人口漸臻成熟，故台灣在國際跆拳道比賽中時常得獎牌。

15-3　系統動態模型建構

▶ 15-3-1　質性模式

■ **累積選手人數之環路**

　　優秀選手的多寡，影響跆拳道運動的發展。其先決條件是須先累積相當的學習人口。然而跆拳道運動選手的受傷率，則不利於累積學習人口數。當對每位選手的體適能訓練增加，或者累積比賽經驗時，會增加跆拳道選手的受傷率。要使跆拳道運動員受傷恢復，也要有國際級的運動傷害醫療水準。可是目前台灣的專屬運動傷害醫療水準，未達到國際水準。因為每名運動員均須有一名專業的運動防護員來照顧選手。目前的運動級醫療水準是明顯不足，造成整體的學習人口累積趨緩，受傷率對累積學習人口而言，形成了一個負性調節環路 (圖 15-1)。

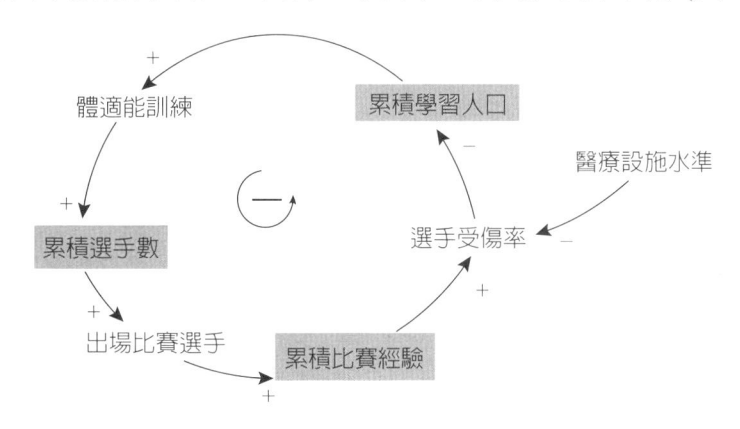

▲ 圖 15-1　累積學習選手人數之因果環路

■ 競技能力之累積

　　選手競技能力之提升，是國際比賽獲獎之關鍵因素之一。是故除了選手本身的素質之外，最重要的是本身教練團對選手之訓練。其中除了本土的專任教練給予技術上指導，還包括外籍教練以科學方式進行體適能訓練。外籍教練將國外新資訊和器材，引進台灣，使得台灣選手的競技能力能夠維持在國際水準上，讓國家級選手變成世界級選手，即為在奧運會上得到更多金牌的重要途徑。由本土教練與外籍教練對選手訓練以提升競技能力，進一步增加獲獎機會；進而吸引更多人成為教練，形成一個正性回饋環路，如圖 15-2 所示。

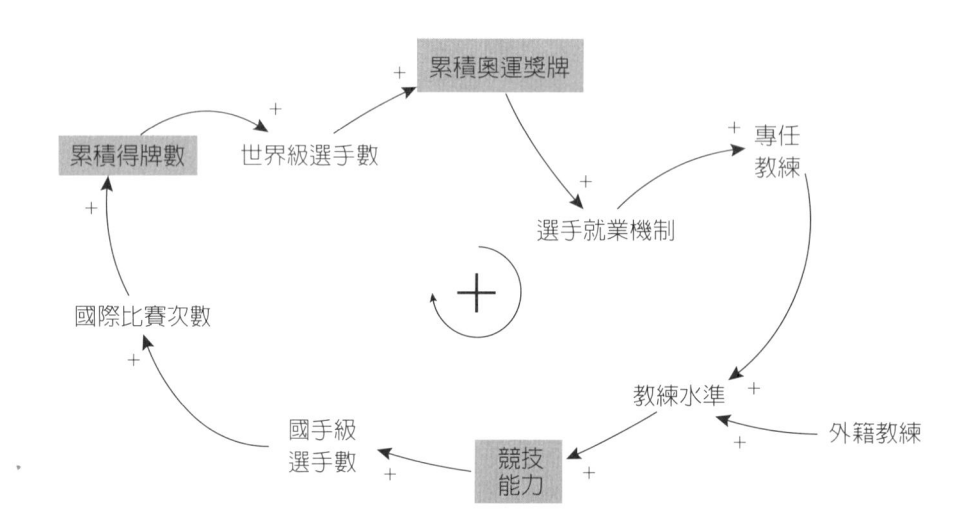

▲圖 15-2　累積競技能力之因果環路

■ 累積比賽經驗環路

　　累積比賽經驗也有利於提升競技能力與獲獎機會。根據中華民國跆拳道協會統計，截至 2006 年 5 月為止，台灣參加的國際比賽包含世界跆拳道錦標賽、亞洲跆拳道錦標賽、東亞運、世界大學運動會、世界運動會、亞運和奧運等，所累積的總獎牌數為 249 面。因此當國際比賽得獎牌數愈多，能夠有更高的吸引力，吸引更多有興趣的人口參與跆拳道運動項目，可累積更多學習人數。經由適當的體適能訓練後，從中挑選出優質選手進行培訓；並在比賽經驗之累積後，足以提升選手的競技能力，所以可以累積更多的獎牌，而形成一個正性環路，如圖 15-3 所示。

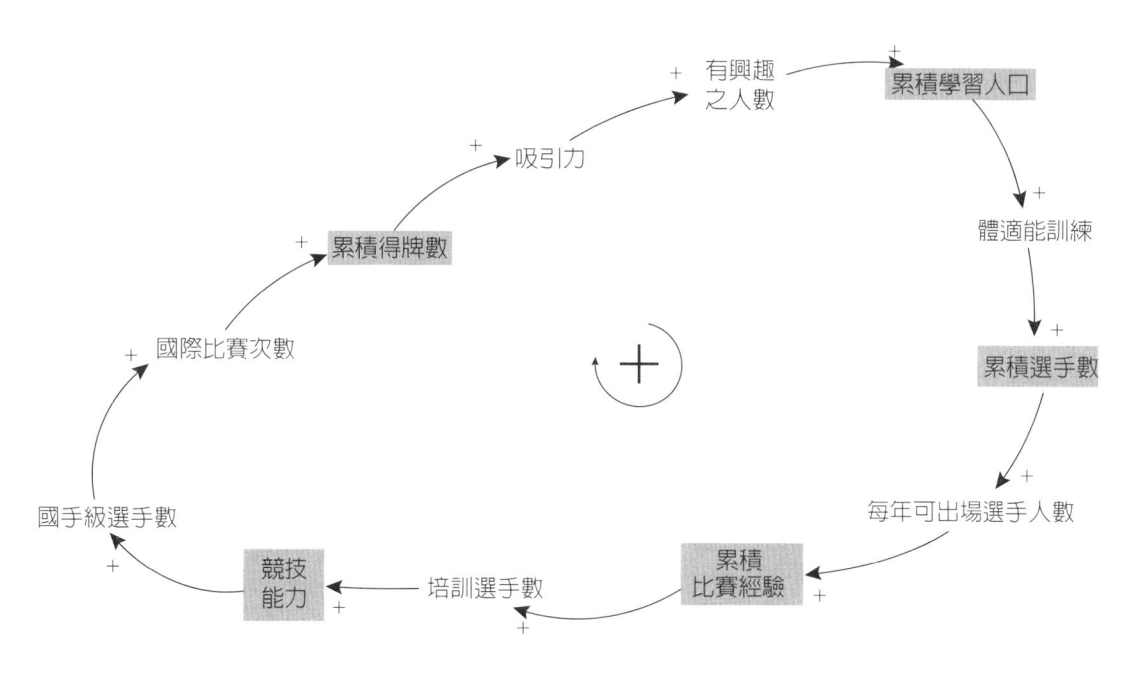

▲ 圖 15-3　累積比賽經驗之因果環路

■ 政府體育政策之影響環路

　　政府提供優渥的資源是台灣發展跆拳道運動的重要助緣。行政院體委會每年都會撥款給各單項運動協會。體委會針對國家級選手進行訓練與就業輔導，如選手在奧運上得到很好的成績殊榮，會特別去安排職缺。這樣的規劃是很重要的，第一讓選手有安定的感覺，第二深具彈性，選手可自由選擇轉任教職或是教練，使表現優秀之選手轉任成教練人數提升，因此可以訓練出更多的選手形成另一個正性環路，如圖 15-4 所示。

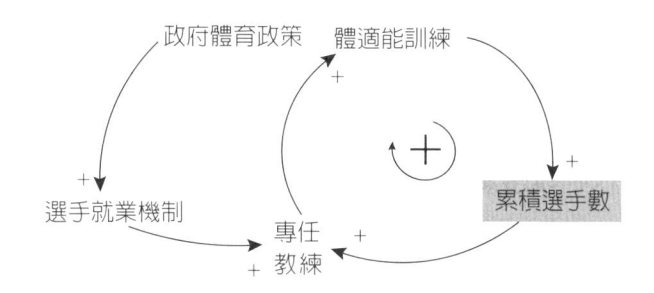

▲ 圖 15-4　政府體育政策之影響環路

■ 台灣跆拳道發展整體環路圖

　　由上述三個重要正性環路與一個負性環路交互作用，形成台灣跆拳道運動的

特殊的複雜特性。換言之累積選手人數、比賽經驗、競技能力，以及政府政策對跆拳道發展之影響；建構成整體環路如圖 15-5 所示。此質性模型經過台灣跆拳道國家代表隊總教練與一位在奧運比賽獲獎之選手檢視，他們一致認為此模型已經相當完整，且具有解釋能力。

▶ 15-3-2　量化模式

由上述質性模式建立後，再利用 Vensim 軟體建構量化模式。本研究共包含 32 條方程式和六個積量變數，其中重要積量方程式的建構與非線性變化的處理說明如下：

■ 競技能力

經訪問 2004 年奧運銀牌得主黃志雄先生得知：依難度可將國際跆拳道比賽可分成七個等級；分別是「奧運、世界跆拳道錦標賽、亞洲跆拳道錦標賽、亞運、東亞運、世界大學運動會與世界運動會」。在跆拳道尚未成為奧運正式比賽項目之前，都是以世界跆拳道錦標賽和亞洲跆拳道錦標賽為主要比賽舞台，也是攸關於能否得到奧運金牌的指標。

本研究將競技能力由 0 分到 100 分表示，再將奧運細分成金、銀牌與銅牌兩個層次；共可分成八個等級：(1) 70 分以上，代表奧運銀牌與金牌的實力，因為奧運金牌和銀牌實力在伯仲間，只是看當時的臨場反應而決定金和銀牌得主，所以同屬一個水準；(2) 60 分至 69 分，具有參加奧運且得銅牌的實力，但和金牌和銀牌的選手有實力上的差距；(3) 50 分至 59 分，表示可參加世界跆拳道錦標賽且得牌的實力；(4) 40 分至 49 分，代表可參加亞運且得牌實力；(5) 30 分至 39 分，表示參加亞洲跆拳道錦標賽且得牌的實力；(6) 20 分至 29 分，具有參加東亞運且得牌的實力；(7) 10 分至 19 分，代表參加世界大學運動會且得牌的實力；(8) 0 分至 9 分，具有參加世界運動會且得牌的實力。台灣跆拳道國家代表隊總教練表示：初學的學生訓練的時數達到每年 450 小時，再從中篩選出對跆拳道有興趣之人數，但是最後只有 9% 的人會留下長期學跆拳道。而留下來的人自然就成為一般比賽選手候選人，將這些選手候選人再進行更嚴格的訓練，然後才能進而成為真正國際性比賽的選手。其中的選手候選人只剩 50% 能夠變成比賽的選手。只有排名在前面的 2% 跆拳道運動選手，再加以訓練才能成為國際級的選手。但是其累積的競技能力必須排名在世界前 3% 的選手，才能獲得奧運獎牌。

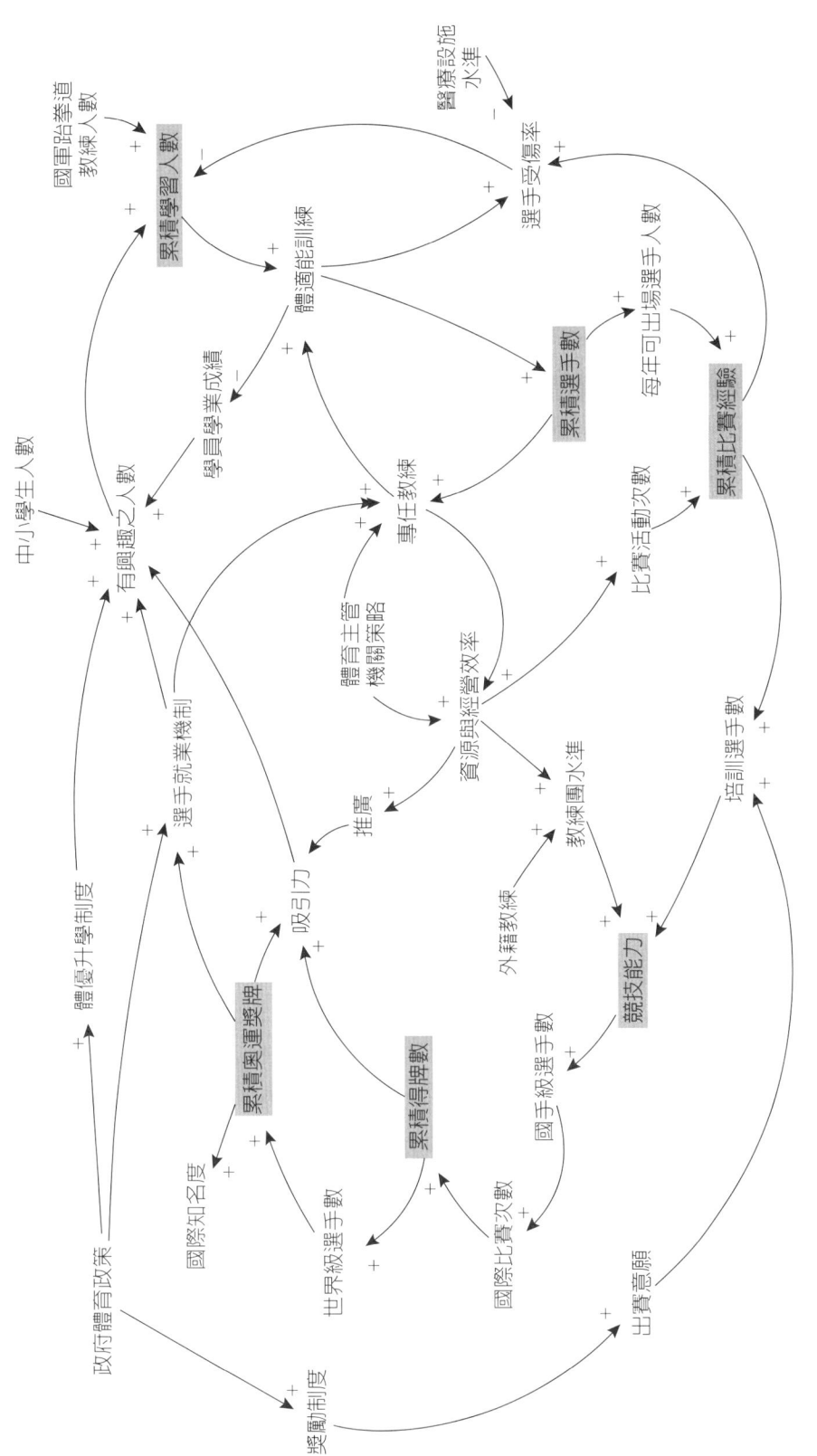

▲ 圖 15-5　台灣跆拳道運動發展整體因果環路圖

■ 政府體育政策

台灣官方對體育的重視程度逐漸上升，但補助金額成長幅度不同。若當國際比賽即將舉行時，或該年度在國際比賽獲得佳績，就會在年度預算編列上增加預算給跆拳道協會，以提供誘因鼓勵得獎。因此呈現一非線性的關係，如圖 15-6。X 軸為年度，Y 軸為重視程度以 0 至 10 為範圍，其中數字愈高表示政府補助意願愈高，10 為政府補助金額已達最高上限。而且隨著經費的補助與獎金提高，增加的幅度會趨緩；因為會對其他體育運動項目產生排擠效果，故呈現非線性關係。

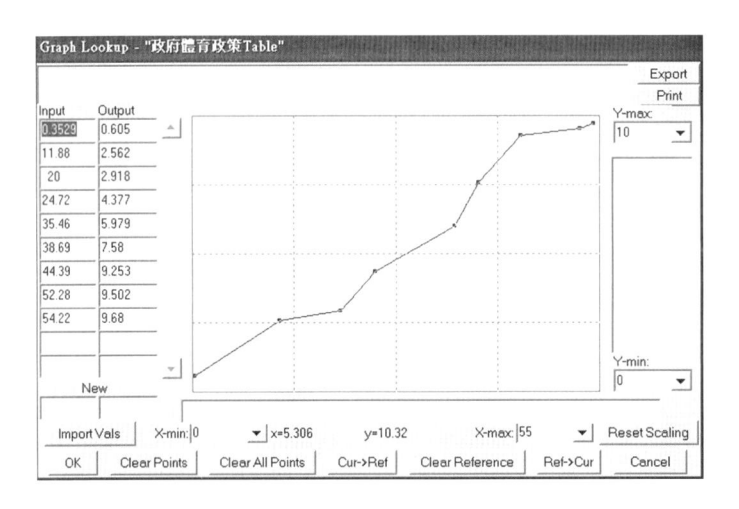

△ 圖 15-6　政府體育政策

◎ 15-4　結果分析與政策模擬

本研究建構台灣跆拳道運動之系統動態模型後，則可以進行模擬系統行為 (Coyle, 1998)，我們模擬 1966 年至 2005 年的結果，並且比較歷史資料趨勢，以及模擬政府政策改變時對系統的影響，例如提高獎金誘因之影響。

▶ 15-4-1　結果分析

台灣跆拳道運動產業發展模式，經由不斷的在國際比賽上奪金得銀，累積更多的獎牌和競技能力，終於在 2004 年的雅典奧運正式比賽中，得台灣首面的奧運金牌。其發展主要是由各個關鍵因果環路交互作用而形成的，產生動態且複雜

的發展結果。本研究將焦點放在重要的積量變數：即模擬累積選手人數、競技能力、累積奧運獎牌。從圖 15-7 與圖 15-9 的實際觀察值與模擬值趨勢線，可知模擬結果具有相當的外部效度 (Forrester and Senge, 1980)。

■ 累積選手數

根據中華民國跆拳道協會統計資料加以整理，從 1966 年到 2006 年為止，台灣累積已達到 685 位國際級選手。他們參加過世界運動會、世界大學運動會、東亞運、亞洲跆拳道錦標賽、亞運、世界跆拳道錦標賽、奧運的比賽，如圖 15-7。其中實線表歷史資料的觀察值和虛線表模擬值。由圖中資料趨勢可知台灣的國際級選手累積呈穩定成長，是台灣發展跆拳道之重要基礎❶。

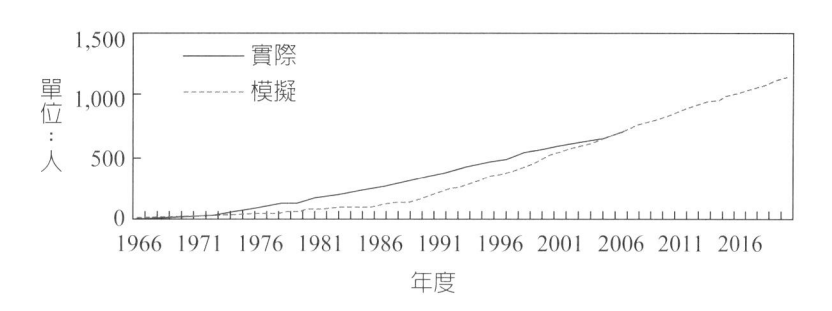

◎ 圖 15-7　累積選手數實際值和模擬值

■ 競技能力

競技能力的累積受到協會成立、獎勵制度、教練團機制等歷史性重大因素的衝擊，加上關鍵環路的互為因果，因此造成競技能力呈現非線性的波動。1973 年第一屆世界盃跆拳道錦標賽開賽後，同年成立中華民國跆拳道協會，在此時期各大專院校都成立跆拳道社團，競技能力大幅提升。但在 1977 年至 1987 年這段時間台灣參加國際比賽受到國際政治打壓，無法連續每屆參加比賽，缺少實戰比賽的經驗。因此競技能力有上升趨緩甚至降低情況。但在 1988 年後台灣選手得到奧運示範賽金牌，使得台灣跆拳道選手再次站上國際舞台，鼓勵了選手的企圖心，大幅提升競技能力。並且在 2000 年達到另一個高峰期而得到奧運銅牌，以及在 2004 年時得分得到奧運兩面金牌與一面銀牌，如圖 15-8 所示。

---

❶ 部分選手已退休或轉成教練等。

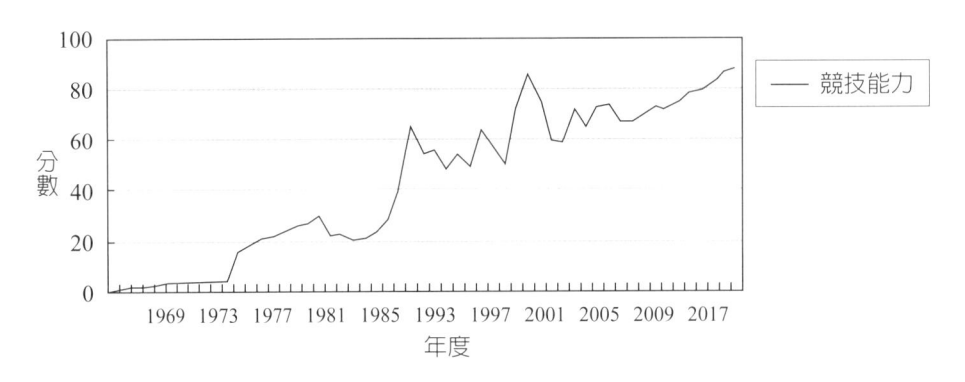

▲ 圖 15-8　競技能力模擬值

■ **累積奧運獎牌**

　　從 1988 年的跆拳道示範賽就已經開始獲得金牌，累積至 2004 年奧運，總獎牌數為 7 金 1 銀 7 銅，共 15 面獎牌之佳績 (如圖 15-9)。因為奧運每四年比賽一次，歷史資料實際值亦呈現階梯狀的上升。

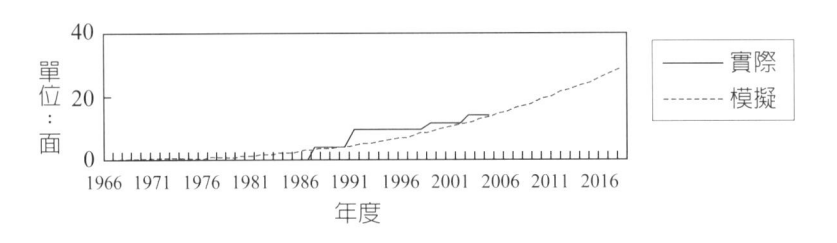

▲ 圖 15-9　台灣累積奧運獎牌實際值和模擬值

15-4-2　政策模擬

　　政府對於台灣跆拳道單項體育運動發展提供了重要的誘因，而高額的獎金鼓勵，更是直接鼓舞選手的企圖心。然而每年政府對單項體育運動的重視程度皆不同，本章模擬當政府將獲獎選手的獎金，分別增加至新台幣 300 萬與 1,500 萬元時，對累積選手的人數與奧運獎牌的影響。結果顯示：當每人獎金增加 300 萬元時，對累積選手的人數與奧運獎牌變化不大；但是增加為 1,500 萬元時，則對累積選手的人數與奧運獎牌有大幅度的影響❷ (如圖 15-10、圖 15-11)。

---

❷ 2008 年台灣選手負傷出賽，雖受國人感動，然而只是運動比賽，重傷仍不退場，是否符合運動精神？值得深思。

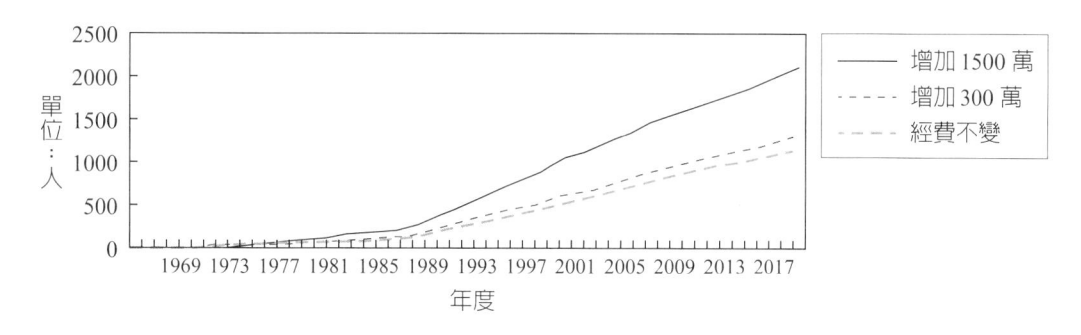

▲ 圖 15-10　提高經費對累積選手數模擬之影響

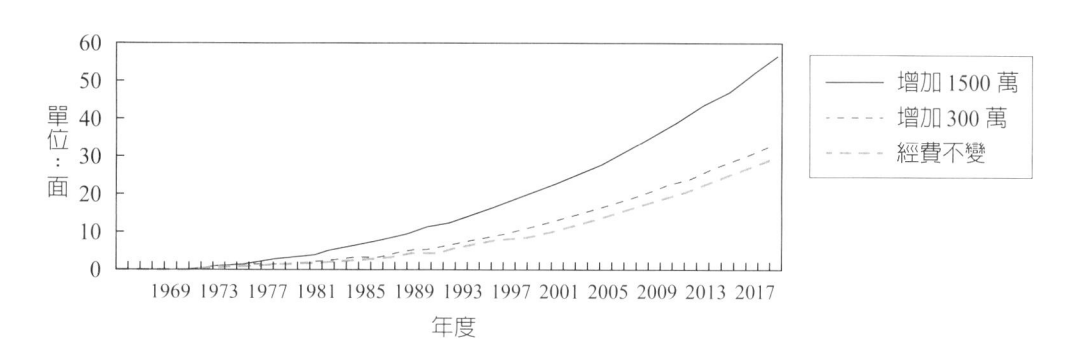

▲ 圖 15-11　提高經費對累積奧運獎牌之影響

15-5　結　論

　　2000 年跆拳道運動成為澳洲雪梨奧運正式競賽項目。部分新興工業化國家把發展跆拳道運動，作為增加國家知名度與形象的目標。台灣跆拳道發展模式是一個成功的例子，事實上台灣跆拳道發展受到政府體育政策、師資、選手培訓、環境等複雜因素交互作用，使得其結構有其特殊性與複雜性，形成了複雜且動態的過程。經過長期的累積，其整體競技能力已經達到國際一流的水準。本研究模擬台灣政府補助金額提高時，確實能吸引並且培養更有實力的選手，以及累積更多奧運獎牌的效果，增加國家形象與知名度。然而選手的受傷率與運動醫療水準的改善、培養國際級教練，則是有待進一步發展跆拳道運動的重要途徑。若選手過度重視獎金誘因，是否令健康運動的精神沉淪，亦是一大警訊。

　　本章利用系統動態學建立台灣跆拳道運動發展模式，可以有效解釋其複雜的系統行為。並且也可以增加對其他新興工業化國家 (例如：南韓、大陸) 發展此

單項體育運動，即發展跆拳道運動模式的了解。它也許可適用於其他競技運動之發展研究，例如：太極拳、柔道、空手道，甚至是棒球、足球、籃球等運動的發展。

討論題

1. 國家發展體育運動項目之目的是為了什麼？強國強民？還是爭取金牌？曾發生台灣選手負傷比完賽程，是否符合運動家精神？
2. 為何台灣長期以來運動傷害相對於先進國家偏高？

關鍵字

體育政策	單項體育運動
跆拳道運動	體適能訓練
奧運	運動產業

附註

原文發表於《OR Insight》期刊及《2005年工研院創新與科技管理研討會》修改而成。

CHAPTER 16

台灣職業棒球發展之動態模式

棒球在台灣是最重要的球類運動,然而職業棒球發展卻是遭受很大的挫折,國內職棒受黑道簽賭、球員打假球事件重挫,因此許多台灣優秀的職業棒球選手大多到美國與日本職業球隊發展。自 1968 年起棒球成為台灣最熱門運動項目,然而職棒的成立卻遲至 1990 年才開始。雖然政府與民間組織希望將台灣職業棒球運動,能成為一項運動、休閒產業,但是發展近 20 年來卻發生數次的危機,也僅有一支球團有財務盈餘。事實上職棒的經營受到母企業、贊助商、媒體、球迷、球團、球員、廣告商及其他休閒組織、球員倫理與社會環境等因素的影響,這些因素交互作用形成一個複雜且動態的系統結構。本章以系統動態學探討 1990 年至 2008 年台灣職業棒球發展的結構,增加對它的行為了解,並且模擬未來發展趨勢及作了球團發展之相關策略討論。

◉ 16-1 前　言

近三、四十年來,台灣地區人民所得和教育水準提高,進而提升了生活品質與注重休閒活動,間接促使台灣職業運動的成立與發展。在台灣光復之後,棒球逐漸成為重要的運動之一。1968 年台灣紅葉少棒隊擊敗世界冠軍日本和歌山少棒隊,之後 1969 年至 1982 年之間,台灣在世界少棒賽一共奪得十三次的世界少棒冠軍。1980 年代起,世界各地刮起棒球旋風,台灣在包括少棒、青少棒、青棒與成棒在內「四級棒球」的優異表現,改變了世人對蕞爾小島的印象。1984 年成棒

隊在洛杉磯奧運勇奪銅牌，使台灣棒球實力獲得世界公認；1992 年巴塞隆納奧運的銀牌，重振台灣棒球王國的威名。因此棒球不僅凝結了台灣人的集體記憶，更在世界舞台上打響台灣的名號，使得棒球成為台灣的「國球」。建立職棒聯盟便成為下一個夢想。

職業棒球發展健全與否是衡量國家棒球水準的指標，因此職業棒球發展是一個重要的議題。職棒營運實際上屬於商業的行為，其經營理念應該與其他產業並無不同，皆以獲利為目的 (葉公鼎，1990)。職業運動的發展以營利為目的，代表此項運動的商業化 (楊福珍，1996)，而職業運動的成立及出現，可說是業餘運動發展的極致 (蔡岱亨，2003)。1990 年「中華職棒聯盟」成立，將台灣棒球的運動型態由業餘帶向職業，棒球運動因此成為台灣人休閒與消費生活的一環 (施致平，2002)。

職業棒球聯盟能永續經營，獲利將是一個重要的課題。相對地，一個能夠獲利的球團，才有繼續經營的可能。Yilmaz & Chatterjee (2003) 指出職業棒球產業愈蓬勃發展時，球員的薪資、球團的收入、轉播權利金與周邊商品的販售成為球隊重要的收入，使得職棒球團獲利因而增加，可見職業棒球運動的收入具多元性。台灣職業棒球的發展直到 2003 年 (職棒 14 年) 才出現了第一支獲利的球隊。

本質上球團屬於營利組織，跟其他企業類似，受到外在社會環境或是組織內部因素的影響，中華職棒聯盟在發展過程中，分別在 1996 年 (職棒 7 年)、2005 年 (職棒 16 年) 與 2008 年 (職棒 19 年) 因黑道簽賭、球員打放水球、球隊解散等負面事件，引發球迷人數銳減，造成球團虧損加劇，導致少數球團因經營困難而解散，台灣的棒球運動因此經歷數年的黑暗期。所幸 2001 年的第 34 屆世界盃棒球賽奪得世界第三、亞洲第一的佳績，消除了職棒受負面事件影響的低迷氣氛，重新點燃了球迷對棒球的熱情，並創造新台幣 6 億多元的經濟效益及 674 人的工作機會 (林房價、劉秀端，2005)。可見獲利模式與永續經營成為台灣職棒發展重要的議題。

台灣職業棒球聯盟系統成員包含母企業、贊助商、媒體產業 (電視公司、電台、網路……等)、球迷、球團、球員、廣告商，以及其他休閒組織 (高興桂，2000)。其發展受到許多因素影響，其中包含球員與教練長期的培訓、企業經營方式、球迷票房的支持、球員薪資對球隊戰績影響 (黃煜、魏文聰，2004)、社會環境及運動倫理學 (許立宏譯，2004) 等種種因素的影響，上述因素環環相扣彼此作用，形成一個長期、複雜且動態的結構。

在國內先後有中華職棒聯盟與台灣大聯盟先後成立，本章以「中華職棒聯盟」為主，並未對已經解散的「台灣大聯盟」加以探討。而台灣職棒球團中，「兄弟象」為第一支獲得盈餘的球團 (胡振池，2003)，資料蒐集以「兄弟象」球團為指標，聚焦在棒球發展之永續經營。首先彙整職業棒球發展歷程，歸納出職業棒球一般特性與台灣棒球之系統特性，利用系統動態學探討台灣職業棒球系統結構，嘗試提出職棒發展動態模型，解釋其系統現象，以增加對台灣職棒系統行為的了解，並透過動態模式進行趨勢模擬，以期對台灣職業棒球發展有所助益。

16-2 職業棒球發展史及其特性

16-2-1 世界職業棒球發展史

自 1869 年起美國就有第一支的職業棒球隊，1876 年成立了世界第一個職業棒球聯盟「國家職業棒球聯盟」(National League of Professional Baseball, NL，簡稱國聯)，美國是職業棒球最早的發源地 (陳筱玉，1994)。職業棒球對美國人而言是一種文化性，且具區域發展性的一種活動，屬於一種文化產業 (Cultural Industries) (Beyers, 2002)。而日本職業棒球聯盟則是亞洲地區職業棒球的發源地。日本棒球是 1873 年由美國人 Horace Wilson 將棒球的玩法、規則以教學方式傳入日本。1878 年組成在日本的第一支棒球俱樂部「新橋俱樂部」(謝士淵、謝佳芬，2003)，1931 年日本將棒球運動由業餘轉入職棒，並於 1937 年組成「日本職業棒球聯盟」，開始日本的職業棒球運動。

16-2-2 台灣職業棒球發展歷程

台灣棒球自 1897 年由日本人傳入台灣，由於抗日時期資源耗損使得棒球運動進入黑暗時代。一直到了 1968 年紅葉少棒隊打敗來訪的世界冠軍日本和歌山少棒隊，隨後 1969 年金龍少棒隊進軍美國威廉波特少棒賽，並得到冠軍，才見復甦。1971 年之後，台灣少棒、青少棒、青棒，都獲得了世界冠軍。但受到「賭博」影響，使得少棒隊伍減少，並且有許多國內傑出選手紛紛到美、日發展，影響整個國內棒球環境。後來因應體育界「運動應朝向職業化發展的認同」，所以在 1989 年成立中華職業棒球聯盟，並於 1990 年開打。而後國內另一職棒聯盟──台灣大

聯盟也於 1997 年開打，國內正式進入兩聯盟競爭時代 (林華韋，2002)。本章彙整台灣職業棒球發展歷程如表 16-1 所示。

◆ 表 16-1 台灣職棒發展歷程表

年　代	事　件
1987～1994 創始期	1987 年職棒推動委員會正式成立，由棒協理事長以及兄弟飯店董事長洪騰勝大力推動下，成立了台灣第一個職業棒球聯盟——中華職棒聯盟共四支球團，並於 1992 年國家隊奪得棒球項目獲西班牙巴塞隆奧運銀牌後，聯盟擴充組織，加入了時報鷹跟俊國熊，使聯盟擴大為六支球團。
1995～2002 競爭時期	台灣的職業棒球至此進入競爭時期，自第二個職業棒球聯盟成立後，導致球團對立，相互挖角，這段期間並發生簽賭案，因此對台灣的職業棒球影響甚鉅。之後在 2001 年台灣舉辦第 34 屆世界盃棒球比賽，中華代表隊由國內職棒菁英所組成並取得佳績，帶起另一波職棒風潮。
2003～2009 合併時期	在台灣大聯盟未獲利的情形下，進行組織縮編，與中華職棒聯盟合併於 2003 年，且更名為「中華職業棒球大聯盟」，並在該年度出現台灣職棒史上第一支獲利的球團——兄弟象棒球團。在 2005 年發生第二次簽賭案，2008 年發生第三次簽賭案及球隊解散等負面事件，2009 年又發生假球醜聞，再次衝擊台灣職業棒球的發展。

16-3 影響職棒球團經營的因素

影響著球迷支持球隊的原因包含，「令人欣賞的特質」、「重要他人」、「戰績及知名度」、「金錢上的考量」、「熟悉性」、「屬地主義」(吳曉雯，2002)。顏雅馨 (2003) 認為球團形象影響與欣賞某位球員球技是極具吸引球迷的因素之一。Wann et al. (1996) 指出支持球隊最常見的理由為：父母或家人支持某支球隊、喜歡該隊的球員、朋友或同儕支持這支球隊、屬地主義、戰績。可知在對球員和球隊的支持，屬地主義跟球隊的戰績，在國內外都是球迷們支持的理由。Porter & Scully (1982) 認為以攻擊指標與防守指標當作球隊勝率的投入值，以此衡量一個球隊管理人員的管理績效，並且發現管理人員的績效會隨著時間而增長。

Koop (2002) 將打擊技巧對於球隊的貢獻，分成強力打擊者、穩定帶點爆發力的打擊者以及穩定打擊者，並分別衡量出他們的效率。

Einolf (2002) 認為管理者願意建立球隊的三個因素：球隊戰績、球隊營收、球隊帶來的成就感。對於球隊的擁有者來說，球員的薪水支出即是投入值，而產

出則是打擊率、投手自責分率及球隊的勝場數。而績效低的經營狀況就是付出高的薪資卻得到較低的成績。

Fishman (2003) 指出在未有自由球員制度前，呈現球團壟斷球員薪資的狀態，認為保有這個權力是為了避免大市場的球隊。但是實行後球員分布並不會變，以寇斯定理 (Coase Theorem) 隱含著實行自由球員制度並不會影響到球隊的競爭平衡。另外運動聯盟的經營，主要就是在球場上的競爭，而競爭的平衡是吸引球迷的重點之一。

由上述文獻彙整可知球團的經營，受到許多因素所影響，如球迷支持因素、球團的獲利來源、選秀條件、球團經費多寡之影響、球員能力對於球隊競爭力與吸引球迷的關鍵、自由市場對職業運動的影響、簽賭事件相關影響等，以上因素環環相扣互為因果，形成一個動態且複雜的系統結構。

16-4 職業棒球的一般特性與系統特性

由國內外職業棒球球團相關史料、文獻、實際觀察職棒發展的行為；及實際訪談研究個案兄弟象球團行銷部總監黃瑛坡先生，歸納出職業棒球的一般特性與台灣職業棒球之系統特性。

16-4-1 職業棒球之一般特性

■ 棒球是分工精細的球類運動

棒球場上除投手外，其他位置都是野手的選手，共有九個守備位置，因此培訓人員需配合投手教練、野手教練，進行各守備位置之專業訓練。

■ 比賽時間平均較長的球類運動

棒球比賽無特定規定的時間，在正常打滿九局的情況下，動輒 2 個半小時以上的比賽時間，屬比賽時間較長的球類運動，美國職棒大聯盟在 2004 年球季的比賽平均時間為 2 小時 47 分 (林閔，2002)，而中華職棒大聯盟則為 3 小時 10 分。

■ 預備球員數量需求多

球季時間長，且選手屬於消耗性人才，一場比賽往往需要許多投手及野手輪替，以避免過度勞累而受傷。正式的職業棒球賽，一支球隊可登錄正式球員 25 名

及預備球員若干名,外國籍教練名額不得佔教練註冊名額二分之一以上,註冊為球員兼教練者以正式球員名額計算。

■ **易受天候因素影響**

棒球比賽一般皆在室外,若氣候不穩定,如下雨的情形時,裁判有權保留比賽或結束比賽,所以棒球比賽相較於其他球類運動更容易受到天候影響。

■ **資本雄厚之球團較易維持戰力**

少數球團為了維持球隊較高的戰力或是戰績不佳的球團,不願等待新秀的成長或未達到預期戰力,因而開出高價吸引優秀之自由球員,挖角到球隊中,以增強戰力。

▶ 16-4-2 台灣職業棒球之系統特性

■ **棒球運動人口少,人才難尋**

台灣棒球人才難尋。每年高中聯賽不過 20 至 30 支球隊參加,選手來源數較少,以至於職業球團不易由選秀中取得太多可立即加入職棒,且具戰力的選手。

■ **消費族群有限,且以學生為主**

中華職棒在 2004 年 (職棒 15 年) 總觀眾人數有 105 萬人,2005 年降為 100.85 萬人,票房減少。主要消費族群為學生,佔 56.9%,學生之消費能力相對偏低,棒球相關商品購買程度也較低。

■ **球員薪水遠低於其他國家**

2004 年南韓職棒年薪最高球員為台灣的 6.6 倍 (2003 年台、韓兩國的平均每人 GPD 約 1:1),2005 年日本職棒年薪最高球員約是台灣年薪最高球員的 53.3 倍 (日本平均每人 GDP 約為台灣的 2.9 倍),2005 年美國職棒的最高年薪球員薪水約為台灣的 240.2 倍 (美國平均每人的 2003 年 GDP 約為台灣的 2.9 倍;世界銀行,2006);由上述可知,台灣職業棒球員的年薪相對上遠低於其他國家。

■ **球員流動率低**

缺乏自由球員制度,球員想要轉往其他球隊的話,必須要徵得原球隊的同意,而在有自由球員制度的國家,在該隊打完規定時間之後,便取得自由球員資格,可讓各隊爭搶自由球員。

16-5 系統動態模型建構

由於全球化與微利時代的來臨，經營獲利成為企業汲汲營營努力追求的目標。台灣職業棒球發展受到母企業、球迷、球團、贊助商、球員，加上黑道介入職棒等非線性因素的影響，形成一個複雜且動態的系統結構，因此本研究應用系統動態學探討台灣職業棒球系統結構，並解釋相關變數之因果關係。

16-5-1 球團形象對球團經費之因果關係

球團能持續的經營，球團經費一定要充足，而球團的形象影響球迷支持球隊的重要因素。球團形象愈好的話，球迷進場觀看球賽的意願會提升，支持球團的實質球迷數量增加，門票收入增加進而增加了利潤。而當球團經費充足時，在選秀時能網羅素質較佳的球員，如此可維持球員一定的素質，有助於戰績提升，如此球迷會漸漸被球團的良好形象所吸引。但相對的球團受到選秀規則所限，不會因此造成強者恆強的現象。但若球團涉及負面事件(如簽賭)，影響球團形象，造成球迷流失，票房收入大量縮減，影響球團的營運。球團形象對球團經費之因果回饋環路，如圖 16-1 所示，因此建立球團正向的經營理念，維持且增進球團良好的形象，讓球迷願意持續進場支持該球團，增加球團收入為要務。

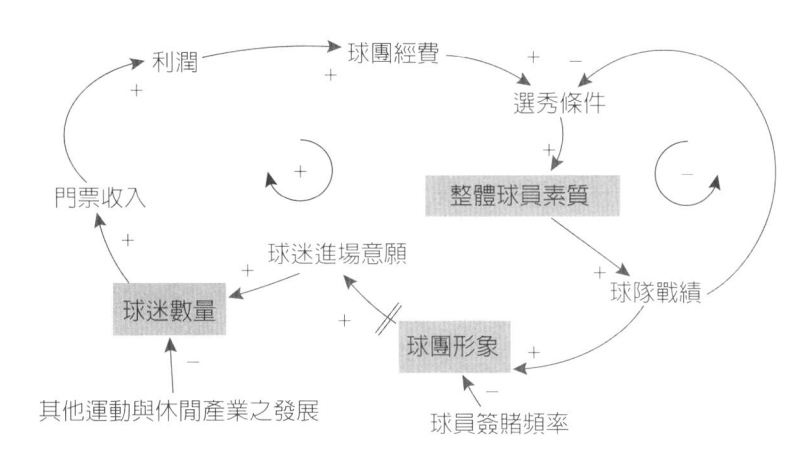

◎ 圖 16-1　球團形象對球團經費之因果回饋環路

16-5-2 球員素質對球團成本之因果關係

球團若沒有球員，縱使有再多的資金與設備，還是無法運轉；而有優秀素質

或是顯赫國手資歷的球員，自然是各球團爭相爭取效力的對象。當球團整體球員的素質佳，則球隊整體戰力相對較佳，球隊戰績也跟著提升。球員在球隊戰績好的情況下，可參與季後賽，更增加了球員在大賽中的強度與韌性。而球員在球團裡，就像企業裡的員工一樣，表現好、績效佳，因此薪資也會有所提升。不過當球員薪資愈來愈高，將造成球團人事成本的增加。根據專家訪談資料得知，球員薪資便佔了球團成本六成左右。此時球團利潤會受到抑制，進而降低了球團的收入，並且造成選才時的顧忌。所以球團在增加自己球隊中素質優秀的選手時，同時也要考量到經費的負荷。因此球員素質對球團成本之因果關係，如圖 16-2 所示。

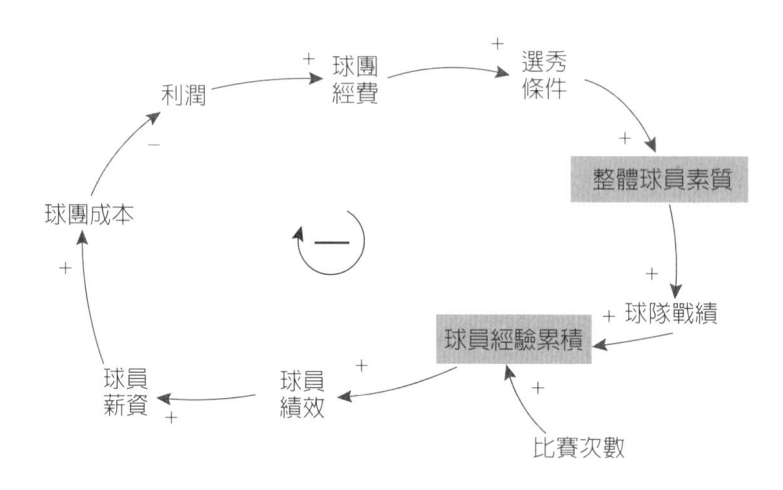

◎ 圖 16-2　球員素質對球團成本之因果回饋環路

16-5-3　球員人氣對贊助者之因果關係

職業比賽包含了表演的性質，在球場中比賽的球員成績較優，或知名度較高之球員，易受到球迷的注意與廠商的青睞。當球員人氣上升，球迷易受到吸引，此時球賽的收視率相對提升，可進而增加球團談判電視轉播時權利金的籌碼，轉播權利金一多，球團經費跟著增加。另外球員人氣增加後，廠商有可能找球員代言商品或拍廣告，甚至給予球團贊助金，當贊助金愈多，則球團經費也愈多。因此球員人氣對球團經費、贊助者對球團經費形成了兩個正性回饋因果環路圖，如圖 16-3 所示。

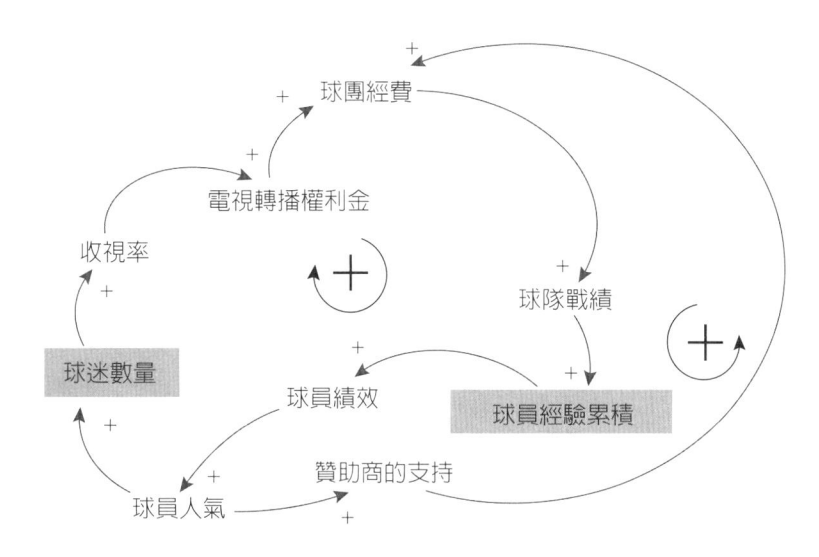

▲ 圖 16-3　球員人氣對贊助者之因果回饋環路

16-5-4　球團經費對球團成本之因果關係

　　通常母企業會設定一個目標經費水準，以維持球團正常運作的開銷。當球團經費愈充足，可招募更多的球員，同樣的也會增加球員培訓的費用與球隊比賽的支出；從專家訪談資料中得知，當球團之經費與目標經費水準差距小時，代表球團之財務能力足以支應球隊之開支，母企業將可減少經費上的支援，因此球團成本與球團經費之因果環路圖，如 16-4 圖所示。

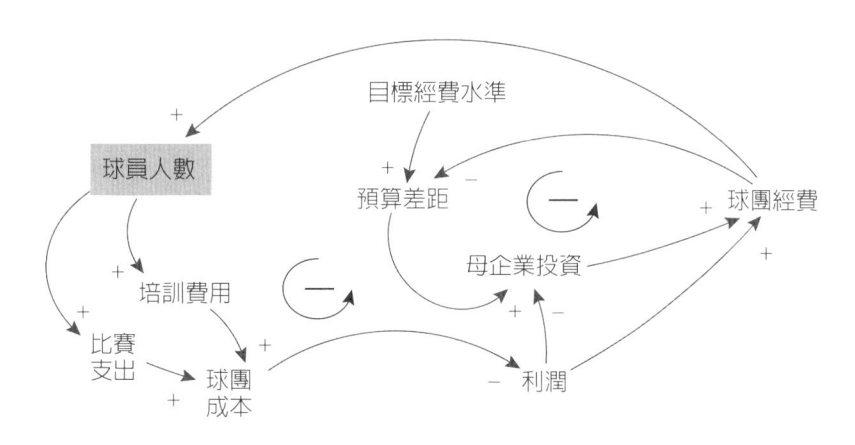

▲ 圖 16-4　球團經費對球團成本之因果回饋環路

　　將上述的母企業、贊助商、媒體產業 (電視公司、電台、網路等)、球迷、球團、球員、廣告商，以及其他休閒組織影響與社會負面環境等因果環路圖整合，

形成台灣職業棒球系統之整體因果環路圖，如圖 16-5 所示。

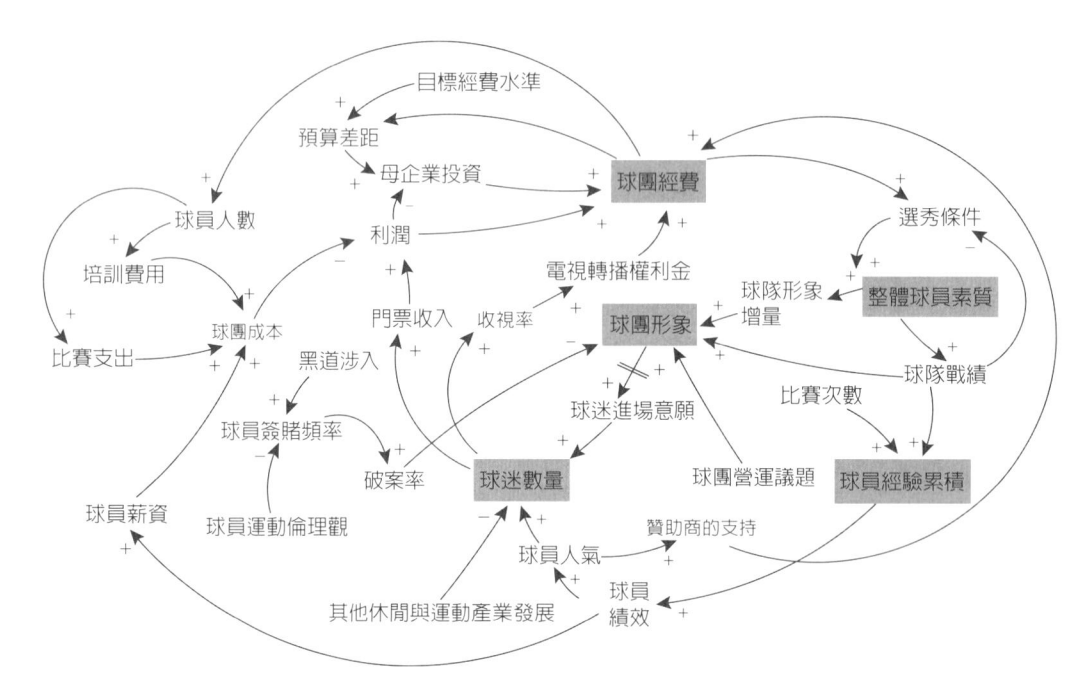

◎ 圖 16-5　台灣職棒發展模式之整體因果環路圖

◎ 16-6　量化模型

　　根據上節質性模式及蒐集相關資料，本節建立可操作之量化模式，以球團經費積量與整體球員素質積量為例，說明各變數間與積量的關係。

▶ 16-6-1　球團經費積量變數

　　由專家訪談得知，中華職棒在 1990 年 (職棒元年) 時曾初估球團一年的經費約為新台幣 3,150 萬元。球團經費主要的來源為母企業的投資、門票收入、電視轉播權利金以及贊助商的支持經費；球團的成本為球團對球員的培訓費用及各項軟硬體設施的費用。當球團經費充足時，對整體球員素質的提升有一定的幫助。當球團有自力更生能力時，母企業對球團資助會漸漸的減少。圖 16-6 為球團經費之動態流程圖。

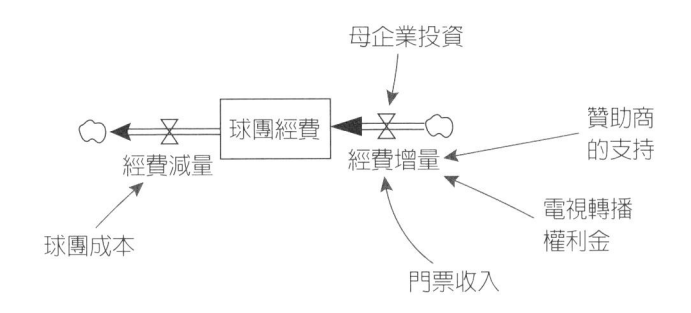

▲ 圖 16-6　球團經費之動態流程圖

16-6-2　整體球員素質積量變數

　　球團若要有好的戰力，需要有素質較佳的球員，當球團有充足的經費，較能提升球員的素質，維持球隊的戰績。球團於選秀會時，較能吸收資質或資歷佳的新秀，獲得立即戰力的機會。再者球員素質佳，更是球團對外行銷球員，增加球團形象的機會。相對地，當球員受傷，整體的球員素質會受到影響，一旦部分球員無法恢復巔峰時期的實力，將影響整體球隊的戰力。而整體球員素質在球團中的定位，可分為 0 到 100 的數值，0 代表解聘，100 代表名人堂等級的球員，其素質分級為：1 至 20 為不符合戰力之球員；20 至 40 為替補；40 至 60 為偶爾先發；60 至 80 為固定先發；80 至 99 為看板明星。以素質增量為例，台灣的職業棒球團最主要選手來源就是經過選秀與他隊離隊球員，所以球團的素質增量就端看選秀會上的條件，以及球團經費是否足夠簽下新秀以及離隊球員，故素質增量為此兩者相加。如圖 16-7 所示。

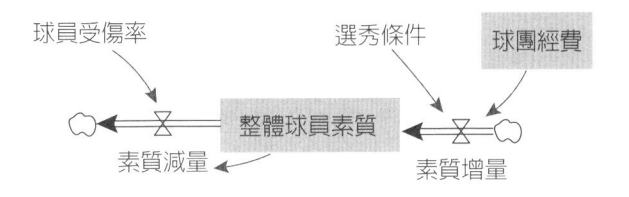

▲ 圖 16-7　整體球員素質之動態流程圖

　　綜合上述球團形象對球團經費之因果關係、球員素質對球團成本之因果關係、球員人氣對贊助者之因果關係以及球團經費對球團成本之因果關係，利用系統動態學提出台灣職業棒球發展結構，主要是由球團經費、球團形象、球迷數量、整體球員素質及球員經驗累積等重要積量變數 (Level Variable) 或稱為存量 (Stocks) 組成，在整體結構上具時間遞延、複雜且動態的關係。此結構模式經兩位系統動態學學者與訪談專家討論修正，以確認模型的詮釋能力。

16-7 結果模擬與政策模擬分析

16-7-1 結果模擬

台灣職業棒球系統結構主要是由球團母企業、球團、球迷、贊助商、媒體與環境所影響。本研究利用 Vensim 軟體建構 SD 量化模型，並對動態模式中球迷數量、球團經費、球團形象等進行趨勢模擬。

■ **每年平均每場進場球迷人數模擬**

從 1990 年 (職棒元年) 起平均每年進場球迷人數緩緩上升，直到 1996 年 (職棒 7 年)，受簽賭案的影響，進場球迷大幅下降，從平均每場 5,488 人次降為 4,548 人次，在 1997 年 (職棒 8 年)，降為 2,041 人次。從圖 16-8 模擬圖呈現，1996 年至 2001 年間模擬值與實際值的平均每場人次累積速度皆趨緩，直到 2001 年底舉辦的第 34 屆世界盃棒球賽奪得銅牌的佳績，球迷陸續回籠，球迷在 2002 年平均每場進場人數又逐漸增加，從簽賭案發生後至世界盃棒球賽 (1996 年至 2001 年) 平均每年進場球迷人數為 1,914 人次，2004 年 (職棒 13 年) 平均每場觀眾人數提升至 2,957 人次，成長幅度高達 54.5%。不過，在 2005 年 (職棒 16 年) 又發生了簽賭案，造成些許球迷流失，人數增量稍稍下降。若以後沒有簽賭、放水事情，可望人數上升。

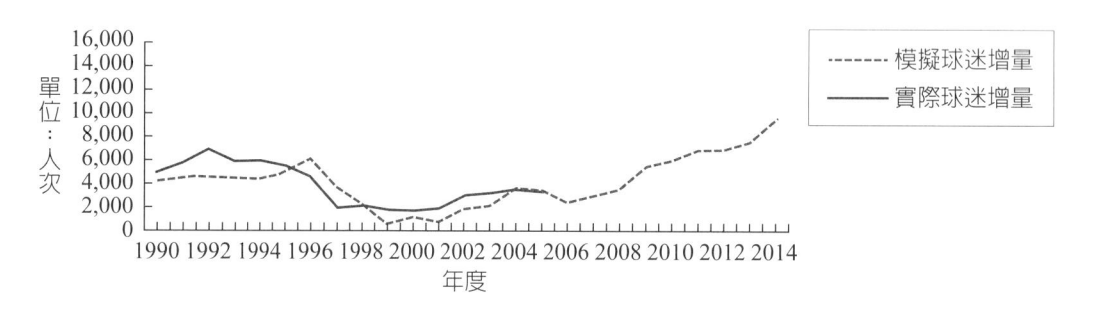

◎ 圖 16-8 平均每年進場球迷人數之歷史值與模擬值

■ **球團經費的模擬**

職棒球季自 1990 年 (職棒元年) 開打到職棒 7 年 (1996) 發生簽賭案前，因職棒逐漸熱絡，且支持職棒的球迷人數也愈來愈多，每年球團經費也緩緩增加。從文獻與訪談資料中得知，職棒 7 年預計收支將會平衡，母企業投資會開始減少，

但是簽賭案之後，球團經費減少，且又碰上 1997 年 (職棒 8 年) 台灣大聯盟開打，兩聯盟惡性競爭，各球團母企業不得不再對球團加碼，球團經費在此時雖然是增加的狀態，但也造成母企業的負擔，因此先後便有球團 (三商虎、味全龍) 因嚴重虧損為由，宣布解散球團。直到 2001 年世界盃再度帶動職棒熱潮後，觀眾陸續回籠，職棒相關商品、贊助持續加溫，這也是為何球團經費重新緩緩增加的原因。

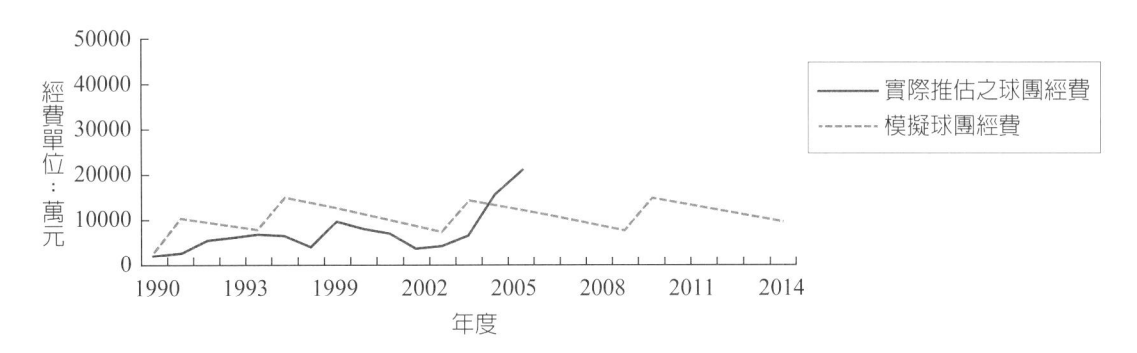

◎ 圖 16-9　球團經費歷史值與模擬值比較圖

■ 球團形象模擬

受職棒 7 年第一次簽賭案的影響，讓球團形象受到打擊，其形象跌落到 0 至 40「形象差」的狀況。而之後隨著時間的遞移與世界盃帶動的影響，球團形象雖逐漸緩緩攀升，但在職棒 16 年受二度簽賭案的衝擊。本文之模擬結果大致符合實際情形。

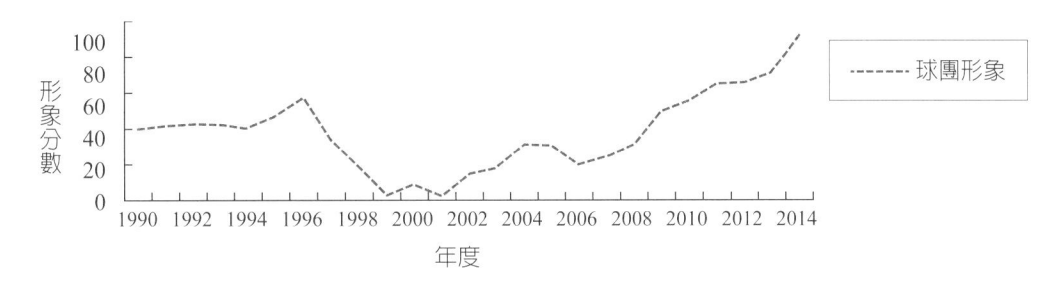

◎ 圖 16-10　球團形象模擬圖

▶ 16-7-2　決策效果模擬分析

本節針對比賽次數、目標經費水準和簽賭事件之運動倫理觀等變數參數改變，進行決策動態模擬，了解決策可能造成的結果，提出政策效果分析與具體建議，作為台灣職棒球團經營策略之參考。

■ 增加比賽場次之影響

受到四年一次的世界經典賽 (World Baseball Classic) 影響，職棒 17 年的賽程排程為每週四連戰，較以往密集。所以在第一個情境中，假設未來將比賽場次增加的話，會有什麼影響呢？增加了比賽場次，勢必會將球季拉長或是提高比賽的密集度，會不會因此造成人事成本的增加，或是因選手疲勞而受傷等因素，反而讓比賽精彩程度降低，而造成球迷不增反降或是球員素質降低？本研究將增加比賽場次，增加至日本職棒的平均場次 141 場與美國職棒的 162 場的水準，並觀察其對模式行為的影響。

增加球賽場次對整體球員素質的影響 (圖 16-11)，模擬結果呈現：增加比賽場次，對整體球員素質而言並未有太大的改善，並且有降低的趨勢。球員的經驗在一開始時累積上升較快，但可能因為球季拉長或是過於密集，選手過於疲累而導致受傷或是彈性疲乏，而造成提早退休或是結束選手生涯的可能，因此增加比賽場次，對整體選手素質而言，未必有提升的作用。

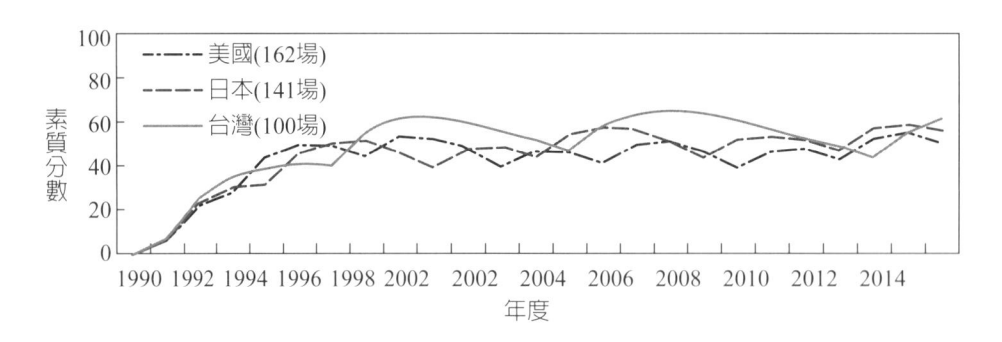

△ 圖 16-11 增加球賽場次對整體球員素質影響模擬圖

■ 增加目標經費水準之影響

增加球團目標經費水準，由原始值約新台幣 1 億元，向上調升 15% 或 30%。試想，如果增加新台幣 1,500 萬元或 3,000 萬元的經費水準，用於增加專業外籍教練的聘請、吸收日本一軍選手 (平均薪資為 3,743 萬日圓)，或是大聯盟等級球員的加盟，甚至籌組完整二軍，增加比賽的精采程度。模式中目標經費水準提升後之變化，增加目標經費水準對整體球員素質的影響 (圖 16-12)，其模擬結果呈現：增加目標經費水準，將有助於整體球員素質的提升，經費水準增加愈多，提升的愈明顯。

■ 簽賭事件的影響

調整球員運動倫理觀對球團形象的影響。假設球團加強球員倫理觀與法律觀

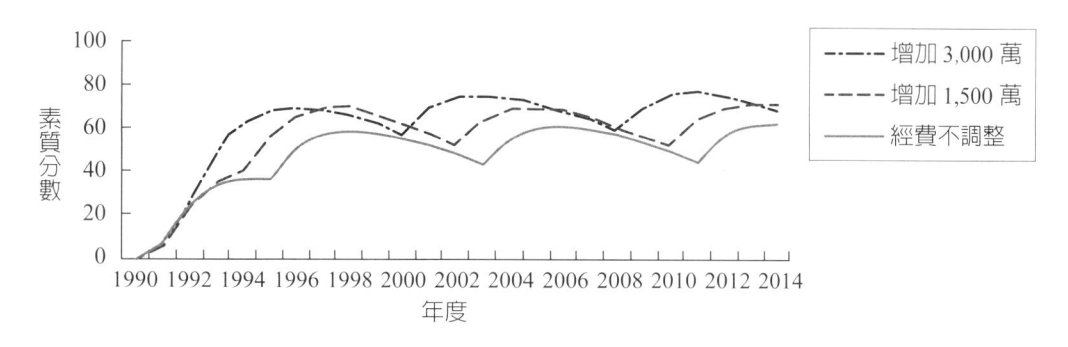

▲ 圖 16-12　增加目標經費水準對球員素質影響模擬圖

念後，例如，對球員進行相關課程的訓練或是系統化的給予相關法律知識教導，降低簽賭事件的發生對球團形象之影響。由模擬結果 (圖 16-13) 可知：加強球員倫理觀與法律觀念後，簽賭事件隨之減少，將可增加球團的形象，相對而言，球迷也不會因此而流失，而相關經費收入較不會受到負面的衝擊。

▲ 圖 16-13　簽賭事件對球團形象模擬圖

◉ 16-8　結論與建議

本章以系統動態學為方法論，探討台灣職業棒球系統結構。其中球員、球迷、球團、母企業、贊助商、球員運動倫理觀、社會環境及負面事件等因素環環相扣互為因果，形成一個複雜且動態的結構。研究顯示台灣職棒之發展主要是球團形象、球團經費、整體球員素質、球迷數量、球員經驗累積等五個變數之關鍵環路相互作用。研究發現球迷支持的意願受到球員跟球團的影響很大，這或許是球迷們很注重球員的運動道德以及球隊比賽的真實性。再者，贊助商及電視轉播

單位，受到觀眾數及球團形象的影響。從決策模擬中得知，比賽場次的增加，並未能明顯提升球團的經費，反倒是球團人事與比賽支出的增加，造成球團成本的負擔，而球員可能過於疲累或受傷，球隊整體素質低落，影響觀眾進場意願，球迷人數反而下降。另一方面當球團母企業的目標經費水準提高，會間接提升整體球員素質，球團形象也得以提升。最後在球員簽賭事件方面，加強球員運動倫理觀與法律觀念，降低黑道介入的影響，則球團形象大幅提升，球迷進場意願增加，門票收入亦增加，則球團經費相對較充裕。

職業棒球提供休閒娛樂，兼具打響母企業與贊助企業知名度的功能，球團能否永續經營，獲利將是關鍵。是故，球團經費之來源，應積極爭取球迷的支持及尋求廠商的贊助，例如球員代言產品、鑲廣告於球衣、立廣告於球場大型看板；在消極層面，減少人事費用。另外母企業規模較小的球團，經費來源較少，可考慮找其他企業入股，增加球團在資金運用上的靈活度。職棒簽賭案對整個棒球產業發展衝擊頗大，因此職棒聯盟或球團有必要建立相關制度，加強球員的運動倫理觀與法律觀，訂定球員的生活公約與罰則，增加球場的安全人員數等，以防堵黑道介入，將有助整體職棒的發展。本章以系統動態學建構台灣職業棒球發展模式，亦可適用於其他職業運動發展之相關議題，期望有興趣的學者繼續深入研究。

討論題

1. 國外職棒球團之明星球員都有球團保鏢貼身保護，避免黑道接觸或威脅利誘，為何台灣做不到？
2. 避免球員出場「過度」而產生運動傷害，台灣職棒系統要如何改善？

關鍵字

職業棒球	贊助商
球員素質	運動倫理
球團形象	

附註

原文發表於《IJEBM》期刊及參考吳克凡 (2006) 碩士論文內容修改而成。

第 5 篇

人口老化、少子化之長期照顧與教育政策分析

CHAPTER 17

台灣長期照顧機構發展模式之研究

隨著高齡化時代的來臨,近十幾年來台灣高齡人口急遽增加,甚至整個社會老化程度成為世界第一;老年人口身心機能出現問題者相對遞增,致使長期照顧機構的供給與需求以及其重要性亦愈趨增加。本研究擬從宏觀的角度與國內的立法、政策、實務經驗,來探究長期照顧機構服務品質、滿意度及忠誠度之關係,作為政府未來規劃長期照顧管理政策、制度及業者改善機構經營策略之參考。

◎ 17-1 前　言

由於醫藥科技產業技術持續進步,國民健康狀況得到有效控制,平均壽命逐年延長,使得老年人口快速增加。至民國95年8月底止,台灣老年人口已達9.9% (內政部統計處,2008)。在2006年行政院經濟建設委員會推估,至民國115年時台灣地區老年人口比率將高達21.12%。

近幾年來老年人利用醫療資源的比率不斷增加,醫療保險給付負擔日重,加以民間收容殘疾老人的長期照顧機構又方興未艾,不斷地顯示出老人醫療問題的需要性與迫切性,必須尋求適當的解決 (陳宇嘉,1996)。因此人口老化不但會增加醫療服務的需求量,也會增加長期照顧服務的需求 (吳淑瓊、江東亮,1995)。有鑑於高齡化時代的來臨,政府機關及民間團體亦開始設立長期照顧機構,滿足高齡老人生活需求。自2005年至2007年,台灣地區已由944家廣增為1,034家。

由以上數據得知，近幾年來，長期照顧機構每年以平均 30 家迅速擴展 (內政部統計處，2008)。在長期照顧機構成長的同時，服務品質及滿意度亦是政府、機構管理者及家屬相當重視的問題。透過評鑑制度，提供具有良好信譽及服務品質之機構，讓民眾選擇給予所需照護住民優質居住環境，不僅僅只是針對身體健康上的照護，對於心靈上關懷，更是大家所應重視的，此為本研究動機與目的。

本章透過系統動態學觀點，了解與長期照顧機構所提供服務品質滿意度及忠誠度之因果關係，以作為未來政府及機構建構更有效管理及服務品質重要依據，並期望未來醫院與長期照顧機構之間，能確實具體做到健康及醫療照護的連續性服務。

17-2 文獻探討

17-2-1 長期照顧的定義與範疇

■ 長期照顧(護)定義

長期照顧定義：先天或後天失能者，給予提供醫療照護、個人照護和社會性服務 (Kane, 1986)；長期照顧是針對有身心功能失能的人提供長時期、正式或非正式的健康及健康相關支持服務，以達到使個案能維持最高獨立性的目標 (Evashwick, 2005)。Brody (1982) 對長期照顧之定義：罹患慢性病或心理障礙患者，提供診斷、預防、治療、復健、支持性及維護性的服務。

1995 年衛生署對於「長期照顧(護)」作了定義；「長期照顧(護)」為具有多樣化服務、支援健康及個人照顧。「長期照顧(護)」服務目的為提供最大協助於自主及日常生活機能。針對長期照顧者提供綜合性與連續性服務；其內容包含可以從預防、診斷、治療、復健、支持性、維護性以至社會性服務，其服務對象不僅需包括個案本身，更應考慮到照顧者的需要；大部分長期照顧是需要具有技能的個人照顧，就像協助完成個人日常生活機能，例如：沐浴、穿衣、如廁、翻轉、大小便失禁、用食 (行政院衛生署，1995)。在實務上，民眾對於老人之家、安養院、護理之家……等，乃至於「養生村」之定位、功能認知常常混淆不清。

■ 長期照顧範疇

以下本文由文獻上歸納長期照顧範疇如下：

1. 社區人口中，長期生理、心理或社會適應能力有缺陷的人。
2. 長期照顧服務的項目與內容是包括預防性、診斷性、治療性、復健的、支持扶助的及維護功能的工作。
3. 照護的時間：至少超過 30 天。
4. 照護的地點：以機構性或社區性為基礎。
5. 其目標在於預防功能上的退化或惡化，達到功能自主的最恰當狀態 (陳世堅，2000)。

本研究針對廣義的台灣長期照顧相關機構，包括：政府及民營之護理之家、養護機構及安養機構，進行探究其整體服務品質及滿意度關聯性。2008 年內政部統計處公布 2007 年底老人長期照顧、養護及安養機構概況 (如表 17-1)。

◆ 表 17-1　長期照顧、養護及安養機構概況

年　份	機構數(所)	可供進住人數(人)	實際進住人數(人)	使用率(%)
2005 年底	944	59,006	43,154	73.13
2006 年底	977	60,409	44,795	74.15
2007 年底	1,034	62,881	46,669	74.27
長期照顧機構	37			
養護機構	922			
安養機構	43			
社區安養堂	9			
老人公寓	5			
榮民之家 (含公自費)	18			

資料來源：內政部統計處 (2008)

17-3 系統動態模型建構

美國公共衛生學報於 2006 年刊登一期專輯，其中多篇論文鼓勵以系統動態學來分析、模擬健康照顧產業相關議題。此舉引起台灣少數學者的注意，蕭志同、曾馨慧於 2009 年發表一篇以系統動態學方法論研究此議題之論文。

17-3-1 住宅品質因果環路

事實上影響長期照顧機構經營效果之因素很多，可以分成軟硬體因素，以及數個因果關鍵環路，其中住宅品質是一項重要變數。長期照顧機構獲利來源，包含機構佔床率、機構住民人數以及政府給付。機構獲利愈多，對於機構內部硬體設施品質要求愈高。投入愈多硬體設施資源，對於機構設施維護成本即愈高。機構設施維護成本愈高，所需花費總成本就愈高；致使機構獲利愈少，形成一個負性回饋。機構獲利愈多，對於機構環境保持即可投入愈多資源，機構環境品質即愈佳。機構環境品質愈佳，機構住宅品質就會愈佳。機構住宅品質愈佳，機構整體服務品質就會愈佳。機構整體服務品質愈佳，會提升住民對機構的認知價值。住民對於機構認知價值愈高，對於機構整體滿意度就愈高。機構整體滿意度愈高，住民對於機構口碑就會愈佳。機構口碑愈佳，就會吸引更多住民進入機構入住。住民入住率愈高，機構佔床率愈高。機構佔床率愈高，致使機構獲利愈多，反之則會惡性循環，形成一個正性回饋 (如圖 17-1)。

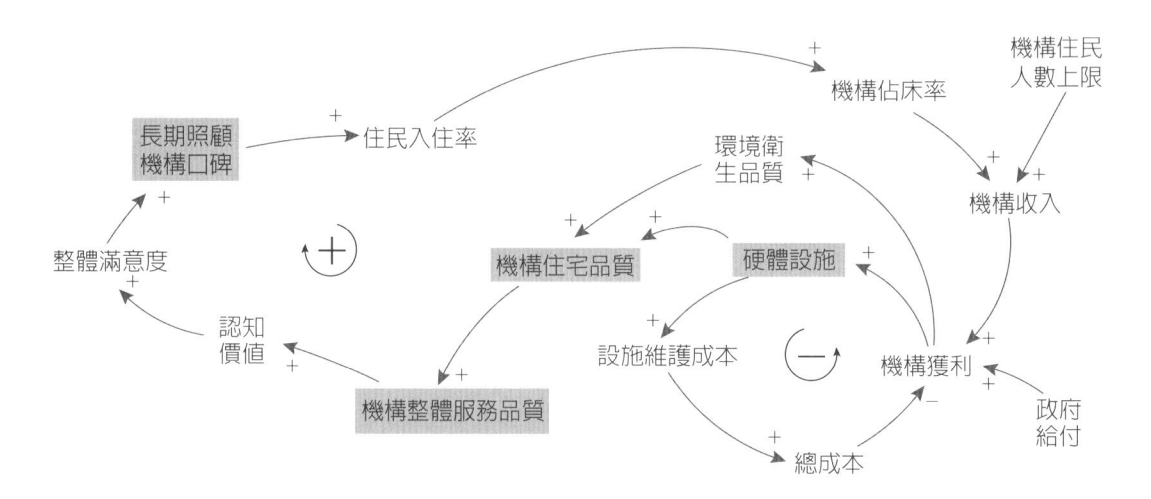

▲ 圖 17-1　機構住宅品質因果關係圖

17-3-2 社工人員技能累積因果關係

機構獲利愈多，對於機構內部行政及醫護人員培訓即愈多。行政及醫護人員培訓愈多，人事與訓練成本就會愈多。人事與訓練成本愈多，機構所需花費總成本就愈多。花費總成本愈多，機構獲利就會愈少，形成一個負性回饋。然而，機構內部行政及醫護人員培訓愈多，行政及醫護人員技能愈熟練愈佳。行政及醫護人員技能愈佳，致使社工人員服務品質愈佳以及機構行政效率亦會愈佳。社工人員服務品質及機構行政效率愈佳，則會提升機構整體服務品質。社工人員服務品質愈佳，除了提升機構整體服務品質，對於住民情感性社會支持亦會愈多。住民情感性社會支持愈多，會使住民生活態度愈正向。住民生活態度愈正向，對於機構滿意度即愈佳。機構滿意度愈佳，亦會提升機構獲利，形成一個正性回饋 (如圖 17-2)。

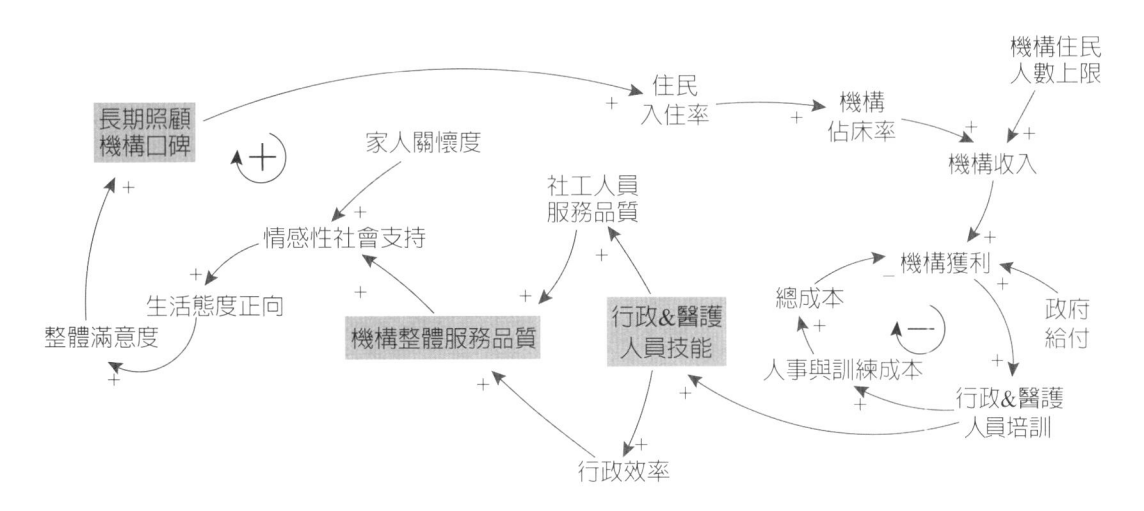

◎ 圖 17-2　家人及社工人員情感性社會支持之因果關係圖

17-3-3 醫護人員照護品質對服務品質之因果環路

機構獲利愈多，對於行政及醫護人員培訓愈多，行政及醫護人員技能就會愈佳。行政及醫護人員技能愈佳，醫護人員照護品質愈佳。醫護人員照護品質愈佳，即可接受更高一階培訓計畫，致使行政及醫護人員技能更佳，累積更多好口碑，因此形成一個正性回饋 (如圖 17-3)。

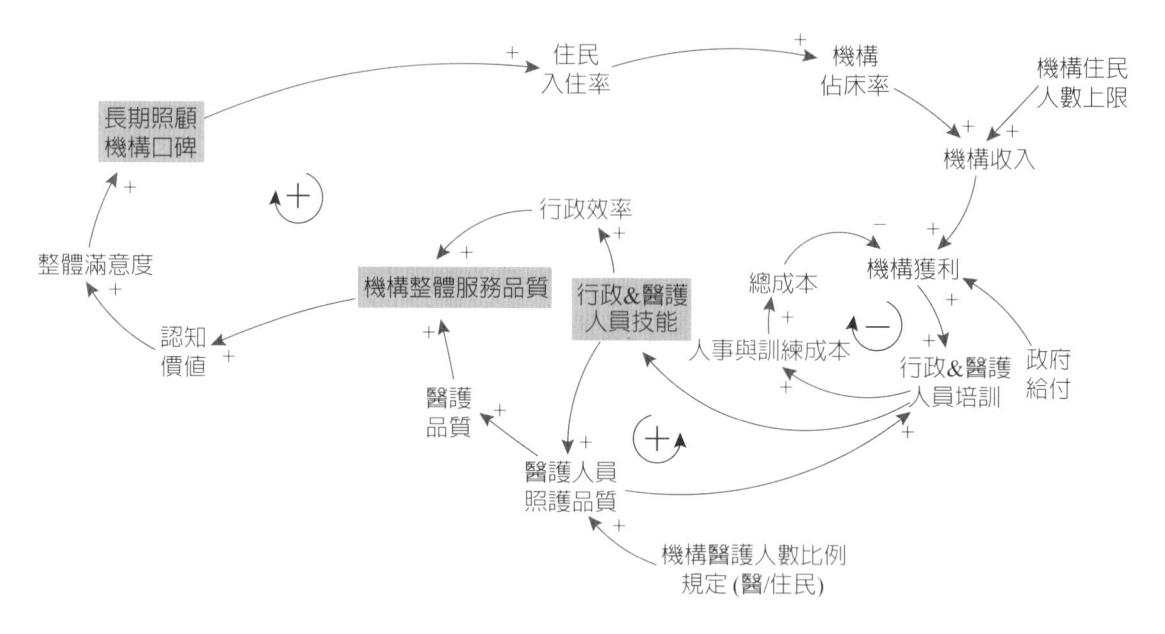

◎ 圖 17-3　行政及醫護人員技能品質因果關係圖

▶ 17-3-4　工具性社會支持因果回饋環路

當機構獲利愈多，人員配置愈多，醫護人員即可提供住民愈佳照護時效與品質。照護品質愈佳，整體服務品質愈佳；愈多社會性社會支持，住民對於機構整體滿意度愈高。機構整體滿意度愈高，機構口碑愈佳，住民入住率將上升，反之形成惡性循環，形成一個正性回饋 (如圖 17-4)。

▶ 17-3-5　情感性與工具性社會支持的交互作用

醫護人員照護品質愈好，對住民約束愈少，醫護品質愈佳，機構整體服務品質愈好。情感性社會支持愈多，住民自覺健康狀況愈佳，生活態度愈正向，身體健康狀況愈好，自覺健康狀況更佳，形成一個正性回饋。工具性社會支持愈多，住民日常生活活動功能量表 (Activities of Daily Living，簡稱 ADL) 分數愈高，工具性日常生活量表 (Instrumental Activities of Daily Living，簡稱 IADL) 分數愈高❶。ADL 及 IADL 分數愈高，住民身體健康狀況愈好，工具性社會支持愈多，住民罹患疾病程度亦會降低。住民身體健康狀況愈好，出院愈多；出院愈多，對於機構口碑愈佳 (如圖 17-5)。

❶ ADL 與 IADL 為身心健康指標。

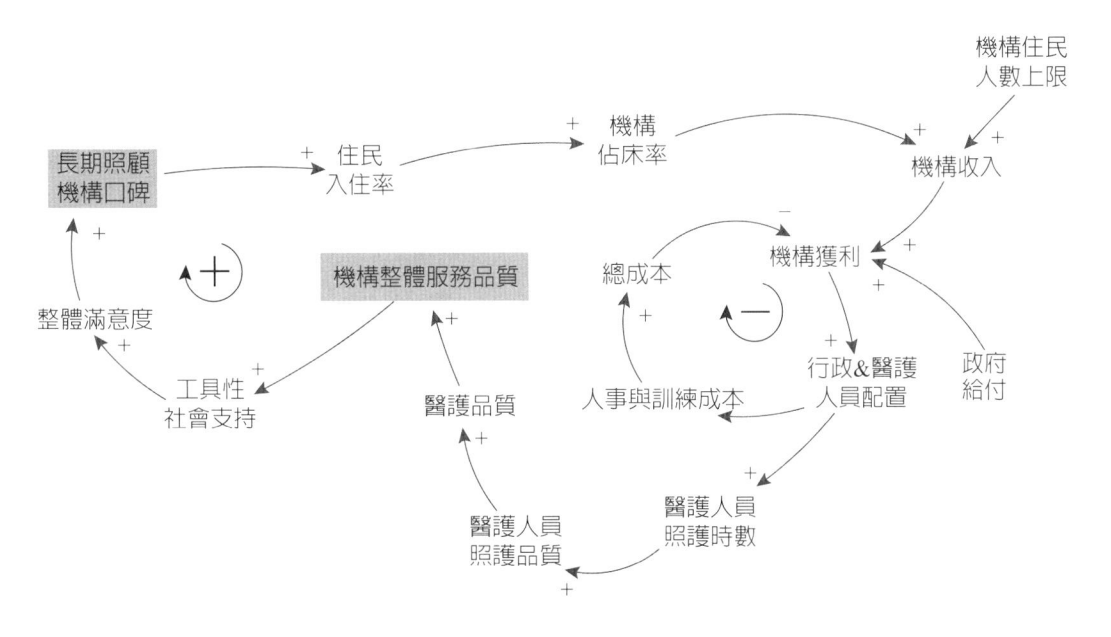

◎ 圖 17-4　工具性社會支持因果關係圖

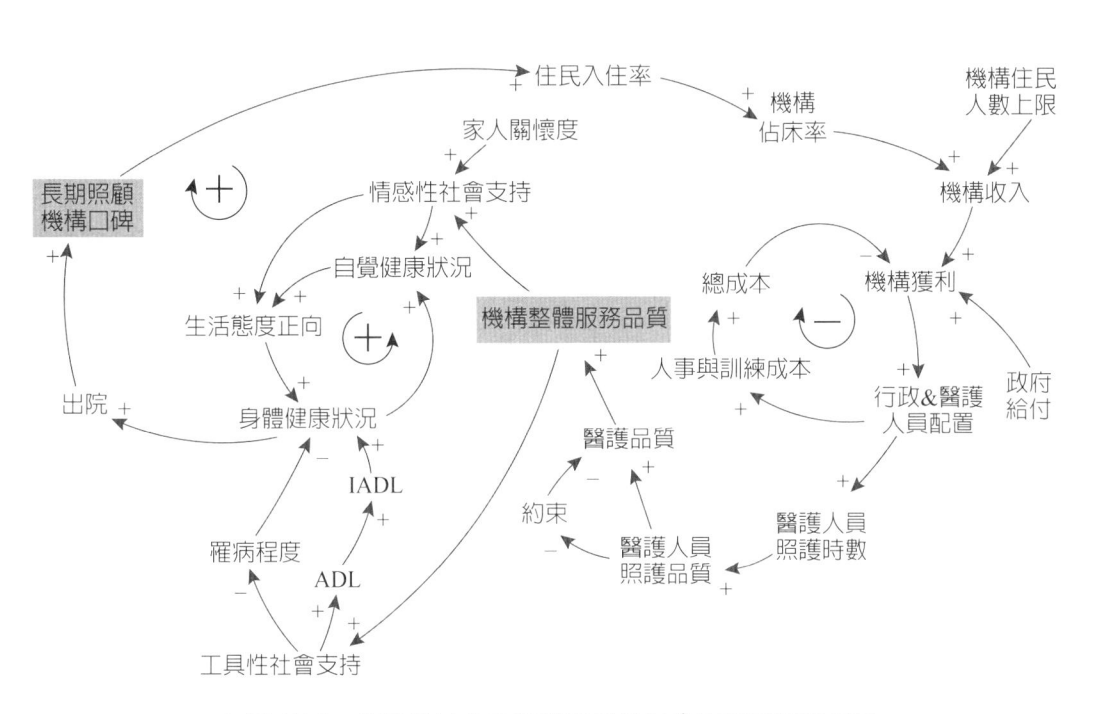

◎ 圖 17-5　情感性社會支持及工具性社會支持因果關係圖

圖 17-6 為整體因果關係圖，代表長期照顧機構整體服務品質受到機構住宅品質、行政及醫護人員技能及醫護品質所形成數個因果環路影響。機構整體服務品質亦會影響情感性社會支持及工具性社會支持等關鍵環路，致使影響機構整體滿意度、機構口碑、住民入住率，最後影響機構獲利。

17-4 結　論

根據系統動態學因果回饋環路之質性模式分析結果，對於長期照顧機構整體因果關係環路圖發現：

1. 長期照顧機構整體服務品質主要受到機構住宅品質、行政及醫護人員技能及醫護品質重要變數影響。機構住宅品質則受到機構獲利、硬體設施、環境衛生品質影響；行政及醫護人員技能受到機構對於行政及醫護人員培訓多寡影響，不僅對於行政效率有效提升之外，醫護人員照護品質及社工人員服務品質，對於住民所受醫護品質及整體服務品質更有實質影響。

2. 機構整體服務品質亦會影響情感性社會支持及工具性社會支持等因素，致使影響機構整體滿意度、機構口碑、住民入住率，最後影響機構獲利。住民情感性社會支持受到社工人員服務品質、家人關懷度影響。住民工具性社會支持受到醫護品質及復健資源影響，住民工具性社會支持愈多，對於住民身體健康狀況愈好。住民生活態度愈正向、對機構認知價值愈高，對於機構整體滿意度就會愈高，長期照顧機構口碑也會愈佳，致使住民入住率、機構佔床率也會愈高，機構獲利也會愈多。有鑑於全球人口老化的大趨勢，台灣社會各界應投入更多的專業研究與準備。然而官方的相關政策不應急就章的草率推行長照計畫，以免不夠周延而長期遺憾。

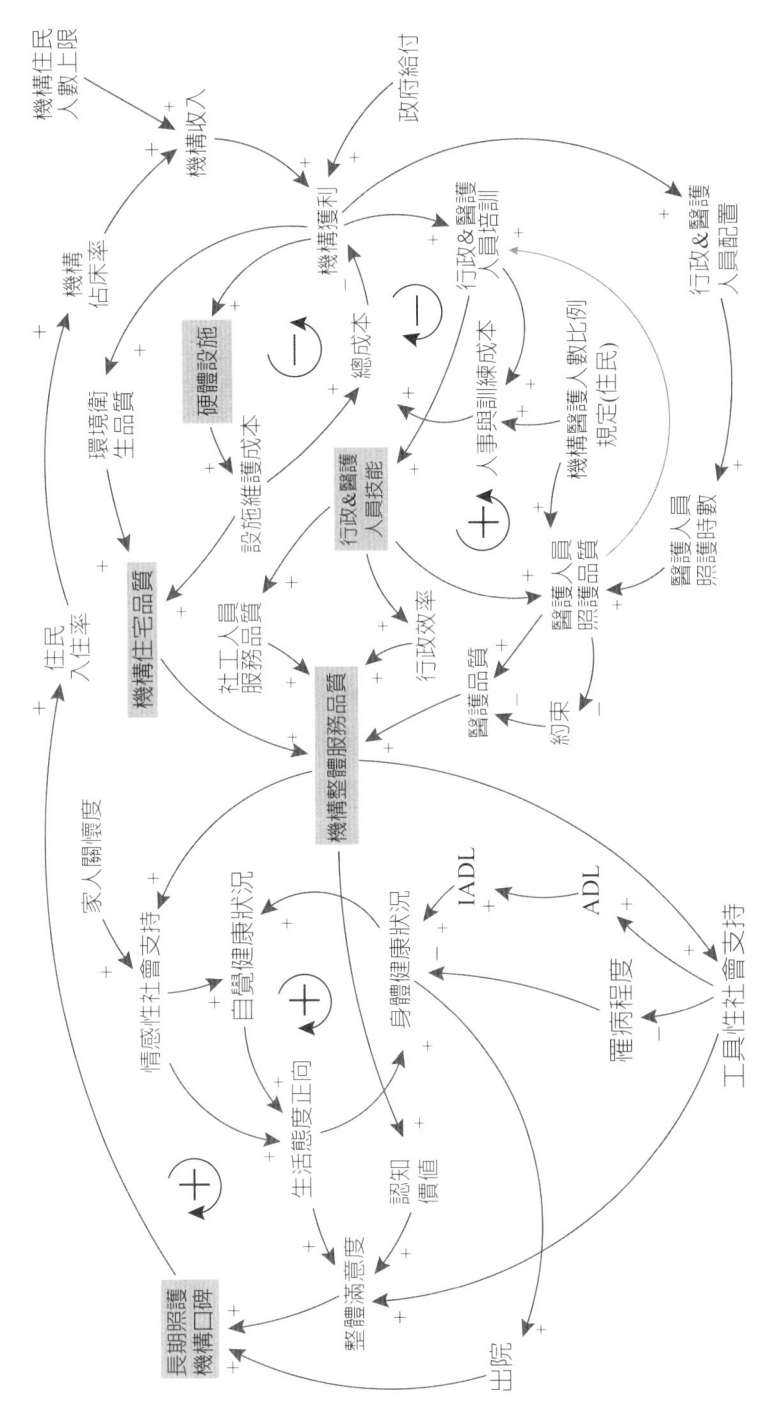

Chapter 17 台灣長期照顧機構發展模式之研究 | 267

◎ 圖 17-6 台灣長期照顧機構發展之整體因果關係圖

討論題

1. 若醫護人員與住民人數比例改善,對整體長期照顧機構有何影響?
2. 當全民健保機制仍虧損連連,政府又提出國民長期照顧政策,您贊成嗎?是否應整合在一個系統?而將長期照顧納入健保制度中?

關鍵字

長期照顧	服務品質
情感性支持	滿意度
工具性支持	忠誠度

附註

原文發表於《Qual. & Quant.》期刊並參考曾馨慧 (2009) 碩士論文、《2009 財經商管論文研討會》修改而成。

CHAPTER 18

台灣老人住宅產業發展模式探討

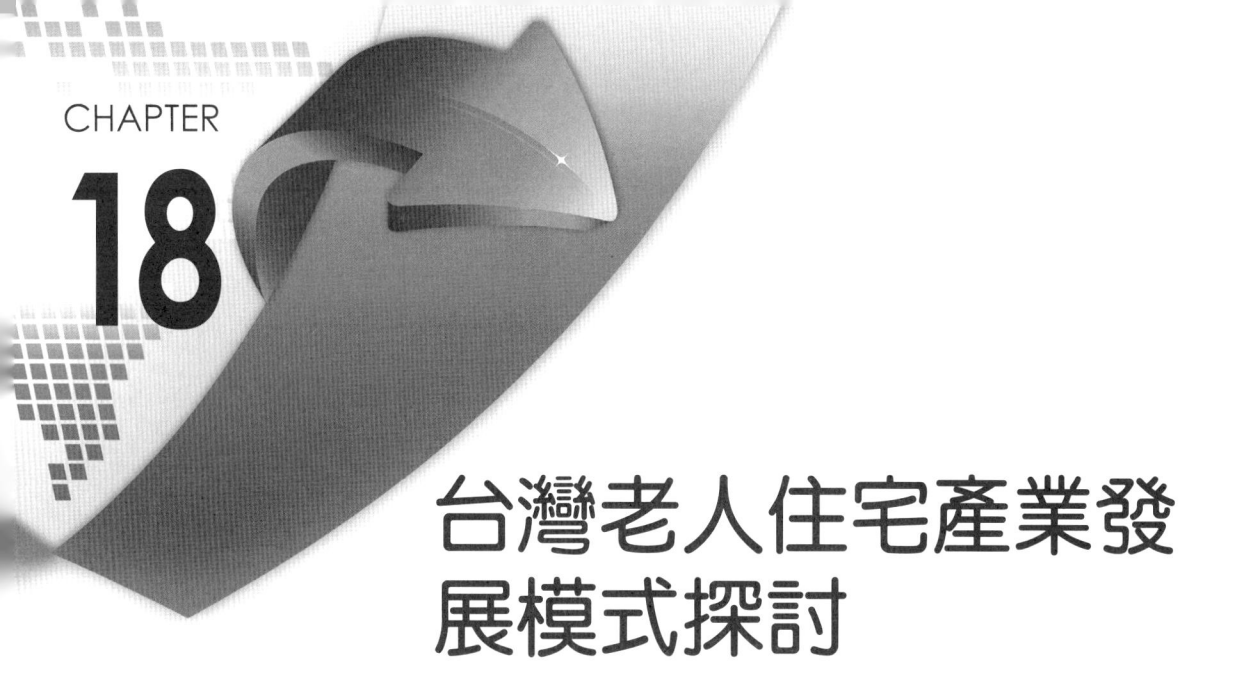

近十幾年來台灣老年人口急遽增加，截至 2007 年底老年人口數已達 207 萬人，佔總人口比例之 10.2%，因此台灣已成為高齡社會，老人醫療衛生居家照護等問題於是受到高度的重視。但是老人福利相關配套政策措施相對落後，尤其是老人住宅產業之發展與管理。嘗試探討台灣老人住宅產業發展結構，以作為政府、業界及學術界之參考依據。最後發現台灣老人住宅產業發展是一個複雜且動態之系統，包含五個重要變數：專業人力、硬體設施數量、老人住宅品質、老人住宅數量以及老人入住量。換言之，在五個重要變數所形成之關鍵環路交互作用下，構成了台灣老人住宅產業發展之複雜動態結構，並影響未來發展趨勢。台灣老人住宅產業發展是由數個關鍵因果環路與五個重要變數所組成之動態結構。本章所提出之系統動態學因果回饋模式，可以合理詮釋台灣老人住宅產業發展之動態過程。

◎ 18-1　前　言

隨著醫藥衛生進步，國人生活富裕，平均壽命延長，老年人口急遽增加。台灣老年人口比例於 1993 年 9 月達 7%，已達聯合國世界衛生組織所訂之「高齡化社會」指標。2003 年 10 月底，台灣老年人口共有 207 萬 6 千多人，占總人口的 9.2%；至 2007 年底為止，依據內政部主計處統計，65 歲以上人口已超過總人口

的 10.2%，台灣地區早已成為「高齡化社會」。而高齡化社會最需受到注意的問題不外乎是老人福利，尤其是老人居住之相關問題。

在台灣的傳統觀念中，老人的居住安養皆由子女承擔。但過去 20 年以來，家庭居住型態已逐漸在改變。據內政部統計處對老人狀況調查報告指出：1986 年台灣地區老年人獨居比率為 11.6%，至 2005 年已達 13.7%，有逐漸上升之趨勢；1986 年個別老人僅與配偶居住的比率為 11.6%，至 2005 年已高達 22.2%；而老年人與子女同住的比率則於 1986 年至 2005 年，從 70.3% 降至 61.1%，明顯呈現下降的趨勢。老人居住的問題已是一件必須認真嚴肅看待研究的議題，而老人住宅產業也自然變成一個必然的發展趨勢。根據內政部「未來房市十大趨勢」的調查，老人住宅是其中較具潛力的一項產業。據估計美國的老人住宅約有 30 億美元之市場規模，且往後 20 年市場將會成長至 350 億美元，足足成長 10 倍之多；從美國情形來合理推測台灣的未來，老人住宅將會愈被市場接受，老人住宅與相關類似產品將更流行。從老人住宅整個市場的規模推估，以目前 207 萬個的老年人口，其中獨居和夫妻同住的比例合計為 30.9%，約有 64 萬個的老年人有這樣的需求；而高齡人口的增加也會使這個市場規模擴大。美、日經驗更顯示：適時發展老人住宅將可促進民間大量投資，必成為帶動經濟發展之一股動力，且能有效促進老人住宅產業發展，同時帶動經濟的發展。

基於高齡化的社會趨勢與潛在的經濟發展潛力，政府積極推行機構式老人住宅產業發展，台灣地區目前市場已有多家民間企業集團投資經營大型的老人住宅。例如：台塑集團、潤泰、奇美、國寶集團、義聯集團相繼投入興建養生住宅，就是看好這塊市場的未來性。

台灣老人住宅產業如何順利推動與發展，要考慮許多面向；除了需要政府制定政策協助外，還需民間部門配合實行；此外專業人力的欠缺、社會型態的改變、傳統文化觀念、老人住宅價格等因素都須列入考慮範圍。這些為動態且複雜之問題環環相扣、互為因果，彼此交互作用。台灣老人住宅產業尚屬起步的階段，而此產業發展因素複雜，涉及之因素層面很廣，必須以整體觀的思維來剖析這個產業發展結構，才能增加對此產業發展行為之了解，做出良好的政策規劃。本研究之目的有三點，第一為找出台灣老人住宅產業的特性；其次為探討台灣老人住宅產業發展之重要因素；第三為建立台灣老人住宅產業發展之系統動態質性模式，了解其因素間的交互因果關係，作為台灣老人住宅產業發展政策與公共衛生政策擬定之參考依據。

18-2 老人住宅產業特性與發展歷程

高齡化社會來臨，老人照顧廣受重視，學者大量探討長期照顧之議題，但著重在老人住宅產業發展的研究及相關文獻卻不多，其中的文獻大多僅屬於政令與政府專題研究報告。本章依相關文獻歸納並定義何謂老人住宅產業及分析其發展歷程，並以宏觀的角度找出其產業特性，希冀能在老人住宅產業之發展有所貢獻。

18-2-1 高齡化社會相關文獻

■ 高齡化社會定義

對於人口老化之描述，以聯合國及世界衛生組織為主，即對老年人口比例多寡有一定界定之區隔。如「老化或高齡化社會 (Aging Society)」為超過 7%、「老人或高齡社會 (Aged Society)」為超過 14%，而「超老或超高齡社會 (Super-Aged Society)」為超過 21%。

■ 高齡化社會相關之研究

高齡化社會產生許多社會問題，皆有許多學者積極投入研究。政府政策方面探討，陳淼 (2004) 研究高齡社會對我國總體經濟之影響；至於老年人服務品質的研究，林焜如等 (2006) 討論老人安養中心品質問題；也有許多學者探討高齡化社會下之相關產業發展，2004 年吳曉慧提出老人照顧之新興產業之研究。

18-2-2 老人住宅產業相關定義

■ 老人住宅定義

依據「建築技術規則建築設計施工編」第 293 條規定 (內政部營建署，2004)：依「老人福利法」或其他法令規定興建，專供老人居住使用之建築物稱為「老人住宅」。老人住宅的至今定義仍模糊不清，許多學者也容易將養護中心、安養中心與老人住宅混為一談，此外政府在設立標準及落實規範住宅種類方面也較薄弱。故本章著重在「機構型老人住宅」，例如公立「仁愛之家」及私立的「長庚養生村」。

■ 老人住宅產業定義

依「老人福利法」、「建築技術規則建築設計施工編」及「老人住宅綜合管理要點」之規定：經營年滿 55 歲以上且生活可自理之老人住宅租賃業務，得視老人實際需要，依相關法令規定，自行或結合相關服務業或資源提供下列服務項目：

1. 環境清潔之維護。
2. 房舍及其設備之維護、維修。
3. 門禁安全與緊急呼叫之受信及聯繫。
4. 居家照顧或社區照顧服務。
5. 餐食服務。
6. 交通服務。
7. 文康休閒服務。
8. 醫療保健服務。
9. 必要之適當轉介服務。
10. 其他必要之住宅管理及生活家事服務。

18-2-3 老人住宅產業相關政策

政府部門為鼓勵老人住宅產業之發展，積極訂定相關政策，讓有意從事老人住宅開發之業者能有所依循。行政院經建會於 2004 年 8 月提出「照顧服務福利及產業發展方案──第一期方案執行情形檢討及第二期規劃初步構想」，對老人住宅產業之發展有相當的助益，其相關措施有下列四項：

1. 將「老人安養設施」列為「促進民間參與公共建設」之項目。
2. 增列「老人住宅業」並實施「老人住宅綜合管理要點」。
3. 於「建築技術規則」施工編增訂「老人住宅」專章，訂定設計規範。
4. 研擬「推動民間參與老人住宅建設推動方案」於 2004 年 4 月報院核定。

內政部也極力推行老人住宅政策，並聘請日本專家來台演講，指導政府及民間企業，加速對老人住宅的認識。

18-2-4 老人住宅相關產業之發展歷程

根據 1997 年「台灣房地產年鑑」及 2000 年鄭淵聰指出，台灣老人住宅產業發展可分為三階段：

- **第一階段：發軔期**（1972 年至 1974 年）

    以自費安養的型態出現。例如「私立台南仁愛敬老所」、「台中縣私立菩提仁愛之家」、「高雄縣佛光山的私立佛光精舍」。

- **第二階段：政府參與期**（1974 年至 1990 年）

    以政府興建的仁愛之家為主。例如「高雄市立仁愛之家」、「台北縣立仁愛之家」、「台灣省立台北仁愛之家」、「翠柏新村」等等。

- **第三階段：發展期**（1990 年以後）

    因為高齡化的趨勢愈來愈明顯，老人住宅的需求愈來愈高，所以民間業者積極投入此產業。例如 1992 年太平洋建設在北投所推出的「奇岩居」、1993 年潤泰建設在淡水推出老人住宅「潤福生活廣場」等等。

18-2-5 老人住宅產業一般特性及台灣之特殊性

由相關文獻，歸納出老人住宅產業之一般特性與台灣獨有之特殊性如下：

- **老人住宅產業之一般特性**

1.高齡社會來臨，需求呈上升趨勢

美國在 1942 年，老人人口已達世界衛生組織訂定的標準，正式進入高齡社會，而美國在老人住宅政策方面已累積相當的經驗。相較於其他先進國家，日本以極快的速度進入高齡社會，此外又受到少子化的影響，2014 年每四個日本人就有一個為高齡者，2040 年則每三個日本人就有一個為高齡者。

2.老人福利政策制定的流行

美國老人住宅是屬於社會福利的一環，政府設有部門專門掌管此業務，使老人服務與福利資源做最有效的應用。此外民間企業亦提供相當程度的服務。日本政府也導入介護保險制度及福利事業民營化，以協助老人產業健全發展。除了提供經費資源辦理老人的照顧工作外，也訂定完善的相關政策與法令。

3. 住宅種類眾多

美國針對不同的消費族群、產品特色、規模、經營型態將老人住宅做不同市場區隔。日本也將老人住宅依照機能及特徵來分類。台灣則是經常將老人住宅與養護機構一併討論，不如國外將老人住宅的功能或型態詳細區分。因此各國種類眾多。

4. 民間企業投入比例高

美國老人住宅的興建、經營、管理絕大部分由民間興辦，政府則負責審查與監督的部分。台灣近幾年因應高齡社會來臨，也有許多企業團體投入，像是台塑集團的「長庚養生村」以及潤泰建設的「潤福新象」等等，都是民間積極投入老人住宅產業發展的行列。

5. 服務為上

讓老人滿意之服務措施，是助長這項產業之重大要素。老人住宅雖是僅供給生活可自理的老人居住，但仍有許多健康方面及安全的問題需要謹慎把關。例如硬體設備的建置須符合老人的需求，使老人的安全有保障。此外營養配餐的問題以及休閒活動的安排，都是滿足老人需求的重要因素。故服務品質很重要，這攸關老人是否願意入住老人住宅。

■ 台灣老人住宅產業之特殊性

台灣老人住宅產業除了上述一般特性之外，尚包括以下兩個特殊性：

1. 受傳統文化觀念束縛

依據內政部的老人狀況調查報告，50 歲以上之國民理想的居住方式，希望與子女同住的比率仍高，雖近幾年已有逐漸下降的趨勢，但仍有相當比例，代表台灣老人的養老方式仍受傳統觀念束縛。如圖 18-1 所示。

2. 需求者經濟狀況差異大

老人退休後經濟來源不穩定，且台灣於 2009 年剛實行老人年金制度，欠繳率不低。此外 M 型所得分配之社會現象愈來愈明顯，貧者愈貧、富者愈富，故經濟狀況差異大。故政府與民間應針對老人經濟狀況的差異，設置不同等級的老人住宅，讓老年人能根據自己的經濟能力，選擇適合的老人住宅。

■ 老人住宅產業相關研究

曾怡禎 (2005) 探討老人住宅產業發展之策略；此外也有許多學者借鏡先進國家之老人住宅產業發展經驗，鼓勵將之應用在台灣老人住宅之發展。

老人居住型態圖表

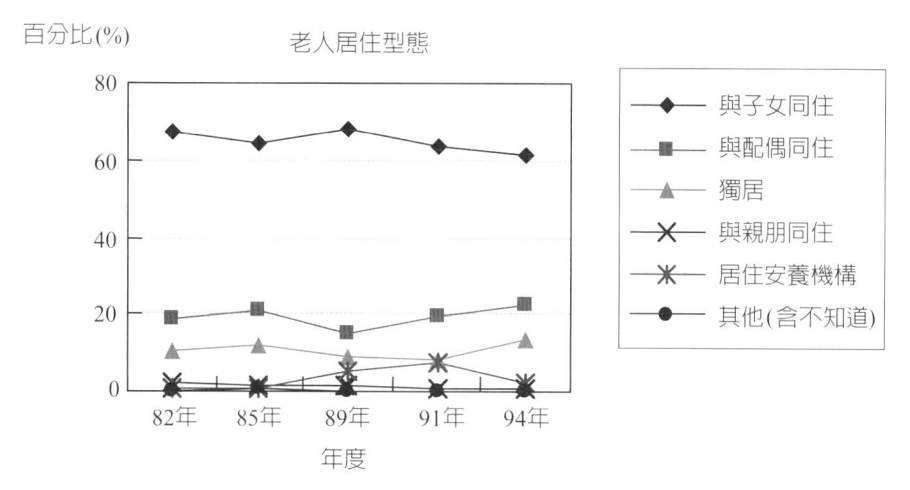

資料來源：內政部 (2005) / 翁瑜鴻 (2008) 整理

圖 18-1　台灣老人居住型態圖

18-3　系統動態模型建構

　　本文運用專家訪談及系統思考方法，探討高齡化社會與老人住宅產業發展之趨勢，並畫出質性圖說明各個因子間之交互影響關係。透過本文研究人員並實際走訪多家老人住宅，例如：長庚養生村，實地了解老人住宅特性；此外也參與七場研討會及座談會，吸收歸納專家之專業見解；並曾與中山醫學大學「周全性老人照護學程」之學者於座談會中討論。

■ 影響老人住宅品質之因果環路圖

　　老人住宅品質可分為硬體及軟體兩部分；前者為硬體設施數量，而後者係指專業人力與服務品質。老人入住需求量與老人消費能力增加，便會累積老人入住量，提升老人入住比率；老人入住比率高，就會增加民營老人住宅相關企業的收入，使其獲利增加；民營老人住宅相關企業獲利後，便會將資金用於增設硬體設備上；硬體設置完成後，便會提升老人住宅品質，自然就增加老人住宅入住之意願，反之就惡性循環，形成正性環路。而累積硬體設備上升後，設施維護成本高，使獲利縮小，形成一個調節性之負性環路(如圖18-2所示)。

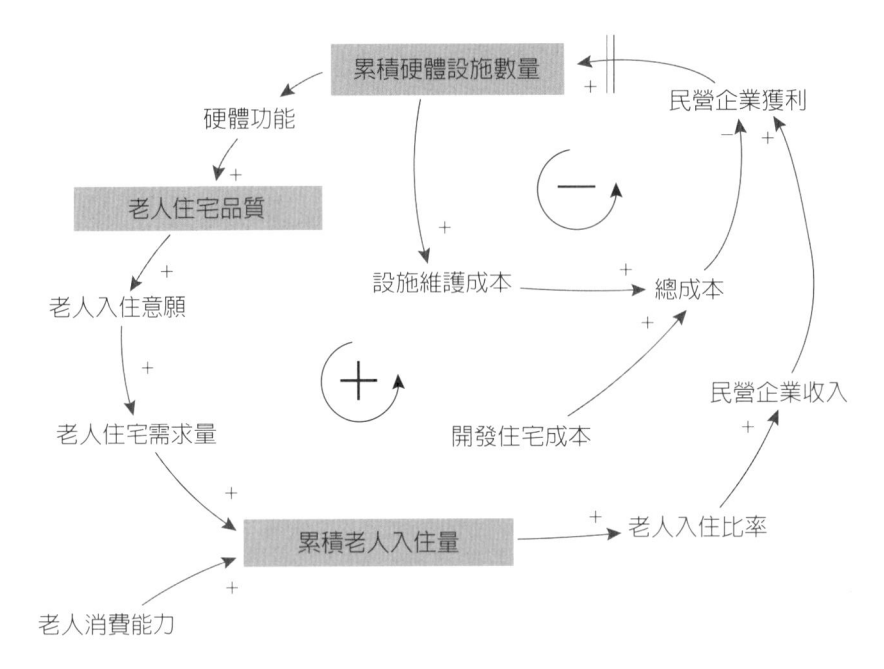

◎ 圖 18-2　老人住宅硬體品質與入住量之因果環路圖

　　累積專業人力亦深深左右服務品質，如圖 18-3 所示。當老人入住需求量與老人消費能力增加，便會累積老人入住量，提升老人入住比率；老人入住比率高，就會增加民營企業的收入，使其獲利增加；民營企業獲利後，便會增加專業人員的訓練，累積專業人力後，便會提升服務品質，同時也增加老人入住意願；同樣形成一個增強環路。然而圖 18-3 老人住宅管理服務人員數目增加，會提高人事成本，民營企業獲利便降低，而形成一個調節環路。

■ 老人消費能力之因果環路影響

　　環境面因素也會影響老人住宅產業。例如在少子化的社會環境下，老年人口比率增加，未來每個年輕人必須負擔奉養多個老人。納稅金額與國內生產毛額 (Gross Domestic Product，簡稱 GDP) 值決定政府的財政能力，政府財政能力好，則有充沛資金支持於老人住宅政策及老人津貼之福利政策。老人津貼支出增加，老人所得水準便增加，老人消費能力也就提升；消費能力提升，則增加老人入住量，並提升老人入住比率；入住比率增加，便可分攤設施成本，降低單位設施使用成本；單位設施使用成本減少，入住價格自然會降低，價格降低，使老人入住意願增加；意願增加，則提升老人住宅需求量，在老人住宅需求量提升的狀況下，便使政府更重視老人福利政策。由圖 18-4 老人消費能力之因果環路圖可知，此為兩個正性環路。

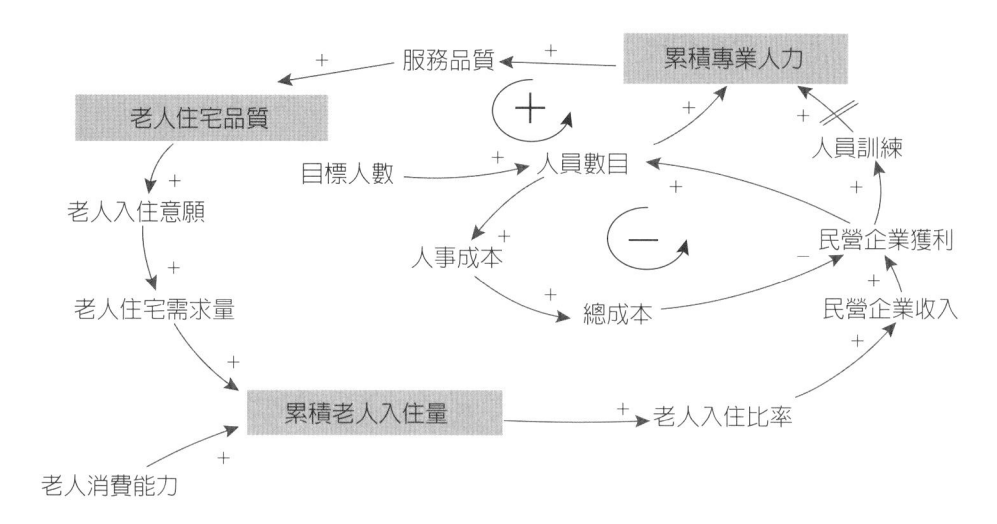

◎ 圖 18-3　老人住宅軟體品質與入住量之因果環路圖

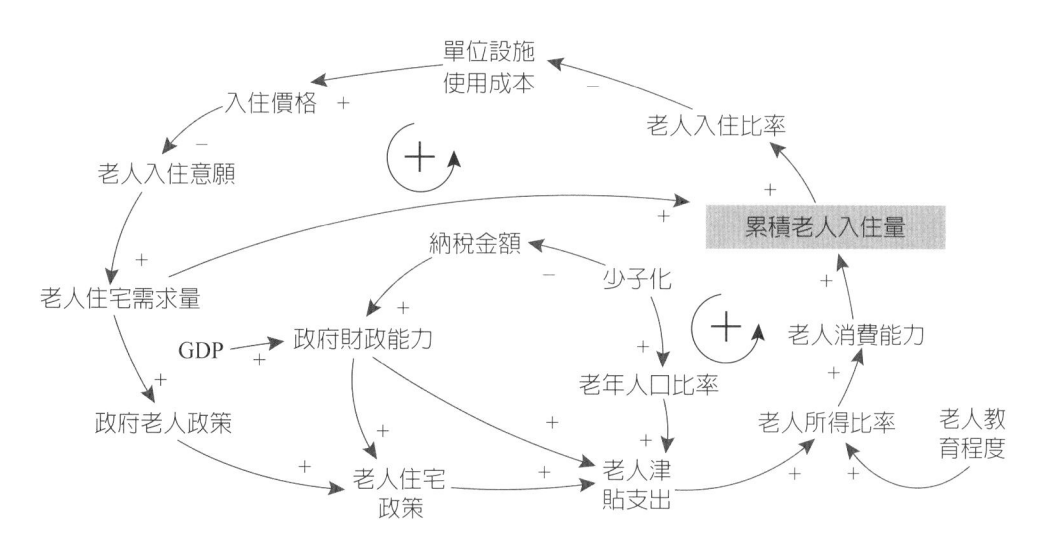

◎ 圖 18-4　老人消費能力與老人入住量之因果環路圖

■ 老人住宅數量之因果環路影響

　　累積老人住宅數量亦為重要環路之一。政府的財政能力與老人福利政策，深深影響老人住宅政策的實施。政府一方面開發公營的老人住宅，另一方面獎勵民間團體，使其加入開發的行列。獎勵項目增加後，便會減少民營企業的住宅開發成本，市場開發成本減掉獎勵項目金額，便成為實質開發成本。實質住宅開發成本、設施維護成本以及人事成本總和為總成本。民營企業收入減去總成本為民

營企業獲利。民營企業獲利後,會增加民營企業開發老人住宅之意願;增加意願後進行開發,便會增加老人住宅的供給量,假設供不應求供給量增加,會讓有希望住進老人住宅的老人得以入住,故會提高老人入住比率;入住比率增加後,便會提升民營企業收入,進而使民營企業獲利提高。從開發住宅到民營企業獲利,會有時間的遞延,如圖 18-5 老人住宅數量之因果環路,此為一正性環路。

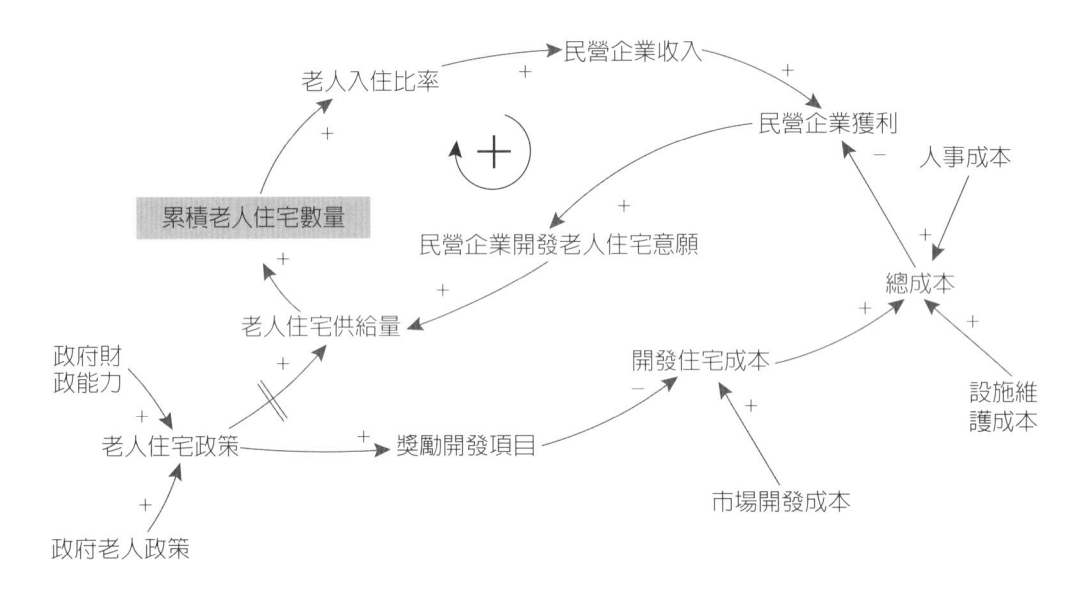

▲ 圖 18-5　老人住宅供給量與累積老人住宅數量之因果環路圖

■ 入住價格之因果環路影響

　　入住價格亦形成一個增強環路。高齡化社會以及與子女同住比率降低,使老人住宅需求量不斷增加。需求量上升使老人入住量增加,老人入住比率也上升,分攤住宅設施使用成本的狀態下,單位住宅設施使用成本降低,自然的入住價格也跟著降低;價格降低後,老人入住意願便提升,意願提升後,老人住宅需求量也進一步提高,即為圖 18-6 之因果環路圖,亦為一正性環路。

　　老人教育程度與社會結構之改變,亦是影響老人住宅需求量之重要因素。從高齡化社會、少子化社會、孝道觀念式微以及老人教育程度的提升可看出端倪。教育程度愈高者,愈傾向獨立自主性生活,形成不與子女同住之生活狀態,因此教育程度愈高者,與子女同住意願就愈低。此外,孝道觀念式微,養兒防老的想法漸漸消失殆盡,老人也希望退休後能有自己的生活,故獨居比率提升。少子化與高齡化社會造成家庭結構的改變,老人與子女同住比率也降低。在不與子女同住的狀態下,且同時是高齡化社會的趨勢下,老人住宅需求量自然提升。

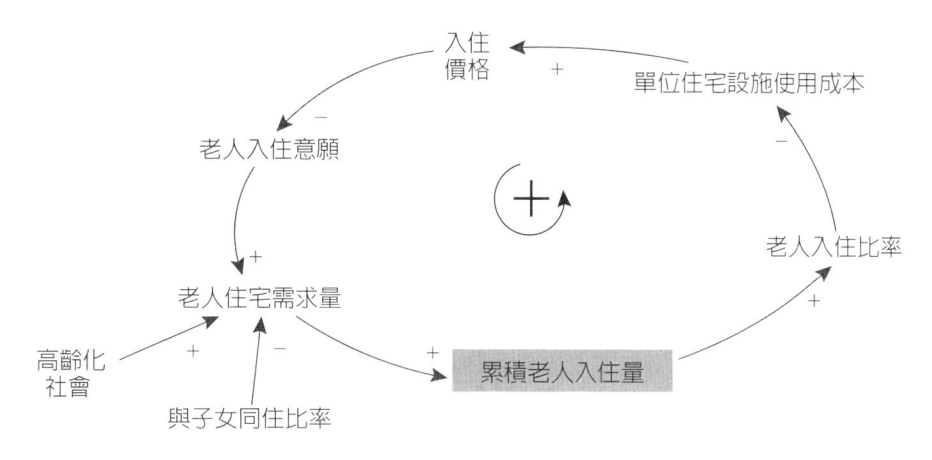

◎圖 18-6　入住價格與老人入住量之因果環路圖

■ 台灣老人住宅產業發展整體環路圖

　　由上述幾個重要環路可得知老人住宅品質、入住價格、老人消費能力、老人住宅數量、社會結構改變會對台灣老人住宅產業的發展有所影響。換言之，上述環路構成一個整體台灣老人住宅產業發展之系統動態結構，如圖18-7所示。整體質性模式，曾於中部某醫學中心長期照顧學程之學者專家座談會中被檢視，多位專家認為此模型具有良好解釋能力。

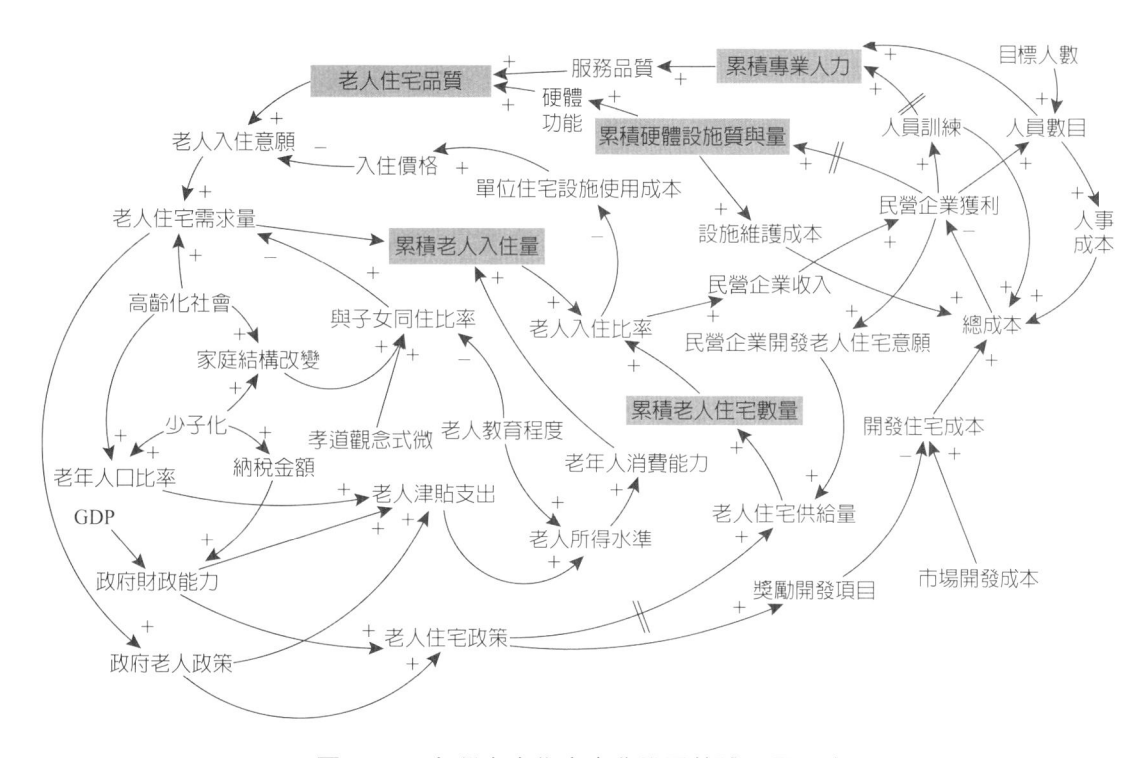

◎圖 18-7　台灣老人住宅產業發展整體因果環路圖

◎ 18-4　結論與討論

由本研究得知影響台灣老人住宅產業發展結構，是由五個重要積量所構成之動態因果環路；本章並且歸納出台灣此產業的幾個特性，分別敘述如下：

▶ 18-4-1　台灣老人住宅明顯的產業特性

第一個特性為台灣民眾受到傳統文化觀念束縛，老年人較傾向於在地及自宅老化，並希望能與子女同住；其次為需求者經濟狀況差異大，且台灣也尚未有完善的老年福利制度，故老人的經濟負擔能力便成為一重要因素；第三為台灣存在不同種類之老人住宅，但台灣老人住宅功能劃分較不精細，故容易混淆老人對住宅種類的選擇；最後一項特性為民間企業投入比例高。

▶ 18-4-2　台灣老人住宅產業發展是複雜且動態之系統結構

其中包含五個重要積量變數：專業人力、硬體設施數量、老人住宅品質、老人住宅數量以及老人入住量。換言之，此五個重要積量之關鍵因果環路交互作用下，構成台灣老人住宅產業複雜且動態之系統結構。

台灣老人住宅產業是否能蓬勃發展，社會環境因素之變遷對其影響很大。其中有幾個重要因素如下：首先是老人教育程度高低，其次是社會少子化傾向，第三為孝道觀念日淡，最後則是工商社會小家庭型態盛行的環境下，與子女同住比率愈來愈低。此外高齡化社會，則提高老人住宅之需求。故隨著環境因素的變遷，台灣地區對老人住宅的需求可能會愈來愈大，且老人住宅產業在醫療衛生與整體房地產地位中，會愈來愈明顯重要。

然而就老人入住意願而論，住宅與服務品質是個重要的影響因素，主要視民間企業是否能累積品質優良的設備及專業服務人力而定。這些皆會影響老人住宅之需求量，並影響累積老人入住量。為了達到老人住宅供給與需求之動態平衡，政府除了著重在老人福利政策方面外，同時也應鼓勵民營企業開發老人住宅產業來增加住宅供給量。政府制訂出老人住宅政策，並提出獎勵開發誘因，以降低民營企業開發的成本，提升獲利，進而增加民營企業開發意願。但在追求品質的理念中，設施維護成本與人事訓練成本都會使總成本上升、民營企業獲利減少，故民營企業是否做好妥善的管理與財務平衡，攸關其是否能永續經營。

政府財政能力與政府老人政策會影響老人津貼的支出。消費能力是影響老人住宅需求的重要因子，唯有使老人具消費能力，才能使老人住宅產業順利發展。值得一提的問題是：在現今少子化的社會現象下，導致人民的賦稅愈來愈重，未來可能面臨四個年輕人養一個老年人的沉重負擔，可能對老人住宅產業發展產生重大衝擊。

　　台灣自 1994 年邁入高齡化社會至今，已走過 14 個年頭。雖從 1980 年就已制訂老人福利法，開始重視高齡化社會問題，但後續的老人相關配套措施卻無太大的改善。近年來學者廣泛討論長期照顧之議題，根據 Brody et al. (1980) 之界定，長期照顧的範圍相當的廣，其含括安寧照顧、送餐服務、日間照顧等。內政部於 2008 年 12 月落實了長期照顧 10 年計畫，幫助照顧家中的失能長輩、獨居老人及 50 歲以上的身障者，其服務內容含括居家服務、日間照顧、家庭托顧、居家護理等多項服務項目 (中國時報，2008)；蔡闉闉 (2008) 探討長期照顧 10 年計畫的發展與執行問題，由此可知長期照顧對台灣高齡化社會的重要性。

　　就宏觀的角度而言，政府應使用一套整體配套的系統去解決並改善老人相關問題，將醫院、護理之家、養護中心、安養機構及老人住宅等作一整合。其中包含制訂適當的法規，使整個長期照顧系統更能順利運作，包含轉診、機構設立標準、機構評鑑標準等等。此外也需重視長期照顧機構之品質，因此專業人才的培育可說是首要之務。包括醫學系、護理系及相關醫事人員的教育，應嚴謹看待。人才的培育也不僅可運用於台灣的長期照顧產業，政府應用宏觀的角度去思考國際化的議題。台灣培育出的莘莘學子，是否可能人才輸出？可否到中國大陸擴散台灣醫學管理知識？這是一個值得重視的商機，也是一個讓世界認可台灣醫療衛生品質的機會。此外老人的食、衣、住、行、育、樂及照顧品質是否能達到高度的水準，也是長期照顧品質的重要指標。

　　面對快速來臨的高齡化社會，政府應以整體觀來應變，經濟系統、社會福利系統、醫療專業系統、人才培育的教育系統等等，唯有將所有相關專業領域結合，才能妥善因應高齡化社會對台灣社會之衝擊。但台灣在長期照顧整合的部分仍較薄弱，政府應重視此問題，給老年人一個良好的養老環境與生活機能。因此老人住宅乃至於老人長期照顧產業是一個具公共衛生與社會工作的議題，值得更多專家學者將來深入研究。

　　最後，本章作者認為任何社會福利政策的推動，要長期謹慎評估時空環境是否成熟，不僅是本身系統的設計，否則人為的政策災難，終將使社會付出高成本。

討論題

1. 在家(地)老化的長期照顧與集中型社區老人住宅的理念，各有何優缺點？
2. 提供能夠生活自理(主)的老人住宅功能社區，若也可以混住年輕子女住宅，則此混合社區要如何定位？是否為兩全其美的生活方式？
3. 政府若輔導許多失業婦女轉業為專業看護人員，則台灣可否減少外籍看護的人力依賴？並提升就業率？然而，為何市場不會「自然」出現大量本地看護人員？

關鍵字

老化社會　　　　　　　　　　長期照護
高齡社會　　　　　　　　　　銀色(髮)產業
長期照顧

附註

原文發表於《台灣企業績效學刊》修改而成。

CHAPTER 19

台灣小學教育財務系統動態模式建構

教育財務控制模型建構,已成為教育相關機構高階管理之一大挑戰。尤其少子化趨勢下,小學教育系統其財務平衡與師資人力資源的長期規劃,是當前刻不容緩的議題,尤其是台灣小學教育系統,正面臨破產危機之時,建構教育財務動態模式更是迫切需要。事實上,台灣小學教育財務系統受到政府財政能力、長期的預算規劃、教育政策法令、人口出生率趨勢及師資供需等因素相互影響,是一個複雜且動態的系統。本研究以系統思考的觀點,運用系統動態學探討台灣小學教育財務系統供需結構,提出動態模型,解釋其行為現象,以增加對其系統行為之了解,透過動態模式進行趨勢模擬,模擬的結果可作為教育當局制訂政策與學術研究之參考。

◎ 19-1 前　言

　　財務模型建構與趨勢分析,對於當今瞬息萬變的經濟社會非常重要。尤其是台灣小學教育財務系統,正面臨破產危機之時,維持財務系統長期的穩定平衡發展,是教育當局一大挑戰 (王汝杰等,2006)。小學教育系統中財務的規劃受到政府財政能力左右,政府的財政則受到長期經濟發展所波動,長期經濟發展的好壞受到人力資源質與量的影響,然而人力素質的高低受到教育系統的影響。教育系統受到教育政策、師資供需、教師的任用退撫影響;教師需求受到人口出生率變

動的影響。因此小學教育系統中財務平衡與人力資源的長期規劃，攸關小學教育的發展，深深影響國家未來的競爭力 (楊深坑、黃淑玲、楊洲松，2005)。

政府財政能力直接影響教育預算的編列。近年來，政府面臨財政赤字已高達新台幣 4.5 兆元，財政日益惡化公債不斷上升 (李允傑，2007)。而台灣小學教育 99% 由政府經營，教育經費由中央與地方政府共同分擔，1975 年當時中央政府教育經費分攤比例為 13.42%，1990 年達 26.81%，2005 年達 30.73%；地方教育經費分攤比例在 2004 年已超過 50% (教育部統計處，2008)，顯示教育經費成為各縣市政府最大的支出項目。

小學教育財務系統其健全與否，攸關整體教育系統的正常運作。以 2006 年為例，地方政府實質教育經費共新台幣 3,200 億元，其中教師人事費用、退休金佔新台幣 2,659 億元，比例達 83%；同年台北縣教育經費為新台幣 340 億元，人事費用佔新台幣 306 億元，比例高達 90% (教育部統計處，2008)。上述兩項比例與經濟合作與發展組織 (Organization for Economic Co-operation and Development，簡稱 OECD) 各會員國之平均值 75% 超出許多 (OECD, 2006)。顯然台灣小學教育預算編列嚴重不足，使得教師人事費佔教育經費的比例偏高，正常營運費用不足以支應其它費用，這是一個非常嚴重的問題。

政府政策的推動與法令的更迭，也造成對教育系統的衝擊。近十幾年來，台灣政府大力推動教育改革工程，教育政策及教材變動過快，部分教師無法適應新的教育措施，引發退休潮。但政府預算無法支應教師退休金，造成教師想退而不能退。例如 2002 年至 2006 年期間，台灣小學教育人事費佔教育經費高達 83%~93%，其中教師退撫費四年內成長 34%，成為中央與地方政府最大的財政負擔，造成教育系統的財務危機 (教育部統計處，2008)。

根據教育部統計，台灣平均每位小學生實質教育經費明顯不足，且遠低於已開發及新興工業化國家。2004 年台灣平均每位小學生的教育經費約 2,089 美元 (教育部統計處，2008)，此數字不及美國的三分之一，低於香港的 3,793 美元、南韓的 3,714 美元及新加坡的 2,426 美元，居亞洲四小龍之末。台灣實質教育經費用在每一位小學生身上的「活錢」，只佔 3.95%，約 82.52 美元，不到南韓小學生 855.52 美元的十分之一，更加凸顯台灣小學教育經費嚴重不足。

台灣小學教育財務系統，事實上也受到環境因素衝擊，例如：城鄉差距、新生兒出生率降低等非財務因素影響 (王湘瀚，2004；薛曉華，2004)。台灣地區出

生人數從 1995 年的 329,581 人，2007 年降至 204,414 人 (教育部統計處，2008)，約減少 37%，進而影響國小教師需求量，整體教師薪資提撥金額相對地減少，間接衝擊教師退撫基金的供給。

由上述可知，台灣小學教育財務牽涉到中央與地方政府教育經費負擔比例，退休經費是否充足，教育政策法令變動的衝擊，出生率下降，師資需求下降等環境因素的影響，形成一個複雜且動態的結構。本章希望釐清台灣小學教育財務危機問題，利用系統動態學探討台灣小學教育財務系統結構，嘗試提出小學教育財務系統動態模式，以增加對台灣小學教育財務系統行為的了解，透過模式進行趨勢模擬，作為教育當局制訂政策與學術界研究之參考。

19-2 文獻回顧

19-2-1 台灣小學教育文獻

財務對教育系統的影響，一直受到世界各國的重視，學者探討的主題包括教育的危機 (Ducan et al., 2004; Hsiao & Peng, 2008)、教育財政 (Duncombe & Yinger, 1998; Fisher, 2000; Hinchliffe, 1989) 等議題，而關於台灣小學教育的文獻主要包含以下幾方面，因篇幅有限，本文僅歸納其重點：

1. 探討國民教育政策方面，包括教育政策發展趨勢、如何提高政策執行力、十二年國教政策設計等議題。
2. 探討小學教師人力資源方面，包括中小學師資培育政策與展望、教師素質管理機制、師資供需失衡等議題。
3. 探討政府財政能力，包括國民教育經費基本需求、經費試算等議題。
4. 財務規劃方面，包括國民教育經費編列與管理、地方財政之全面性思考、國庫經費負擔與資源分配、國教經費補助方式等議題。

上述國內外文獻，少有人以整體觀來探討小學教育系統財務問題，本章與過去文獻最大的不同在於透過系統思考 (Systems Thinking) 方式，了解台灣小學教育財務系統各元素間彼此的交互作用，並嘗試提出台灣小學教育系統財務動態模式。

19-2-2　台灣小學教育之特性

　　台灣缺乏天然資源 (鋼鐵、石油、天然氣、煤礦等)，以往經濟快速發展，重要的因素之一是「人力資源」的開發，政府與民間將教育發展與人力培養，視為推動國家長期發展的主要動力。台灣小學教育的發展，受到歷史文化傳統思想、法令與教育政策及城鄉因素等影響，其特性如下：

■ 法令規定為義務教育

　　根據台灣憲法第 160 條規定：「6 歲至 12 歲之學齡兒童，一律受基本教育，免納學費。」國民義務教育為九年，前六年屬於小學教育，後三年為國中教育，且以公立經營為主。

■ 普及率高

　　根據教育部與行政院主計處統計 (2008)，1959 年政府積極推動六年國民教育之時，6 至 12 歲學齡兒童就學率為 81.49%；至 1968 年國民教育延長為九年，政府投入大量的人力與經費，學齡兒童就學率躍升達 97.67%，2007 年學齡兒童的就學率成長至 99.30%，高於世界各國平均的 83.7% 及已開發國家的 95.7%，顯示台灣國民教育的普及率相當高。

■ 城鄉差異大

　　台灣的就業機會集中在都會區，鄉村中大多數家庭往都會區發展，偏遠地區人口外流嚴重，形成都會區學校規模愈來愈大，偏遠小校被迫裁併，造成教育發展失衡問題。教育經費投資於偏遠小學，不符經濟效益，且學童人數過少，也不利教學、同儕互動及文化刺激。台灣地區城鄉教育在經費、教師、資源設備、入學比率、學生學業成就等方面差異很大。

■ 教材一綱多本

　　台灣小學教材多元，但課程連貫性尚待改善。自 1987 年 7 月 15 日解除戒嚴，多元思想逐漸蓬勃；接著 1988 年解除報禁，教育民主運動開始萌芽，各類民間教育改革團體紛紛成立；1996 年起教科書的編制，正式進入一綱多本的時代 (陳映廷，2006；教育部國教司，2000)。在實施多年後反而衍生課程改革只重視能力指標之修訂，忽略教材編製與課程實施的重要性及連貫性等問題。

■ 偏重智育發展

　　教育部在 2000 年依據「教育改革行動方案」，進行國民教育課程與教學革

新，訂定九年一貫課程與七大學習領域，規定小學每週學習總節數分為「領域學習節數」與「彈性學習節數」。語文學習領域佔領域學習節數之 20%~30%，健康與體育、社會、藝術與人文、自然與生活科技、數學、綜合活動等六個學習領域，各佔領域學習節數之 10%~15%。小學低、中、高各年級學習領域節數佔學習總節數之百分比，分別為 83.3%~90.9%、80.6%~89.3%、81.8%~90%。整體而言，學習課程偏重智育發展，輕忽人格與倫理發展。

■ **非正規教育盛行**

由於國小教育朝多元發展，學童家長安排子女參與各項才藝班或安親班，造就非正規教育的盛行。根據補教業統計，台灣國小安親班每年約新台幣 5、6 百億元商機，且補習年齡層有下降的趨勢；加上兒童英文補教市場，每年約新台幣 7 百億元的規模，造就了課後補習市場需求強烈，可見台灣小學生受非正規教育非常普遍。

▶ 19-2-3　教育經費分配比例未達法律水準

教育基本法於 1999 年 6 月 23 日公布實施，明確的規範教育經費的運用。教育經費編列與管理法於 2000 年 12 月公布，為教育財政的一項重大變革。該法於 2002 年實施，教育經費分配獲得保障，採基金管理制度。中央、直轄市及縣市政府教育經費合計應不低於該年度預算籌編時，之前三年度決算歲入淨額平均值之 21.5%。根據教育部統計處資料 (2008)，2000 年至 2005 年教育經費佔政府歲出比例平均為 18.59%，顯見此六年教育預算均未達法令規定水準。

◎ 19-3　系統動態模型建構

台灣小學教師正面臨新舊退休制度並行的過渡期，造成財務規劃的複雜度。本章以系統思考的觀點，分析台灣小學教育財務系統運作情形及解釋相關變數之因果關係。

▶ 19-3-1　退休人數與教育發展基金之因果關係

退休金制度的變革，直接影響教育預算經費的編列。1996 年 2 月退休金制度改革，由恩給制改為儲金制。1996 年 2 月 1 日以前退休年資結算的退休金，稱為

恩給制退休金，由縣市政府每年編列地方教育發展基金支付❶；1996 年 2 月之後稱為退撫基金，由政府與教師共同提撥退撫基金。而退撫基金增量來源有二：一是教師薪資提撥，教師負擔 35%，地方教育發展基金負擔 65%；二是投資經營績效，以退撫基金累積金額投資股市、債市或銀行利息所得。隨著教師退休潮，產生退休金超額需求，地方政府無法負荷此超額需求，申退教師無法退休，進而演變成政治議題。行政院在受到社會壓力，於 2004 年特別編列退休預算，以三年新台幣 300 億元 (補助年度為 2004 年、2005 年、2006 年) 挹注地方政府教育發展基金之退休費用，紓解退休潮壓力，對教育財務系統，顯然是解燃眉之急的狀況解，而非根本解。退休人數與教育發展基金形成一個調節環路，如圖 19-1 所示。

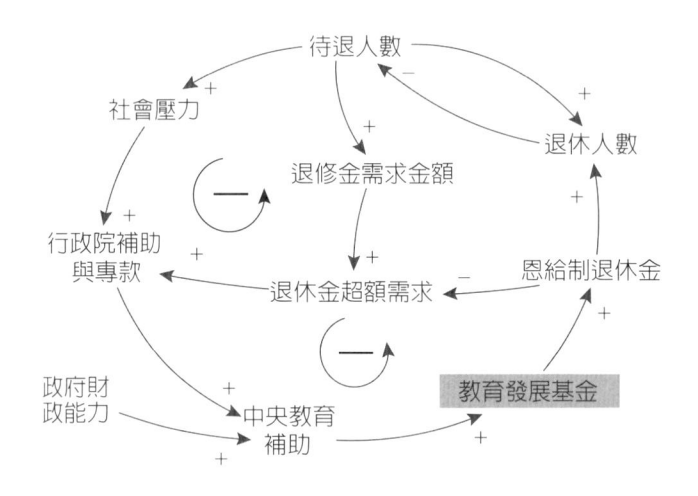

△ 圖 19-1　退休人數與教育發展基金之因果環路圖

▶ 19-3-2　退休條件與退休金需求之因果關係

目前小學教師屆齡退休條件為年滿 50 歲且服務滿 25 年的七五制，到強制退休年齡 65 歲。政府在財政困難下修改退休條件，採兩種方式，第一是延長退休年齡，由七五制改為八五制，教師年齡須達 60 歲以上、服務年資需滿 25 年，或是年齡滿 55 歲、服務年資滿 30 年；第二是修改退休所得替代率，由於條件優渥替代率超過 100%，成為退休潮推波助瀾的因素之一。隨著申請退休人數增加，導致退休金超額需求，政府在財政壓力下，修改退休條件，使得申請退休的人數隨之下降，實際退休人數亦減少，退休條件對退休金需求的影響，如圖 19-2 左邊環路

---
❶ 事實上地方財政困難，地方教育發展基金名存實亡，根本累積不到錢。

所示,上下兩個因果環路圖均為調節環路;再者申請退休人數受核退率影響,退休人數的增加,待退人數相對地減少,因此退休人數與待退人數兩者互為因果,形成一個小的調節環路,如圖 19-2 右邊內環路所示;加上累積教師員額、待退人數及退休人數三者亦形成一調節環路,如圖 19-2 右邊外環路所示。

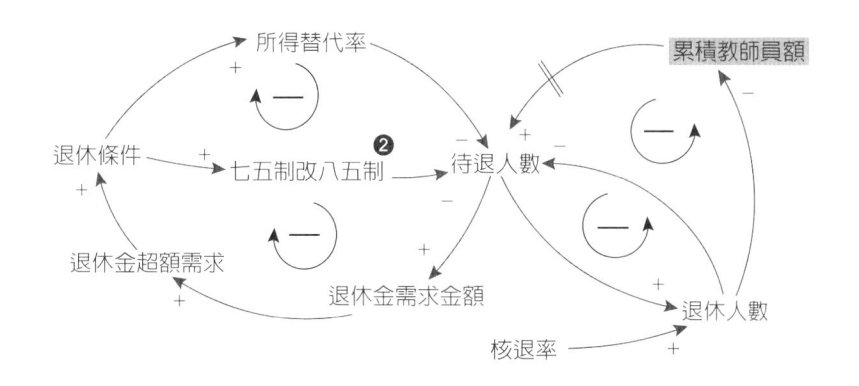

▲ 圖 19-2　退休條件與退休人數之因果環路圖

▶ 19-3-3　台灣小學教育系統財務動態模式

綜合退休人數對教育發展基金的影響、退休條件對退休金需求的影響以及退休人數對累積教師員額的影響,本章提出台灣小學教育系統財務動態模式 (如圖 19-3 所示),主要是由累積教師員額、累積退休人數、退撫基金及教育發展基金等四個積量變數 (Level Variable 或稱為存量 Stocks) 組成,在整體結構上具時間遞延、複雜且動態的關係。

◎ 19-4　趨勢模擬分析

台灣小學教育系統財務動態模式,其中恩給制退休金與退撫基金兩項,攸關政府的財政能力,直接影響教育預算經費的編列。因此本章利用 Vensim 軟體,分別對恩給制退休金與退撫基金兩項進行趨勢模擬,並提出具體建議。由於退撫基金於 1996 年成立,教育改革對教師人力與教育經費系統開始產生衝擊,以 2008 年成為小學教師者,假設其年齡以 25 歲計,未來退休制度採八五制,其服務年資超過 30

---

❷ 公務人員已改為八五制,但公立教師退休制度至今 (2016 年) 尚未修改。

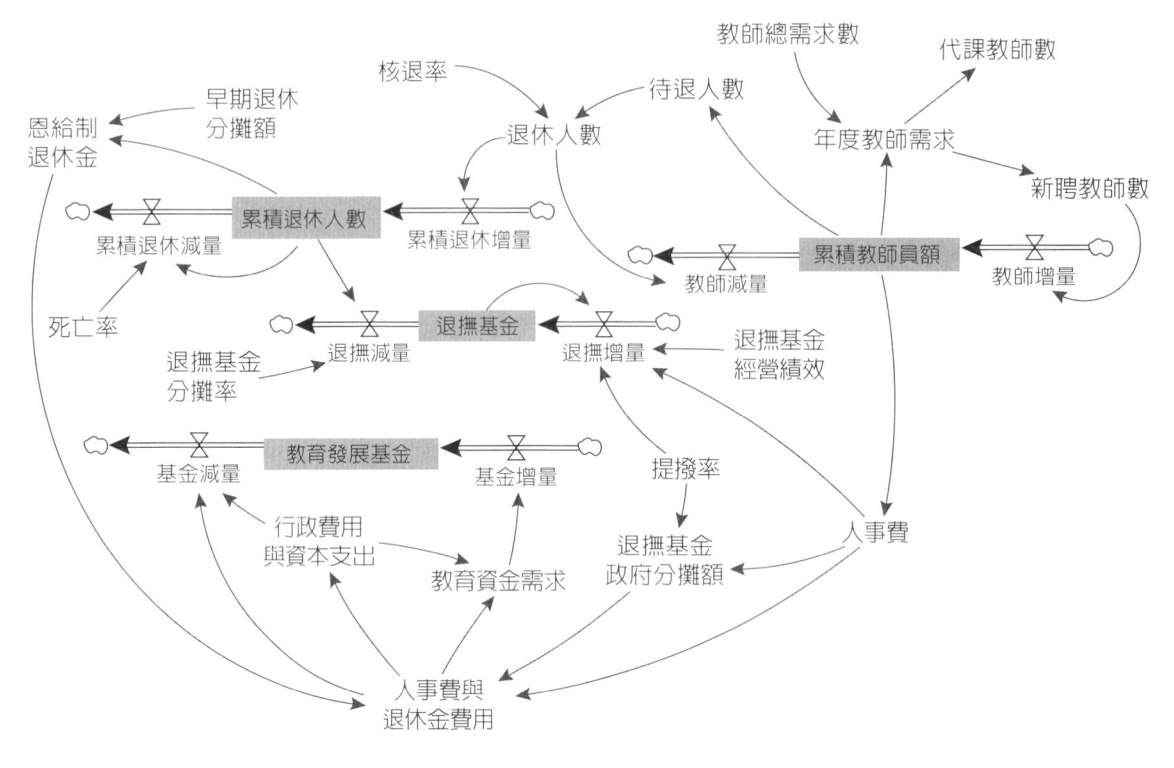

◉ 圖 19-3　台灣小學教育財務系統動態流程圖

年,將在 2038 年退休,因此本研究採行的模擬期間為 1996 年至 2040 年止。

▶ 19-4-1　模擬結果

■ **恩給制退休金模擬**

由恩給制退休金模擬圖 (圖 19-4) 顯示,退休金需求從 1996 年起持續上升,到 2017 年達到最高峰,該年政府需支出約新台幣 270 億元,之後緩慢下降。恩給制退休金包含在地方教育發展經費裡,嚴重侵蝕教育經費,由此可知政府因財政困難,無法支應高額的教師退休金,讓屆齡老師退休,是教育經費長期不足的真正原因。

■ **退撫基金模擬**

「退撫基金」其提撥率與經營績效對未來系統運作有關鍵性的影響。政府在 1996 年設置儲金制的退撫基金。依規定三年精算一次,每次精算往後推算 50 年。該基金第一次 2000 年 6 月精算結果,要維持現有給付條件,顯示提撥率

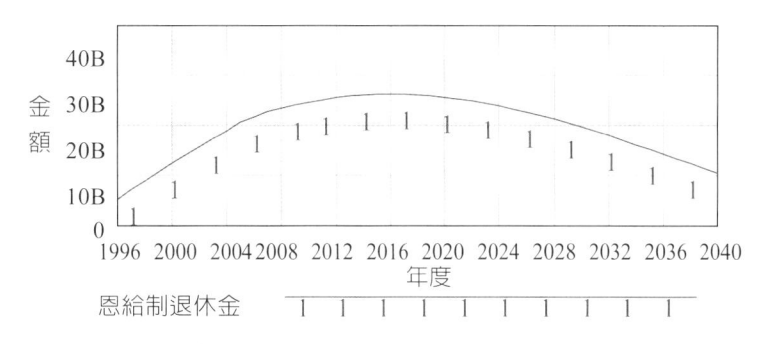

▲ 圖 19-4　台灣恩給制退休金趨勢圖

為 17.9%。第二次 2003 年 12 月精算結果，要維持現有給付條件，提撥率要維持 28.6%。然而現行提撥率，從退撫基金成立均維持在 8% 的法定下限，直到 2004 年調整為 9.8%，2005 年調整成 10.8%，2006 年調到法定上限 12%，顯見政策與法令跟不上實際需求。除提撥率不足外，國際金融情勢急轉，低利率時代再加上股市護盤等非專業因素，10 年來退撫基金營運獲利率平均為 3.98%，與原先設定獲利率 7% 差距甚遠，顯見退撫基金破產為時不遠。

由圖 19-5 退撫基金趨勢圖顯示，退撫基金在 2012 年達最高峰，約新台幣 820.7 億元，且將在 2023 年破產。而且未來政府負債相當可觀，到 2040 年負債達新台幣 5000 億左右，政府至今尚未提出因應之策略。將導致目前在繳交退撫基金的年輕教師，等到退休時，才發覺三十年來按時繳交的退撫基金已破產，造成社會信賴與政府財政的危機。

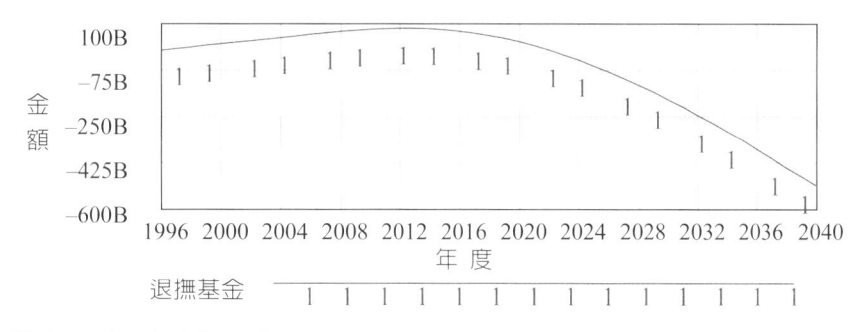

附註：B 表示新台幣 10 億元

▲ 圖 19-5　台灣退撫基金趨勢圖

19-4-2　討　論

退撫基金成立以來，其提撥率與經營績效，實際需求和預期，相差甚遠，過去 10 年來所累積的財務缺口，政府應積極處理，配合法令與政策的修訂，務實調整退撫基金提撥率及其經營績效，否則教育財政崩潰將可預見。再者政府設法振興經濟，增加其財政能力或分配效率，例如：將國防預算下降與社會支出有效控制，將能有效挹注教育財政。國防部門人事的退休金在退輔會，而教育部門的人事費與退休金卻納在教育經費中，其公平與合理化有待商榷。

台灣小學教育受到政府財政能力及出生率下降產生明顯變化，須顧及人力資源新陳代謝的需求與教學品質的考量。在財政考量上，所採取的併校、合班政策應考量地區文化特性、地理位置、交通等問題，不應以節省教育經費為主要考量因素，偏遠地區學生受教權應受重視；再者須透過立法程序提高退撫基金提撥率，以期制定適切的提撥率達到長期財務管理之動態平衡。在少子化趨勢所產生的減班減師的情勢下，應適時逐年降低班級學童人數，復以適量提高教師員額編制來因應。一方面舒緩師資超額問題，宜妥善作教師員額控管；另一方面提供適當名額甄選新進教師，可挹注教師退撫基金的增加，申請退休之教師得以退休，以促進學校教師的良性循環。

19-5　結　論

本研究以系統動態學為方法論，提出台灣小學教育系統財務動態模式，分析系統之結構與因果關係，其中政府財政能力 (退撫基金、恩給制退休金、教育發展基金)、教育政策、教師退休條件、退休人數、人口出生率等因素環環相扣互為因果，牽涉到教育預算長期規劃，受到政府相關法令所左右與人口變化，是一個複雜且動態的結構。

研究結果顯示：教師退休金需求從 1996 年起持續上升，到 2017 年達到最高峰，該年約需新台幣 270 億元，恩給制退休金嚴重浸蝕教育經費；退撫基金在 2012 年達最高峰，約新台幣 820.7 億元，且將在 2023 年破產。而且未來政府負債相當可觀，到 2040 年負債達新台幣 5,000 億元左右，若財經環境與系統結構沒有重大改變，退撫基金提撥率維持現今的 12%，退撫基金將在 2023 年破產；若政府

將提撥率提高至 28.6%，則退撫基金將延長至 2042 年破產，兩者前後相差近 20 年。因此就政府而言，建立一套小學教育財務管理系統，對教育預算的規劃、師資供需的控制及教育政策的推動等，作長期且動態的監控，才能夠掌握台灣小學教育財務系統之困境。本章建構台灣小學教育財務系統動態模型與趨勢分析，有助於小學教育財務系統之了解，可作為教育當局決策之參考。對於退休條件所得替代率改革、延長退休年限方案，尚待立法通過。另外對於小學教育財務的影響及師資人力資源的衝擊等議題，都值得有興趣的學者進一步深入研究。

討論題

1. 教育系統屬於社會大系統的一個次系統，您認為它的政策調整速度約幾年？以小學教育改革為例，教改 10 年後，主導者之一李遠哲先生才公開承認失敗，向國人道歉，但調整回來或找到新方向還要摸索幾年？
2. 為何多個縣市政府變相挪用地方教育經費預算，教師與民眾卻沒有激烈抗議？

關鍵字

師資培育　　　　　　　　　　　　退撫基金
師資供需　　　　　　　　　　　　教育發展基金經費
義務教育

附註

原文發表於《SRBS》期刊修改而成。

CHAPTER 20

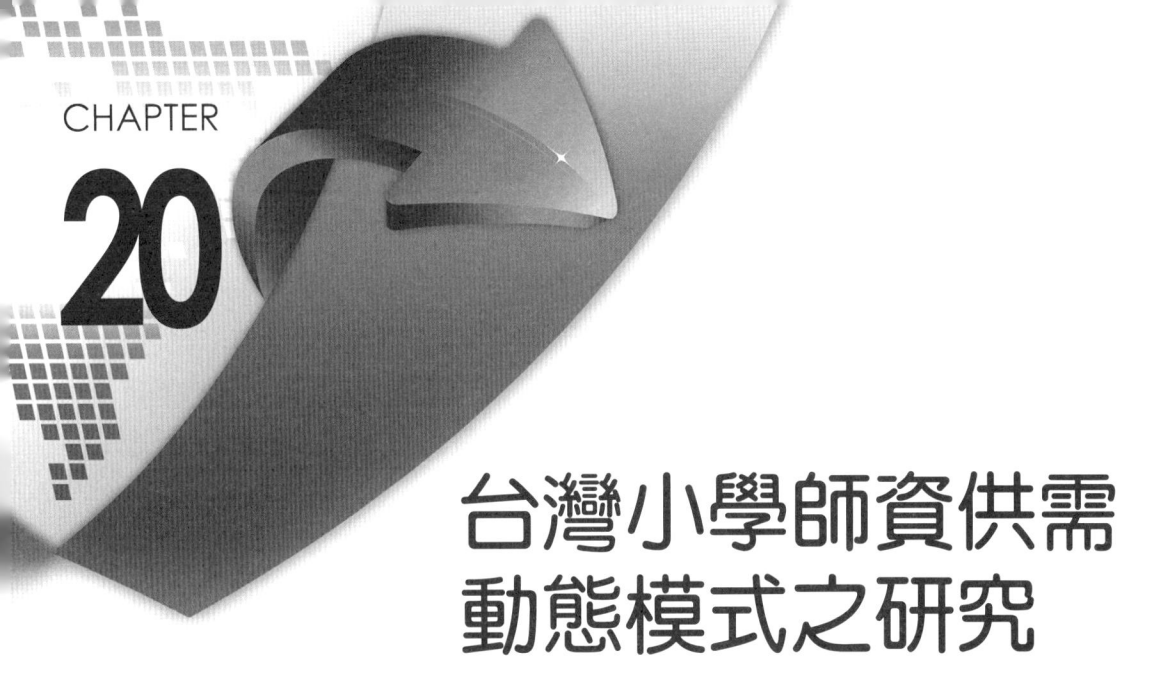

台灣小學師資供需動態模式之研究

人力資源政策須作長期的規劃與控制,而師資培育政策決定師資素質,關係到教育品質的優劣,直接影響國家競爭力。因此當師資培育政策改變時,將引發一連串動態的波動。台灣小學師資供需,受到師資培育政策、出生人口數、政府財政能力及教育改革等種種因素的影響。此攸關師資人力長期的規劃與平衡,是值得探討的問題。首先,本章分析師資培育發展歷程、新生兒出生數及小學師資超額供給等現況,運用系統動態學方法論,以系統思考的觀點探討台灣小學師資供需系統結構,提出動態模型,解釋其系統行為現象,以增加對台灣小學師資供需系統之了解,透過動態模式進行趨勢模擬,可作為教育當局制定政策與學術界研究之參考,以期對台灣小學教育長期發展有所助益。

◎ 20-1 前 言

人力資源管理通常須考量長期之動態規劃與平衡發展,而小學是國民基本知識傳承與知識創造的搖籃,教師人力資源的長期穩定平衡發展,攸關基礎教育的品質與實施成效。若沒有做好規劃與控制,將造成師資供需失衡,形成人力資源的浪費(高強華,2004;張鈿富等,2006)。近十年來,台灣小學師資供需嚴重失衡,是個明顯的例子(教育部,2007)。

師資培育政策決定教師素質,也決定教育的品質及國民教育的成敗,深深影

響國家未來的競爭力 (楊深坑等，2005)。然而，當教育政策的改變，將引發一連串動態的波動 (林新發，2001)。近十幾年來，台灣小學師資培育發生重大變革，1994 年教育部修訂「師資培育法」，開放一般大學設立教育學程，師資培育從一元化邁向多元化 (吳清山，2002)。但政府對師資供需未做嚴密控管，培育機制盲目開放，為小學師資供過於求種下肇因。到 2002 年爆發儲備教師一職難求的社會議題 (教育部，2007；張鈿富等，2006；楊朝祥，2005)。

台灣社經環境的變化，少子化趨勢引發師資需求的下降，對師資結構也造成影響 (吳政達，2006)。台灣地區出生人口數，從 1995 年的 329,581 人，到 2007 年降至 204,414 人 (內政部統計年報，2008)，嚴重衝擊小學師資的需求。多數學校為避免減班產生的超額教師，聘用代課教師，導致教師素質下降，進而影響教學品質 (張鈿富，2004)。

政府財政能力也直接左右師資供需的平衡 (曾巨威，2004)。近年來政府財政日益惡化，教育預算分配未符合法令規定，教育經費編列嚴重不足，影響到新聘教師的員額及退休人數的核定 (陳麗珠，2002、2001)。以 2006 年為例，地方政府實質教育經費為新台幣 3,200 億元，其中教師人事費用、退休金佔新台幣 2,659 億元，比例達 83%；而縣市政府面臨的情況更糟，同年台北縣教育經費為新台幣 340 億元，人事費用與退休金佔 306 億元，比例高達 90% (教育部統計處，2008)。顯然台灣小學教育經費嚴重不足，人事費用嚴重排擠其他教育經費的運用，這是一個亟待解決的問題。

近十幾年來，台灣政府大力推動教育改革工程，由於教改方案不夠周延，政策與教材變動過快，未能確實掌握教育問題的本質，引發教師提早申請退休 (王家通，2004)。而退休潮衍生的大筆退休金，成為政府財政最大的負擔 (王汝杰等，2006)。另一方面教師新陳代謝趨緩，流浪教師問題加劇，產生經驗斷層及人力資源浪費等問題，直接影響小學未來的發展 (楊朝祥、徐明珠，2005；Hsiao and Peng, 2008)。

由上述可知，台灣小學師資供給與需求，受到師資培育政策、出生人口數、政府財政能力及教改變革等種種因素的影響。此攸關師資人力長期的規劃與平衡，是值得探討的問題。首先，本研究分析師資培育發展歷程、新生兒出生數及小學師資超額供給等現況，利用系統動態學方法論，從整體觀探討台灣小學師資供需系統結構，嘗試提出動態模型，解釋其行為現象，以增加對台灣小學師資人力資源動態系統之了解，透過模式進行趨勢模擬，作為教育當局制定政策與學術界研究之參考。

20-2 文獻探討

■ 台灣小學教育政策演進

台灣小學教育政策演進過程，根源於大陸時期的師範教育制度及承續日據時期的教育政策，到 1979 年才有較明確的法令，主要包含「國民教育法」、「師資培育法」、「教師法」、「教育基本法」以及「教育經費編列與管理法」等五項主要法令 (全國法規資料庫，2008；教育部國教司，2000)，如表 20-1 所示。

探討台灣國民教育政策之文獻，包括教育政策發展趨勢、如何提高政策執行力、十二年國教政策設計等議題❶ (鄭崇趁，2006；林政逸，2005；陳麗珠，2004a；Sheu, 1993)。從日據時代迄今。近 90 年來，台灣小學教育政策的演進，可看出政策延續性不佳，缺乏完整的配套措施及通盤的考量，使得教育系統波動

◆ 表 20-1　台灣小學教育政策演進過程

年　度	法令、政策	影　響
1979	國民教育法	對於國民教育的目標、學制、課程、行政、經費、設備、校長及教師均有原則性規定。
1994	師資培育法	為「多元師資培育制度」確立法源。影響國內師範教育的轉型與發展，直接衝擊小學師資的供給。
1995	教師法	規範教師組織及專業發展功能，對於教師權利義務、工作生活保障、專業地位及進修研究、教師組織等規範。
1998	教改行動方案 公布課程總綱綱要	釐清中央與地方權責、協助地方政府自主、降低國民小學班級學生人數、革新課程與教材、加強弱勢族群教育。
1999	教育基本法	鼓勵私人興學，揭示教育實施有教無類、因材施教原則、教育機會平等原則、中立原則、國民教育階段小班小校等四大原則。
2000	教育經費與管理法	設立教育經費基準委員會，規定各級政府教育經費編配之額度、編列程式與基本管理要領有所規範。
2001	九年一貫課程	對小學與中學課程加以銜接。

---

❶ 2014 年政府貿然推動十二年國教，缺乏嚴謹配套措施，多縣市出現很多國中畢業生無學校可讀的慘狀。

不斷,造成已就業教師不安、儲備教師一職難求的現象,產生師資供需嚴重失衡 (林天佑等,2004)。

■ **小學師資培育發展歷程**

台灣小學師資培育以宏觀的角度可分為四個時期:1920 年至 1967 年,1968 年至 1978 年,1979 年至 1993 年,1994 年以後 (楊松洲,2003)。日據時期 1920 年左右設立的師範學校,1968 年起國民教育由六年延長為九年,為國家教育奠定基礎。1979 年通過師範教育法,到 1994 年之間,台灣地區中小學的師資供需,均由中央教育主管機關計畫培育。直到 1994 年公布「師資培育法」,將過去由師範校院專責師資培育的一元封閉式制度,轉變為多元開放式制度,各大學設立教育學程培育師資,開啟了師資培育走向多元化的大門 (吳清山,2002)。

師資培育學校從 1995 年 13 所增至 2004 年的 74 所,設立 88 個教育學程,包括 50 個中等教育學程,21 個國民小學教育學程,14 個幼稚園教育學程,及 3 個中等學校特殊教育學程 (賴清標,2003)。1995 學年度師範校院及大學教育學程培育 10,789 人,到 2006 年 6 月止共培育 71,269 人 (教育部,2007)。至 2008 年止,儲備教師累積為 48,774 人,可見師資培育,政策下供給超過需求,造成流浪老師爭議及資源浪費 (全國教師會,2008)。

■ **新生兒出生人數統計**

從 90 年代以來,台灣地區新生兒出生人數驟減明顯,造成師資需求下降 (張鈿富,2004)。從 1996 年的 325,545 人,逐年降至 2007 年的 204,414 人,減少約 37%。2000 年為中國農曆的龍年,出現出生人口不降反升突破 30 萬為特例,之後出生人口數逐年減少,反映出少子化現象衝擊國小新生人數,如表 20-2 所示。

◆ 表 20-2　1996 年至 2007 年台灣出生人口數

單位:人

年度	1996	1998	2000	2002	2004	2006	2007
人數	325,545	271,450	305,312	247,530	216,419	204,459	204,414

■ **2006 年至 2010 年台灣小學師資超額供給**

根據教育部統計,2006 年小學生人數減少 19,717 人,班級數減少 881 班,老師多出 1,353 人,扣除退休教師,年度教師需求有 857 人;2007 年學生人數減少

44,575 人，班級數減少 1,621 班，年度教師超額共 2,461 人，官方推估到 2010 年學生人數減少 67,821 人，班級數減少 2,232 班，年度教師超額 3,444 人。2006 年至 2010 年累積學生人數共減少 282,542 人，班級數減少 9,686 班，教師超額總數達 14,782 人 (教育部，2007)，如表 20-3 所示。可知師資供需平衡直接受到師資培育政策、出生率、每班教師比例等政策所影響 (王湘瀚，2004；薛曉華，2004)，而且形成一個動態複雜的系統結構。

表 20-3　2006 年至 2010 年台灣小學師資超額供給統計表

	2006 年 (2000~2006)	2007 年 (2001~2007)	2008 年＊ (2002~2008)	2009 年＊❷ (2003~2009)	2010 年＊ (2004~2010)	累　積
學生人數	−19,717 人	−44,575 人	−69,249 人	−81,180 人	−67,821 人	−282,542 人
班級數	−881 班	−1,621 班	−2,329 班	−2,623 班	−2,232 班	−9,686 班
年度教師超額人數	1,353 人	2,461 人	3,544 人	3,980 人	3,444 人	14,782 人

資料來源：教育部 (2007)

20-3　系統動態模型建構

　　台灣小學教師已處於師資供需嚴重失衡問題之際，綜觀國內文獻，少有人以系統動態學建構小學教師供需系統動態模型，因此本研究以系統思考的觀點，分析台灣小學師資供需系統之運作及解釋相關變數之因果關係。

　　由屆齡學齡兒童數與平均每班學生數，決定累積班級數之增量，而小學畢業班級數為累積班級數之減量。由累積班級數與每班教師編制相乘積，可計算出教師總需求數，每班法定教師編制數除了台北市為 1.7 人外，其餘縣市為 1.5 人。累積現職教師員額與教師總需求數決定教師需求數額，即為年度教師需求數額。若

❷ ＊表示為估計值。

現職教師供給超額則無年度教師需求量，對於超額教師現今作法是暫時安插在校內等待職缺。若有需求名額則產生年度教師需求，有兩個策略可採行：策略一採用代課教師以解決年度教師需求；策略二採取新聘教師方式，由各縣市辦理教師甄試，如此將增加累積教師員額，為累積教師員額之增量，隨時間累積使得待退教師人數增加。當待退人數增加，相對的累計的退休人數亦增加。每年之退休人數，受到核退率影響，當退休人數增加，累積教師員額則減少。

教師供給之來源為教育學程生、學士後學分班及師院生。年度教師供給人數減新聘教師人數，多出來的師資即為儲備教師❸。隨時間累積過多的儲備教師，不僅使教師甄試錄取率屢創新低，同時浪費教育資源，教師供給過剩問題將愈來愈嚴重。

綜合上述建置模式的說明，本章提出台灣小學師資供需系統動態模式，如圖20-1所示，主要是由累積教師員額、累積班級數、累積儲備教師等三個積量變數(Level Variable，或稱為存量變數Stocks Variable)所組成，在整體結構上具時間遞延、複雜且動態的關係。

◎ 20-4　趨勢模擬結果

■ 累積班級數模擬

累積班級的增減因素，決定於該年度的一年級新生班級數，與畢業班級數變動的差異。目前每班法定學生數上限為32人。由累積班級數模擬圖顯示，出生人口從2000年的305,000人急遽下降至2005年的205,854人，因具六年的時間遞延關係，班級數急遽下降。至2017年是累積班級數遽降與教師總需求下降幅度最大的時期，期間長達12年，是現職教師超額最嚴重的時期，到2018年慢慢趨於穩定，如圖20-2所示。本模擬值與歷史資料之趨勢非常吻合。

---

❸ 官方稱「儲備教師」，即民間所稱具有合格教師證，卻找不到工作的「流浪教師」。另外，學士後學分班則已停招。

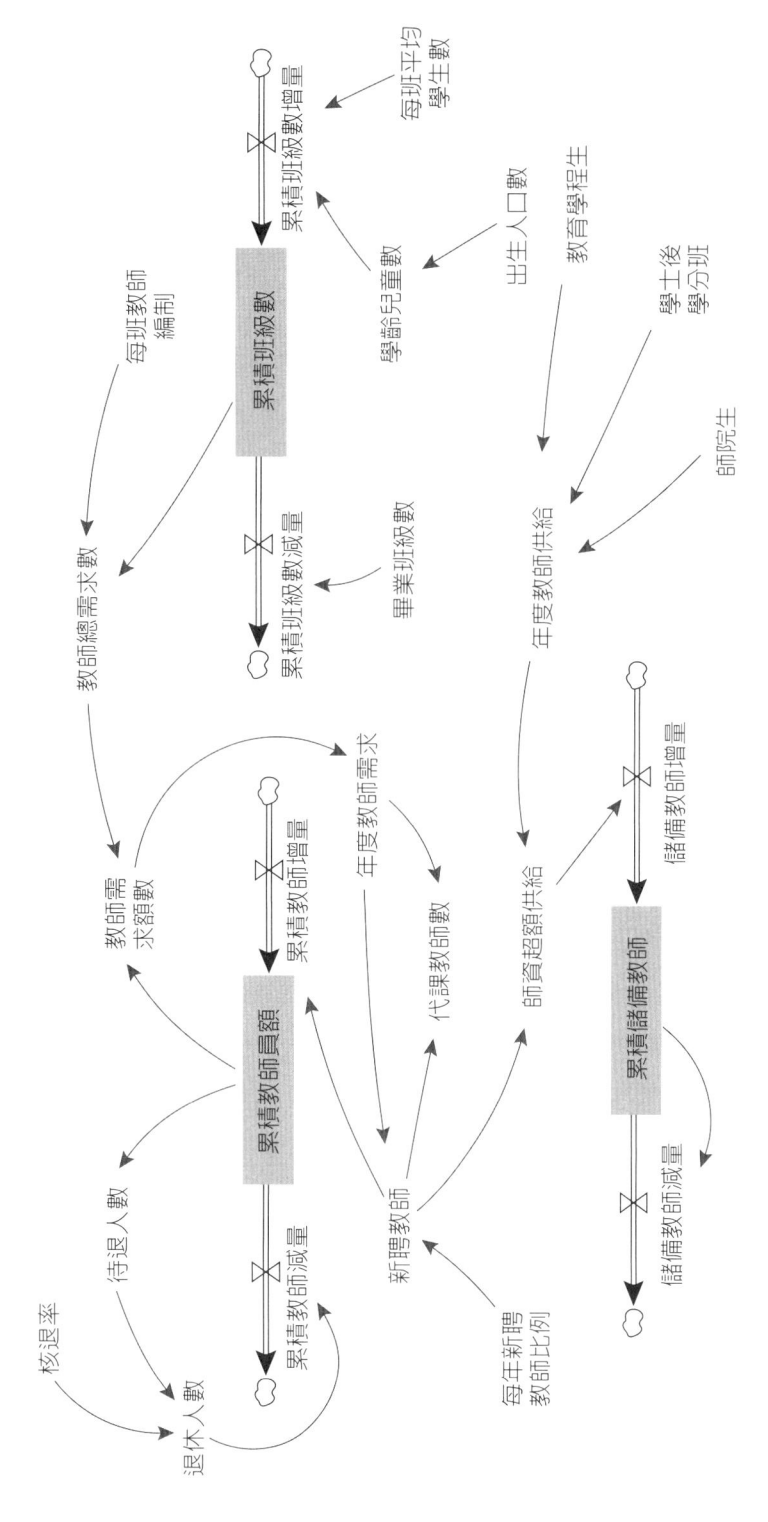

▲ 圖 20-1　台灣小學師資供需系統動能流程圖

[圖 20-2 1996 年至 2040 年台灣小學累積班級數趨勢圖]

■ 教師需求趨勢

由圖 20-3 顯示，1996 年至 2040 年教師需求趨勢，第一波年度教師需求在 1998 年，第二波在 2007 年，從 2008 年起教師需求人數直線下降，2013 年起產生超額教師，2015 年最嚴重，約產生 1,665 名的超額教師，到 2017 年再有教師需求數額。面對未來超額教師問題，地方政府目前以聘用代課教師因應，但仍無法解決問題，應該再加上降低每班法定學生人數或提高每班教師編制額度，才有辦法解決嚴重的超額教師問題。

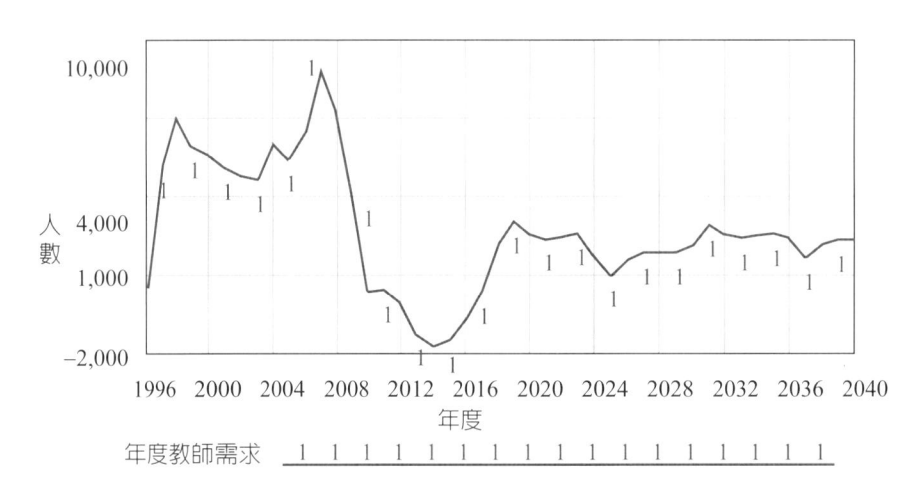

[圖 20-3 1996 年至 2040 年台灣小學教師需求趨勢圖]

■ 儲備教師供給趨勢

受到少子化趨勢影響，學齡人口數銳減，教師需求數量萎縮驚人，雖教育政策向下修正以降低教師供給數量，圖 20-4 累積儲備教師趨勢線，其中在 2017 年累積儲備教師高達 76,000 人，1996 年至 2008 年，本模擬值與歷史資料非常吻合。

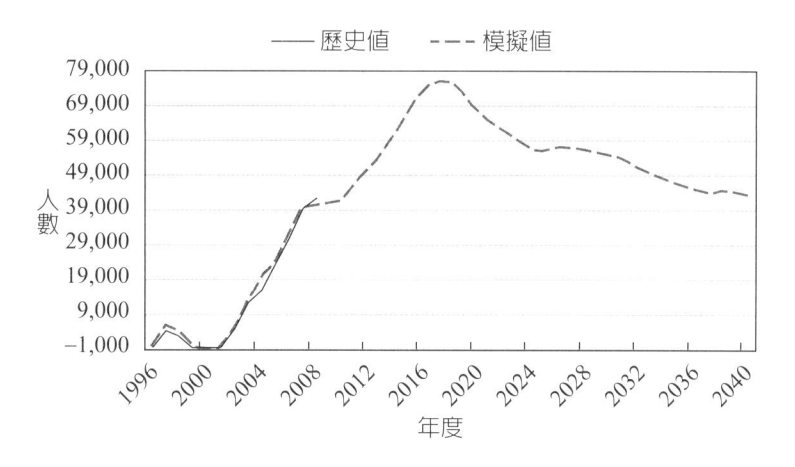

▲ 圖 20-4　1996 年至 2040 年台灣小學累積儲備教師趨勢圖

由於政策調整速度相較於人口出生率變化緩慢，儲備教師供給過剩情況非常嚴重。

■ 退休人數趨勢

累積退休人數呈成長趨勢，到 2030 年達最高峰，預估有 87,868 人，之後以緩慢的趨勢下降，如圖 20-5 所示。可見未來政府對於教師退休金負擔非常龐大，對照目前政府財政赤字的情況，政府若沒有積極對小學教育系統財務的平衡與人力資源的規劃與監控提出有效對策，造成財務的危機可能衝擊到整個小學系統。

本研究於研究期間曾訪談三位國民小學教育專家，在小學服務均超過 20 年，其中二位為考試院退撫基金監理委員及全國教師會代表；另一位為國小會計主任，具有政府教育預算審核經驗，共同檢視本章所提出之動態模型與趨勢模擬，認為本研究具有相當高的效度與解釋能力。

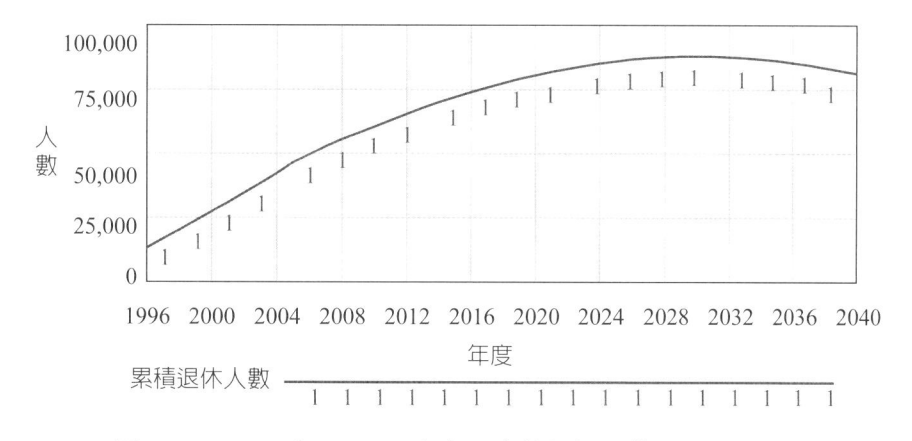

▲ 圖 20-5　1996 年至 2040 年台灣小學教師累積退休人數趨勢圖

⊙ 20-5 討　論

　　台灣小學師資供需系統受到人口出生率下降趨勢、整體社經環境、政府財政能力、師資培育政策等因素影響。其中少子化的衝擊，造成各階段教育就學人數驟降，影響整體師資供需系統結構，教育產業的生存及國家總體經濟發展。因應此變化，政府需制定應變政策。再者，須顧及師資人力資源新陳代謝的需求與教學品質的考量，應適時優先逐年降低每班法定學童人數上限，復以適量提高每班教師員額編制來因應。除解決教師超額問題之外，同時提供適當名額甄選新進教師，以促進學校教師的良性循環，及增進優秀青年選讀師培校院之意願。另外，對於師資培育政策，過去因缺乏良善的措施與規劃，造成儲備教師過剩，形成人力資源浪費，及師資素質出現低落的現象。教育當局有必要對現行師資培育政策加以檢討，建立合理且完善的教師評鑑制度，有助於提升教師專業素質。整體而言，政府對於少子化下產生的自然減班減師、小學儲備教師過剩、專任教師與代課教師聘任之抉擇等看似個別問題，卻都環環相扣，影響小學師資人力資源系統的運轉，必須以宏觀的角度來考量整體動態系統的運作，才能提出切要的解決方案。

⊙ 20-6 結論與建議

　　台灣小學師資人力資源供需是個複雜且動態的系統，本章以系統動態學分析師資供需結構與環境等因素的交互作用，提出台灣小學師資供需動態模型，其中「累積教師員額、累積儲備教師、累積班級數」等三個積量，形成一個複雜且動態的結構。從研究中發現：師資供需的失衡，除教育政策改變造成的波動外，加上社經環境的衝擊，例如：人口出生率下降、政府財政困難等因素的影響，使得師資供需失衡問題更加嚴重。對於紓解師資供需嚴重失衡所衍生的超額教師問題，時間須長達十幾年，師資供需才會逐漸趨於穩定。本章建議就政府而言，台灣小學教育是個長期、動態且重要的議題，急需建立一套師資供需系統動態模式，針對教育財政的規劃、師資供需、教育的發展、政策的推動等，作長期且整體的監控。本章與過去文獻最大的不同在於，本章以整體觀提出台灣小學師資供需動態模式，對於未來的研究可以延伸至中學、大學，或各類科任等師資人力資源之探討。

討論題

1. 從圖 20-1 之整體系統結構圖中，政府有哪些決策點？
2. 目前出生人口，決定七年後小學新生數量。而今年入學的教育大學等「準師資」，則在四年後任教。今年初執教職者，則約在 30 年後退休。這些因素的因果「延遲」的關係，如何構成動態性複雜結構？政府要如何動態規劃？

關鍵字

儲備教師	師資培育政策
流浪教師	教育改革
超額教師	系統思考

附註

原文發表於《IJEBM》期刊修改而成。

CHAPTER 21

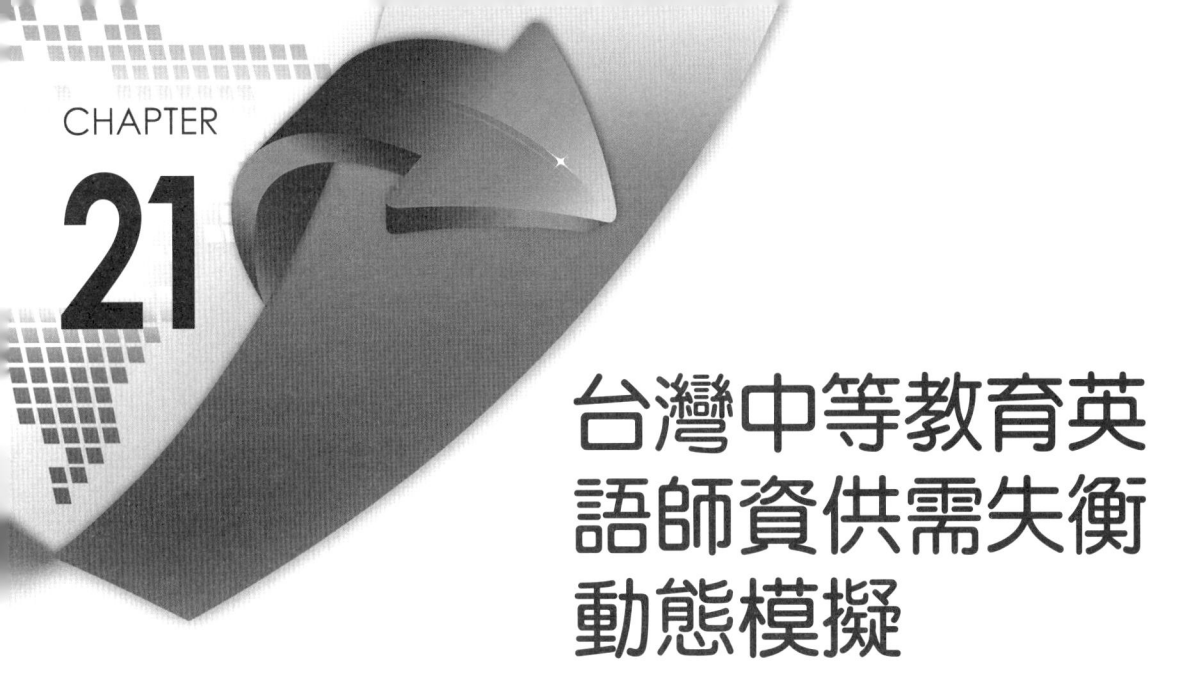

台灣中等教育英語師資供需失衡動態模擬

英語教育對於台灣是一個重要的教育問題，但近幾年來台灣英語教育成果未臻理想。觀諸影響英語教育成果眾多因素中，英語師資供需是否平衡則是影響英語教育成效的重要因素之一。其中影響師資需求的因素有很多：包括每週英語上課時數、出生人口數、班級規模與教師退休等因素而影響師資供給因素包括師資培育的制度、教育實習、檢定考試與待業教師數量等。上述因素錯綜複雜、息息相關、環環相扣、互為因果，形成一個複雜且動態的系統。本研究利用系統動態學建構台灣中等教育英語師資供需系統結構模型，並模擬相關政策，發現降低每班法定學生人數上限，是台灣中等教育英語師資供需因果環路之高槓桿解。

◎ 21-1 前　言

英語教育對於台灣是一個重要的教育問題。台灣是一個海洋國家，經濟發展主要仰賴國際貿易，且在全球化的風潮下，英語的重要性更是與日俱增。此外英語為近一兩世紀以來的國際語言，又擁有數以億計的母語人口，廣布全球各地，深深影響各國的社會、文化、政治、觀光、外交、學術、教育及科學等，而成為世界最強勢的語言，因此世界各國政府及民間每年投入無數的人力及財力在英語教學 (黃自來，1993)。有很多國家以它為第二國內語言，甚至列為官方語言或第一外國語言。這股風潮台灣自不例外，多年來英語成為台灣中小學教育中，官方

唯一教授的外語課程。而培養國民良好的英語能力，以強化我國在國際間的競爭力，更成為政府重要施政方針之一。

台灣英語教育成果未臻理想，在幾項的國際英語測驗表現不佳。台灣自 1968 年實施九年義務教育，學生自國中開始即接受至少三年的英語教育，而且國中畢業生的升學率從 1968 年的 83.95%，上升至 2006 年的 96.23%，顯示台灣在 1968 年以後出生之人口，有將近八成以上的人學習英語超過六年，但整體的英語學習成效卻不盡理想。根據 2006 年雅思英語能力測驗 (International English Language Testing System，簡稱 IELTS) 學術組統計，台灣人的英語能力，在 20 個報考 IELTS 人數較多的國家中，排名第 17 名。另外台灣國民的托福測驗成績在 120 個國家的排名也不理想，最近幾年甚至落至倒數幾名，只比北韓、日本及越南稍好。此外大部分的國人無法與外籍人士以基本的英語對話，更是不爭的事實 (張武昌，2006)。

影響英語教育成效的因素眾多，從教育目標的制定到師資培育、教材教法、媒體運用、測驗與評量等等無不環環相扣、交互影響 (張武昌，2006)，其中師資供需失衡可能是近年來師資培育問題的主要癥結。台灣於 1994 年實施「師資培育法」，師資培育由傳統一元的師範教育走入歷史，取而代之的是開放與多元的師資培育制度。由於當時政策規劃考慮不夠周延，未能窺盡問題之全貌，例如少子化、師培中心大量開放設立及退休政策等，終於導致供需嚴重失衡。根據 2006 年教育部師資培育統計年報，從 1997 年到 2006 年為止，共培育出 125,368 名合格師資，其中擔任正式教職者只有 68,525 位，師資供需失衡的現象日趨嚴重 (教育部，2006)。

少子化是造成師資供需失衡的主要原因之一。根據教育部統計處 2006 年資料顯示，台灣地區新生兒人數從 1995 年的 329,581 人，逐年遞減至 2006 年的 204,459 人，出生人口減少 38%，可見台灣少子化趨勢日益嚴重。張鈿富與葉連祺 (2006) 調查研究指出：入學學生數減少已躍居當前教育問題排名的第六名。少子化衍生相關教育問題，如吳政達 (2006) 的研究指出：學校規模過小對教育資源造成之浪費。陳淑敏等 (2008) 的研究則發現，學齡人口驟減，師資供需失衡，將影響教育環境甚鉅。

探討台灣師資培育供需問題，不僅需要研究整體師資供需平衡與否，實有必要從個別類科來探討師資供需問題。張仁家 (2009) 從高職人力供需的角度論職業

類科師資培育應有的種類與數量之研究指出，教師人力在 1994 年師資培育法頒布施行後大量培育，其來源供給失調，導致師生供需失衡的狀態，某些部門人力供不應求、某些部門人力供過於求，應即刻逐年控管師培類科與人數。Darling-Hammond & Sykes (2003) 強調美國教師供給政策應設法吸引優秀教師投入，尤其是教師短缺嚴重之科目，包括特殊教育、數學與科學等科目。教育部 (2005) 亦指陳師資培育核定之類別與現場教師類科需求不一，衍生出師資總量看起來供過於求，惟有些類科嚴重過剩，但有些類科師資卻出現不足之危機。教育部 (2006) 指出從 1997 年至 2006 年為止，英語教師培育數為 7,103 人，擔任正式教職者只有 4,476 人，是供需失衡較嚴重的科目之一。

英語師資供需的預測是非常困難的研究工作，因為其影響的因素環環相扣、互為因果，複雜且動態。師資培育舉凡職前教育、實習到通過檢定考試皆有其時間滯延效應；而且每週教學時數、降低班級學生數、退休政策等皆是重要影響因素。因此台灣中等教育之英語師資供需系統之發展結構，必須以整體觀、全面性的角度進行研究，才能找出英語師資培育發展的關鍵因素，進而規劃有效之師資培育政策。本研究採用擅長處理長期、整體思考、動態複雜且具時間延滯的系統動態學為研究方法，以台灣中等英語師資供需系統為對象，建構台灣中等教育英語師資供需系統的模式，期能增進對英語師資供需系統了解，並對師資供需政策進行模擬。

綜上所述，本研究目的有三，首先以宏觀的角度探討台灣中等教育英語師資培育發展的歷程；其次是建構台灣中等教育英語師資供需系統結構的模式，以增進對英語師資供需系統行為之了解；最後進行師資供需相關政策之模擬，提出有效的相關因應之政策。

21-2　文獻探討與台灣英語師資供需系統發展

21-2-1　文獻探討

Buchberger (1994) 的研究指出歐洲多數國家，將師資培育切分成不同且不相關的次系統，包括職前教育、導入階段、在職教育、終身教育、研究發展及學校改善等。而且師資培育是一個開放且動態的系統，它正挑戰著不同於傳統靜

態的理論與斷裂的概念。Santiago (2002) 廣泛地討論中小學階段的教師供給與需求議題，他歸納經濟合作與發展組織 (Organization for Economic Co-operation and Development，簡稱 OECD) 國家之師資需求決定因素，主要內容可分為教師需求決定因素與政策工具兩類。教師需求決定因素包括出生率、死亡率、入學率、保留率、國民中小學教育年限、學齡人口數與學生分布情形等。政策工具則包括班級規模、教師編制、教師教學負擔、學生必要的教學時數、課程政策與教育計畫等。White & Smith (2005) 在 OECD 報告最近有關吸引、發展及留住有效能之教師的研究，強調教師的供需問題已經成為國際關注的焦點。

師資供需結構影響整個教育系統甚鉅，國內外有許多相關研究是從師資的供需面切入探討。研究英國申請師資培育的學生情況，總體而言，從 1982 年起並不缺少，但是在某些科目如數學與科學則不足。Gorard et al. (2007) 再度撰文指出英國在過去 10 年中教師短缺之問題不大，但有些地區與有些科目確實出現教師短缺現象。Edward & Spreen (2007) 鼓吹利用國外的教師可以滿足國內教師短缺的問題，他並指出可利用國際投資方式來支持教師訓練、補充與留住教師。McNamara et al. (2006) 也撰文做同樣的呼籲。德國也同樣有供需失衡的問題，依德國各邦部長常設會議 (Kultus Minister Konferenz，簡稱 KMK) 在 2003 年研究指出：依據教師退休人數與未來師資培育數，預估到 2015 年為止，會有 80,000 名教師的缺口 (KMK, 2003)。

美國師資缺乏問題一直存在，Budig & Kappan (2006) 指出美國教師約 290 萬人，在未來的 10 年內必須僱用至少 200 萬名新進教師以支應學生增加、教師退休、教師流動與教師轉業；市中心與偏遠地區師資短缺最嚴重，任教科目則以特教、數學與科學教師最缺乏，該研究建議應提高教師薪資 15%~20%，而且未來應增加至 50%，才能吸引並留住優秀教師。但 Costrell & Podgursky (2007) 則認為提高教師薪資並無法有效提高教師專業，他認為應從提供公立學校良好的教學資源，才能有效補充與留住教師與提升工作能力。Ladd (2007) 的研究也是指出教師缺乏出現在偏遠地區，數學與科學教師較缺乏，他認為可以透過給予不同的薪資或偏遠地區加給來吸引留住教師。

2001 年澳洲教育部長委員會 (Ministers Council Education，簡稱 MCE) 研究報告顯示，澳洲中等學校師資供給的影響因素，是由每年師範學校畢業生、教師回流數、代課教師數、留學回國任教人數所供給，其中師範學校畢業生為供給量最大影響因素。而其教育系統中影響教師需求的因素，可由入學率與師生比這兩個

主要因素所概括，詳細因素則包括學齡人數、復學率、保留率、班級規模及課程時數等。該委員會研究同時認為，在 1990 年代澳洲中等學校師資需求方面，也曾經面臨師資供需不均現象。當時澳洲正處於經濟衰退期，因此以提高師生比的方式來減少對教師的需求，直到 1990 年代末期，經濟逐漸好轉後才著手進行對師資品質與數量的改善 (MCE, 2001)。

國內有關師資供需的研究，教育部 (1976) 的教育計畫小組根據預估新生數、畢業學生數、每班學生數、班級總數、增減班級數與教師離職數，以推估教師需求量。毛連溫 (1992) 則由學校變革、進修制度、教師退休制度、屆齡學童就學率、教師員額編制改變、教師基本授課時數之調整、教師異動率與學生在學保留率來探討教師需求因素。馬信行 (1992) 則以各級學校為對象，利用時間序列分析法研究民國 80 至 85 學年度學校教師數，以求出教師需求數。陳彥文 (2002) 則認為師資需求可由三個層面觀察：(1) 總量需求：涉及學齡人數、復學率、保留率、班級規模與課程時數；(2) 教師結構需求：包括課程改革後總體師資需求，以及學校現職教師結構調整；(3) 增減聘教師需求：包括剛畢業之新教師的需求與公費生的分發。

▶ 21-2-2　台灣英語師資供需系統之發展

歸納前述文獻可知，影響英語師資供需因素包括：每週英語時數、師資培育供給、每年出生人口數、班級規模與數量以及教師退休因素等。

■ 台灣中等教育英語課程與每週英語時數之演進

根據教育部 1994 年「國民中學課程標準」中指出：台灣新教育發展可追溯始於清朝 (1902 年) 之欽定學堂章程 (即壬寅學制)。中學採一級制，課程無初中與高中之分。1922 年公布新學制，採行 6-3-3-4 學制後，中學始採二級制，課程乃有初中與高中之別。從 1902 年的清朝所制定的類似目前台灣中學課程制定，至 1998 年的「九年一貫課程總綱綱要」公布，這期間共經歷了 19 次的頒訂與修訂。有關國中英語課程時數與所占總時數比例如表 21-1。本研究可發現國中英語每週授課時數，從 1902 年起有逐年減少之趨勢。在 1940 年以後除了 1972 年與 1994 年兩次減少以外，幾乎穩定在每週 3.3 節左右，其中 1972 年將三年級英語改列二節英語選修。

▼ 表 21-1　1902 年至 2006 年清朝以來台灣國中英語每週授課時數及佔總時數之比例

年份	1902	1912 男	1912 女	1922	1932	1940 選修	1952	1972	1985	1994	1998
每週時數	9	7.75	6	6	5	3	3.3	2.5	3.3	2.67	3.3
所佔比例	0.25	0.16	0.24	0.23	0.2	0.1	0.12	0.11	0.12	0.07	0.1

資料來源：國民中學課程標準／熊自賢 (2010)

註：1912 年男女生時數不同；1972 (三年級選修)(選修 2 節)。

　　根據教育部 1995 年「高級中學課程標準」所示，清末民初歷次公布之中學課程，雖有科目時數，但各科課程尚乏具體標準。迨 1929 年 7 月教育部公布中小學課程暫行標準後，高中各科課程始有標準可循。其後迭經修訂公布，至 1995 年為止，高中課程標準共經歷 11 次的修訂。2006 年的「九五普通高中課程暫行綱要」，主要是為了要銜接適用 1998 年的九年一貫課程之畢業生。綜觀 1929 年至 2009 年期間共經歷了 13 次的頒訂與修訂，其中高中英語課程時數與所佔總時數比例如表 21-2，幾乎穩定在每週 4 至 5 節左右。

▼ 表 21-2　1929 年至 2009 年台灣高中英語每週授課時數及佔總時數之比例

年份	1929	1940	1952	1962	1971	1983	1995	2006	2009
每週時數	5-4-4	甲／5.3	乙／6	5	4-4-5	4-4-5	4-4-5	5	4	4
所佔比例	0.14	0.17	0.19	0.16	0.14	0.14	0.14	0.14	0.11	0.11

資料來源：國民中學課程標準／熊自賢 (2010)

註：5-4-4 代表高一 5 節、高二 4 節、高三 4 節；1940 年則分甲乙組。

　　然而有關職業學校之英語每週授課時數，則因類科不同而不同，但原則上所有類科都包括一般科目、專業必修與專業選修科目，其中除農業類與海事水產類的電子通訊科英語每週為 1.33 節，以及漁業科為 1.67 節外，其餘各科的一般科目都包括每週二節的英語。至於「英語會話」則隨科別不同而有不同時數，例如：觀光科 3 節、餐飲科 2 節、廣告設計科 0 節，多數科別通常是 2 節居多。

■ 台灣英語師資供需政策之發展

張德銳 (2005) 提出台灣師資培育的演進與法令的依據，最早可追溯至光緒 29 年所頒布的「奏定初級師範學堂章程」與「奏定優級師範學堂章程」。然而真正影響台灣本土師資培育的法令，應該始自 1979 年公布之「師範教育法」，以及 1994 年將「師範教育法」修正為「師資培育法」、2005 年新修定之「師資培育法」，其中以後兩者之修定，轉變國人對師資培育的不同觀點。符碧真 (2000) 指出台灣中小學師資培育制度，承自 1897 年清朝盛宣懷於上海創辦南洋公學師範學院以來，台灣師範制度一直是由國家辦理，並由師範院校進行師資培育的工作。然而近年來，在文化思想變遷、教育市場化與師資專業化之訴求下，師範教育面臨極大的挑戰，多元化師資培育成為教育改革的重點之一。

根據教育部 2004 年公布之中華民國師資培育法白皮書，說明台灣過去師範教育的發展，主要是依據 1932 年公布的「師範學校法」。1947 年修正發布的「師範學校規程」，1979 年公布的「師範教育法」，基本上都是採取「一元化」和「公費制」的師資培育方式。主要的理由是：以單純的師校環境，培育高尚的專業精神；以一元化的政策，充分掌握教師需求，避免人力浪費；易於控制師範生素質。一元化政策在種種的批評聲浪中轉向多元化的師資培育。1994 年的「師資培育法」，確立了師資培育多元化的制度，主要的理由是透過自由市場競爭可提升教師素質，而且許多青年希望擔任教職，不應由師範生獨佔教師市場。

綜觀上述有關台灣師資培育的發展，本章可知台灣中等教育英語教育及英語師資政策，主要有三個關鍵時間點，即 1968 年實施九年國民教育、1979 年公布的「師範教育法」及 1994 年公布施行的「師資培育法」。本章以這三個時間點分成四個時期，概述各時期的政策及歷程：

1. 第一時期：實施九年國教之前時期（1956 年至 1967 年）

有關九年國教實施之前的師資培育政策，根據中華民國師資培育統計年報 (2006)，中學師資培育所依據之法規為 1938 年公布之「師範學院規程」，規定師範學院為中學師資培養機構。1955 年將台灣省立師範學院改名為台灣省立師範大學，同年政治大學教育系亦負責部分中學師資培育的任務，到了 1967 年將高雄女子師範學校改名為高雄師範學院。此時期之英語師資雖逐年增加，但數量增加有限，直到 1966 年合格英語教師人數才迅速倍增，1967 年才正式突破 100 人，究其原因乃為 1968 年實施九年國教預作準備，此時期英語合格師資稀有珍貴。

2. 第二時期：九年國教實施期（1968年至1978年）

此時期所依據之法規仍然是「師範學院規程」，政府在1971年成立的台灣省立教育學院，因此師資培育學校則包括三所師範大學英語系，以及國立台灣大學、國立政治大學、國立中興大學及國立成功大學四所國立大學。根據李園會(2001)與張鈿富(2002)指出，1968年實施九年國教，國民中學師資需求量驟然增加，出現師資供不應求的現象，因此核准國立台灣大學、國立政治大學、國立中興大學及國立成功大學四所大學開設教育學分以培育師資，補充教師數量的不足。此時期一般師範校院的師資培育，往往為了確保順利分發，而採取培育數略少於需求數的計畫培育政策，這種供給短缺的培育政策，則是造成代課教師大量存在的原因。此時期登記為合格英語教師人數，前半段從1968年實施九年國教的當年起至1972年為止，除1969年為66人外，合格英語師資登記人數略呈增加趨勢；後半段從1973年至1978年，則呈現波動不大之穩定狀態。

3. 第三時期：「師範教育法」實施時期（1979年至1994年）

此時期所依據之法規為「師範教育法」，其中第5條規定：師範大學、師範學院、及教育院、系為培養中等學校職業類科或其他學科教師，得招收大學畢業生，施以一年之教育專業訓練，另加實習一年。觀其主要精神為師範教育由政府公費辦理，並設置師範校院，以達招生、實習與分發就業等三合一的師資培育政策；亦即國家以一元化的師資培育思考，充分掌握師資供需數量，以避免人力浪費並確保師範生的素質。此時期沿續前期後半段一樣，除1990年呈明顯下降外，合格英語教師人數亦呈波動不大之穩定狀態。

4. 第四時期：「師資培育法」實施時期（1994年至2006年）

此時期所依據之法規為「師資培育法」，該法規定師資培育時程可分為：招生、修課、實習、教師檢定、教師甄試、在職進修等。培育學校來源擴大到：師範/教育大學、設有師資培育系所之一般大學、師資培育中心和學士後教育學分班(教育部，2007)。目前培育英語師資的學校包括三所師範大學，以及設有師資培育中心和學士後教育學分班。此時期從「師資培育法」實施四年後，適用新法的培育師資數量除了2002年與2004年外，幾乎呈現逐年穩定上升的趨勢；尤其是1998年與1999年更是迅速倍增。

綜合1956年至2006年合格英語教師人數，可得出圖21-1。由圖形可知，在1967年第一時期之前，每年培育的英語教師皆少於百人，此時期英語合格師資稀

有珍貴。直到第二時期實施九年國教關係，師資培育數量前半段呈增加趨勢，後半段則呈穩定狀態。第三時期除 1990 年呈明顯下降外，合格英語教師人數亦呈穩定狀態。第四時期幾乎呈現逐年上升的趨勢，尤其是 1998 年與 1999 年更是迅速倍增。

▲ 圖 21-1　1956 至 2006 年台灣地區每年合格英語教師人數圖

■ 台灣新生兒人數統計與影響

少子化趨勢造成學齡人數漸減，是直接影響教師需求量的最大因素。根據內政部統計資料顯示，台灣出生人口數於 1963 年、1964 年過後，呈現逐年下降之趨勢，其中在 1980 年至 1990 年的 10 年間，出生人口由 41 萬多人減少至 33 萬多人，約減少 8 萬多人，約減少 20%。1990 年至 2000 年出生人口減少約 3 萬人，減少趨勢減緩。但 2000 年至 2005 年間則由約 30 萬，減少至約 20 萬人，共減少 33%，減少趨勢日益嚴重。其中 1964 年、1976 年、1988 年、2000 年這四年則因龍年關係，而呈現例外的上揚的結果，詳細圖形如圖 21-2 所示。

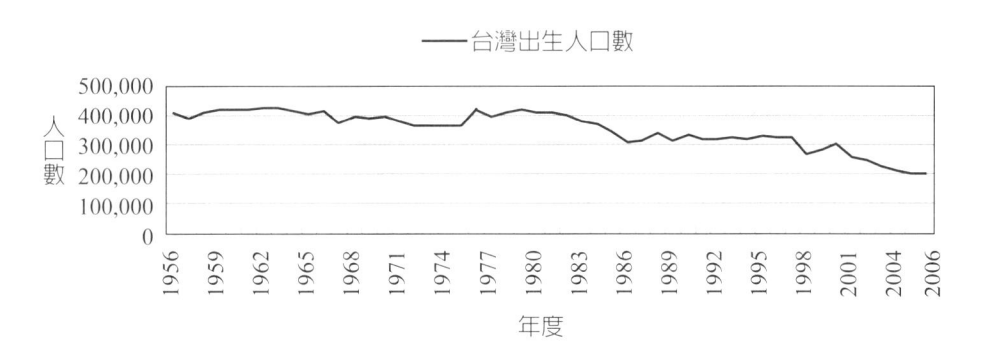

▲ 圖 21-2　1956 年至 2006 年台灣每年出生人口統計圖

■ 國高中職各年度總班級數與影響

近十幾年來，台灣國高中職各年度總班級數雖然因為就學人數逐年下降，但教育部也提出降低班級人數之相對應政策，從民國 87 年度起推動降低國中小班級學生人數計畫，國小到 92 學年度已經逐年完成每班 40 人全面降為 35 人。另根據推動國教精實方案，政府自 98 學年度起，預計在八年內投入新台幣 481 億元，使國中平均每班學生人數降至 30 人以下。至於高中職方面，教育部也推動國立高中職縮減班級人數，97 學年減為每班最多 40 人。減少班級學生數除可提高教學品質外，也是國高中職總班級數並未隨就學人數減少而大量減少的主要原因，詳見圖 21-3 所示。由圖中也可發現在 1970 年時高職班級數首次超越高中班級數，直到 2002 年高中班級數才再度超越高職班級數，這也可看出國家對高中高職人才培育之教育政策的轉變。

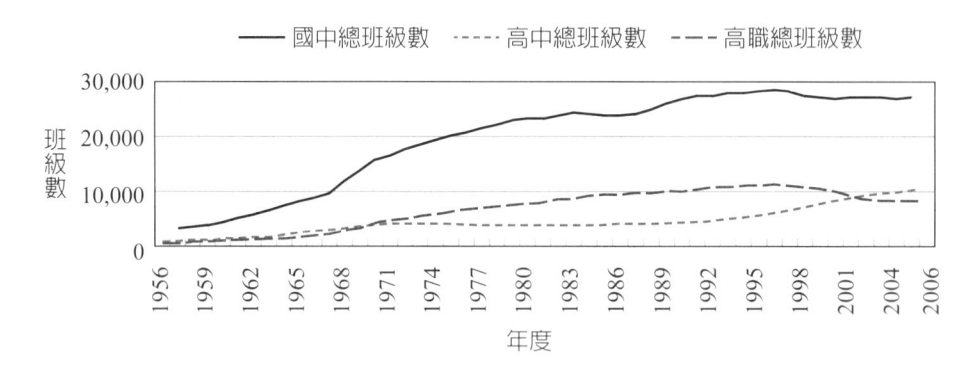

◎ 圖 21-3　1956 年至 2006 年台灣國、高中職年度總班級數圖

■ 教師退休現況與影響

教師退休人數會影響教師之需求，但教師退休人數與意願則直接受到政府財政與教育政策影響。2000 年以前約有 95% 申請退休者可順利退休，但在政府財政困難且適逢教改時期，申請人數增加，財源相對匱乏之下，使得核退率呈下降趨勢。2001 年順利核退教師僅 65%，此不但影響教師任用，也使得待業教師問題更加惡化。根據教育部 2007 年師資培育統計年報顯示，2001 年、2002 年及 2003 年核退人數分別為 6,870 人、7,570 人及 7,230 人。2004 年則因行政院專款補助地方政府退休經費三年新台幣 300 億元，而提高至 9,033 人。2005 年因 18% 所得替代率改革，讓原本申請退休將近 10,000 人，臨時退件降為 5,940 人申請，核退人數為 5,522 人，2006 年為 4,822 人，2007 年則為 4,108 人，核退率從七成提升至九

成,詳見圖 21-4。教育部人事處預估未來退休人數在 3,000 人左右,再加上如果退休制度由目前之七五制改為八五制,退休年齡延後,則所釋出的職缺將進一步減少。

▲ 圖 21-4　2001 年至 2007 年台灣申請退休與核定退休教師人數統計圖

◎ 21-3　系統動態模型建構

本研究主要以系統動態學方法論探討台灣中等教育英語師資動態發展過程,以及英語師資供需失衡情形。根據上述研究顯示,台灣師資供需失衡主要源自於 1994 年公布施行的「師資培育法」,為利於師資開放前後之對照,故本研究模擬時間自 1993 年開始。另外,根據沃德羅普 (1992)《複雜》一書中提到:利用時間延滯控制理論來分析人口控制問題時特別強調:「如果政府現在想辦法降低生育率,將會影響 10 年後的學校規模,20 年後的勞動力,30 年後下一代的人口數,以及 60 年後的退休人數。」因此本研究的模擬時間是從 1993 年起至 2050 年為止,涵蓋師資培育、就業到退休之時程。

根據前一節研究可歸納,影響英語師資供需系統的因素包括:累積英語教師員額、累積國高中高職班級數、年度英語教師供給、年度英語教師需求以及教育政策等。因此本節以系統動態學為方法,將台灣師資供需系統分為三部分:(1) 系統環境變化對年度英語教師需求之影響;(2) 年度英語教師需求對累積英語教師員額的影響;(3) 年度英語教師供給對累積待業英語教師之影響。最後再根據此三部分,綜合而成台灣英語師資供需系統質性模式。

21-3-1　系統環境因素變化對年度英語教師需求之影響

系統環境因素包括：出生人口數、學生每週英語上課時數與教師每週英語授課時數。出生人口數變化情形對入學人數會產生重大影響，因為當年出生人口數會影響 12 年後的國中入學人數以及 15 年後的高中職入學人數，亦即兩者間會有 12 與 15 年的時間滯延。所以將出生人口數取 12 及 15 年的時間滯延，再分別乘以該年度之國中、高中與高職的入學率，即可得到進入國中、高中與高職的人數，再參照教育政策規定每班平均學生數時，即可決定國中、高中與高職的累積班級數。將國中、高中、高職三項累積班級數，以及個別的英語課程每週時數，兩者乘積決定英語教師總需求數；亦即分別將三者的總班級數乘以三者個別之每週英語授課時數，可算出總英語時數，再分別除以英語教師每週任課時數，如此便可算出英語教師之總需求數。此外，教師每週授課時數也是一項重要之變數，但是教師會因兼任職務不同而有不同之任課時數，目前高中職之英語教師兼任導師每週任課不含班會課為 11 節，國中則因縣市財政不同而有些微不同，平均而言兼任導師每週任課不含班會課為 15 節。綜合上述系統環境因素變化對年度英語教師需求之影響，可得圖 21-5 出生人口數對英語教師需求影響圖。

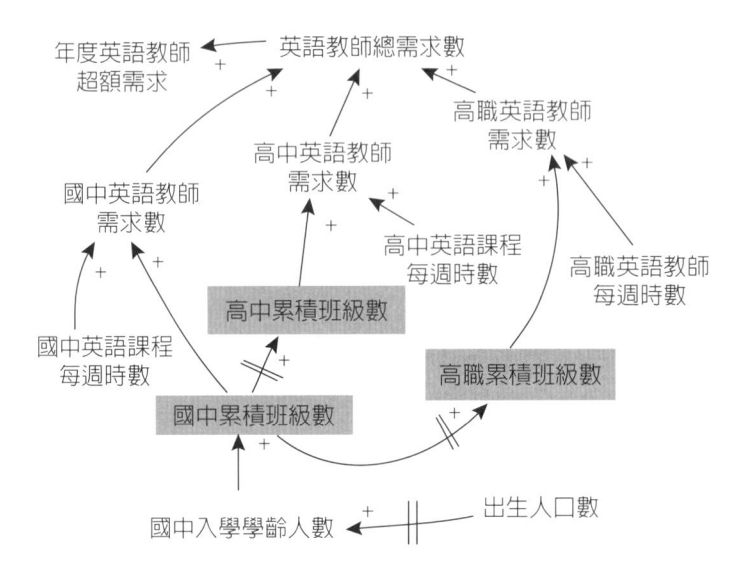

▲ 圖 21-5　出生人口數對英語教師需求影響圖

21-3-2 年度英語教師需求對累積英語教師員額的影響

師資需求可從三個層面來探討：(1) 總需求量：此主要涉及學齡人口數；(2) 教師結構需求：包括因課程改革後，總體師資需求，以及學校現職教師結構調整；(3) 增減聘教師需求：增聘教師需求包括合格教師之甄聘與公費生分發。此外中央與地方政府財政狀況，以及相關教育政策亦會影響師資需求數量，例如經費不足會影響教師核退率，進而影響累積英語教師員額，還有退休年齡的修訂也會影響累積教師員額。

由圖 21-6 右側環路可知，英語教師總需求數減去累積英語教師員額，可算出年度英語教師超額需求，若是正數即為教師缺額，反之則為教師超額。教師缺額可透過新聘英語專任教師方案解決，而新聘英語專任教師則會成為累積英語教師員額，進而減少教師缺額，故此環路為一調節環路。圖 21-6 左側環路表示，累積英語教師員額愈多，則成為待退英語教師人數愈多。待退英語教師申請退休經核准後，成為退休英語教師，而退休核准與否則和退休政策有關，至於退休政策則會受到政府財政能力影響。退休英語教師人數愈多，累積英語教師員額就愈少，故此環路亦是一個調節環路。

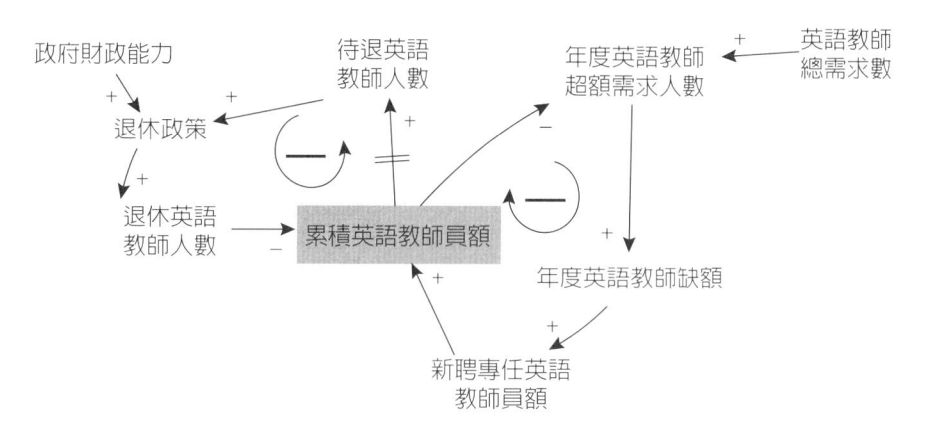

▲ 圖 21-6　英語教師退休次系統之因果環路圖

21-3-3 年度英語教師供給對累積待業英語教師之影響

圖 21-7 顯示中等學校英語師資供給來源有三種管道：(1) 三所師範大學大學英語系師培生；(2) 一般大學英語系所畢業生進入學士後教育學分班之英語專長師培生；(3) 一般大學英語系所學生在其學校修習教育學程之師培生，在實習完成並

通過教育檢定考試後取得合格教師登記，再行參加各縣市政府或各學校舉辦之教師甄選，成為教師年度供給。三種管道的招生政策，均受教育主管機關與師資培育學校政策控管，也會受到師資供給政策鬆綁或緊縮所影響，以及不等之時間滯延。

　　圖 21-7 共有四個調節環路，圖右上側之環路表示年度英語師資供給與年度英語師資需求之差額即為英語師資超額供給，當超額供給上升，累積待業教師增加，龐大的待業教師也會形成社會壓力，進而促使政府調整師資供給政策，調降師資培育中心招生名額，也會使得選擇教育學程人數減少，這會形成一調節環路。中間環路表示學士後教育學分班師資培育管道，形成調節環路原因同上，目前這個師培管道已經在 2006 年停止。有關師範大學英語系畢業生所形成之負性環路，原因與前兩者相同。至於中間上方的調節環路表示通過教育部檢定考試教師數愈多，則參加教育部檢定考試教師數就會減少，這也會形成一個調節環路。

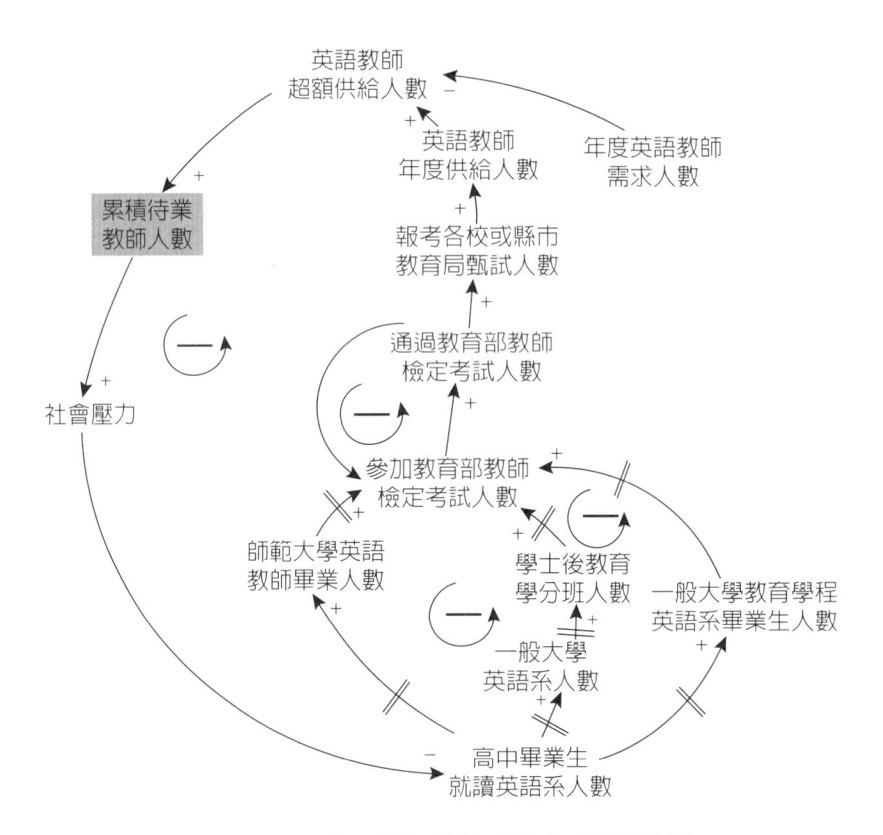

▲ 圖 21-7　英語教師供給系統之因果環路圖

21-3-4 中等教育英語師資供需系統質性模式

由上述分析可得，台灣中等英語師資供需系統如圖 21-8，共有五個積量與 10 個率量，包含在三個次系統中，分別為人口次系統、英語教師需求次系統與英語教師供給次系統。在人口次系統中包括三個積量，分別是國中累積班級數、高中與高職累積班級數；率量則分別是國中班級數增量、國中班級數減量、高中班級數增量、高中班級數減量、高職班級數增量與高職班級數減量。在英語教師需求次系統中，積量是累積教師員額，率量則是英語教師增量與英語教師減量。在英語教師供給次系統中，積量是累積待業教師，率量則是待業教師增量與待業教師減量。歸納整個中等教育英語師資供需系統，形成六個是調節環路。

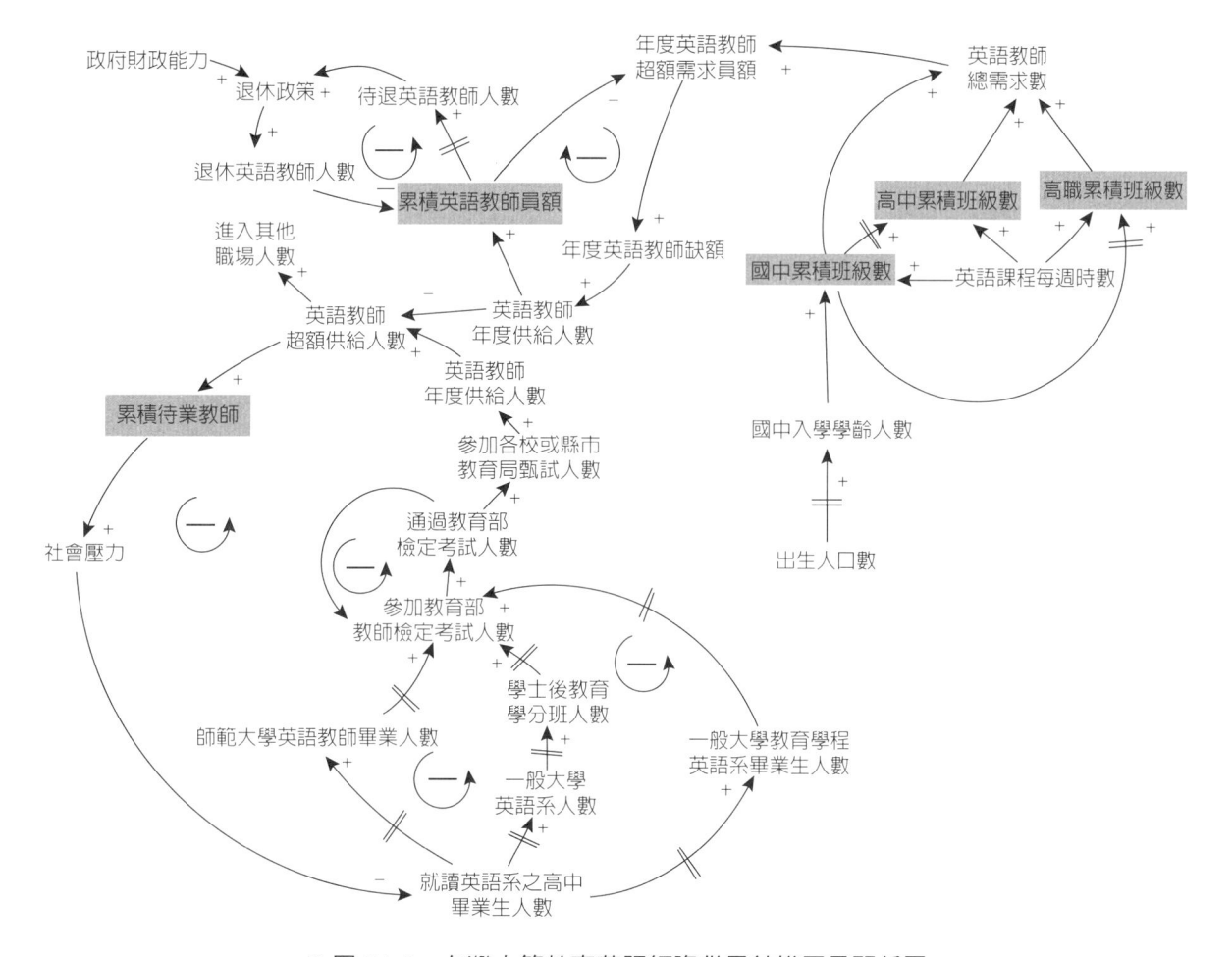

▲ 圖 21-8　台灣中等教育英語師資供需結構因果關係圖

有關本模型之效度的檢驗，文獻上被引用最多者為 Forrester and Senge (1980) 發表有關增進模式之效度與實用性信心之研究，本章曾經訪談三位教育專家與學者，三者共同檢視本章所提出之台灣中等教育英語師資供需系統質性模式，一致認為本研究模式具有相當好的解釋能力。

21-4　結果模擬

台灣英語師資供需系統結構，主要由年度國高中職三個入學人數、國高中職三個累積班級數、年度英語教師需求員額、英語教師年度供給、退休英語教師人數等重要變數所組成，在結構上具有時間滯延、複雜且動態的關係。本研究利用系統動態學及 Vensim 軟體進行量化模型建構、模擬與政策分析，模擬時間從 1993 年開始至 2050 年為止。

21-4-1　結果模擬

■ 國中、高中、高職入學人數模擬

影響中等教育英語師資供需系統最根本的源頭是國中入學人數，它牽動著英語教師需求的脈動。本研究之動態模式，在 1993 年至 2007 年間之國中入學人數，是以內政部公布的每年出生人口數為輸入值，以滯延 12 年出生人口的四分之三 (滿 12 歲)，加上滯延 13 年出生人口的四分之一 (未滿 13 歲)，兩者總和乘以國中入學率。2007 年以後之輸入值，是將前一年之出生人口乘以前六年之平均增減比率，視為出生人口預估增減人數，進而估計出當年度之出生人口數，再依照前列方式算出模擬國中入學人數。以此推估之出生人口數，於 2023 年將降至 10 萬人。當出生人口於 2023 年降至 99,692 人後，因此本章假定 2023 年後人口將趨於穩定而不再下降。

根據模擬結果顯示，國中入學人數從 2007 年的 312,526 人降至 2016 年的 222,665 人，平均每年減少約 9 千人，詳細如圖 21-9 所示，這對英語教師需求造成衝擊頗大，因此教育當局應擬好相關因應對策，例如降低班級人數、增加每週英語時數以及減少教師每週授課時數等。高中職入學人數類似國中入學人數算法，是以內政部公布的每年出生人口數為輸入值，以滯延 15 年出生人口的四分之

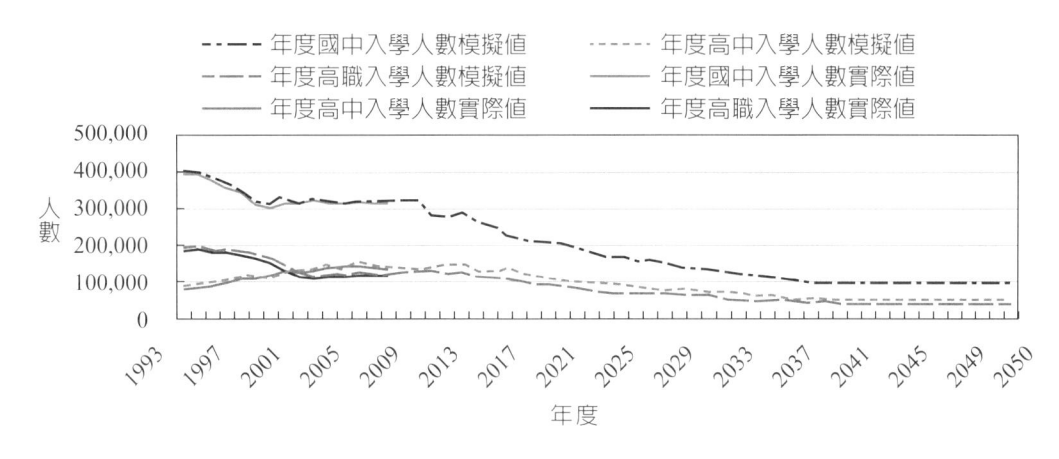

● 圖 21-9　模擬 1993 年至 2050 年台灣地區國中、高中、高職入學人數

三 (滿 15 歲)，加上滯延 16 年出生人口的四分之一 (未滿 16 歲)，兩者總和乘上高中職分別之入學率。模擬結果亦如圖 21-9 所示，由圖形顯示歷史值與模擬值兩者之趨勢線相當吻合。

■ 國中、高中、高職累積班級數模擬

中等教育英語教師總需求量，為所累積的班級數與每週英語授課時數的乘積，再除以每位英語教師每週應授時數。台灣每週英語授課時數如前文課程標準中所列，隨著年代不同而有所改變。英語教師每週授課時數，會隨職務不同而有不同，國高中職也不一樣，本研究以兼導師為平均值。目前國中部分隨縣市不同而有些微差異，大致上每週約 15 節 (含班會一節)，高中高職則全國一樣皆同為 12 節 (含班會一節)。

國中、高中、高職累積班級數三者為本動態流程的積量，班級數的增量受到每班平均學生數與國高中職入學人數的影響。教育部規定 2007 年國中每班 35 人，並逐年減少一人至 30 人。高中職目前國立高中職平均每班 43 人，教育部計畫 97 學年度國立高中職要降到每班 40 人。國高中職入學人數則如前節所述，會受到出生人口數與入學率影響。國中、高中、高職累積班級數模擬如圖 21-10 所示，出生人口數由 2000 年的 305,312 人減少至 2005 年的 205,854 人，班級數減量分別是滯延 12 年與 15 年後的一年級新生，2017 年與 2020 年開始，班級數增量跟著急遽下降，因此超額教師問題將在此時顯露無遺。

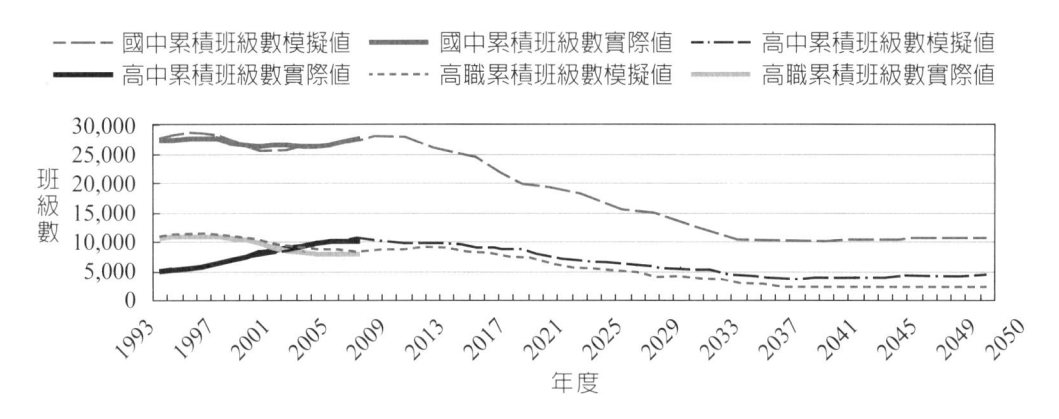

▲ 圖 21-10　模擬 1993 年至 2050 年台灣地區國中、高中、高職累積班級數

■ **年度教師需求模擬**

將高中職英語每週時數乘以高中職累積班級數除以 11，可得出高中職英語教師總需求數；將國中英語每週時數乘以國中累積班級數除以 14，可得出國中英語教師總需求數；三者總和即得英語教師總需求數。再將英語教師總需求數減去累積英語教師員額，可得出年度英語教師需求員額。若爲正數則爲該年度英語教師產生超額需求，以聘任專任英語教師填補實缺，或以聘任代課教師不佔實缺方式因應；若爲負數則產生教師超額供給，目前各縣市學校皆制定相關辦法以規範超額教師之介聘問題。

由圖 21-11 年度英語教師需求趨勢顯示，從 2012 年到達需求最高峰後即直線下降，並在 2015 年起產生超額供給，一直到 2038 年達到最谷底，將產生 3,630 位超額供給英語教師。爲避免日後超額教師問題之困擾，學校目前多以聘用代課教

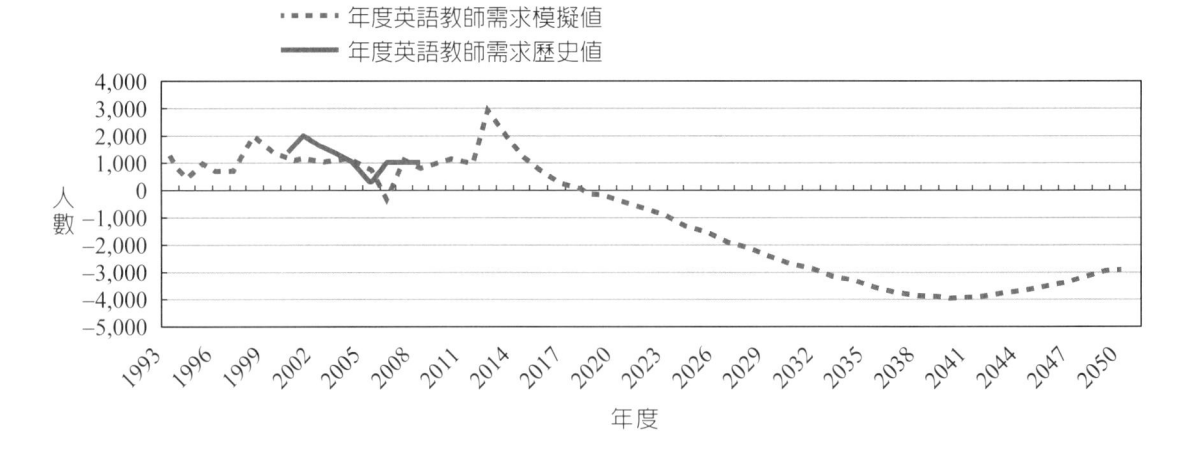

▲ 圖 21-11　模擬 1993 年至 2050 年台灣地區英語教師年度需求趨勢圖

師因應，但仍無法解決問題，應該再輔以降低班級法定人數，以及減少師資培育人數，多管齊下才有辦法解決嚴重的超額教師問題。

■ 教師供給模擬

有關分析英語教師年度供給趨勢，如圖 21-12 所示。可發現英語師資供給從 1994 年開始急遽增加，於 2001 年到達最高峰，在 2001 年至 2004 年四年間趨緩，然後由於師資供給政策之修正縮減師培人數，在 2004 年至 2006 年後直線下降。2008 年之後之教師供給以穩定以及些微之比例減少。然而因少子化趨勢以及時間滯延影響，教師需求萎縮驚人，且相對教師超額供給不斷擴增，直至 2016 年才趨於穩定；累積待業教師若在此系統環境下，則會再不斷增加至 2040 年才趨於穩定。由此可知，教育政策之制定，必須以宏觀整體系統結構之運轉視之，否則無法有效解決問題。

▲ 圖 21-12　模擬 1993 年至 2050 年台灣地區英語教師年度供給數

■ 退休英語教師人數模擬

由圖 21-13 退休英語教師人數趨勢圖可看出，教師退休人數隨教師總需求人數之下降而成緩慢下降趨勢。本研究退休人數是以總英語教師人數之 2.3% 為待退比率，此是由年滿 55 歲之教師佔所有老師之比率推估而得。

```
······ 退休英語教師人數模擬值    ── 退休英語教師人數歷史值
```

◎ 圖 21-13　模擬 1993 年至 2050 年台灣地區退休英語教師人數趨勢圖

21-4-2　討　論

　　在本節中將針對上述討論問題，對不同之相關政策進行不同變數條件之模擬分析。因為教育主管部門希望解決師資供需失衡問題，希望提高師資需求以減緩少子化所帶來需求減少之衝擊，因此以採取降低每班學生人數上限，以抵消學生數自然減少所帶來的減班效應。另外一項措施，作者建議政府可考慮在不排擠目前之正式授課之總時數下，增加一至二節英語授課時數於第八節輔導課中，不但可提升學生英語能力，也可增加對英語師資之需求。

■ 降低每班學生法定人數上限政策效果模擬

　　本章中每班學生法定人數上限，是行政院於 2007 年所核定實施之「精緻國民教育發展發案」。另外根據高雄市政府於 2008 年 11 月 15 日將舉行之公投案，希望將每班學生法定人數上限降至 30 人，並希望在財政狀況許可下，能朝向每班學生法定人數上限 25 人為目標。故本章以降低每班學生法定人數之政策，分析國中累積班級數、教師總需求數及年度教師需求數等三項之趨勢。

　　比較精緻國民教育發展發案，2013 年每班學生法定人數上限降至 30 人，與每班學生法定人數上限 25 人，其模擬結果為國中累積班級數如圖 21-14，教師總需求數如圖 21-15，模擬結果顯示：當我們把人數從 30 人，慢慢降至 25 人時，才能使兩者均呈現穩定增加之趨勢，甚至會超過目前之最高值。至於年度教師需求數趨勢如圖 21-16，可看出剛好可解決 2014 年以後之超額教師問題，而且也讓 2017 年以後之年度教師需求員額呈現穩定狀態。

國中累積班級數

◎ 圖 21-14　模擬台灣地區每班學生數上限下降之政策，對國中累積班級數之影響

英語教師總需求數

◎ 圖 21-15　模擬台灣地區每班學生數上限下降之政策，對英語教師總需求數之影響

年度英語教師需求員額

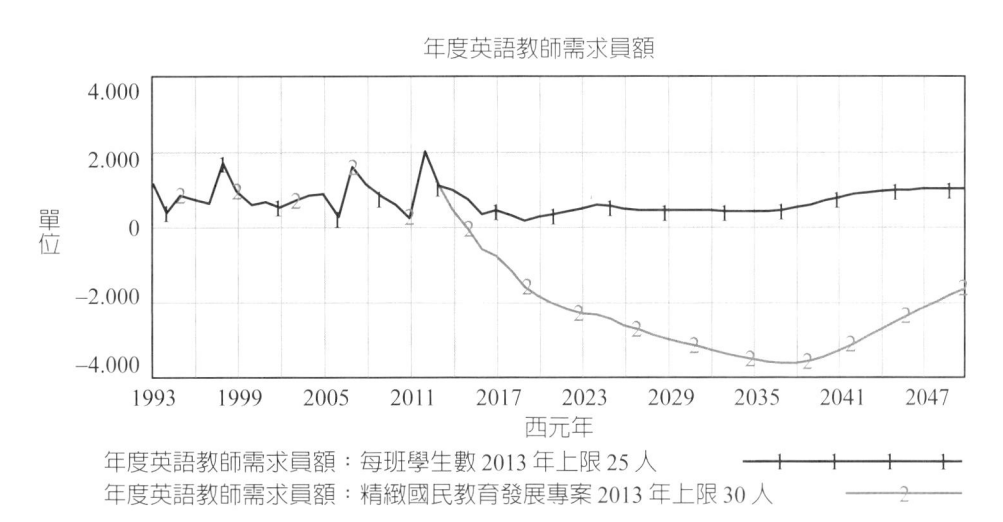

◎ 圖 21-16　模擬台灣地區每班學生數上限下降之政策，對年度英語教師需求數之影響

■ 增加英語每週授課時數之政策模擬

增加教師總需求的另一個方案,是從 2012 年起增加英語每週授課時數。本章以增加英語每週授課時數之政策,分析教師總需求數及年度教師需求數二項之趨勢,模擬三種狀況分別為:第一、目前之授課時數 (如線 3);第二、每週增加一節授課時數 (如線 2);第三、每週增加二節授課時數 (如線 1)。由模擬結果如圖 21-17 與圖 21-18 可知,英語教師需求總數在 2012 年有迅速增加之效果,而三條近乎平行的曲線,代表往後每年之英語教師需求總數也是呈現相同比例之增加,

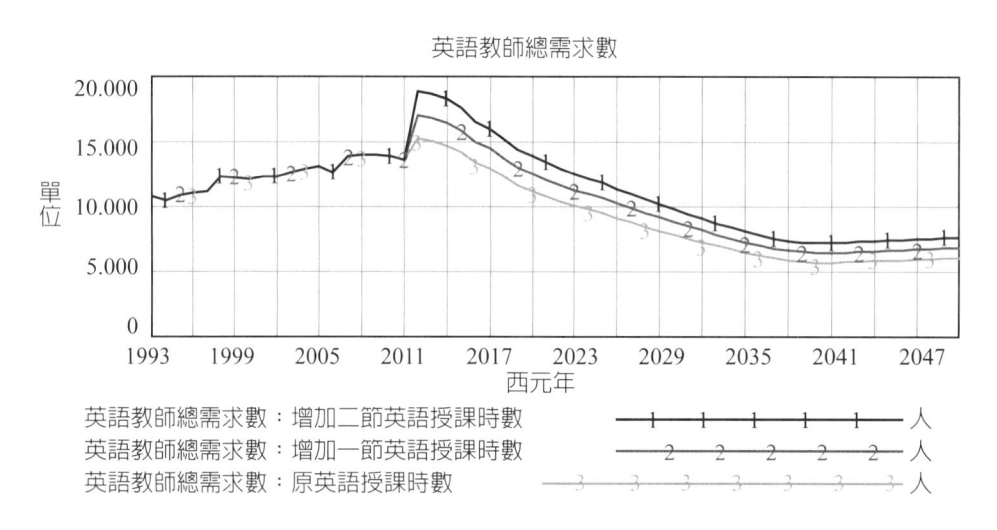

▲ 圖 21-17　模擬台灣地區每週上課時數增加之政策,對英語教師總需求數之影響

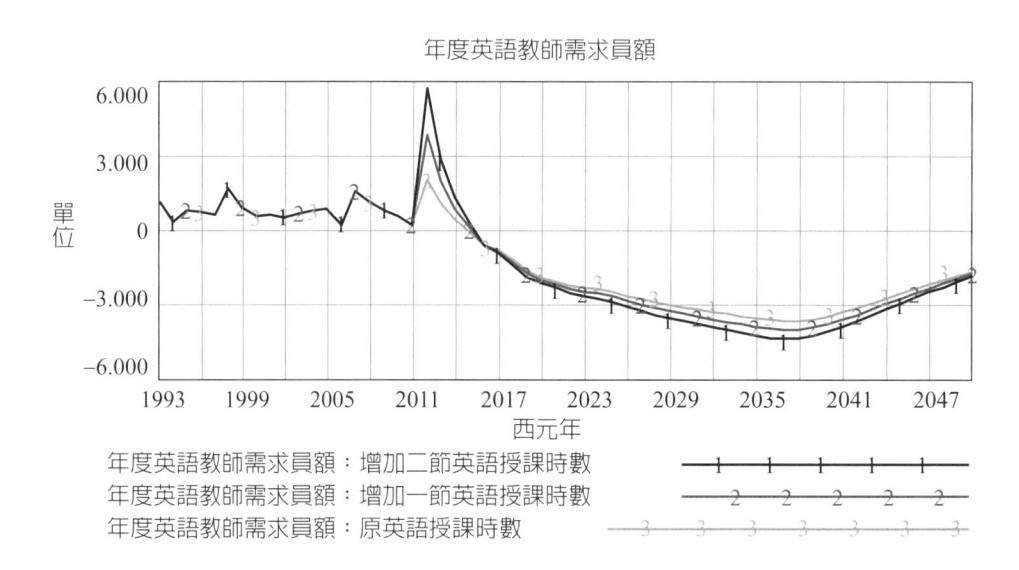

▲ 圖 21-18　模擬台灣地區每週上課時數增加之政策,對年度英語教師需求數之影響

但是對於往下掉的趨勢線並無法產生扭轉向上之結果。同樣的道理，有關年度英語教師需求數也是 2012 年有迅速增加之效果，但在 2015 年隨即恢復超額教師的窘狀。因此，增加英語每週授課時數只是短期的症狀緩解，對長期的教師員額需求幫助不大。

21-5　結論與建議

　　由本章研究結果得知，台灣師資培育發展系統可依三個關鍵時間點分為四個時期。三個關鍵時間點即 1968 年實施九年國民教育、1979 年公布的「師範教育法」及 1994 年公布施行的「師資培育法」；四個時期：(1) 實施九年國教之前時期，即 1956 年至 1967 年；(2) 九年國教實施期，即 1968 至 1979 年；(3)「師範教育法」實施時期，即 1979 年至 1994 年；(4)「師資培育法」實施時期，即 1994 年至 2006 年。四個時期的特色分別是：第一時期的英語合格師資稀有珍貴；第二時期從前半段迅速增加到後半段的穩定狀態；第三時期的穩定狀態；第四時期的穩定上升與初期的迅速倍增。

　　以系統動態學方法探討台灣英語師資系統，發現台灣中等教育英語師資供需系統之結構，其關鍵環路環環相扣、互為因果，更可細分為三個次系統，分別為人口次系統、英語教師需求次系統與英語教師供給次系統。而英語教師供給次系統又可分成三個子系統，分別是師範大學英語系畢業生、一般大學教育學程英語系畢業生與學士後教育學分班子系統。這些次系統亦受到數個關鍵環路之交互作用，形成一個複雜且動態的大系統。因此政府制定相關政策時，應該以整體觀之系統思考方法來分析，避免產生頭痛醫頭、腳痛醫腳的解短期之狀況解的現象。

　　由人口次系統可知，出生人口數與每週英語節數會累積成為英語教師總需求數，因此近年來少子化趨勢，正是造成教師需求減少之主因，更進一步影響英語師資的供需失衡。然而英語教師需求次系統除受到人口次系統直接影響外，亦受其他相關教育政策影響，例如增加英語授課時數與降低每班學生人數等。

　　本章研究模擬兩項教育政策：第一降低每班學生法定人數上限；第二增加英語每週授課時數。研究結果顯示，必須降低每班學生法定人數上限至 25 人，方能有效解決台灣中等教育英語師資供需失衡問題，亦即降低每班學生法定人數上限至 25 人，才是台灣中等教育英語師資供需失衡之槓桿解。

討論題

1. 如果台灣英語供需動態失衡是必然結果，其他科目 (例如：國文、音樂、美術、數學、物理、化學、生物……) 是否也會出現此現象？這是否意味著教育系統崩潰的大危機？
2. 若教育部再不重視師資供需動態失衡的嚴重性，小學、中學、大學等次系統是否會面臨同樣窘態？

關鍵字

英語教育	教育政策
外語教育	動態調整
英語師資	師資培育

附註

原文發表於《教育政策論壇》期刊修改而成。

CHAPTER 22

系統思考方法在台灣的發展回顧

現代經濟社會議題，充滿了許多的複雜性與動態性，許多問題需要各領域專業知識的整合才能順利解決。系統方法 (Systems Approach) 是應用系統思考 (Systems Thinking)，以宏觀角度分析問題，在當代的世界變成重要的方法論。亞洲中的許多國家是發展製造業的新興工業化國家，系統工程 (Systems Engineering) 更扮演著重要的角色。然而系統方法看似愈來愈重要，發展與應用似乎有沒落的趨勢，本文以系統動態學在台灣發展為例子，探討為何有此現象，以了解此方法論在台灣的發展紀要、可能的未來趨勢與本書作者之論文發表心得。

◎ 22-1 前　言

　　當前經濟社會問題，通常具有複雜性與動態性，許多問題需要各領域專業知識的整合才能順利解決。例如：世界的經濟成長、天然資源、環境污染、戰爭、國際原油價格劇烈波動、政治經濟關係變化劇烈、永續發展等議題仍然受到矚目。然而這些天然災害或是人為事件，都牽涉到各領域的專業知識；以 2011 年日本福島核災為例，它是由地震引發海嘯，海嘯造成核電廠事故，引發電力系統、健康、居住安全、輻射污染食物與用水等一連串交互作用的因果關係，事實上這些問題需要各領域專業知識的整合，以整體觀 (Holistic View) 的系統思考 (Systems Thinking)，才能順利解決。

許多亞洲中的國家是以發展製造業的工業化國家，系統工程 (Systems Engineering) 扮演重要的角色。例如，台灣、日本、大陸與韓國等國，都是以製造業發達聞名，這些國家培養許多電機、機械等工程師。大量的工程師具有系統工程或系統思考的訓練，造就這些國家汽車、機械、個人電腦、手機、電視等傳統製造業與消費性電子產業的成功發展。由此系統方法看似愈來愈重要，然而發展與應用似乎有沒落的趨勢。本章將探討系統方法 (Systems Approach) 在台灣的發展紀要，未來趨勢與本書作者應用系統思考方法投稿國際期刊之心得分享。

22-2 系統動態學在台灣的發展

系統動態學 (System Dynamics，簡稱 SD) 方法論是系統方法的一個分支專業學問，它的起源是美國麻省理工學院 Sloan 管理學院教授 Jay W. Forrester 在 1950 年代後期所創立。Forrester 在 1961 年發表《*Industrial Dynamics*》一書，是此方法論的開始，而 1972 年 Meadows 等人發行《成長的極限》(*The Limits to Growth*) 鉅著，引起世界上廣泛地注意；到了 Senge (1990) 出版《第五項修練》(*The Fifth Discipline*)，更造成全球研究學習型組織的熱潮。因此系統動態學發展至今，早已經成為一門嚴謹與成熟的方法論，並且在商業領域被廣泛地應用 (Sterman, 2000)。

台灣 SD 方法論中文教材的出現，最早是由國立成功大學劉玉山教授所出版，他以 Forrester 的大作為藍本，於 1979 年編譯了《系統動態學》乙書，並加了台灣的案例作模擬。接著 1980 年國立交通大學管理科學所謝長宏教授出版了本土化的《系統動態學》為代表；並且有多位交大管研所教授鑽研系統方法。而 1994 年台灣天下文化出版公司翻譯了 Senge (1990)《第五項修練》之書，並在台灣熱賣，對於組織學習與系統思考的普及化有很大的幫助。除了交通大學之外，國立中山大學企管系楊碩英及資管系屠益民教授對於教學、研究 SD 方法論之應用，也功不可沒！經過許多人的努力，使得系統動態學在台灣持續發展。

1978 年 SD 導入台灣之後，經過三十多年來的教學與推廣，一些 SD 同好終於在 2010 年 6 月 19 日於東海大學舉行中華系統動力 (態) 學學會 (Chinese System Dynamics Society，簡稱 CSDS) 成立典禮，並且舉行會員大會。並在隔年 2011 年在大葉大學舉辦 2011CSDS 研討會並且出版論文集，內容幾乎是 SD 在各種領域的應用研究，例如企業經營策略、醫療健康照顧管理、產業分析、教育政策、國

防管理與學習組織研究。到了 2012 年則在靜宜大學舉辦第二次 CSDS 研討會，論文內容仍是以 SD 方法論的應用為主，研究對象與前一屆研討會大同小異，投稿論文約 80 篇，Proceeding of 2011CSDSC 僅收錄 27 篇，並且有一篇論文嘗試整合 SD 與模糊 (Fuzzy sets) 理論，探討長期照顧的議題。往後 CSDS 在台灣的北、中、南部輪流舉辦研討會，先後在高雄大學 (2013 年)、政治大學 (2014 年)、東海大學 (2015 年) 及 2016 年在高雄應用科技大學舉行。另外亦有部分系統方法研究學者，同樣於 2010 年起每年舉行「系統思考與系統動態學研討會」(STSDC)，以進行較為廣泛的系統方法論與應用研究，此兩種系統思考相關學術研討會巧合的同時出現而相得益彰。

然而從 1978 年至 2012 年台灣碩博士學位論文數量統計來看 (表 22-1)，從 1970 年代至 1990 年代都是呈現上升之現象，在 2000 年至 2010 年達到高峰，2011 年後逐漸降溫。根據作者訪談大學中開授 SD 課程的教授後，得知碩博士生願意選修的 SD 的人數明顯下降，學生雖然覺得 SD 很有趣，但是認為要學 SD 方法論所花的時間，比選修其它數量方法的課程更長，若以 SD 來進行學位論文題目研究，花費的研究時間也比其它方法論更長。

◆ 表 22-1　台灣碩博士學位系統思考論文數量統計

論文	年	1978~1990	1991~2000	2001~2010	2011~2012
論文篇數	碩士論文	42	82	478	56
	博士論文	1	9	32	10

雖然台灣地區大學中的 SD 課程受歡迎的程度逐漸下降，但是台灣 SD 學者仍然努力將研究成果發表到國際期刊，或者積極參加國際系統動態學年會 (International Conference of the System Dynamics Society，簡稱 ICSDS) 的學術活動。台灣 SD 社群將研究成果發表在國際期刊主要有三個方向；第一是將 SD 應用於產業發展、科技管理領域；第二個是研究學習型組織；第三跳脫 SD 方法論而利用系統觀 (Systems View) 或生命系統 (Living System) 理論探討產業發展、學習型組織、資訊管理等相關議題。他們發表的期刊主要是系統方法及作業研究等期刊，如表 22-2、表 22-3。也許可以這麼說：「台灣 SD 研究社群的規模與國際期刊發表量雖然不大，但是研究成果的品質有相當不錯的水準。」

為了深入了解台灣 SD 學者以系統思考 (Systems Thinking，簡稱 ST) 作研究的成果, 分析它們在國際期刊發表論文的情形，我們將這些論文分成兩類，即系統觀 (Systems view) 或系統動態學 (System Dynamics)，若是以 SD 做研究的論文，就歸納為 SD 方法論，否則就歸納為系統觀。事實上以 SD 方法論作研究的前面步驟，也需要用到系統觀去思考系統邊界 (Boundary)。

◆ 表 22-2　台灣學者應用 ST 研究產業發展代表性國際期刊論文

年	研究議題 (期刊名稱)	方法論 Methodology	
		Systems view	System Dynamics
Jan & Jan (2000)	Development of Weapon Systems in Developing Countries: a Case Study of Long Range Strategies in Taiwan. (JORS)		V
Jan & Hsiao (2004)	A Four-role Model of the Automotive Industry Development in Developing Countries: a Case in Taiwan. (JORS)		V
Jan & Chen (2005)	Systems Approaches for the Industrial Development of a Developing Country. (SPAR)	V	
Jan & Chen (2005)	The R&D System for Industrial Development in Taiwan. (TFSC)	V	
Chen & Jan (2005)	A Variety-increasing View of the Development of the Semiconductor Industry in Taiwan. (TFSC)	V	
Chen & Jan (2005)	A System Dynamics Model of the Semiconductor Industry Development in Taiwan. (JORS)		V
Lee & Tunzelmann (2005)	A Dynamic Analytic Approach to National Innovation Systems: the IC Industry in Taiwan. (Research Policy)		V
Hsiao et al. (2011)	Applying Evolutionary Perspective to Analyse the TFT-LCD Industry Development in Taiwan. (SRBS)	V	
Hsiao et al. (2011)	A Systems View for the High-tech Industry Development—a Case Study of Large-area TFT-LCD Industry in Taiwan. (AJTI)		V
Hsiao & Liu (2012)	Dynamic Modelling of the Development of the DRAM Industry in Taiwan. (AJTI)		V
Hsiao (2014)	Industrial Development Research by Systems Approach in NICs: The Case in Taiwan. (SRBS)	V	
Chen & Chen (2016)	The Evolution of Public Industry R&D Institute—the Case of ITRI. (R&D Management)	V	
Liu et al. (2016)	How the European Union's and the United States' Anti-dumping Duties Affect Taiwan's PV Industry: A Policy Simulation. (RSER)		V

▲ 表 22-3　台灣學界以系統方法應用在其他社會科學議題之代表性論文

年	研究議題 (期刊名稱)	Systems view	System Dynamics
Hsieh & Jan (1989)	Reorganization of Historical Data to Support Analysis Organization's Behavior. (IEEE SMC)	V	
Jan & Jan (2000)	Designing Simulation Software to Facilitate Learning of Quantitative System Dynamics Skills: a Case in Taiwan. (JORS)		V
Jan & Tsai (2002)	A Systems View of the Evolution in Information Systems Development. (SRBS)	V	
Jan & Tsai (2002)	Government Budget and Accounting Information Policy and Practice in Taiwan. (GIQ)	V	
Shen & Midgley (2007)	Toward a Buddhist Systems Methodology 1: Comparisons between Buddhism and Systems Theory. (SPAR)	V	
Wang et. al (2007)	The Essence of Transformation in a Self-Organizing Team. (SDR)		V
Cheng (2010)	Intelligent Cognition-Based Systems Approach to Multiple-Criteria Computerized Essay Assessment. (SRBS)	V	
Hsiao et al. (2010)	Taekwondo Sport Development: the Case of Taiwan. (OR Insight)		V
Chen et al. (2010)	Bridging the Systematic Thinking Gap between East and West: an Insight into the Yin-Yang-Based System Theory. (SPAR)	V	
Lee (2011)	Demonstrating the Importance of Interactional Socialization in Organization. (SRBS)	V	
Chen et al. (2011)	A Machine Learning Approach to Policy Optimization in System Dynamics Models. (SRBS)		V
Wang (2011)	System Dynamics Modelling for Examining Knowledge Transfer During Crises. (SRBS)		V
Trappey et al. (2012)	An Evaluation Model for Low Carbon Island Policy: The Case of Taiwan's Green Transportation Policy. (Energy Policy)		V
Hsiao & Huang (2012)	A Causal Model for the Development of Long-Term Care Facilities: a Case in Taiwan. (QQ)		V
Hsiao & Yao (2012)	System Dynamics Approach to Visitors' Long-term Satisfaction with Museum: a Case Study of the National Museum of Natural Science. (IJEBM)		V
Shen & Midgley (2014)	Action Research in a Problem Avoiding Culture Using a Buddhist Systems Methodology. (ARJ)	V	
Liu et al. (2014)	A System Dynamics Model for Modern AirLand Battle. (AJOR)		V
Li (2016)	Chinese Art in the Social Context: Unfolding the Interplay of the "Four Enemies." (SRBS)	V	
Peng et al. (2016)	Systemic Analysis of Pensions: the Case of the Taiwanese Primary School Teacher Pension Fund. (SRBS)		V

22-3 國外期刊發表經驗心得

上述是系統思考在台灣的發展與研究成果，接著要談的是本書作者之一 (蕭志同) 在 2015 年暑假，受到中華 SD 學會秘書長蕭乃沂老師邀稿，所寫的一篇國外期刊發表心得分享。

記得當時一受到邀請，實在是誠惶誠恐；因為學界朋友有著作等身者，或有發表在專業領域最頂尖的期刊者或已是特聘教授。照理來說，應該請這些同儕們來寫比較適合。然而祕書長盛情一再催稿，敝人遂不揣愚劣，以野人獻曝之舉，以酬諸位好友們之長期厚愛。若有需要改進處，尚祈先進們不吝指教。本文首先介紹個人認為可能比較會接受系統思考之管理相關國際期刊，其次再分享這十年來敝人用系統方法，含系統觀、系統動態學方法論發表十多篇論文的投稿經驗。

恩師詹天賜教授對於投稿期刊之看法如下：「在解析法當道的學術界，仍有許多研究系統方法學者在各個領域，因此若能投稿系統思考同好聚集的期刊，被接受的機會較高。若投稿『非系統期刊』，除了研究議題須具有原創性與重要性之外，則要在論文內容中以彰顯『專業領域知識』，以得到該領域專家的肯定，才比較有機會刊登。」

以下將比較可能會接受系統思考的期刊分成三類：

第一類是系統方法論 (Systems Approaches) 期刊；主要有 *Systems Research and Behavioral Science* (SRBS)，*Systemic Practice and Action Research* (SPAR) 與 *System Dynamics Review* (SDR) 三大系統方法論期刊。這三本期刊以系統思考本身方法論之研究與應用為主，前兩者包含一般系統理論、複雜理論、生命系統、模控學、系統觀、系統動態學等較為廣泛的系統研究；後者則以探討 SD 本身方法論相關議題之研究。此三大系統期刊都是偏重概念與理論性文章，若僅是 SD 方法之應用，須很有特色才可能刊登。尤其 SDR 每年刊登量少於 30 篇，通常每期 (季) 約 5 篇論文左右，刊登量非常少。整體來說，這三系統方法論大期刊都不易刊登。若有機會，可請教有投稿系統期刊成功經驗的前輩與先進。

其次，管理科學 (MS) 及作業研究 (OR) 期刊，主要有 *Journal of the Operational Research Society* (JORS)、*European Journal of Operational Research* (EJOR)，*IEEE Transactions on Systems, Man, and Cybernetics* (IEEE SMC)、等期刊，這類期刊非常注重建模 (Modeling) 過程之嚴謹性，或者說模型量化過程之信

度與效度的建立。例如，在系統動態學 (SD) 中量化模型之非線性關係的處理。近幾年此 MS/OR 類期刊有愈來愈注重實務面之應用與管理意涵之詮釋。因此個人認為實務面之研究議題，只要建模嚴謹度夠，刊登機會不小，尤其是 MS/OR 社群者中有許多 SD 同好學者。

第三是決策與政策分析之期刊。由於系統方法擅長定義新穎的研究議題，尤其是 SD 擅長處理複雜動態系統之決策與政策效果模擬。因此各領域中之期刊名稱是：「XX policy」期刊，對 SD 論文而言，可能是有機會發表的。例如，經濟學領域中 AER 姊妹期刊 *AEJ-Economic Policy* 在 2014 年出版一篇用 SD 研究氣候環境的論文。而筆者一位南部好友，就曾以 SD 論文發表在科管領域最頂尖期刊 *Research Policy*，令人欽佩！而敝人也曾發表論文在能源領域 *Energy Policy* 期刊；甚至曾投稿策略管理頂尖期刊 SMJ，而主編則邀請再 Re-submit；足見 SD 在策略與政策類期刊中具有相當的刊登潛力。而 *Technology Forecasting and Social Change* (TFSC) 與 *Innovation: Management, Policy & Practice* (IMPP) 等期刊，也是對系統思考應用論文較為友善之期刊。此外，預測領域之 *International Journal of Forecasting* 知名期刊，在早期亦接受 SD 應用論文或可嘗試。

除了上述三類期刊之外，其他管理領域期刊也會刊登系統方法相關論文，但是則須視研究議題與學術貢獻而定。也許可以私下向已經有發表此類國際期刊的同儕請教，在此不再贅述。

接著分享敝人用系統方法發表國際期刊論文之投稿經驗，希望能達到拋磚引玉之效。個人之研究議題主要是產業發展、政策效果與環境衝擊之模擬。其次是教育政策之情境模擬。上述研究議題除了職場生涯因緣際會的因素之外，最主要是考量系統方法進行研究時，有關效度驗證問題的克服；此處向來是期刊之論文評審者攻防之要點。而企業內部資料或屬於商業機密，並不易取得，如企業願意提供時，則建模就容易多了。姑且不論 SD 學界對於信效度早有論證，若有公信力之歷史資料，尤其是公部門官方資料佐證，作為建模與外部效度之歷史值與模擬值比較，通常容易有說服力。是故，個人認為以系統方法做研究，要發表好的國際期刊，第一步是選擇有潛力的原創性題目與可靠性的資料，選對題目就是一個好的開始！

基於過去個人的數十次投稿經驗，通常比較接受系統方法論文的期刊，是各領域第一線的知名期刊與第三線的期刊。為何如此？因為目前學術界主流方法論是以解析法為主的數量方法，而第二線期刊論文幾乎是以解析法為主。而第一線

的好期刊通常包容性較為廣闊，編輯群會期待不同的方法論與有趣的議題出現。個人花了不少時間追蹤國際頂尖期刊，其中管理領域中最頂尖的 AMR 及 AMJ 與資管頂尖期刊 MISQ 與 ISR，平均約每五、六年會出現一篇用 SD 做研究的論文。管理學門有許多次領域，SD 論文刊登在頂尖期刊的比例不算少，可以說系統方法是很有「亮點」的方法論了。而管理科學 (作業研究) 的 JORS 與 EJOR；作業管理領域 JOM 都曾有 SD 專輯與多篇 SD 回顧性論文的出現；甚至連公共衛生領域的知名期刊：AJPH 也有 SD 專輯發行。而第三線的國際期刊，可能因為稿源有限的客觀因素，只要有賣點之系統思考論文，也都有可能被接受刊登。

所以，要在各管理領域的國際學術期刊發表，應該是有不少機會。當然前提是不要怕收到主編的拒絕信。此外，有「紅花與綠葉」的不同等級期刊發表，是一般國際學者的發表常態，筆者有位師長每年常發表兩三篇知名國際期刊論文，也曾表示他的論文也沒有每篇都登上第一流期刊。

根據 SD 國際學者的普遍看法，若沒有完成量化方程式的論文，對於 SD 同行或 MS/OR 的期刊要求，會期待研究者繼續完成量化模型。因此如果將 SD 質性論文先發表在第二、三線的期刊後，後來再將模擬結果拆成不同議題與內容的第二篇論文 (橫看成嶺側成峰) 投稿，第一線的期刊就不會接受刊登；反之，也許有機會。但是要提醒大家，若將一篇 A 級論文，變成兩篇 B 級論文來投稿，或讓質性論文先曝光，投稿前一定要三思。另外，叮嚀大家一點：絕對不可誤投坊間流傳的「黑名單」國際期刊，那是飲鴆止渴的狀況解，非根本解，而且有非常強烈的副 (負) 作用。

最後，希望台灣系統方法同儕能向先進國家的學者看齊，聚焦於研究議題與應用成果的貢獻為主，早日擺脫僅僅以刊登上某一國際期刊的「表相榮耀」為樂，此點實在是台灣學術界不成熟的價值觀與氛圍；期望台灣學者能向國際學界證明：我們在重要議題或理論模型或在實務界的應用，有顯著的貢獻，並早日出現各領域之台灣學派！

22-4 結　語

現代的社會經濟議題通常是複雜且動態性的，必須以系統思考來定義問題，分析問題。而且系統方法和目前傳統科學方法是互補的方法論。尤其現代社會趨

向極度專業分工的結果，使得我們非常需要一個能「整合」不同專業知識之方法論。尤其是能夠跨越不同學門的方法論，需要能與不同學門的專家進行對話與溝通，因此系統思考的訓練就顯得重要。在與日俱增的複雜性社會問題，雖然系統方法日益重要，但是透過 ST 在台灣發展的經驗可知：「學習系統方法非常有趣，但是所要付出的時間，比學習其他數量方法的時間更久。」目前每年願意學習 SD 的碩博生人數似乎有下降趨勢。可以猜測未來主修系統方法或系統動態學的人數，仍然有限；要如何發展更方便且有效率的學習課程？將是台灣系統方法 學者的一大挑戰。

關鍵字

系統觀	系統思考
系統方法	系統動態學

附註

原文發表於《SRBS》期刊與中華 SD 學會電子報第一期 (國外期刊發表經驗心得)。

附錄 A

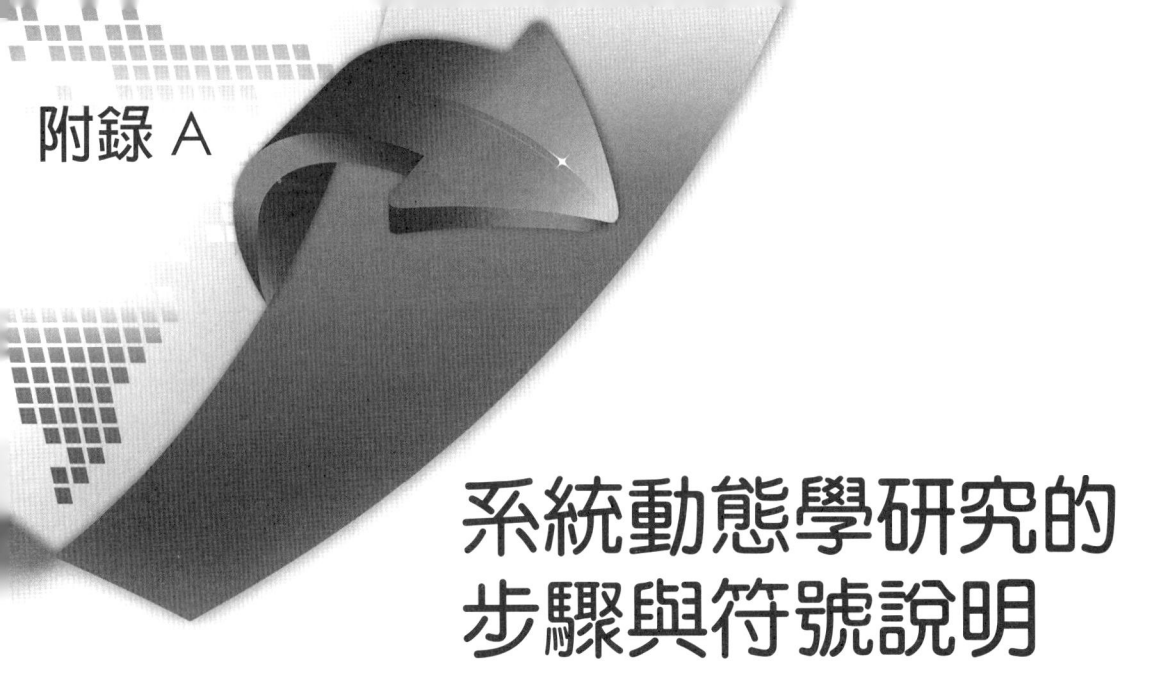

系統動態學研究的步驟與符號說明

◎ A-1　系統動態學的研究步驟

　　所謂系統動態學是一個研究及管理複雜回饋系統的方法，強調對系統作整體且宏觀的考量。其立論的重點在於透過系統思考 (Systems Thinking) 來了解系統內所有元素及元素間彼此的交互作用，並藉由電腦軟體模擬，來顯現系統的組成結構、政策、延遲等因素，如何交互地影響及整體系統的發展與穩定的狀況，以增加我們對複雜問題本質的了解。因此其最終的目的不在預測事件的發生，而是深入思考整體系統的運作現象及其背後的本質，以進一步達到系統的管理之目的。謝長宏 (1980) 認為系統動態學用於企業上的設計時，就應遵循如下的步驟：訂定目標、建立系統、數學模式、模擬、分析、系統修正、重複實驗至合乎實用等七個步驟。

　　根據 Coyle (1996) 的系統動態學分析方法，系統動態學運用的五個階段如圖 I 所示。

　　第一階段：3W (What、Who、Why)；確認問題為何？哪些人關心此問題？為什麼？

　　第二階段：藉由關係流程圖或稱因果環路圖來描述系統行為。

　　第三階段：質性的分析亦即詳細檢視關係流程圖，以期能更進一步了解問題。這是在真實的系統動態學中最重要的一個階段，通常可在此找出重要結果，有時候在這階段就獲得問題之解答，不需進入下

一個階段,那就是流程圖中虛線所代表的意義。所謂 Bright Ideas 是指分析者可藉由其他例子的回饋環路所得經驗加以運用。Pet Theories 是指有經驗之人員對於錯誤部分的觀點,經過深入分析後所發現的錯誤及原因,通常這些都是最有利用價值的資訊。

第四階段:假如到分析階段還無法解決問題,才進入第四階段的建構模擬模型。

第五階段:由流程圖中第三和第五階段的箭頭連接,代表經由第三階段的質性分析的 Bright Ideas and Pet Theories 的結果,才開始進入此階段。

```
階段一:問題認知(誰關注、為什麼)
階段二:問題了解與系統描述(關係流程圖)
階段三:質性的分析(Bright Ideas and Pet Theories)
- - - - - - - - - - - - - - - - - - - - - - - - - - - - -
階段四:模型的模擬(特殊電腦模擬語言)
      模型測試
階段五:策略測試與設計;靈敏度測試(找槓桿解)
```

資料來源:Coyle (1996)

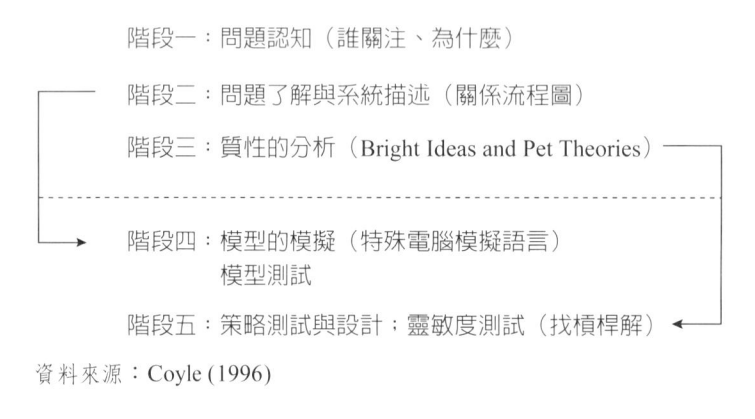

▲圖 1　系統動態學分析的步驟

因此,SD 的研究成果主要有二:一是質性因果關係模式;二是量化動態模式。

謝長宏指出一個具有效度的系統動態模式的輸出,要和真實系統的行為具有相同的趨勢特性,此為系統動態學的效度檢驗方法之一。此外,系統動態學的系統模擬方法的主要觀念,是差方/微方方程式,以本研究模擬為例,即為 $\triangle$ Dollar/ $\triangle$ Time,其系統動態行為的特徵之一,也就是每一變數並非同步動態變化,而變數之間常常存在著極為明確的時相 (Time Phase) 關係,因為管理系統在本質上是屬相當複雜的多元高階非線性系統,因此不宜使用統計方法作動態模式的效度鑑定。

有關 SD 研究結果之效度的討論,Forrester & Senge (1980) 曾提出 17 種的效度測試方式。而專家檢視之效度,以及謝長宏 (1980) 所述之模擬的趨勢與系統行為歷史值趨勢特徵是否符合?是常用的檢驗方法。

◎ A-2　系統動態學符號說明

1. 以下三個圖型代表兩變數之間的因果關聯，可以說明系統動態模式的相關性：圖 II 表示 A 變數 (因) 與 B 變數 (果) 有因果關係；圖 III 表示 C 變數 (因) 與 D 變數 (果) 有同方向變動，箭頭旁以「+」號標示；圖 IV 表示 E 變數 (因) 與 F 變數 (果) 有反方向變動，箭頭旁以「−」號標示。

   A ──────▶ B　　　　C ──────▶ D　　　　E ──────▶ F
   　　　　　　　　　　　　　　　+　　　　　　　　　　　−

   ▲圖 II　因果關聯鍵　　　▲圖 III　正性因果鍵　　　▲圖 IV　負性因果鍵

2. 圖 V 表示 G 變數與 H 變數中間是時間滯延符號，表示 G 發生後，經過一期以後才影響 H。

   G ────╫────▶ H

   ▲圖 V　因果之間存在時間滯延

3. 因果回饋環路 (Causal Feedback Loop)

   圖 VI 表示，A 變數的行為受到對 A 本身控制的情況回饋所影響，即 A、B 兩者是互為因果；圖 VII 為正性環路，表示任何變數的變動，最後會使該原生變動的變數同向地加強其變動幅度，具有自我強化變動效果，即為稱為滾雪球效應；換言之，系統產生良性循環或惡性循環，即為發散現象，甚至系統崩潰。圖 VIII 為負性環路，表示任何變數的變動最後會使該原生變動的變數，產生抑制變動的效果，具有自我規律、調節變動效果；換言之，系統行為呈逐漸收斂，最後達到穩定的狀態。若一個環路中，負性因果鍵的個數總和是奇數，則環路是負性環路；若是偶數就是正性環路。

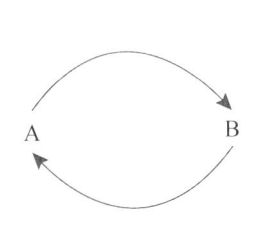

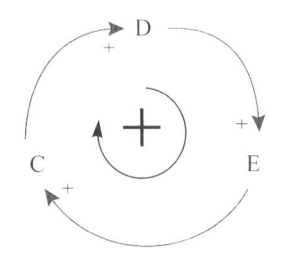

   ▲圖 VI　兩者是互為因果　　▲圖 VII　正性環路　　▲圖 VIII　負性環路

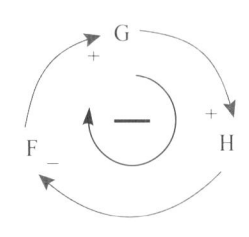

因果回饋環路是系統動態學的核心，具有在系統內部尋找問題根源的特性，透過電腦輔助運算，對於結構中動態性複雜的因果回饋、時間滯延問題可提供一個有效的切入點。而 Level (積量) 與 Rate (率量) 變數乃構成系統動態學模式的兩大核心 (變數) 觀念；積量代表某一時間實體或非實體累積狀態，主要透過率量流出/入的變化造成改變；率量為積量的流出/入值，為單位時間內積量之改變量 (單位量/單位時間)。一個決策回饋環路中的率量變數，基本上必須包含四個概念：(1) 一個明確的目標；(2) 系統現況的觀察結果；(3) 系統目標與顯現現況間所存差距的表達方式；(4) 根據所存差距而準備採取行動之說明 (謝長宏，1980)。其次是 Wire (引線)，為連結系統模型之要素，積量與率量經由引線連結成回饋環路則稱為 Flow Diagram (流程圖)。如圖 IX 積量/率量圖所示。

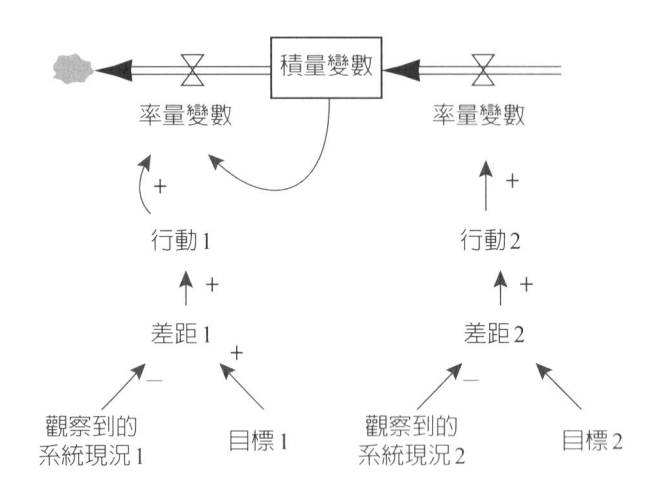

▲ 圖 IX　存(積)量/流(率)量圖 (Stock and Flow Diagram)

◉ A-3　實例：建構因果關係圖之質性模型——台灣汽車產業發展結構之探討

1. 首先確立研究目的後，須觀察系統的行為有哪些？將它們的重點條列：例如，台灣汽車產業有以下行為與現象：
   (1) 需求因素：(a) 汽車需求與 GDP (GNP) 水準有關。
   　　　　　　 (b) 市場規模大小有限。

⑵ 消費者特色：轎車喜新厭舊 (炫耀財) → 產品生命週期短 → 少量多樣 → 難達單一款式之經濟規模使得成本偏高，本土化偏好性低
⑶ 產業扶植政策：(a) 限量：限量 (地) 進口
　　　　　　　　　　關稅：高稅率 → 保護 → 廠商超額利潤
　　　　　　　　(b) 限制廠商數管制 → 技術升級誘因低 → 開放新廠
　　　　　　　　　　　　　　　　　　　　　　　　　　　　↘ 引進競爭
⑷ 技術引進政策：自製率 → 促進零組件技術提升
　　　　　　　　關鍵零組件技術缺乏
⑸ 相關基礎工業薄弱，以至於汽車零組件材料與加工品質與成本，仍不敵先進國家。
⑹ 羽田研發、裕隆研發 → 失敗，但是培養汽車小改款能力。
⑺ 規模經濟的特性明顯 (單一車款 經濟規模約 10 萬台)。
⑻ 自製率規定 → 廠商只做技術、成本可行之零組件。
⑼ 研發租稅減免 3% 貨物稅。
⑽ 商用車 (生財工具講究耐用便宜)，PLC 長，中華汽車威利商用車開發成功又如，光陽機車模式。
⑾ 汽車產業特性 (機械工業) 須穩定發展，製造技術與設計能力方能累積。
⑿ 國產廠商注重消費者未來短期偏好的變化與流行 (眼光短)。
⒀ 政府對於汽車產業能控制的政策工具：關稅、自製率、廠商數 (審核設立)、鼓勵研發。
⒁ NIC 之汽車產業發展模式無一定特性；發展之一定因素為 GDP 所得水準、消費者特性、廠商須達規模經濟 (市場胃納量)、基礎工業水準、政府政策 (影響技術母廠、國內廠商行為)。
⒂ 國內市場佔有率要提升 (國內競爭力)，須具備小改款能力才能滿足中上薪水階級消費者求新求變之偏好。
⒃ 由於汽車在台灣具奢侈或炫耀特性，是故高車價 (例如：Benz、BMW) 代表地位與成就，無須常改車款形狀；中上價位或國民車等級則須時常改款，才有市場。故歐美汽車母廠因台灣市場小，不願特別時常推出新車，而國產車廠則須具備小改款能力，才有競爭力。
⒄ 國際市場則必須在品質與車價上具優勢才能外銷成功，台灣在品質與生產成本、設計能力方面仍無法與國際車廠匹敵，外銷實績不佳。

(18) 零組件供應成為國際分工的一環。

(19) 積量：設計能力 (小改款能力)；製造能力 (技術與成本可達零組件開發)。

2. 畫出因果關係影響圖

畫出因果關係影響圖要從何處下手？通常都是由我們所關心的重要變數開始，例如：

(1) 經過訪問專家後將「設計能力」分成「新車設計能力」與「改款能力」。接著思考「新車設計能力」變數會影響什麼？答案是會降低「母廠支持度」與增加「新車款與變化速度」兩個變數。因此先畫出簡單因果如圖 X：

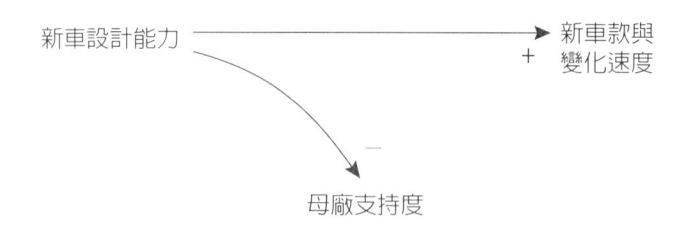

▲圖 X　第一步推論因果關係圖

(2) 而「母廠支持度」下降後會影響「新車款與變化速度」，兩者同方向變動，故圖 X 變成了下圖的圖 XI。以此類推「如是因，如是果」，最後畫出如第七章圖 7-6 的整體因果關係圖。很多人會問：怎麼知道因果圖是否完整正確呢？如果模型已經可以解釋前面的種種系統行為與現象，則圖形就足夠了，換言之，質性模型已經完成。至於量化模式則須接受 SD 正規訓練與學習才有可能具足。慶幸的是 SD 研究者認為質性模式的結構，是最重要的研究成果，許多問題甚至在質性模型提出後，即可達到系統管理者的目的 (Coyle, 1996)。

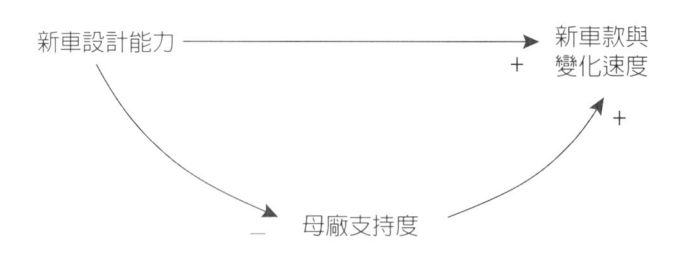

▲圖 XI　第二步推敲因果關係圖

附錄 B

系統思考、系統動態學課程上課心得

1.「系統思考與方法特論」學習心得之一　　　　　中山醫大醫管系碩士生 曾馨慧 97.1

　　在這學期課程中，老師安排研讀了兩本書籍，第一、謝長宏教授所著的《系統概論》；第二、享譽全球，多年來致力於推動學習型組織觀念新一代管理大師 Peter M. Senge 所著的《第五項修練》。

　　研讀完這兩本書讓我的獲益良多，它讓我更清楚地了解如何培養系統觀、何謂系統動態學。《系統概論》，將當前各家學者發展系統觀念和系統思維的意義，以及經營者及管理者所需要的系統管理概念綜合整理，以幫助讀者掌握學界所普遍談論的系統觀念，並運用問題與討論的形式，將系統觀念做綜合討論。在《第五項修練》一書中，它讓我學習到如果沒有系統思考，各項學習修練到了實踐階段，就失去了整合的誘因與方法；所有的修練都關係著心靈上的轉換：從看「部分」轉為看「整體」；從把人們看作無助的反應者，轉為把他們看作改變現實的主動參與者；從對現況只作反應，轉為創造未來。假使能發展見樹又見林能力，以兼具深廣與精微的方式來看事情，只要兩者都看見了，就能夠對複雜多變的挑戰做出強有力的回應。此課程透過實務學習，將課堂所學的理論套用至個案研究「高速鐵路對台灣經濟體的影響」，讓我們更能了解高速鐵路對台灣經濟體之各個層面影響因素。

　　綜合以上所述，一個人在自己的生涯中，要如何安身立命、要如何建立美好的人生，以使日子過得開開心心、輕輕鬆鬆，並對自己所屬的組織有貢獻，這些都是系統思維要優先回答、處理的問題。……最後，很高興能夠初步認識系統動

態學，希望在未來的日子裡，也能夠更精深的學習系統動態學，達到學習兼具深度及廣度的系統動態學理論。

2.「系統思考與方法特論」學習心得之二　　　　　　中山醫大醫管系碩士生游士嫻 97.1

系統動態學是以資訊回饋系統的特性，再透過模式設計來改善組織以及提供改善上的解決方針。主要建立在四個方面的基礎理論之上，分別為：資訊回饋控制理論、決策制定過程、系統分析的實驗方式、電腦模擬技術。其中資訊回饋控制理論是系統動態學中一個最重要的理論，本身運作的方式是環境影響決策，而決策再進一步影響到最後的採取的行動，但是所做的行動仍會回過頭來會對環境造成影響，再者也會影響到未來的一系列的決策，如此的反覆循環下去。

系統動態學目前被廣泛的應用在各個領域的研究範圍內，並且成為一門研究社會科學動態且複雜的工具和方法論。透過這個方法論的模式和建模過程，會影響到系統成長和穩定的各種相關政策，以及時間滯延的因素和互動的關係，所以研究對象多為專注於高階、多環節和非線性的科學，除了幫助決策者以巨觀的角度處理事情，並且也同時幫助決策者避免陷入動態複雜的迷思中。這對於容易迷失方向，或是對於現有局面無法全權掌握的決策者而言，是非常有幫助的。

本學期我們除了學習系統動態學以外，還閱讀了《第五項修練》這本書，而《第五項修練》的作者 Peter M. Senge 認為要解決組織面臨的複雜問題，必須先透過有效的組織學習，並且結合系統思考的概念，要做到見樹又見林的巨觀思維，並且做到超越自我以及團隊的合作和學習，最後朝向共同的遠景一步一步的邁進。

對應現今的社會，以及我們自身周遭的點點滴滴，或許我們也同時扮演書中「啤酒遊戲」裡面的任何一個角色。當發生任何狀況時，往往都是責怪他人，而非先行想到，或許造成今天這樣的局面，是因為自身角色的些許差錯而連帶影響到所有的一切呢？而當我們還在為解決了當下面臨困境而沾沾自喜時，又有誰想到當初那自以為很棒的沾沾自喜的解決方案，反而為未來埋下了一顆超級未爆彈呢？通常我們的思考都被 (片斷事件) 切割了，因為我們都活在自以為是的世界裡面，這印證了一句話「我們碰到敵人了，敵人就是我們自己」。

整體而論，系統動態學是一套有別於以往的研究方式和思考模式，透過這個嶄新方法論，我們可以新的角度重新審視我們周遭的一切事物，除了不再把決策的過程當成是黑箱作業以外，可以讓決策者快速的解決掉過程中系統所會發生的危機，並且獲得真正的學習。這個新的思維模式或許並不是最好的，但是它可以

讓我們面臨許多問題時能好好的思考，並且做出一個很棒的決策。

3.「系統動態學」學習心得之一　　　　　　　逢甲大學商研所博士生二年級劉金明 97.6

在要選修這門課程之前，會有些擔心，怕自己學不好。第一個原因是，在我上網去查詢系統動態學的相關資訊時，發現有關數學課程的基礎非常多，讓我擔心上課時會聽不懂，還好，這個擔心是多餘的，在老師深入淺出的授課及說明後，我認為系統動態學是一種兼具學術及實用的方法論，可以協助我們處理真實世界的問題。

第二個原因是，從我西方醫學的背景，對於疾病的認識、解釋及治療模式是需要去深入了解，但是在我們 (醫學生、實習醫師、住院醫師及主治醫師) 的學習過程，是以解析法及線性思考的訓練為主。最早接觸系統 System (其實是次系統 Sub-system) 是在大學三年級生理學 Physiology 的課程中認識循環系統、呼吸系統及消化系統等等。這樣的分科、分次系統的學習歷程，造成我們對整體性照顧 (Holistic Care) 的認識有整合上的困難，加上過早的「專科醫師」的養成制度，及撙節財務的健保給付制度，雖然一直強調要全人醫療 (Treat patient as a person, and treat disease as a whole)，但是還是難以做到。

雖然 1970 年代美國有一位有精神分析訓練背景的內科醫師 George L. Engel，受到貝塔朗非 (von Bertalanffy) 的《一般系統論》(*General System Theory*) 的影響下，在 *Science* 雜誌發表了一篇以系統觀來解釋疾病的生物－心理－社會模式 (Bio-Psycho-Social Model)。試圖改變當代醫學主流解析法的生物醫學模式 (Bio-medical Model)，引起很大的迴響。但是醫學教育的課程中、臨床醫學的訓練中及保險給付制度依然沒有改變的情形下，在台灣仍然是生物醫學模式 (Bio-medical Model) 當道。直到 SARS 風暴衝擊整個台灣醫療系統，全人醫療的系統思考促進台灣醫療體系的改造，要重新建構一個更安全的醫療系統，因此系統思維就變得非常重要了。

再度詳讀 George L. Engel 醫師的文章之後，對於系統理論如何應用在臨床醫療上 (系統的心智模式、醫病溝通、疾病診斷與治療)，還是有許多不了解的地方，所以我直接找貝塔朗非 (一位奧地利的生物學家) 的著作：《一般系統論》來閱讀，想要更進一步認識系統理論的內涵，大部分的內容我難以了解，但是其中有一部分談到 Equifinality，即是系統的殊途同歸性：每一個系統可以達到相同的最終狀態 (Same Final State)，不論它的起始條件 (Initial Condition) 為

何，或經由不同的路徑 (Paths)。這個概念對我影響很大，以飛行的動物為例，鳥類、蝙蝠及蝴蝶都可以飛行，但是這三類動物的演化起點及過程都不一樣。再以憂鬱症疾病為例，同樣是憂鬱症的病人 (Same Final State: Depression)，每一位病患病因的起點 (生物因素、心理因素及社會因素比重不同) 及過程 (如何演進成為憂鬱症) 都不一樣，這些致病因子的交互作用是既動態且複雜，因此要有效的治療憂鬱症，則必須了解這個病人 (系統) 的動態複雜性，找到關鍵環路及其槓桿解才能真正的治癒。若是以解析法的生物醫學觀點來處理憂鬱症病患，可能就是給藥物治療或心理治療，醫療費用的高漲及浪費會明顯可見，問題也不見得能解決。

開始上系統動態學的課以後，從彼得‧聖吉的《第五項修練》，Coyle 的 *System Dynamics Modelling* 到謝長宏教授的《系統動態學》，在同學的分享及老師的導讀講解後，對於系統思維，心智模式的改變，因果關係回饋環路及後來接觸到 Vensim 電腦軟體的運用的實作經驗，都讓我感受到系統動態學在方法論上的確有它的一席之地。也從心裡面想要學好這樣強而有力的研究工具，將來能應用到醫療產業的政策模擬及建議上，如果能協助改善整體醫療衛生系統，那就非常值得！

在彼得‧聖吉的《第五項修練》，第五章新眼睛看世界的第 120 頁，談到調節的回饋：穩定與抗拒的來源。一個反覆調節的系統是一個尋求穩定的系統，例如憂鬱症的病人有可能就是一個把情緒目標設定在憂鬱的狀態的人，任何的治療可能都是徒勞無功的，除非他的情緒 Level 目標改變到正常情緒 (由常模標準加以認定)，否則他的情緒都會回到他原來設定的憂鬱狀態 (個人隱含的情緒目標：憂鬱)。所以如果要治療好這樣憂鬱的病人，就要重新設定它的情緒目標。這是我在課堂上的額外收穫與心得。

另外，接觸到 Vensim 系統動態模擬的電腦軟體後，真的感受到系統動態學方法的好處，在變項上改變參數，模擬的結果很快就看得到，可以只改變一項，也可以同時改變多項參數，很適合作為政策擬定前的參考。因為自己的專業領域是醫療方面，所以也想在醫療產業運用 SD 的方法。在網路上蒐集相關學術文獻時，發現其實 SD 的學者們早就有研究醫療產業的經驗，只是沒有後續的發展，非常可惜。例如謝長宏教授在 1982 年指導學生徐基源探討都市鄉村間醫師人力分布之動態研究，來了解醫師人力的分布動態變化。次年 1983 年 Coyle 在英國 Bradford 大學任教時，發表一篇以系統模式對精神科醫院短期住院的管理進行模擬規劃。也有另外一篇關於以系統動態學模擬在公共衛生領域的背景與挑戰，發表在美國公共衛生期刊，都值得參考及學習……。

4.「系統動態學」學習心得之二
逢甲大學商研所博士生二年級鄭宇真 97.6

「系統動態學」是由美國麻省理工學院 Jay W. Forrester 教授所發展出來的一套有關社會系統的新管理概念與方法。其透過動態系統思考 (Systems Thinking)，分析了解系統的因果回饋關係 (Causal Feedback)，並利用電腦的模擬，使我們可以在實驗室中，觀察分析真實社會系統對於政策、方案所產生的行為，並學習系統內部所隱含的因果回饋關係。是故，「系統動態學」不只可以建構一個「政策實驗室」，亦可以用來建立「學習實驗室」。由於此方法常被用於模擬組織或企業系統的結構、政策、時間延擱，如何交互影響組織或企業系統的成長與變動……，因此系統動態學實際上可以用來建構「管理實驗室」。利用此實驗室，管理者可以預擬各種組織或經營政策的情境，然後藉實驗模擬來增進其管理決策能力。

本學期藉由系統動態學的學習，不但從而了解其理論背景，更經由老師的指導，將理論套用於實務之研究上。我以「大學財務收支與經營管理之系統動態分析」為題，探討大學財務系統中複雜的互動關係。……綜上所述，藉由本學期系統動態學的學習，不但開啟我對另一門方法論的了解，更可學以致用。未來，可將本系統方法運用於職場其他領域，發揮「理論」結合「實務」之學習效能。

5.「系統動態學」學習心得之三
逢甲大學商研所博士生二年級廖婉芬 97.6

這學期修蕭志同老師的系統動態學，是我到目前為止，在商博經管領域中最完整習得的研究方法，很榮幸能在蕭老師的引領下，一步一步的看見系統動態學的全貌。

在未修課前，光是聽系統動態學的課程名稱就覺得高深，因之前在組織理論課程中，了解到系統本身有投入 (Input)、產出 (Output)，需進行全盤的考量，再加上動態 (Dynamic) 的概念，時刻都在產生變化，很抽象、很難透過片面文字或單純數據就能表達得很好。但修了課之後，覺得這真的是一個好的研究方法，它可以描述環環相扣互為因果的複雜問題，透過因果循環圖看到問題的全貌，再佐以重要環路率量及積量的模擬，看出趨勢的變化，讓研究者能清楚的抓住議題，透過科學的方法，提出自己分析的論點，對於研究生而言，不僅僅適時培養出自己洞悉問題的能力，也訓練了邏輯的思維，讓自己思慮更縝密。

課程設計與教材安排上上循序漸進，……從淺而易懂的《第五項修練》開始，我們逐一看到系統的全貌，了解因果關係的時間遞延(Delay)的存在，尤其

在「啤酒遊戲」的例子中更為明顯；謝長宏教授與 Coyle 的兩本書，建立起我們對研究方法的架構，整個研究是描述狀況，再來透過因果圖提出各變數互動的全貌，定義出關鍵環路後，最後以實際數字去模擬，得到預測值，再進行解釋。……發現 SD 在學術上的美，研究者要能完整的針對選定領域論述，這一點個人覺得很類似質性研究的精神，進入田野找到原因。……這門課不僅是研究法的學習，在人生觀的精神層面，也頗有收穫……。

附錄 C

台灣公共議題的系統觀

◎ C-1 國中小教材「一綱一本」、「一綱多本」的爭議

　　中國時報於 2009 年 10 月 12 日報導有關「一綱一本」爭議，文中指出「教育部長吳清基先生表示，有關國中小「一綱一本」、「一綱多本」爭議，他主張，學生一本、老師多本，學生只要讀一本就可以，但老師可以用多本資料來教學……。」

　　這個教材政策的爭議已經持續好久，困擾著台灣的社會。前執政黨教育部長就和當時任職台北市教育局長的吳清基先生針鋒相對；前者堅持「一綱多本」的多元教育，後者主張「一綱一本」減少學生學習負擔，並且避免弱勢家庭在經濟條件上無法支持多元教材的開銷與課後補習。

　　國立交通大學管理科學研究所退休教授謝長宏先生曾經以系統觀提出他的看法，他指出許多堅持師法美國多元教育者，忽略了美國領土幅員廣大，氣候、價值觀、文化、區域社會生活方式等不同，因此教材必須多元化。然而台灣的社會價值觀、氣候、文化、生活方式等差異有那麼大嗎？有需要各縣市，甚至同一縣市中的國中小教材有所不同嗎？合理嗎？由此思考角度來看問題，答案的對錯則是已經全盤托出了。

　　謝教授進一步闡述有關台灣教育系統的問題不是出在中小學，而是高等教育。他質疑：「台灣有需要每位新生兒將來都就讀大學嗎？」若不是，為何現在的高等教育辦成每一個新生兒都可就讀大學？教育資源實在嚴重浪費。當小學每

班開始朝小班制改良時(每班約30人)，許多大學研究所一個班就收五、六十人新生，甚至招生更多人數，教學品質實在堪憂。尤其研究所教育著重的是師徒制學習。我們不禁要問：教育部的政策在做什麼？進行多年的評鑑工作又在忙什麼？實在是捨本逐末。空有培養大量碩、博士生，追求表相之「量」的提升，然而高等教育整體的素質如何，卻不堪一問。

此外教育部於民國99年開始試辦國中生免試升高中，預計第一年擬有35%的學生憑前五個學期的成績，申請高中入學；到了第三年擬將免試入學的比例提升到70%，這又是教改的「白老鼠實驗」。民國103年全面實施十二年國教後，造成全台家長與學生的煎熬痛苦。教育部不先解決現行的大學、高中、國中小的學生學習成績低落；不積極補救弱勢族群的孩子因為無法補習，而落後家境好的同班同學。而且免試升高中制度缺乏配套措施，例如國三已經免試考上高中的學生，下學期的課程要如何要求？學生的學習動機是否會下降？這和目前高中生甄試上大學後，高中校園並沒有提供銜接大學科系的課程，落入一樣的窘態，最後常看到的是學生在高三下學期悠閒過日。這就是台灣研究生素質低落的原因之一：真正讀書的時間是高中讀兩年(高三上忙甄試，高三下形同等待畢業)，大學讀三年(四上忙甄試，四下玩樂去)。所以目前大學畢業生實質的程度可能只及二十年前五專畢業生的學業知識，實在令人憂心。教育部官員應該提起道德勇氣與專業責任，改善此動搖國本之弊病。

◉ C-2　論「高中生請產假」的錯誤政策

自由時報於2008年6月10日報導有關「高中生可以直接請產假」教育部的政策，這是前執政黨的最大的錯誤政策，新政府卻依然執行此禍國殃民的教育政策。

報載中指出：「……高中生懷孕，可以直接請產假，不用休學！最慢三週內公告實施。」記者提到：「為落實性別平等，幫助懷孕的女學生完成學業，教育部通過＜高級中學學生成績考查辦法＞修正案，教育部中教司長蘇德祥表示：『這是將性別平等精神融入，讓懷孕學生也能完成學業，絕無鼓勵未成年者懷孕之意。』教育部訓委會常委柯慧貞表示：『就算未婚懷孕，也不能放棄這個學生。』……教育部統計，前年全台共有一百三十五名在校高中職學生懷孕，大多數

是夜間進修部的成年、已婚女學生，但其中有五十九例是未婚懷孕，懷孕學生幾乎都選擇休學在家待產。……對於高中生可以請產假，全家盟副理事長林文虎表示，他不認為會導致高中生兩性關係浮濫，但可以藉此宣導性知識。台北市立景美女中校長林麗華表示，這具有性別平權的正面意義，但也令人擔心負面影響，譬如女學生會以為懷孕請假是被允許的，性觀念、性行為可能更開放及隨意而為等，將配合研擬加強生命教育、兩性平等教育等配套措施。」

對此政策的好壞，作者之一位住在台南縣鄉下的外婆有一次向筆者表示：政府同意高中生可以請產假，叫人家的父母如何教育子弟？這是一位教育程度不高，但是善良純樸的鄉下老太婆對政府最大的指控。老人家還問：「若是未婚生產，誰養育照顧小嬰兒？」

已婚高中生本來可以休學「請產假」，根本不太受影響。明明只是少數高中生的行為，為何演變成全體適用？難道將來國中女生因為極少數懷孕者，也可以請產假？有長者反問：「為何教育部不規定『若是高中生有婚前性行為，不管男女生必須開除退學』？若是執行這樣的政策，對於社會與家庭教育又會有何不同的長遠影響呢？」請社會大眾深思。

那些高舉落實性別平等主義者，為何不抗議民代選舉制度怎可以歧視女性設置女性保障名額？至於晚近幾年流行主張「××成家」，不知是否違反大自然？「家庭」的意義究竟是什麼？消極與積極的功能與定位又是什麼？

◉ C-3 論教育部研擬「私立學校投保履約保證保險實施辦法」

自由時報於 2008 年 7 月 21 日報導有關「教部規劃履約保險，私校倒閉理賠學費」的政策，記者指出：「這是教育部推動全國首創、全球罕見的學校招生保險，由私校幫全校學生投保，如果學校不幸倒閉，由保險公司理賠學費，讓學生安心轉校，這新制最快下學期實施。……國中新生數到民國一○七年將減為二十萬人，少子化效應愈來愈明顯，過去幾年間，已有五所高中職倒閉或停招，教育部預估四年內，學生數不到五百人的三十四所私校，將面臨倒閉壓力。統計更顯示，九十六學年大專招生三十五萬餘名，缺額高達近六萬名，平均新生註冊率降至八成三，有私立大學系組註冊率跌到四成，甚至有專科註冊率不到一成，學界

預估,最快今年就可能有第一所大專招生不足而關校。」

有趣的是:為何許多私立高中、大專院校董事會早已經知道少子化趨勢,還要拼升格或是新設學校呢?社會上一直有人質疑:教育部是否有客觀評估與有效管理?是否許多私校董事會委員不乏民意代表充當,教育主管當局根本沒有擔當,不敢得罪?升格後,大樓興建等工程招標,是否有董事會的間接利益關係企業來「合法的」承包?或是變相掏空學校,債留政府、銀行與社會大眾。真實答案難以窺知,是因為有理想要私人興校來利益國家?還是巧取豪奪?只能留給歷史的宏觀時間來驗證了。不幸的是,私校學店弊案新聞卻早已不勝枚舉了。

◉ C-4　論「台灣高鐵的 BOT 公共工程案例」

聯合新聞於 2009 年 9 月 22 日報導有關「殷琪上午辭高鐵董事長 傍晚辭董事」的新聞。記者提到:「台灣高鐵今天上午召開臨時董事會,殷琪辭去董事長職務,傍晚再辭董事。交通部長毛治國說,尊重殷琪的決定。……殷琪原本是代表大陸工程出任高鐵董事,擔任高鐵董事長近 12 年,因高鐵財務問題嚴重,政府介入主導經營,殷琪同意去職。」至此台灣高鐵的 BOT 公共工程案正式宣告失敗。

相關媒體新聞指出:「高鐵債留 4,400 億元,雖然依法國營事業債務不算國債,但政府一旦接管,虧損還是要老百姓買單,高鐵留下的爛攤子該怎麼接?政府似乎欠納稅人一個交代。」(東森新聞, 2009.09.20) 而社會上有人認為當時高鐵原始股東團隊以標榜「政府零出資」條件,並低於競爭對手的預算,取得興建資格。最後卻因無人願意增資負責,將問題丟給銀行團與政府善後,似有違背企業家經營風範與悖離企業家應肩負社會責任的使命感。甚至有人質疑高鐵原始五大股東在高鐵興建過程中早已獲利,即便正式營運後虧損連連,仍然有利可圖,是得了便宜又賣乖。然而真相如何?外界就不得而知了。

平心而論,任何投資都存在著風險。在法律上及倫理道德上來論責任,必定有不同的評價。傳統管理學教科書的說法是:「擁有權利,必須承擔相稱的責任。」

⦿ C-5　論台灣未來的「綠色產業與銀色產業」政策

　　中國時報於 2009 年 10 月 16 日報導有關「發展旗艦型服務業，總統府達共識；施振榮：提升經濟　先棄山頭文化」。文中指出：「因應後金融海嘯時期重整再起，政府積極規畫發展旗艦型服務業，總統府財經諮詢小組昨日開會達成共識，將國際醫療、國際物流、音樂及數位內容、會展、美食國際化、都市更新、WiMAX、華文電子商務、教育、金融服務業，列為十大具發展潛力的服務業。副總統蕭萬長昨日主持總統府財經諮詢小組第十六次會議，聽取產官學界就服務業發展所提建言。與會的宏碁集團創辦人施振榮表示，台灣服務業走向國際化，是昨日與會代表一致的共識，但接下來的法規鬆綁與行動方案，仍須靠行政院落實……。」而施先生這幾年則大力宣揚經濟與環境平衡、共創價值、利他的王道企業文化價值觀。

　　事實上，因應台灣社會乃至於全球「人口老化」趨勢與「環境保護、永續發展」主義。台灣必須走出過度發展高科技產業的迷思，台灣社會低估了高科技製造業的外部社會成本。不論是竹科、中科、南科園區都必須靠大量水電等資源的消耗，然而可推論的：這已經排擠了農田土地、地下水的補充，造成地下水位下降，地表溫度上升，土地乾燥，水土保持更加不易。

　　2009 年 12 月 19 日全世界主要國家領袖出席丹麥的哥本哈根，參加聯合國主導的全球氣候防治的相關會議，節能減碳的訴求高舉，卻在美、中兩大經濟強國各自盤算下，無太大突破；可喜的是在 2016 年 4 月 22 日聯合國針對巴黎氣候協定峰會，中、美兩國等 171 個國家的協定，同意並簽署了氣候協定。然而在此趨勢下，台灣必須發展所謂的「綠色產業」，即符合節能環保的無污染產業。尤其是過去台灣在土地、河川、森林、海洋等天然資源過度開發下，生存的環境受到極大的威脅，實在是「寅吃卯糧」、債留子孫的現象。

　　另外在全球「人口老化」趨勢下，以老年人為主的食、衣、住、行、育、樂、健康保健、醫療等產業，正蓬勃發展。相關法令、政策急需有整體的配套措施。然而這類與老年人相關的「銀色產業」為主的服務業，將成為全球的未來主流產業，試問台灣是否準備好了？

◎ C-6　論「時間長度衡量」的認知

　　如何以「適當的」時間長度來衡量組織機構、企業、社會國家的發展呢？這是一個難以回答的問題，怎樣叫做「宏觀」呢？短、中、長期如何區分？時間單位要多長才夠？

　　不過我們能以個人立場來思考？如果一個人是以每一天或每週或每年當時間單位則看問題的認知是否不同？筆者有位同事都是以「五年」來衡量他自己的階段性任務目標與成就。佛光山創辦人星雲法師在某次演講時，則以「十年」來陳述其人生歷程，發人省思。不禁要問：如果我們以「一輩子」當作一個時間衡量單位時，吾人要如何定位人生呢？實在是大哉問！

◎ C-7　論「倫理道德與社會安定」

　　台灣詐騙集團橫行危害社會的安定，是有目共睹的國家之恥；2016 年 4 月非洲肯亞遣送數十名台籍詐騙份子到大陸案件為最。事實上這種現象的產生與整個社會的倫理道德、價值觀沉淪有關。不論是家庭教育、學校教育、社會教育都難辭其咎，尤其是那些敗壞風氣的社會公眾人物。

　　敝人認為最重要的原因是家長、師長等在上位者，缺乏以身作則所致。大家只要看看部分政府官員的言行前後不一，說一套做一套；甚至無法為自己的話負責，到處充斥著言過其實、浮誇不負責任的言行時，而看到一般市井小民見人說人話，說謊不臉紅，又有誰會見怪呢？

　　甚至教育機構不但無法撥亂反正，更淪為巧立名目的壞榜樣。例如，大專院校中部分科系師資不夠，就借用其他不同科系師資「人頭」，放在網頁上充場面的情形到處可見。評鑑若沒通過的科系，換個響亮的「系名」後，又可以重新招生了。

　　前幾年社會上出現「卡債、卡奴」的現象，大家一味指責持有信用卡或現金預付卡的消費者，但是政府與社會大眾缺乏對發卡銀行機構追究其責任。許多信用卡發卡銀行的契約暗藏玄機；舉例來說，筆者曾持有的信用卡其條約規定循環信用利息為「日息萬分之五」，讓消費者錯覺低估其利息成本。若換算成 365 天之年息為 18.25% 的高利息，接近法律所限制的高利貸門檻。遺憾的是沒有見到央

行或財政部、金管會等財金部會,對此「十八趴」有何積極作為?這不是縱容銀行「巧取豪奪」嗎?這就難怪有些企業集團會掏空公司,或是虛設公司行號來詐財或逃稅了。這樣的社會不良風氣實在不利於社會安定與長遠發展。是故,這些年來黑心食品的大量出現,詐騙集團坑人,駭人聽聞的治安案件層出不窮,實在危及國家的命脈,這都與個人倫理道德、社會整體價值觀的淪陷有關。

政府與社會上每個人都必須從提升倫理道德出發,從老祖宗的智慧來學習,從「格物、致知、誠意、正心」價值觀中自覺,從「修身、齊家、治國、平天下」的德目中來修煉。用「禮、義、廉、恥」的四維來教育子弟;尤其是明辨是非的慚愧心與羞恥心。畢竟家庭就是一個小系統,國家社會則是更大的系統,唯有系統內的每個人有良善的價值觀,社會系統才能達到真、善、美的境界。

有人問有無最方便的途徑呢?我的回答是從「孝順父母」開始,因為百善孝為先;從感恩父母開始,才能懂得感恩社會上的其他人。同理,從對父母師長有恭敬心與誠實,才能對他人有恭敬心與誠實。因此「孝順父母、恭敬師長」實在是提升倫理道德的根本,也才是教育的百年大計。將心思擴展到無限的空間與恆久的時間來看,唯有以孝親尊師的價值觀為基礎,實現「諸惡莫作,眾善奉行」的理念,社會才能有孝親、尊師重道的氛圍?而塑造出長治久安的文明公民社會。

參考文獻

Ackoff, R. L. (1957), Towards a behavioural theory of communication, in modern systems research for the behavioural scientist, W. Buckey. Ed., Aldine.

Ackoff, R. L. (1971), Towards a system of systems concepts, Management Science, 17(11), 661-671.

Ackoff, R. L. (1994), System thinking and thinking systems, System Dynamics Review, 10(2-3), 175-188.

Antia, K. D., Bergen, M. and Dutta, S. (2004), Competing with gray markets, Sloan Management Review, 46(1), 63-69.

Assmus, G. and Wiese, C. (1995), How to address the gray market threat using price coordination, Sloan Management Review, 36(3), 31-41.

Backman, S. J. and Veldkamp, C. (1995), Examination of relationship between service quality and User Loyalty, Journal of Park and Recreation Administration, 13(2), 29-41.

Barlas, Y. and Carpenter, S. (1990), Philosophical root of model validity: Two paradigms, System Dynamics Review, 6(2), 148-166.

Barlas, Y., Cirak, K. and Duman, E. (2000), Dynamic simulation for strategic insurance management. System Dynamics Review, 16(1), 43-58.

Benjamin, R. I. (1972), A generational perspective of information system development, Communication of the ACM, 15(7), 640-642.

Bergen, M., Heide, J.-B. and Dutta, S. (1998), Managing gray markets through tolerance of violations: A transaction cost perspective, Managerial and Decision Economics, 19(3), 157-165.

Berman, B. (2004), Strategies to combat the sale of gray market goods, Business Horizons, 47(4), 51-60.

Beyers, W. B. (2002), Culture, services and regional development, The Service Industries Journal, 22(1), 4-31.

Bowen, J. T. and Shoemaker, S. (1998), Loyalty: A strategic commitment, Cornell Hotel and Restaurant Administration Quarterly, 39(1), 12-25.

Brody, S. J. and Masciocchi, C. (1980), Data for long-term care planning by health system agencies, American Journal of Public Health, 70, 1194-1198.

Brody, S. J. (1982), The hospital role in providing health care to the elderly: Coordination with other community services, Chicago, The Hospital Research and Educational Trust.

Browersox, J. D. and Closs, J. D. (1996), Logistical management, The Integrated Supply Chain Process, NY: McGraw-Hill.

Buchberger, F. (1994), Teacher education in Europe – diversity versus university, David Fulton Publishers, London.

Budig, G. A. and Kappan, P. D. (2006), A perfect storm, Bloomington, 88(2), 114-116.

Carlton, D. W. and Perloff, J. M. (2000), Modern industrial organization, New York, Addison-Wesley.

Chang, C. C. (1991), The nine-year compulsory education policy and the development of human resources in Taiwan, 1950-1990, Unpublished doctoral dissertation, University of Maryland Baltimore County.

Checkland, P. (1985), From optimizing to learning: A development of systems thinking for the 1990s, Journal of the Operational Research Society, 36(9), 757-767.

Checkland, P. (1999), Systems Thinking, Systems Practice: Includes a 30-year Retrospective, ohn Wiley and Sons, Ltd.

Chen, J.-H. and Jan, T. S. (2005), A system dynamics model of the semiconductor industry development in Taiwan, Journal of the Operational Research Society, 56(10), 1141-1150.

Chen, J.-H. and Jan, T. S. (2005), A variety-increasing view to the development of the semiconductor industry in Taiwan, Technology Forecasting and Social Change, 72(7), 1141-1150.

Cheng, J. Z., et al. (2003), Boom and gloom in the global telecommunications industry, Technology in Society, 25, 65-81.

Chen, C.-F. (2005), Using the internet to integrate government, Academic and industry resources for improving the traditional Chinese medicine industry, International Journal of Management, 22(2), 266-272.

Churchill, G. A. Jr. and Surprenant, C. (1982), An investigation into the determinants of customer satisfaction, Journal of Marketing Research, 19, 491-504.

Churchman, C. W. (1968), The systems approach, Dell Publishing Co., New York.

Churchman, C. W. (1979), The systems approach –revised and updated, New York.

Clelia, M., Laura C. and Felice, A. (2007), Consumer behavior in the Italian mobile telecommunication market, Telecommunications Policy, 31, 632-647.

Coase, R. H. (1988), The firm, the market, and the law, The University of Chicago Press.

Costrell, R. M. and Podgursky, M. J. (2007), "Efficiency and equity in the time pattern of teacher pension benefits: an analysis of four state systems," The Urban Institute: Center for Analysis of Longitudinal Data in Education Research (CALDER), Working Paper No. 6.

Coyle, R. G. (1996), System Dynamics Modelling: A practical approach, New York: Chapman & Hall.

Coyle, R. G. (1998), The practice of System Dynamics: Milestones, lessons and ideas from 30 years experience, System Dynamic Review, 14(4), 343-365.

Croson, R. and Donohu, K. (2005), Upstream versus downstream information and its impact on the bullwhip effect, System Dynamic Review, 21(3), 249-260.

Dangerfield, B. C. (1999), System dynamics applications to European health care issues, Journal of the Operations Research Society, 50, 345-353.

Darling-Hammond, L. and Sykes, G. (2003), Wanted: A national teacher supply policy for education: The right way to meet the "Highly Qualified Teacher" challenge, Education Policy Analysis Archives, 11(33). Dell Publishing Co., Inc.

Doman, A., Glucksman, M., Mass, N. and Sasportes, M. (1995), The dynamics of managing a life insurance company, System Dynamic Review, 11(3), 219-232.

Doyle, J. K. and Ford, D. N. (1998), Mental models concepts for system dynamics research, System Dynamics Review, 14(1), 3-29.

Doyle, P. and Saunders, J. (1985), The lead effect of marketing decisions, Journal of Marketing Research, 22(1), 54-65.

Ducan, T., Kathleen, B. and Elizabeth F. (2004), Education in a crisis, Journal of Development Economics, 74, 53-85.

Duhan, D. F. and Sheffet, M. J. (1988), Gray markets and the legal status of parallel importation, Journal of Marketing, 52(3), 75-83.

Duncombe, W. and Yinger, J. (1998), School finance reform: aid formulas and equity objectives, National Tax Journal, 51(2), 239-262.

Edward, D. and Spreen, C. A. (2007), Teachers and the global knowledge economy, Perspectives in Education, 25(2), 1-14.

Einolf, K. W. (2002), Is winning everything? A data envelopment analysis of major league baseball and the national football league, Journal of Sports Economic, 5(2), 127-151.

Evashwick, C. J. (2005), The Continuum of Long-Term Care 3th, New York, Thomson Delmar Learning.

Feldmann, V. (2002), Competitive strategy for media companies in the mobile internet, Schmalenbach Business Review: ZFBF, 54(4), 351.

Fisher, R. C. (2000), Local government responses to education grants, National Tax Journal, 53(1), 153-168.

Fishman, P. (2003), Competitive balance and free agency in major league baseball, American Economist, 47(2), 86-96.

Fiske, E. B. and Ladd, H. F. (2008), Education equity in an international context, In H. Ladd and T. Fiske (Eds.), Handbook of research in education finance and policy, Hillsdale, NJ, Laurence Erlbaum, 276-292.

Fomin, V. (2001), The role of standards in sustainable development of cellular mobile communication, Knowledge Technology and Policy, 14(3), 55-70.

Ford, A. (1997), System Dynamics and the electric power industry, System Dynamics Review, 13(1), 57-85.

Ford, D. N. and Sterman, J. D. (1998), Dynamic modeling of product development processes, System Dynamics Review, 14(1), 31-68.

Forrester, J. W. (1980), Information sources for modeling the national economy, Journal of the American Statistical Association, 75, 555-556.

Forrester, J. W. (1961), Industrial Dynamics, Waltham MA: Pegasus Communications Inc.

Forrester, J. W. (1969), Urban Dynamics, Cambridge, Mass: The MIT Press.

Forrester, J. W. (1971), World Dynamics, Cambridge, Mass: The MIT Press.

Forrester, J. W. and Senge, P. M. (1980), Tests for building confidence in system dynamics models, TIMS Studies in Management Sciences, 14, 209-228.

Fredericks, J. O. and Salter II, J. M. (1995), Beyond customer satisfaction, Management Review, May, 84(5), 29-32.

Friedman, A. L. (1990), Four phase of information technology – implication for forecasting IT work, Futures, 787-800.

Frumkin, H., Hess, J., Luber, G., Malilay, J. and McGeehin, M. (2008), Climate change: The public health response, American Journal of Public Health, 98(3), 435-445.

Funk, J. L. (1998), Competition between regional standards and the success and failure of firms in the world-wide mobile communication market, Telecommunication Policy, 22, 419-441.

Gary, M. and Grant, C. (2004), Economic determinants of global mobile telephony growth, Information Economics and Policy, 16, 519-534.

Geory, N., Maria, F., Yngve, H., Leeka K., Niels K., Ignacio R., Joachim S., Richard Ü., Joe W. and Martin R. (2007), Feasibility of future epidemiological studies on possible health effects of mobile phone base stations, Bioelectromagnetics, 28, 224-230.

Gil-Garcia, J. R. and Martinez-Moyano, J. R. (2007), Understanding the evolution of e-government: The Influence of systems of rules on public sector dynamics, Government Information Quarterly, 24, 266-290.

Gohlke, J. M. and Portier, C. J. (2007), The forest for the trees: a systems approach to human health research, Environ Health Perspectives, 115, 1261-1263.

Gorard, S., See, B. H., Smith, E. and White, P. (2007), What can we do to strengthen the teacher workforce?, International Journal of Lifelong Education, 26, 4, 419-437.

Granovetter, M. (1985), Economic action and social structure: The problem of embeddedness, American Journal of Sociology Review, 91(3), 481-510.

Gronroos, C., Heinonen, F., Isoniemi, K. and Lindholm, M. (2000), The net offer model: A case example from the virtual marketspace, Management Decision, 38(4), 243-252.

Grover, V., Teng, J. T. C. and Fiedler, K. D. (1998), Is Investment priorities in Contemporary organizations, Communications of the ACM, 41(2), 40-48.

Gupta, Y. P. and Gupta, M. C. (1990), A process model to study the impact of role variables on turnover intentions of information systems personnel, Computers in Industry, 15(3), 211-228.

Harald, G. (1999), An investment view of mobile telecommunications in the European Union, Telecommunications Policy, 23, 521-538.

Harrison, F. and Holley, K. A. (2001), The development of mobile is critically development on standards, BT Technology Journal, 19, 1, 32-37.

Harrison, P. and Shaw, R. (2004), Consumer satisfaction and post-purchase intentions: An exploratory study of museum visitors, International Journal of Arts Management, 6(2), 23-32.

Hermann, C. F. (1967), Validation problems in games and simulations with special reference to models of international policies, Behavior Science, 12, 219-224.

Hinchliffe, K. (1989). Federation and educational finance: Primary schooling in Nigeria. International Journal of Educational Development, 9(3), 233-242.

Homer, J. B. and Hirsch, G. B. (2006), System Dynamics modeling for public health: Background and opportunities, American Journal of Public Health, 96(3), 452-458.

Hsiao, C.-T. (1998), Taiwan Industrial Outlook 1998──Automobile/Motorcycle Industry, ITISPO-0267-S103 (87), ITIS Project Office, Taipei, Taiwan, 12-1-12-11.

Hsiao, C.-T. and Peng, H. L. (2008), System Dynamics approach to the financial crisis in Taiwanese elementary school system, working paper.

Huang, J.-H., Lee, B.-C. Y. and Ho, S.-H. (2004), Consumer attitude toward gray market goods, International Marketing Review, 21(6), 598-614.

Hung, S. W. (2006), Competitive strategies for Taiwan's thin film transistor-liquid crystal display (TFT-LCD) industry, Technology in Society, 28, 349-361.

Jan, C. G. (2007), Taiwan as a business model of defense technology development for newly industrialized countries in East Asia, The Korean Journal of Defense Analysis, XIX(1), 103-138.

Jan, T. S. and Tsai F. L. (2002), A systems view of the evolution in information systems development, System Research and Behavior Science, 19(1), 61-57.

Jan, T. S. and Hsiao, C.-T. (2004), A four-role model of the automotive industry development in developing countries: A case in Taiwan, Journal of the Operational Research Society, 55(11), 1145-1155.

Jan, T.-S. and Chen, H.-H. (2005), Systems approaches for the industrial development of a developing country, Systemic Practice and Action Research, 18(4), 365-377.

Jan, T.-S. and Chen, Y. (2006), The R&D system for industrial development in Taiwan, Technology Forecasting and Social Change, 73(5), 559-574.

Jones, T. O., Earl, W. and Sasser, J. R. (1995), Why satisfied customer defect, Harvard Business Review, 73(6), 88-99.

Kane, R. A. and Kane, R. L. (1986), Long-term care: Principles, programs, and policies, New York, Springer.

Kim, H. and Kwon, N. (2003), The advantage of network size in acquiring new subscribers: Aconditional logic analysis of the Korean mobile telephony market, Information Economics and Policy, 15, 17-33.

Kim, M. K., Park, M. C. and Jeong, D. H. (2004), The effects of customer satisfaction and switching barrier on customer loyalty in Korean mobile telecommunication services, Telecommunications Policy, 28, 145-159.

KMK (2003), Attracting, Developing and retaining effective teachers-oecd activity country background report for the federal republic of Germany, Bonn, KMK, http://www.curriculum.edu.au/mceetya/public/pub326.html.

Koop, G. (2002), Comparing the performance of baseball players: A multiple-output approach, Journal of American Statistical Association, 97(459), 710-721.

Kotler, P. (2000), Marketing management, 10th Edition, New Jersey, Prentice-Hall.

Krishna, K. et al. (2006), Herbal medicine research in Taiwan. eCAM 2006, 3(1), 149-155.

Kuhn, T. S. (1962), The structure of scientific revolutions, The University of Chicago Press.

Li, F. and Whalley, J. (2002), Deconstruction of the telecommunication industry: From value chains to value networks, Telecommunication Policy, 26, 451-472.

Lin, J. T., Wang, F. K., Lo, S. L., Hsu, W. T. and Wang, Y. T. (2006), Analysis of the supply and demand in the TFT-LCD market, Technological Forecasting and Social Change, 73, 422-435.

Lyneis, J. M. (1999), System Dynamics for business strategy: A phased approach, System Dynamics Review, 15(1), 7-70.

Lyneis, J. M. (2000), System Dynamics for market forecasting and structural analysis, System Dynamics Review, 16(1), 3-25.

McNamara, O., Lewis, S. and Howson, J. (2006), Globalisation of the teacher workforce: Recruitment of overseas trained teachers, In AERA, San Francisco.

Meadows, D. H., Meadows, D. L., Randers, J. and Behrens, W. W. (1972), The limits to growth: A report of the club of rome's project on the predicament of mankind, New York, Universe Books.

Meadows, D., Randers, J. and Meadows, D. (2004), Limits to growth, The 30-Year update. Andrew Nurnberg Associates International Limited.

Mejon, J. C. et al. (2004), Marketing management in cultural organizations: A case study of catalan museums, International Journal of Arts Management, 6(2), 11-22.

Melhim, A. F. (2001), Aerobic and anaerobic power responses to the practice of taedwondo-do, British Journal of Sports Medicine, 35, 231-234.

Merten, P. P. (1991), Loop-based strategic decision support systems, Strategic Management Journal, 12(5), 371-386.

Ministerial Council Education (2001), Employment training youth affairs, demand and supply of secondary school teachers in Australia, Retrieved April 30, http://www.curriculum.edu.au/mceetya/public/pub326.html.

Mohsen, K. and Willy, P. (2004), Injuries at a canadian national taekwondo championships: A prospective study, BMC Musculoskeletal Disorders, 5(22), 123-131.

Mullin, B. J., Hardy, S. and Sutton, W. A. (2000), Sport Marketing, Taipei, Yi-Xuan.

Myers, M. B. (2004), Incidents of gray market activity among U.S. exporters: Occurrences, characteristics, and consequences, Journal of International Business Studies, 30(1), 105-126.

North, D. C. (1978), Structure and performance: The task of economic history, Journal of Economic Literature, 16(3), 963-978.

OECD (2006), Education at a glance OECD indicators-2006, Tab.B1.1a.

Oliva, R., Sterman, J. D. and Giese, M. (2003), Limits to growth in the new economy: Exploring the get big fast strategy in e-commerce, System Dynamics Review, 19(2), 83-117.

Oliver, R. L. (1981), Measurement and evaluation of satisfaction processes in retailing setting, Journal of Retailing, 57(3), 25-48.

Oliver, R. L. (1997), Satisfaction: A behavioral perspective on the consumer, Boston, McGraw-Hill.

Parasuraman, A., Zeithaml, V. A. and Berry, L. L. (1985), A conceptual model of service quality and its implications for future research, Journal of Marketing, 49(4), 41-50.

Parasuraman, A., Zeithaml, V. A. and Berry, L. L. (1988), SERVQUAL: A multiple-item scale for measuring consumer perceptions of service quality, Journal of Retailing, 64(1), 12-40.

Parsons, T. (1951), The social system, New York, Free Press.

Parsons, T. and Turne, B. S. (1991), The Social System, London, Routledge.

Paulus, O. (2003), Measuring museum performance: A study of museums in France and the United States, International Journal of Arts Management, 6(1), 50-63.

Pitts, B. G., Fielding, L. W. and Miller, L. K. (1994), Industry segmentation theory and the sport industry: Developing a sport industry segment model, Sport Marketing Quarterly, 3(1), 15-24.

Porter, P. K. and Scully (1982), Measuring managerial efficiency: The case of baseball, Southern Economic Journal, 48(3), 642-651.

Press, L. (1999), Personal Computing: The next generation of business data processing, Communications of the ACM, 42(2), 13-16.

Ralph, D. (2002), 3G and beyond – the applications generation, BT Technology Journal, 20(1), 22-28.

Ralph, D. and Shephard, C. G. (2001), Service via mobility portals, BT Technology Journal, 19(1), 88-99.

Rauner, M. and Schaffhauser-Linzatti, M. M. (2002), Impact of the new austrian inpatient payment strategy on hospital behavior: A System-dynamics model, Socioecon Plann Science, 36, 161-182.

Roberts, R. (1978), Managerial applications of system dynamics, New York, Productivity Press.

Romer, P. M. (1990), Endogenous technical change, Journal of Political Economy, 98, 71-102.

Romer, P. M. (1986), Increasing returns and long-run growth, Journal of Political Economy, 94(5), 1002-1037.

Santiago, P. (2002), Teacher demand and supply: Improving teaching quality and addressing teacher shortage, OECDWorking Paper, 1, OECD Publishing.

Scherer, F. M. and D. Ross. (1991), Industrial market structure and economic performance, Boston, Houghton Mifflin.

Schrage, M. (2004), Designed and made in China, Technology Review, April, http://www.technologyreview.com/Biotech/13551/.

Schreyer, R. and Roggenbuck, J. W. (1978), The influence of experience expectation on crowding perceptions and social psychological carrying capacities, Leisure Sciences, 1(4), 373-394.

Senge, P. M. (1990), The fifth discipline – The art and practice of the learning organization, Doubleday, New York, Currency Doubleday, USA.

Sheu, T. M. (1993), School finance equity in Taiwan, Republic of China: A longitudinal analysis, 1981-1990, Unpublished doctoral dissertation, University of Columbia Teachers College, New York.

Simon, H. (1960), The new science of management decision, New York, Harper and Row.

Song, J. D. and Kim, J. C. (2001), Is five too many? Simulation analysis of profitability and cost structure in the Korean mobile telephone industry, Telecommunications Policy, 25, 101-123.

Stata, R. (1989), Organizational learning-the key to management innovation, Sloan Management Review, 30(3), 63-74.

Sterman, J. D. (2002), All models are wrong: Reflections on becoming a systems scientist, System Dynamic Review, 18(4), 501-531.

Sterman, J. D. (1988), Modeling the formation of expectations - The history of energy demand forecasts, International Journal of Forecasting, 4, 243-259.

Sterman, J. D. (1989), Modeling managerial behavior: Misperceptions for feedback in a dynamic decision making experiment, Management Science, 321-339.

Strauss, J. and Frost, R. (2001), E-Marketing, New Jersey, Prentice Hall.

Tarter, C. J. and Hoy, W. K. (2004), A systems approach to quality in elementary schools-a theoretical and empirical analysis, Journal of Educational Administration, 42(4/5), 539-554.

Tirole, J. (1988), The theory of industrial organization, Cambridge, Massachusetts.

Tommaso, M. V. (1999), A model of competition in mobile communications, Information Economics and Policy, 11, 61-72.

Torsten, J. G., Wolfgang, R. and Andreas, S. (2001), Customer retention, loyalty, and satisfaction in the German, mobile cellular telecommunications market, Telecommunications Policy.

Trochim, W. M., Cabrera, D. A., Milstein, B. and Gallagher, R. S. (2006), Practical challenges of systems thinking and modeling in public health, American Journal of Public Health, 96(3), 538-546.

Wann, D. L., Tucker, K. B. and Schrader, M. P. (1996), An exploratory examination of the factors influencing the origination, continuation, and cessation of identification with sports teams, Perceptual and Motor Skills, 82(2), 995-1101.

White, P. and Smith, E. (2005), What can PISATell Us about teacher shortages?, European Journal of Education, 40(1), 93-112.

Wolstenholme, E. F. (1990), System enquiry: A System Dynamics approach, UK, John Wiley and Sons.

Woodside, A. G., Frey, L. L. and Daly, R. T. (1989), Linking service quality, customer satisfaction, and behavioral intentions, Journal of Health Care Marketing, 9(4), 5-17.

Yilmaz, M. R. and Chatterjee, S. (1985), Salaries, performance and owners' goals in major league baseball: A view through data, Journal of Managerial Issues, 15(2), 243-254.

Yin, R. K. (1994), Case study research: design and methods, Beverly Hills, Calif, Sage.

Yuejin, Z., Chuah, K. B. and Shuping, C. (2005), An information system model in Chinese herbal medicine manufacturing enterprises, Journal of Manufacturing Technology Management, 16(2), 154-155.

Zeithaml, V. A., Parasuraman, A. and Berry, L. L. (1988), Consumer perceptions of price, quality and value: A means-end model and synthesis of evidence, Journal of Marketing, 52, 2-22.

ITIS 智網產業資料庫，http://www.itis.org.tw/ITISImpExp/Goods.screen.

工商時報 (2007/3/16)，立院要拆基地台 電信業：茲事體大，http://tech.chinatimes.com/2007Cti/2007Cti-News/Inc/2007cti-news-Tech-inc/Tech-Content/0,4703,12050901%20122007031600462,00.html。

中央社 (2007/11/5)，NCC 協調業者撤併基地台 1500 座即將達成，http://www.wretch.cc/blog/tepu/10459337。

中時電子報 (2006/5/7)，台中南投分進合擊齊聲抗議基地台，http://e-info.org.tw/node/7481。

中時電子報 (2008)，偏遠學校經營危機東莒國小今年新生掛零，http://news.yam.com/chinatimes/garden/200809/20080902512546.html。取用日期：2008 年 9 月 25 日。

中國時報 (2008/12/08)，內政部長期照顧十年計畫。

內政部統計年報 (2008)，內政部統計資訊服務網，http://www.moi.gov.tw/stat/ Accessed，取用日期：2008 年 4 月 17 日。

內政部統計年報 (2008)，內政部統計資訊服務網，http://www.moi.gov.tw/stat/，取用日期：2008 年 12 月 12 日。

內政部統計處 (2005)，中華民國台閩人口統計季刊，台北：內政部統計處。

內政部營建署 (2004)，建築技術規則建築設計施工編。

文超順 (2004)，縣市教育經費初探－以宜蘭縣為例，學校行政，第 29 期，頁 160-169。

毛連溫 (1992)，台灣地區未來六年 (八十至八十五學年度) 國小特殊教育師資供需情形之推估，台北市立師範學院學報，第 23 期。

王四端、林榮盛 (2003)，2001 年台灣潤滑油市場回顧與展望，石油季刊，第 39 卷，第 1 期，頁 101-108。

王正乾 (1997/05)，我國企業對產業資訊服務需求與購買意願分析－以新竹科學園區、新竹工業園區、金融投資業為例，國立交通大學科技管理研究所碩士論文。

王汝杰、林新力、彭惠苓、蕭志同 (2006)，地方教育發展基金財務供需系統之研究：系統動態學觀點，2006 年工研院創新與科技管理研討會論文集，逢甲大學。

王克陸、彭雅惠 (2000)，台灣醫療產業代理問題之研究，產業論壇，第 1 卷第 2 期，頁 205-223。

王家通 (2004)，十年教改爭議癥結之探討，教育學刊，第 22 期，頁 1-17。

王淮真 (2000)，旅客對導覽解說滿意度之研究－以國立故宮博物院為例，中國文化大學觀光事業研究所碩士論文。

王湘瀚 (2004)，台灣社會人口變遷對教育政策發展的影響，社會科教育研究，第 9 期，頁 255-280。

世界銀行 (2006)，http://www.worldbank.org/。

古美如 (2001)，石油管理法與油品自由化，台灣經濟月刊，第 24 卷第 8 期，頁 66-72。

台北榮民總醫院 (2008)，台北榮民總醫院各科部，http://www.vghtpe.gov.tw/indexno3.htm，取用日期：2008 年 11 月 25 日。

白佳原、曾馨慧、游士嫻、賴麗娜、黃冠凱、謝仁棟 (2008)，應用 ISO 標準流程作醫院工作環境之調查、研究及改善－已持續改善醫療品質，中山醫學雜誌，第 19 卷第 2 期，頁 175-185。

交通部交通統計 (2006)，http://www.motc.gov.tw/hypage.cgi?HYPAGE= stat01.asp。

交通部觀光局 (2004)，2004 年台閩地區主要觀光遊憩區遊客人數月別統計，http://admin.taiwan.net.tw/index.asp，取用日期 2005 年 1 月 20 日。

交通部觀光局行政資訊網 http://admin.taiwan.net.tw/public/public.aspx?no=315。

全國法規資料庫 (2008)，教育基本法，http://law.moj.gov.tw/Scripts/NewsDetail.asp?no=1H0020045。

全國法規資料庫 (2008),教育經費編列與管理法,http://law.moj.gov.tw/Scripts/ Query4A.asp?FullDoc=all&Fcode=T0020018。

全國教師會 (2008),中等學校師資供需推估表,http://www.nta.org.tw/exam/ 93-97 師資供需推估表.htm,取用日:期 2008 年 7 月 10 日。

行政院主計處 (2008),中央政府債務餘額,http://www.dgbas.gov.tw/ct.asp?xItem=15468&CtNode=3676,取用日期:2008 年 1 月 15 日。

行政院經濟建設委員會 (2006),2015 年經濟發展願景第一階段三年衝刺計畫 (2007-2009 年),台北:行政院經濟建設委員會。

行政院衛生署 (1995),遠距醫療,台北:行政院衛生署。

行政院衛生署中醫藥委員會 (2003),台灣中草藥臨床試驗環境與試驗法規,台北。

行政院衛生署中醫藥委員會 (2003),台灣中醫藥整合與前瞻,台北。

行政院衛生署中醫藥委員會編制 (2006),我國實施中藥 GMP 之現況說明,http://www.ccmp.gov.tw,取用日期:2004 年 5 月 3 日。

行政院衛生署編製 (1997),藥品優良臨床試驗規範,台北。

行政院衛生署編製 (2000),行政院八十九年七月十日台八十九經二○七五五號函核定「中草藥產業技術發展五年計畫」,台北。

行政院衛生署編製 (2004),中華民國九十二年版公共衛生年報,台北。

行政院體委會 (2002),挑戰 2008 國家重點發展計畫 (2002～2007)。

何紓萍、蕭志同、朱雄明 (2009),台灣行動電話產業發展之動態模式建構,2009 國際企業暨跨領域國際學術研討會,頁 102-111,大葉大學。

吳政達 (2006),少子化趨勢下國民中小學學校經濟規模政策之研究,教育政策論壇,第 9 卷第 1 期,頁 1-22。

吳淑瓊、江東亮 (1995),台灣地區長期照護的問題與對策,中華衛誌,第 14 卷第 3 期,頁 246-254。

吳清山 (2002),中小學師資培育,群策會國政研討會論文集。

吳裕益 (2008),台灣地區國民小學學生學業成就調查分析,初等教育學報,頁 1-6。

吳曉雯 (2002),職業棒球迷選擇支持球隊因素量表之編制,中華民國大專院校 91 年度體育學術研討會專刊 (下),台北,頁 1-10。

吳曉雯 (2003),影響職棒球迷選擇支持球隊的因素及其與忠誠度、滿意度的關係,國立體育學院體育研究所碩士論文。

吳曉慧 (2004),老人照護的新興產業,台灣經濟研究月刊,第 27 卷第 11 期,頁 42-48。

李允傑 (2007),政府做多,人民埋單－誰來關心財政危機,國政評論,網址 http:// www.npf.org.tw/particle-2703-1.html,取用日期:2007 年 7 月 23 日。

李文宏 (2002),世代別汽車購買行為,國立交通大學管理科學學程之碩士論文。

李建裕、黃仁宏 (2001),灰色市場之成因與衝擊,產業論壇,第 2 卷第 2 期,頁 1-13。

李昭南 (2002)，服務品質及價格對滿意度與忠誠度之影響－以國產車原廠汽車服務廠為例，大葉大學事業經營研究所碩士論文。

李國貞 (1998)，台灣中藥工業現況與展望，工業簡訊，第 5 卷第 28 期，頁 1-24。

李連滋 (1997)，製藥工業，中華民國化學工業年鑑。

李園會 (2001)，台灣師範教育史。台北：南天。

李慈泉 (1982)，汽車潤滑油使用行為之研究，國立台灣大學商學研究所碩士論文。

沃德羅普 (Waldrop, M. M.) 著 (1992)，複雜：走在秩序與混沌邊緣 (Complexity: The Emerging Science at the Edge of Order and Chaos.) 齊若蘭譯，台北：天下文化。

周雅燕 (1996)，影響行銷通路運作因素之研討－以汽車經銷商為實證研究，國立雲林科技大學企業管理研究所碩士論文。

林千料 (2000)，供應商與經銷商策略整合影響因素之研究－以汽車業為例，大葉大學事業經營研究所碩士論文。

林天佑等 (2004)，教育政治學，台北：心理。

林世嘉、蔡篤堅 (2006)，健保十週年論文集，台北：財團法人台灣醫界聯盟基金會。

林妍如、萬德和 (2003)，健康照護組織之價值創造：整合性照護之基本概念與計入門，台北：雙葉書廊。

林宜平、張武修 (2006)，行動電話的健康風險管理與溝通：預警架構的政策應用，研考雙月刊，第 1 卷第 2 期，頁 213-237。

林宜信 (2003)，中醫藥行動施政目標，明通醫藥，第 5 卷第 3 期。

林怡安 (2001)，以顧客滿意度探討博物館服務品質之研究，南華大學旅遊事業管理研究所碩士論文。

林房儹、劉秀端 (2005)，運動休閒產業發展重要課題與策略，國民體育季刊，第 34 卷第 3 期，頁 18-23。

林信宜 (2006)，衛生署中醫藥委員會 2006 年中醫行動要點，台北：衛生署中醫藥委員會。

林政弘、張沛華 (1995)，我國博物館經營管理之探討，台北：教育部社會教育司。

林政逸 (2005)，從政策執行的觀點思考如何提高教育執行力，學校行政，學校行政，第 37 卷，頁 36-49。

林昭庚 (2002)，中醫藥發展史，http://nricm2.nricm.edu.tw/，取用日期：2006 年 12 月 25 日。

林若慧、陳永賓 (2004)，博物館服務品質對觀眾忠誠度之影響研究：以鶯歌陶瓷博物館為例，博物館季刊，第 18 卷第 1 期，頁 81-92。

林高偉 (2000)，供應商與經銷商聯合行動影響因素之研究－以汽車業為例，大葉大學事業經營研究所碩士論文。

林國平、洪育忠、蕭志同 (2002)，行銷資訊系統－E 世代的行銷管理，台北：東華書局。

林華韋 (2002)，職業棒球運動研究，行政院體育委員會。

林閔 (2002)，美國職棒大聯盟球隊經營管理效率分析，東吳大學經濟研究所碩士論文。
林新發 (2001)，跨世紀台灣小學教育改革動向：背景、理念與評析，國立台北師範學院學報，第 14 卷，頁 75-108。
林新發、王秀玲、鄧秀珮 (2007)，我國中小學師資培育現況、政策與展望，教育研究與發展期刊，第 3 卷第 1 期，頁 57-80。
林榮培 (2002)，跆拳道運動員專項體能與致勝要素探討，中華體育，第 16 卷第 1 期，頁 112-120。
林熅如等 (2006)，高齡者在安養中心的無障礙居住環境分析：以「松德園」安養中心為例，臺灣老人保健學刊，第 2 卷第 1 期，頁 64-79。
邱魏頌正、李梅菲 (2002)，行動電話購買行為研究：「方法—目的鏈」之運用，傳播與管理研究，第 30 卷第 2 期，頁 68-80。
信義房屋 (1997)，台灣房地產年鑑，信義文化。
施致平 (2002)，台灣職棒民眾意見現況調查研究，體育學報，第 33 期，頁 165-176。
柯惠珠 (2004)，中草藥區域市場分析－東南亞及日、韓地區，http://www.itis.org.tw/，取用日期：2007 年 5 月 24 日。
胡振池 (2003)，從兄弟象票房看待職棒商機，揮出職棒錢景的全壘打，卓越雜誌，第 5 期，頁 28-30。
胡蕙霞 (1993)，博物館觀光遊憩功能評估之研究，中國文化大學觀光事業研究所碩士論文。
范航秉 (2006)，製造業附加價值構成分析 5，http://www.itis.org.tw/，取用日期：2007 年 2 月 23 日。
徐雅芬 (2006)，全球植物藥產業概況及市場分析，農業生技產業技刊，第 5 期，頁 3-5。
徐雅芬 (2007)，我國中草藥產業 2006 年回顧與展望，http://www.itis.org.tw/，取用日期：2007 年 2 月 24 日。
校正興（2013），「台灣國際觀光旅館產業發展趨勢模擬—系統動態學方法論之應用」，東海大學經濟學系碩士論文。
馬信行 (1992)，台灣各級學校師資之預測，國立政治大學學報，第 65 卷。
高大剛 (2000)，博物館服務品質與顧客滿意度之研究：以國立自然科學博物館為例，博物館學季刊，第 14 卷第 4 期，頁 105-129。
高強華 (2004)，當前師資培育的問題與改進，教育資料與研究，第 58 期，頁 2-7。
高雄市教育局 (2007)，高雄市教育經費統計資訊。http://wwwedu.kh.edu.tw/ statistics/03.jsp，取用日期：2008 年 2 月 1 日。
高興桂 (2000)，我國職棒球團企業經營困境因素與解決策略之研究，國立臺灣師範大學運動休閒與管理研究所碩士論文。
國家傳播委員會網站 (2008)，http://www.ncc.gov.tw/chinese/。
張五常 (1989)，賣桔者言，台北：遠流出版社。

張仁平 (2002)，台灣中草藥智慧財產權保護之最新發展，http://www.moea.gov.tw，取用日期：2006 年 6 月 22 日。

張仁家 (2009)，從高職人力供需的角度論職業類科師資培育應有的種類與數量，教育政策論壇，第 12 卷第 1 期，頁 163-191。

張成國 (2004)，中草藥之國際化，中國醫藥研究叢刊，第 25 期，頁 33-53。

張辰彰 (2000)，我國汽車業合併經營可行性研究，政治大學企業管理系碩士論文。

張武昌 (2006)，臺灣的英語教育：現況與省思，教育資料與研究，第 4 卷，頁 1-17。

張建仁 (2002)，汽車零件製造商生產與作業策略之個案研究，國立政治大學經營管理學程碩士論文。

張茂源 (2005)，因應國小師資培育制度變革之淺析，學校行政，第 35 卷，頁 189-200。

張哲誠 (2001)，油品自由化後能源政策之調整方向，台灣經濟研究月刊，第 24 卷第 8 期，頁 73-77。

張順教 (2006)，高科技產業經濟分析：半導體、通訊、平面顯示器、網路經濟學，台北：雙葉書廊。

張慈映 (2004)，中草藥產業發展現況，http://www. itis.org.tw/，取用日期：2006 年 6 月 13 日。

張慈映 (2004)，兩岸植物藥產業發展現況，http:// www.itis.org.tw/，取用日期：2006 年 12 月 6 日。

張鈿富 (2002)，師資培育的政策與檢討，台北：學富。

張鈿富 (2004)，出生人口變化對臺灣中小學教育的影響，師友月刊，第 449 期，頁 1-3。

張鈿富、王世英、周文菁 (2006)，師資培育的供需問題與平衡機制探討，教育資料集刊，第 31 卷第 3 期，頁 139-155。

張鈿富、葉連祺 (2006)，2005 年台灣地區教育政策與實施成效調查，教育政策論壇，第 9 卷第 1 期，頁 1-21。

張德銳 (2005)，我國師資培育制度的回顧與前瞻，研習資訊，第 6 卷，頁 30-36。

張譽騰譯 (1994)，全球村中博物館的未來，台北：稻鄉。

教育部 (1976)，教育部師資培育規劃小組研討報告書，教育部。

教育部 (1994)，國民中學課程標準，教育部。

教育部 (1995)，高級中學課程標準，教育部。

教育部 (2004)，中華民國師資培育白皮書，教育部。

教育部 (2005~2007)，師資培育統計年報，教育部。

教育部國教司 (2000)，國民中小學九年一貫課程綱要。

教育部統計處 (2008)，重要教育統計資訊，http://www.edu.tw/statistics/content. aspx?site_content_sn=8956，取用日期：2008 年 1 月 15 日。

教育部統計處 (2008)，教育統計指標，http://www.edu.tw/EDU_WEB/EDU_MGT/STATISTICS/EDU7220001/user1/index01.xls，取用日期：2008 年 1 月 15 日。

符碧眞 (2000),師資培育制度的回顧與展望,教育研究,第 70 期,頁 24-28。
莊朝榮 (2005),探討我國老人住宅之市場規模,台灣經濟研究月刊,第 28 卷第 10 期,頁 13-18。
莊朝榮 (2005),評估老人住宅投資可行性,台灣經濟研究月刊,第 28 卷第 10 期,頁 25-30。
莊懿妃、蔡義清、陳淑芳 (2007),以服務屬性預測新服務需求－以 3G 行動電話為例,行銷評論,第 4 卷第 3 期,頁 289-310。
莊懿妃、蔡義清、簡鈴眞 (2005),行動電話使用者之價格門檻分析－間斷選擇模式之應用,企業管理學報,第 67 期,頁 137-161。
許元和 (2002),二維品質模式於非營利機構服務品質之探討－以台北縣立鶯歌陶瓷博物館為例,國立台北科技大學生產系統工程與管理研究所碩士論文。
許立宏譯 (2004),運動倫理學,台北:師大書苑。
許苑娥 (2007),DRAM 產業競爭之資產專屬性優勢,國立臺灣大學經濟學研究所碩士論文。
許績天、連賢明 (2007),賺得越少,洗得越多?－台灣血液透析治療的誘發性需求探討,經濟論文叢刊,第 35 卷第 4 期,頁 415-450。
連義保 (2001),經銷商滿意度與其採購量之關連性研究－以 K 牌個案研究公司為例,國立台灣科技大學管理研究所碩士論文。
陳天機、許倬雲、關子伊 (1999),系統視野與宇宙人生,香港:商務印書館。
陳世堅 (2000),社福與衛生體系平行整合的長期照顧系統模式建構之研究。東海大學社會工作學系博士論文。
陳正倉、林惠玲、陳忠榮、莊春發 (2003),產業經濟學,台北:雙葉書局。
陳宇嘉 (1996),高雄縣老人福利提供與需求評估研究,高雄縣政府社會科委託中華民國社會工作專業人員協會及東海大學社會工作學系研究。
陳妙盡 (1997),影響老年人居住安排因素之分析,國立中正大學社會福利學系碩士論文。
陳幸雄 (2005),以系統觀探討台灣產業的發展,國立交通大學管理科學系博士論文。
陳明郎 (1999),經濟成長,台北:華泰書局。
陳勁甫、林怡安 (1993),博物館遊客滿意度與服務品質之研究:以國立自然科學博物館為例,博物館學季刊,第 17 卷第 3 期,頁 113-131。
陳彥文 (2002),台灣地區國中小師資供需機制之研究,國立暨南國際大學教育政策與行政研究所碩士論文。
陳映廷 (2006),國民中小學教科書開放政策之分析,學校行政,第 42 卷,頁 182-192。
陳炳宏 (2000),臺灣行動電話服務產業研究:新興電信產業結構分析與市場集中度初探,中山管理評論,第 8 卷第 3 期,頁 449-477。
陳美智 (2006),都市空氣污染防治系統動態分析,國立成功大學都市計畫學研究所博士論文。

陳國寧 (1997)，博物館巡禮：台閩地區公私立博物館專輯，台北：文建會。
陳堂麒 (2003)，台灣中草藥產業價值鏈逐漸成型，http://www.herbal-med.org.tw/ 5Plan/，取用日期：2006 年 9 月 18 日。
陳淑敏、廖遠光、張澄清 (2008)，少子化趨勢與教育改革之民意調查研究，教育政策論壇，第 11 卷第 3 期，頁 1-31。
陳淼 (2004)，人口老化對我國總體經濟的影響與因應之道，台灣經濟研究月刊，第 27 卷第 11 期，頁 21-29。
陳鈞坤 (2001)，國立海洋生物博物館觀眾參觀行為之研究，朝陽科技大學休閒事業管理研究所碩士論文。
陳筱玉 (1994)，美國棒球發展史，台北：聯經。
陳曉梅、張宏哲 (2007)，使用居家服務失能老人生活品質的現況及其影響因素之探討，長期照護雜誌，第 11 卷第 3 期，頁 247-265。
陳麗珠 (2001)，教育經費編列與管理法之評析，教育學刊，第 17 卷，125-145。
陳麗珠 (2002)，國民教育經費基本需求之探討，國立高雄師範大學教育學系，教育學刊，第 18 卷，頁 185-211。
陳麗珠 (2004a)，十二年國民教育政策設計與經費推估之研究，教育學刊，第 22 卷，頁 19-42。
陳麗珠 (2004b)，地方政府國民教育經費基本需求財政公平效果之檢討，教育研究集刊，第 48 卷第 4 期，135-162。
陳麗珠、陳明印 (2001)，我國國民教育經費基本需求試算之探討，主計月刊，第 551 期，頁 49-52。
陳麗珠、鍾蔚起、林俊瑩、陳世聰、葉宗文 (2005)，國民小學教師合理授課節數與編制之研究，教育學刊，第 25 卷，頁 25-50。
屠益民、張良政 (2010)，系統動力學，台北，智勝。
彭惠苓、蕭志同 (2008a)，台灣小學教育財政系統模式建構與分析，2008 教育領導與學校經營發展學術研討會，國立暨南國際大學。
彭惠苓、蕭志同 (2008b)，台灣小學師資供需動態模式之研究，2008 服務創新與應用研討會，國立台北科技大學。
彭惠苓、蕭志同、王汝杰 (2006)，台灣小學教師人力資源動態系統之研究，2006 工研院創新與科技管理研討會論文集，逢甲大學。
曾巨威 (2004)，地方財政能力與教育經費負擔之分攤機制，人文及社會科學集刊，第 16 卷第 2 期，頁 197-239。
曾怡禎 (2005)，我國老人住宅產業發展策略與挑戰，台灣經濟研究月刊，第 28 卷第 10 期，頁 31-38。
曾馨慧 (2009)，長期照護機構服務品質、滿意度與忠誠度關係之研究，中山醫大醫管所碩士論文。

游建華 (2002)，永續土地利用管理決策支援系統之發展，國立台灣大學環境工程學研究所博士論文。

游啓聰 (2000)，植物來源藥市場、技術及應用專題調查，http://www.itis.org.tw/，取用日期：2007 年 5 月 6 日。

舒煒光 (1994)，科學哲學導論。台北：五南。

黃自來 (1993)，英語教學拓新與深化，台北：文鶴。

黃吟萍 (2006)，行銷通路灰色市場結構之研究：系統動態模式，大葉大學資訊管理研究所碩士論文。

黃明俊 (2001)，網際網路對通路中間商再中間化影響之研究：以汽車產業通路中間商為例，國立台灣大學資訊管理研究所碩士論文。

黃煜、魏文聰 (2004)，職業棒球球團管理贊助活動之研究：以兄弟職業棒球隊為例，大專體育學刊，第 6 卷第 1 期，頁 45-55。

黃達夫 (2001)，用心，在對的地方。台北：天下遠見。

黃麗蓮 (2001)，以系統動力學研究保險人、被保險人、及醫療機構之決策互動對健保財務與品質的影響，國立中山大學企業管理學系博士論文。

楊松洲 (2003)，修正師資培育法的檢視，中大社會文化學報，第 16 卷，頁 23-30。

楊深坑、黃淑玲、楊洲松 (2005)，我國中小學教師素質管理機制之研究，教育科學期刊，第 5 卷第 2 期，頁 108-125。

楊朝祥 (2005)，中小學師資供過於求之成因與因應之道，國政研究報告，http://www.npf.org.tw/particle-1725-2.html，取用日期：2008 年 4 月 2 日。

楊朝祥、徐明珠 (2005)，十年來台灣教育之改革與發展，國政研究報告 (National Policy Foundation Research Report)，http://www.npf.org.tw/particle-1720-2.html，取用日期：2008 年 4 月 2 日。

楊福珍 (1996)，台灣地區職業棒球產業網路之研究，台北體育學院體育研究所碩士論文。

溫嘉榮、楊錦潭、蕭淳豐 (2000)，從網路文化活動談博物館數位化，科學工藝，第 5 卷第 6 期，頁 18-29。

經濟部工業局半導體產業推動辦公室，http://proj.moeaidb.gov.tw/sipo/.

葉公鼎 (1990)，從經濟發展觀點看職業運動，國民體育季刊，第 19 卷第 4 期，頁 22-27。

詹秋貴 (2000)，我國主要武器系統發展的政策探討，國立交通大學經營管理研究所博士論文。

資策會 FIND，http://www.find.org.tw/find/home.aspx。

廖彥傑 (1997)，從垂直通路關係探討眞品平行輸入現象車用潤滑油市場之實證，國立台灣大學國際企業研究所碩士論文。

廖美智 (2004)，2002-2003 年台灣中草製劑市場供需狀況，http://www.itis.org.tw/，取用日期：2006 年 9 月 28 日。

趙月萍 (1999)，國內海洋相關博物館教育活動績效評估之研究，國立中山大學海洋環境及工程學系研究所碩士論文。

劉介宇 (2001)，企業經營過程所產生資金缺口之性質及其因應──以 1997 至 1998 年間出現財務危機企業為案例，國立交通大學經營管理研究所博士論文。

劉仲原、方國定、施雅月 (2003)，以模糊分群理論為基礎之競爭性市場結構分析──以行動電話為例，中華管理學報，第 4 卷第 3 期，頁 49-62。

劉珮真 (2009)，積體電路製造業基本資料，台灣經濟研究院產經資料庫。

劉瑞文 (2002)，運用系統動態學探討汽車業供應鏈產銷模式，國立雲林科技大學工業工程與管理研究所碩士論文。

劉慧明 (2004)，即將步入超高齡社會的日本如何因應，生技與醫療器材報導月刊。

劉慶文、蔡明志、徐明閣 (2004)，跆拳道協會準備參加雅典奧運培訓計畫，國民體育季刊，第 33 卷第 2 期，頁 63-68。

潘扶仁 (2002)，台灣汽車品牌形象之研究──品牌知名度、購買意願與品牌忠誠度關係之研究，國立交通大學管理科學學程碩士論文。

蔡介安 (1997)，顧客滿意度之研究──以自用小客車為例，大同工學院事業經營研究所碩士論文。

蔡文修 (2001)，代理商的影響策略對經銷商滿意度之探討，大葉大學工業關係研究所碩士論文。

蔡岱亨 (2003)，台灣職業棒球運動發展之研究，國立屏東師範學院體育學系研究所碩士論文。

蔡葉榮 (2000)，我國優秀跆拳道女子運動員年齡、體型、拳齡之分析，體育學報，第 28 卷，頁 173-182。

蔡闓闓、李玉春、吳肖琪 (2008)，評析我國「長期照顧十年計畫」落實的可行性，長期照護雜誌，第 12 卷第 1 期，頁 8-16。

鄭崇趁 (2006)，我國國民教育政策的發展趨勢，花蓮教育大學學報，第 22 卷，頁 1-22。

鄭淵聰 (2000)，中老年人對老人住宅購買行為及行銷策略之初探性研究──以台中都會區為例，國立雲林科技大學企業管理技術研究所碩士論文。

鄭景文 (2004)，日本實施介護保險與照護產業民營化之簡介，台灣經濟研究月刊，第 27 卷，頁 11。

蕭世豐 (2002)，兩岸加入 WTO 後我國汽車產業經營策略之研究──以 C 汽車公司為例，大葉大學事業經營研究所碩士論文。

蕭志同 (1997a)，加入世界貿易組織對台灣汽車產業之影響，經濟情勢暨評論季刊，第 2 卷第 4 期，頁 104-111。

蕭志同 (1997b)，兩岸汽車及零件專題研究，經濟部產業技術資訊服務推廣計畫，ITRIMI-151-S405(86)，頁 1-540。

蕭志同 (2004a)，台灣汽車產業發展：系統動態模式，國立交通大學管理科學系博士論文。

蕭志同 (2004b)，系統動態學模擬產業發展，ITIS 產業分析手冊，經濟部 ITIS 計畫，2004。

蕭志同、林皆興、陳建宏 (2006)，產業分析方法論比較：產業經濟學與系統動態學，產業論壇，第 8 卷第 4 期，頁 37-44。

蕭志同、翁瑜鴻 (2008)，台灣老人住宅產業發展趨勢之研究，2008 第九屆管理學域學術研討會，朝陽科技大學。

蕭志同、黃慧華 (2008)，以系統動態學建構台灣中草藥產業技術發展模式，中山醫學雜誌」，第 19 卷第 2 期，頁 129-145。

蕭志同、廖宛瑜、陳建文 (2006)，博物館服務品質、認知價值、滿意度、忠誠度關係之研究：以國立自然科學博物館為例，博物館學季刊，第 20 卷第 2 期，頁 81-96。

蕭志同、熊自賢 (2010)，台灣中等教育英語師資供需失衡分析與政策模擬，教育政策論壇，第 13 卷第 1 期，頁 177-205。

賴其勳、邴傑民、簡倍祥、林高偉 (2004)，以經銷商的觀點來探討經銷商與工應商聯合行動之影響因素——以台灣汽車為例，台大管理論叢，第 15 卷第 1 期，頁 1-22。

賴清標 (2003)，師資培育開放十年回顧與前瞻，師友月刊，第 435 卷，頁 8-17。

賴適存 (2000)，石油產品自由化與油品市場未來發展之研究，石油季刊，第 36 卷第 4 期，頁 57-84。

薛曉華 (2004)，少子化的教育生態轉變是危機或轉機？兩種價值觀的檢視——兼論因應少子化時代以學習者為中心的教育政策，台灣教育，第 630 卷，頁 21-30。

謝士淵、謝佳芬 (2003)，台灣棒球一百年，台北：果實出版。

謝長宏 (1980)，系統動態學理論、方法與應用，台北：中興管理顧問公司。

謝長宏 (1999)，系統概論，台北：華泰。

謝慧菁 (2003)，台中古根漢箭在弦上，http://www.tccgc.gov.tw/report/2003-guggenheim/index.php?main=news-0310b1，取用日期：2004 年 11 月 9 日。

簡炯瑜 (2007)，台灣汽車銷售經營策略研究——以高都汽車個案為例，國立中山大學高階經營碩士學程碩士論文。

簡清隆 (2001)，台灣汽車行銷通路組織選擇之研究，大葉大學事業經營研究所碩士論文。

顏敏仁 (2006)，公共工程市場投機性競標問題之研究，國立高雄第一科技大學工程科技研究所博士論文。

顏雅馨 (2003)，兄弟象棒球隊球迷之運動參與程度及對其行銷策略滿意程度之研究，國立體育學院體育研究所碩士論文。

羅文鍵 (2010)，「台灣動態隨機記憶體產業發展之系統動態學模型」，東海大學經濟學系碩士論文。

羅世輝、江宜娜 (2004)，台灣教育系統師資供需失衡之研究，產業論壇，第 6 卷第 5 期，頁 71-94。

羅翔 (2002)，因應兩岸加入 WTO 台灣汽車工業供應鏈策略之研究，台北大學企業管理學系碩士論文。

譚令蒂、洪乙禎、謝啓瑞 (2007)，論藥價差，經濟論文叢刊，第 35 卷第 4 期，頁 154-476。

蘇三稜、蔡新富 (2003)，台灣中醫口述歷史專輯，台北：中華民國傳統醫學會。

蘇義雄 (2000)，物流與運籌管理，台北：華泰。

蘇維杉 (2004)，台灣運動產業發展的社會過程研究，國立台灣師範大學體育學系研究所博士論文。

蘇壕 (1992)，產業資訊系統規劃之研究，國立交通大學管理科學研究所碩士論文。

蘇懋康 (1988)，系統動力學原理及應用，上海市：上海交通大學出版社。

名詞索引

英文名詞索引

3rd-Generation，簡稱 3G　第三代無線行動通訊技術　104

A

Activities of Daily Living，簡稱 ADL　日常生活活動功能量表　266
Adam Smith, 1723-1790　亞當‧斯密　9
Aged Society　老人(高齡)社會　273
Aging Society　高齡化社會　273
American Association Museums, AAM　美國博物館協會　210
American Depository Receipts，簡稱 ADR　美國存託憑證　131
Amorphous Silicon，簡稱 a-Si　非晶矽　135
Anti-Gray Market Alliance　反灰色市場聯盟　66

B

Benefit　利益　22
Black Box　黑箱　10
Blackboard Economics　黑板經濟學　21

C

Capital　資本　20
Capital Intensive　資本密集　81
Case Study　個案研究法　32
Cathode Ray Tube，簡稱 CRT　映像管顯示器　127
Causal Loop　回饋環路　23
Client-Server　主從式系統　38
Client-Server Applications　主從式應用系統　40
Coase Theorem　寇斯定理　249
Components　元件　13
Conduct　行為　24
Content Provider　內容提供者　36
Contestable Market Analysis　可競爭市場分析法　21
Cultural Industry　文化產業　247
Customer Relationship Management，簡稱 CRM　客戶關係管理　43
Customer Satisfaction　顧客滿意　210
CVSNET　電傳視訊　38
Cybernetics　模控學　12, 340

D

Dealer　經銷商　51
Digital Versatile Disc，簡稱 DVD　數位多功能光碟　125
Discrepancy Theory　差距理論　210
Dynamic Random-Access Memory，簡稱 DRAM　動態隨機記憶體　168

E

Economies of Scale　規模經濟　82
Endogenous Growth Model　內生成長模型　25
Environment　環境　13
Epistemology　知識論　11

F

Factor Endowment　要素稟賦　20
Flat Panel Display，簡稱 FPD　平面顯示器　123
Flow　流量　23
Food and Drug Administration，簡稱 FDA　美國藥物食品管理局　142
Foundationalist Philosophy　基本論哲學　24

Fourth Generation，簡稱 4G　第四代無線通訊系統　118
Functional　實用性　24
Functional Quality　功能上的品質　212

G

Game Theory　賽局理論　21, 24
General Agreement on Tariffs and Trade，簡稱 GATT　關貿總協　96
General System Theory　一般系統理論　12
Global System for Mobile Communications，簡稱 GSM　全球行動通訊系統　106, 116
Good Manufacturing Practices，簡稱 GMP　優良藥品製造標準認證制度　141
CPU　中央處理器　168
Gray Market　灰色市場　65
Gross Domestic Product，簡稱 GDP　國內生產毛額　278
Group Modeling　群組建模　110

H

Holistic　整體性　24
Holistic View　整體觀　10. 12, 335

I

International Council of Museums，簡稱 ICOM　國際博物館協會　210
Ideal　理想　1
In-depth Interviews　深度訪談　32
Industrial Construction　產業結構　21
Industrial Economics　產業經濟學　20, 24
Industrial Economics and Knowledge Center，簡稱 IEK　產業經濟與資訊服務中心　40
Industrial Organization　產業組織　21, 24
Industrial Policy　產業政策　20
Industry Information System，簡稱 IIS　產業資訊系統　28
Industry Technology Information Services Systems，簡稱 ITIS　產業技術資訊服務系統　27
Infant Industry　幼稚產業　20
Influence Diagram　回饋環路　23
Information System Development，簡稱 ISD　資訊系統發展　27
Information Technology，簡稱 IT　資訊技術(科技)　29, 45
Information, Computer and Telecommunications，簡稱 ICT　資訊(電腦)通訊　123
Information System，簡稱 IS　資訊系統　45
Informational Asymmetry　資訊不對稱　14
Inseparability　不可分割性　211
Institutions　經濟制度　20
Instrumental Activities of Daily Living，簡稱 IADL　工具性日常生活量表　266
Intangibility　無形性　211
Intent to Repurchase　重複購買的意願　213
International English Language Testing System，簡稱 IELTS　雅思英語能力測驗　312
International Telecommunications Union, 簡稱 ITU　國際電信聯盟　106

K

Killer Applications　殺手級應用　105

L

Lateral Importation　橫向輸入　68
LC Cell Assembly　液晶面板組裝　127
Level　層級　6
Level Variable　積量變數　255, 293, 304
Linear　線性化　1

Liquid Crystal 液晶 124
Liquid Crystal on Silicon，簡稱 LCOS 矽基液晶 135
Living System 生命系統 12
Local Content Requirement，簡稱 LCR 自製率規定 82
Logical Positivism 邏輯實證論 10
Low Temperature Poly Silicon，簡稱 LTPS 低溫多晶矽 135

M

Management 管理 13
Management Information System，簡稱 MIS 管理資訊系統 45
Master-Agent 主人－代理人 14
Mental Model 心智模式 23
Minimum Efficient Scale，簡稱 MES 最小經濟規模 93
Mobile Penetration 行動電話滲透率 106
Module Assembly 模組組裝 127
Museum Association，簡稱 MA 博物館協會 (英國) 210
Museums and Library Services 博物館與圖書館服務處 (英國) 210

N

National Communications Commission，簡稱 NCC 國家通訊傳播委員會 102
National Economy 國家經濟 22
National League of Professional Baseball, NL，簡稱國聯 國家職業棒球聯盟 247
Natural Resource Constraint 自然資源 20
Newly Industrialized Countries，簡稱 NICs 新興工業化國家 81, 229
Newton 牛頓 11
Notebook，簡稱 NB 筆記型電腦 123

O

Objected-Oriented 物件導向 214
Objectives 目的 13
Optimal 最佳化 1
Organic Light-Emitting Display，簡稱 OLED 有機電激發光顯示器 135
Organization for Economic Co-operation and Development，簡稱 OECD 經濟合作與發展組織 288, 314
Original Equipment Manufacturer，簡稱 OEM 委託(代工)製造 69, 126
Outcome Quality 結果品質 212

P

Paradigm 典範 10
Parallel Importation 平行輸入 67
Performance 績效 24
Perishability 易逝性 211
Personal Computer，簡稱 PC 個人電腦 2, 66
Personal Digital Assistant，簡稱 PDA 個人數位助理 125
Philosophy of Science 科學哲學 11
Plasma Display Panel，簡稱 PDP 電漿顯示器 135
Price Theory 價格理論 21
Primary Behavior 主要行為 213
Process Quality 過程品質 212
Product Life Cycle，簡稱 PLC 產品生命週期 82
Product、Place、Promotion and Price，簡稱 4P 4P 架構 52

Q

Qualitative Research 質性研究 32
Quality of Service，簡稱 QoS 服務質量 104

R

Reduced Form　化簡式模型　24
Re-importation　再輸入　68
Relativist　相對主義者　24
Repository　貯存所　214
Research and Development，簡稱 R&D　研發　84
Resources　資源　13

S

Second Generation，簡稱 2G　第二代移動通訊技術　103
Secondary Behavior　次要行為　213
Severe Acute Respiratory Syndrome，簡稱 SARS　急性嚴重呼吸道症候群　11
Short Message Service，簡稱 SMS　簡訊服務　107
Social System　社會系統　12
Socio-Economic　社會經濟　22
Stocks　存量　255, 293
Stocks Variable　存量變數　304
Structure　結構　24
Structure-Conduct-Performance，簡稱 SCP　結構-行為-績效　21
Super-Aged Society　超老 (超高齡) 社會　273
Supertwisted-Nematic，簡稱 STN　超扭轉向列顯示器　129
System　系統　12
System Approaches　系統方法　5
System Dynamics，簡稱 SD　系統動態學　12, 22, 306
System Engineering　系統工程　12
Systems Thinking　系統思考　10, 23, 257
Systems Approach　系統方法　12
Systems View　系統觀　12

T

Technical Quality　技術上的品質　212
Telecommunications Carriers Association，簡稱 TCA　電氣通訊事業者協會　106
TFT Array　前段薄膜電晶體陣列　127
The Structure of Scientific Revolutions　科學的革命　11
The World Taekwondo Federation，簡稱 WTF　世界跆拳道聯盟　229
Thin Film Transistor Liquid Crystal Display，簡稱 TFT-LCD　薄膜電晶體液晶顯示器　123
Thomas S. Kuhn　孔恩　11
Trade Off　權衡 (取捨)　213
Transmission Control Protocol/Internet Protocol，簡稱 TCP/IP　傳輸控制/網路通訊協定　31
Twisted-Nematic，簡稱 TN　轉向列顯示器　127, 129

U

Urban Dynamics　都市層次　22

V

Value Chain　價值鏈　103
Value Network　價值網路　103
Variability　可變性　211
Vision　願景　1

W

World Baseball Classic　世界經典賽　258
World Dynamics　世界層次　22
World Trade Organization，簡稱 WTO　世界貿易組織　51, 109
World Wide Web，簡稱 WWW　網際網路　39

中文名詞索引

4P 架構　Product、Place、Promotion and Price　50

一劃

一般系統理論　General System Theory　10

三劃

工具性日常生活量表　Instrumental Activities of Daily Living，簡稱 IADL　235
不可分割性　Inseparability　175

四劃

元件　Components　11
內生成長模型　Endogenous Growth model　22
中央處理器　CPU　168
內容提供者　Content Provider　34
化簡式模型　Reduced Form　22
反灰色市場聯盟　Anti-Gray Market Alliance　65
孔恩　Thomas S. Kuhn　9
心智模式　Mental Model　21
文化產業　Cultural Industry　211
日常生活活動功能量表　Activities of Daily Living，簡稱 ADL　235
牛頓　Newton　9

五劃

世界動態學　World Dynamics　20
世界貿易組織　World Trade Organization，簡稱 WTO　49, 97, 114
世界跆拳道聯盟　The World Taekwondo Federation，簡稱 WTF　195
世界經典賽　World Baseball Classic　223
主人－代理人　Master-Agent　12
主要行為　Primary Behavior　177

主從式系統　Client-Server　36
主從式應用系統　Client-Server Applications　38
功能上的品質　Functional Quality　176
可競爭市場分析法　Contestable Market Analysis　19
可變性　Variability　175
平行輸入　Parallel Importation　63
平面顯示器　Flat Panel Display，簡稱 FPD　125
幼稚產業　Infant Industry　17
生命系統　Living System　10
目的　Objectives　11

六劃

全球行動通訊系統　Global System for Mobile Communications，簡稱 GSM　110, 121
再輸入　Re-importation　68
因果回饋環路　Causal Loop　21
存量　Stocks　221, 261
存量變數　Stocks Variable　272
有機電激發光顯示器　Organic Light-Emitting Display，簡稱 OLED　136
次要行為　Secondary Behavior　177
灰色市場　Gray Market　65
老人 (高齡) 社會　Aged Society　241
自然資源　Natural Resource Constraint　18
自製率規定　Local Content Requirement，簡稱 LCR　82
行為　Conduct　22
行動電話滲透率　Mobile Penetration　110

七劃

低溫多晶矽　Low Temperature Poly Silicon，簡稱 LTPS　136

利益　Benefit　20
技術上的品質　Technical Quality　176
扭轉向列顯示器　Twisted-Nematic，簡稱 TN　131
系統　System　10
系統工程　System Engineering　10
系統方法　Systems Approach(es)　3, 10
系統思考　Systems Thinking　3, 8, 21, 257
系統動態學　System Dynamics，簡稱 SD　10, 20, 173, 306, 308
系統觀　System View　10

八劃

亞當斯密　Adam Smith, 1723-1790　9
典範　Paradigm　8
和電漿顯示器　Plasma Display Panel，簡稱 PDP　136
委託(代工)製造　Original Equipment Manufacturer，簡稱 OEM　6, 128
易逝性　Perishability　175
服務質量　Quality of Service，簡稱 QoS　108
物件導向　Objected-Oriented　178
知識論　Epistemology　9
矽基液晶　Liquid Crystal on Silicon，簡稱 LCOS　136
社會系統　The Social System　10
社會經濟　Socio-Economic　18
非晶矽　Amorphous Silicon，簡稱 a-Si　136

九劃

前段薄膜電晶體陣列　TFT Array　129
急性嚴重呼吸道症候群　Severe Acute Respiratory Syndrome，簡稱 SARS　9
指客戶關係管理　Customer relationship management，簡稱 CRM　40
映像管顯示器　Cathode Ray Tube，簡稱 CRT　127

流量　flow　21
相對主義者　Relativist　22
研發　Research and Development，簡稱 R&D　84
科學的革命　The Structure of Scientific Revolutions　9
科學哲學　Philosophy of Science　9
美國存託憑證　American Depository Receipts，簡稱 ADR　133
美國博物館協會　American Association Museums, AAM　174
美國藥物食品管理局　Food and Drug Administration，簡稱 FDA　144
要素稟賦　Factor Endowment　18
重複購買的意願　Intent to Repurchase　177
個人電腦　Personal Computer，簡稱 PC　2, 66
個人數位助理　Personal Digital Assistant，簡稱 PDA　127
個案研究法　Case study　30
差距理論　Discrepancy Theory　174

十劃

高齡化社會　Aging Society　241
動態隨機記憶體　Dynamic Random-Access Memory　168

十一劃

國內生產毛額　Gross Domestic Product，簡稱 GDP　247
國家通訊傳播委員會　National Communications Commission，簡稱 NCC　106
國家經濟　National Economy　20
國家職業棒球聯盟　National League of Professional Baseball, NL，簡稱國聯　211
國際博物館協會　ICOM, International Council of Museums　174
國際電信聯盟　International Telecom-

munications Union，簡稱 ITU　110
基本論哲學　Foundationalist Philosophy　22
寇斯定理　Coase Theorem　213
殺手級應用　Killer Applications　109
液晶　Liquid Crystal　125
液晶面板組裝　LC Cell Assembly　129
深度訪談　In-depth Interviews　30
理想　Ideal　1
產品生命週期　Product Life Cycle，簡稱 PLC　82
產業技術資訊服務系統　Industry Technology Information Services Systems，簡稱 ITIS　25
產業政策　Industrial Policy　18
產業組織　Industrial Organization　19, 22
產業結構　Industrial Construction　18
產業經濟學　Industrial Economics　18, 22
產業資訊系統　Industry Information System，簡稱 IIS　26
產經中心　Industrial Economics and Knowledge Center，簡稱 IEK　38
第二代移動通訊技術　Second Generation，簡稱 2G　107
第三代無線行動通訊技術　3rd-Generation，簡稱 3G　108
第四代無線通訊系統　Fourth Generation，簡稱 4G　123
規模經濟　Economies of Scale　82
都市動態學　Urban Dynamics　20

十二劃

最小經濟規模　Minimum Efficient Scale，簡稱 MES　93
最佳化　Optimal　1
博物館協會 (英國)　Museum Association, MA　174
博物館與圖書館服務處 (英國)　Museums and Library Services　174
無形性　Intangibility　175
筆記型電腦　Notebook，簡稱 NB　135
結果品質　Outcome Quality　176
結構　Structure　22
結構－行為－績效　Structure-Conduct-Performance，簡稱 SCP　19
貯存所　Repository　178
超老 (超高齡) 社會　Super-Aged Society　241
超扭轉向列顯示器　Supertwisted-Nematic，簡稱 STN　131
雅思英語能力測驗　International English Language Testing System，簡稱 IELTS　280
黑板經濟學　Blackboard Economics　19
黑箱　Black Box　8

十三劃

傳輸控制 / 網路通訊協定　Transmission Control Protocol/Internet Protocol，簡稱 TCP/IP　29
新興工業化國家　Newly Industrialized Countries，簡稱 NICs　81, 195
經銷商　Dealer　49
經濟合作與發展組織　Organization for Economic Co-operation and Development，簡稱 OECD　256, 282
經濟制度　Institutions　18
群組建模　Group Modeling　114
資本　Capital　18
資本密集　Capital Intensive　81
資訊 (電腦) 通訊　Information, Computer and Telecommunications，簡稱 ICT　123
資訊不對稱　Informational Asymmetry　12
資訊技術　Information Technology，簡稱 IT　27
資訊系統發展　Information System Development，簡稱 ISD　25
資源　Resources　11

過程品質　Process Quality　176
電信通訊事業者協會　Telecommunications Carriers Association，簡稱 TCA　110
電傳視訊　CVSNET　36

十四劃

實用性　Functional　22
管理　Management　11
管理資訊系統　Management Information System，簡稱 MIS　42
網際網路　World Wide Web，簡稱 WWW　37

十五劃

價值網路　Value Network　107
價值鏈　Value Chain　107
價格理論　Price Theory　17
層級　Level　4
影響圖　Influence Diagram　21
數位多功能光碟　Digital Versatile Disc，簡稱 DVD　127
模控學　Cybernetics　10, 311
模組組裝　Module Assembly　129
線性化　Linear　1
質性研究　Qualitative Research　30

十六劃

整體性　Holistic　20
整體觀　Holistic View　8, 10, 305
橫向輸入　Lateral Importation　68
積量變數　Level Variable　221, 261, 272

十七劃

優良藥品製造標準認證制度　Good Manufacturing Practices, 簡稱 GMP　141
環境　Environment　11
績效　Performance　22
薄膜電晶體液晶顯示器　Thin Film Transistor Liquid Crystal Display，簡稱 TFT-LCD　125
賽局理論　Game Theory　19, 22
簡訊服務　Short Message Service，簡稱 SMS　111

十八劃

轉向列顯示器　Twisted-Nematic，簡稱 TN　129, 131
關貿總協　General Agreement on Tariffs and Trade 簡稱 GATT　97

十九劃

願景　Vision　1
顧客滿意　Customer Satisfaction　174

二十二劃

權衡（取捨）　Trade Off　177

二十三劃

邏輯實證論　Logical Positivism　8

跋

全方位思維模式：原名《決策分析與模擬》這本書的出現，存在著許多的因緣際會。民國93年敝人從國立交通大學管理科學系畢業後，恩師詹天賜教授就鼓勵同樣是他的學生，也是我博士班前後期的學長詹秋貴與陳建宏博士，共同寫一本有關系統動態學應用於產業發展的專書。原因是詹秋貴博士出身於中科院，博士論文係研究台灣武器研發政策議題，而本人與陳建宏博士則分析探討台灣汽車、半導體產業發展趨勢，且陳博士和我先後任職於工業技術研究院產業經濟與趨勢研究中心(簡稱IEK)。後來詹門研究團隊加入了另外兩名工研院同事陳宜仁、陳幸雄先生後，不論是大家工作上的需要或個人的使命感，我們都努力將系統思考應用於台灣產業與技術發展等相關政策研究。隨著大家完成階段性的博士班進修任務，又忙於各自的教學、研究的工作，出書之事也就如曇花一現，不了了之。

末學取得博士學位後，工研院IEK鄒念濤先生鼓勵敝人到工研院演講，加上先後在大葉大學資管所、中山醫學大學醫管所碩士班與逢甲大學商研所博士班開授「系統方法」、「系統動態學」等相關課程，有感於本土化個案的教材不足，又萌生出書念頭。晚近則指導研究生以系統思考或系統動態學探討廠商、市場、產業組織乃至於非營利機構之系統行為。之後三、四年來則專注於醫療公共政策及教育政策的議題，是故研究興趣也從原來的產業經濟學範圍，延伸至研究健康經濟、教育經濟、能源、環境及生態經濟領域了。

本書各章節是以末學與同事、學生發表於國內外研討會或期刊之論文與時事討論為素材，修改編著而成。因此本人要感謝劉仲戍教授、劉佳怡教授、謝宛霖教授及惠苓、自賢、慧華、紓萍、志勳、克凡、宛瑜、吟萍、雄明、健龍、瑞祥、汝杰、育成、志成、昭均、國賓、馨慧、瑜鴻、正興等學生的投入及兩位共同作者俞萱及淑芬協助編輯；而俊成、文鍵、靜芳、淑玲、杏姿以及東華書局周曉慧小姐也負擔了部分打字、校稿、編輯排版的工作；東華書局執行長陳錦煌先生、黃雅慧小姐也發揮了鼓勵的作用；此外，東海大學經濟學系師生這一兩年來更提供系統思考、系統動態學的教學園地，這些都是殊勝的助緣。當然本書的完成特別要感謝內人麗月、兩位小孩玄、堯，對我寫作的精神支持。最後懇請社會各界對於末學拙作錯誤之處，給予慷慨指正。

後學蕭志同于大度山
民國99年2月新春/民國105年元月

作者簡介

◎ 蕭志同

籍貫：民國 57 年次，台灣省彰化縣人。

學歷：省立彰化高中畢業、東海大學經濟學系學士、國立中央大學產業經濟研究所碩士、國立交通大學管理科學系博士。

經歷：
1. 東海大學經濟學系助理教授、副教授、教授兼系主任、產業創新發展研究中心主任，英國 HULL 大學系統研究中心訪問學者。
2. 工研院企劃處工業經濟研究中心、機械所市場部副研究員。
3. 工研院資訊中心、機械所，產經中心兼任研究員、顧問、產業論壇期刊執行編輯、主編；中華系統動力學學會理事理事長、系統思考與管理期刊主編；台灣能源期刊籌劃 (暨能源產業領域主編)；淨律教育學會會長等。
4. 曾任教於國立交通大學管理科學系，國立台中教育大學諮商與應用心理學系，逢甲大學商學研究所博士班，中山醫學大學醫管系、醫研所，大葉大學資管系，國立勤益科技大學企管系，大華技術學院資管系等大專院校。

專書：
1. 「快樂人生」，淨律教育學會，和裕出版社，台南，2008。
2. 「行銷資訊系統」，東華書局，台北，2007。
3. 「科技管理——產業論壇」，東華書局，台北，2007。
4. 「決策分析與模擬」，東華書局，台北，2010。
5. 「全方位思維模式」，東華書局，台北，2016。

◎ 戴俞萱

籍貫： 民國 62 年次，台灣省台北縣人。
學歷： 大華技術學院資訊管理系、華梵大學資訊管理研究所碩士。
經歷： 1. 工研院行銷傳播處副管理師。
   2. 工研院產經中心副研究員、產業論壇期刊執行編輯。
   3. 台灣國際專案管理師協會新竹分會財務長。
證照： 1. Google Analytics Individual Qualification (CAwIQ)。
   2. Project Management Professional 國際專案管理師。
專書： 1. 2015 台灣產業發展與科技整合計畫專題報告，2008。
   2. 世次代產業與科技整合先期推動計畫專題報告，2005。
   3. 兩岸汽車產業互動之探討專題報告，2004。
   4. 大陸汽車產業發展趨勢探討專題報告，2003。
   5. YAMAHA 2010 台灣機車產業預測專題報告，2002。
   6. 電動機車廠商經營策略之研究專題報告，2000。

◎ 柳淑芬

籍貫： 民國 70 年次，台灣省屏東縣人。
學歷： 大華技術學院資訊管理系、大葉大學資訊管理學系碩士班畢業。
經歷： 1. 工研院產業經濟與趨勢研究中心 (IEK) 研究人員。
   2. 產業與管理論壇期刊執行編輯。
   3. 台灣國際專案管理師協會總會理事與新竹分會會長。
證照： Project Management Professional 國際專案管理師。
專書： 1. 現行產學合作法規問題分析與調適建議專題報告，2015。
   2. 新竹縣產業發展政策與計畫專題報告，2014。
   3. 農業智慧財產權議題研析專題報告，2013。
   4. 桃園縣產業發展策略專題報告，2012。